普通高等教育"十二五"部委级规划教材（本科）

仪器分析

张纪梅　主编

中国纺织出版社

内 容 提 要

本书结合光学仪器发展现状,对紫外光谱、红外光谱、核磁共振波谱以及质谱等几部分内容进行了系统阐述。全书共分七章,第一章为绪论;第二章为紫外—可见吸收光谱,收集了作者多年积累的谱图近 90 个,供读者参考;第三章为红外光谱,列出了作者积累的一批表面活性剂及各种纤维谱图,可供纺织领域科研人员参考;第四章为核磁共振;第五章为质谱;第六章为综合解析,除了列举了六个综合解析例题外,还增加了进口锦纶帘子线油剂的剖析部分,可供从事结构解析研究人员参考;第七章为实验,可为高校教师的实验教学提供方便。本书书后还附有习题答案,方便自学。

本书可作为高等学校应用化学、化学工程与工艺、制药工程以及轻化工程专业教材,也适用于广大科研人员进行仪器分析时参考,对于从事产品检测、分析的专业技术人员也具有重要的参考价值。

图书在版编目(CIP)数据

仪器分析/张纪梅主编. —北京:中国纺织出版社,2013.6
普通高等教育"十二五"部委级规划教材. 本科
ISBN 978 - 7 - 5064 - 9650 - 6

Ⅰ. ①仪… Ⅱ. ①张… Ⅲ. ①波谱分析—高等学校—教材 Ⅳ. ①O657.61

中国版本图书馆 CIP 数据核字(2013)第 067846 号

策划编辑:朱萍萍　　责任编辑:范雨昕　　责任校对:余静雯
责任设计:李　然　　责任印制:何　艳

中国纺织出版社出版发行
地址:北京市朝阳区百子湾东里 A407 号楼　邮政编码:100124
邮购电话:010—67004461　传真:010—87155801
http://www.c-textilep.com
E-mail:faxing@c-textilep.com
三河市华丰印刷厂印刷　各地新华书店经销
2013 年 6 月第 1 版第 1 次印刷
开本:787×1092　1/16　印张:20.5
字数:376 千字　定价:42.00 元

本教材编委会

顾问:崔永芳

编委:(按章节顺序)

张纪梅　梁小平　王会才　王立敏

代　昭　许世超

出版者的话

《国家中长期教育改革和发展规划纲要》中提出"全面提高高等教育质量","提高人才培养质量"。教高[2007]1号 文件"关于实施高等学校本科教学质量与教学改革工程的意见"中,明确了"继续推进国家精品课程建设","积极推进网络教育资源开发和共享平台建设,建设面向全国高校的精品课程和立体化教材的数字化资源中心",对高等教育教材的质量和立体化模式都提出了更高、更具体的要求。

"着力培养信念执著、品德优良、知识丰富、本领过硬的高素质专业人才和拔尖创新人才",已成为当今本科教育的主题。教材建设作为教学的重要组成部分,如何适应新形势下我国教学改革要求,配合教育部"卓越工程师教育培养计划"的实施,满足应用型人才培养的需要,在人才培养中发挥作用,成为院校和出版人共同努力的目标。中国纺织服装教育协会协同中国纺织出版社,认真组织制订"十二五"部委级教材规划,组织专家对各院校上报的"十二五"规划教材选题进行认真评选,力求使教材出版与教学改革和课程建设发展相适应,充分体现教材的适用性、科学性、系统性和新颖性,使教材内容具有以下三个特点:

(1)围绕一个核心——育人目标。根据教育规律和课程设置特点,从提高学生分析问题、解决问题的能力入手,教材附有课程设置指导,并于章首介绍本章知识点、重点、难点及专业技能,增加相关学科的最新研究理论、研究热点或历史背景,章后附形式多样的思考题等,提高教材的可读性,增加学生学习兴趣和自学能力,提升学生科技素养和人文素养。

(2)突出一个环节——实践环节。教材出版突出应用性学科的特点,注重理论与生产实践的结合,有针对性地设置教材内容,增加实践、实验内容,并通过多媒体等形式,直观反映生产实践的最新成果。

(3)实现一个立体——开发立体化教材体系。充分利用现代教育技术手段,构建数字教育资源平台,开发教学课件、音像制品、素材库、试题库等多种立体化的配套教材,以直观的形式和丰富的表达充分展现教学内容。

教材出版是教育发展中的重要组成部分,为出版高质量的教材,出版社严格甄选作者,组织专家评审,并对出版全过程进行跟踪,及时了解教材编写进度、编写质量,力求做到作者权威、编辑专业、审读严格、精品出版。我们愿与院校一起,共同探讨、完善教材出版,不断推出精品教材,以适应我国高等教育的发展要求。

中国纺织出版社

教材出版中心

前言

  仪器分析作为确定有机化合物结构的重要手段,与常规的化学分析相比具有微量、快速、准确等优点。随着现代科学的飞速发展,仪器分析已成为化学、化工工作者必须掌握的重要技术。

  应用仪器分析方法对未知化合物结构进行分析,在剖析、研究、开发新型纺织材料、纺织助剂等各种有机化合物过程中,表现出其独到的作用和使用价值。仪器分析的方法包括许多近代技术,内容丰富,发展迅速。鉴于篇幅有限,本书编写的宗旨是引导初学者入门,为进一步深入学习打下必要的基础。希望通过对本书的学习,使读者掌握仪器分析的简单原理,能够识别简单的谱图,初步掌握运用仪器分析方法综合解析有机化合物结构的方法。本书编排力求简明扼要,由浅入深,运用实例,便于自学。每章附有习题,书后附有仪器分析中常用的图表,数据可供查找,还附有一些例图可供参考。为了方便教学,本书在第七章编入了课程实验。本书除可用作高等院校本科生教材外,也可供化学化工专业学生及从事化学化工科研及分析工作者参考。

  本书前言由张纪梅编写,第一章由张纪梅和梁小平共同编写,第二章由梁小平编写,第三章由张纪梅和王会才共同编写,第四章由王立敏编写,第五章由代昭编写,第六章由许世超编写,第七章实验部分由上述老师共同编写。

  本书编写过程中得到了天津工业大学和中国纺织出版社的大力支持。在此,表示由衷地感谢。由于编者的学识和水平有限,疏漏之处恳请读者批评指正。

张纪梅

2012 年 9 月于天津工业大学

课程设置指导

课程名称: 仪器分析

适用专业: 应用化学、化学工程与工艺、制药工程、轻化工程

总 学 时: 60 学时

课程性质: 本课程是应用化学、化学工程与工艺、制药工程及轻化工程专业的专业主干课,是必修课。

课程目的:

本课程教学的任务主要是讲授紫外光谱、红外光谱、核磁共振和质谱的基本理论与一般分析方法。通过对本课程的学习,使学生能掌握有机化合物结构波谱分析的基本概念、基本原理和基本方法,并能应用波谱法进行简单的有机化合物的结构分析。培养学生分析问题和解决问题的能力,为今后毕业论文和工作奠定必要的理论基础。

课程教学基本要求:

教学环节包括课堂教学、作业、课堂练习、考试及实验。通过各个教学环节,培养学生对所学知识的理解和应用能力,能够独立操作仪器设备,独立解析各种谱图。

1. 课堂教学

在讲授基础知识的同时,以教师科研中运用的实际例子来系统讲授各种谱图的绘制过程及解析过程,及时更新各种分析仪器的发展动态;详细介绍各章节涉及的专业术语及基本概念。

2. 课程实验

结合课堂内容及学校已有的仪器设备,开设仪器分析实验。通过实验,让学生加深对课程内容的理解,了解各种分析仪器的原理、组成,掌握谱图的制作过程,并学会独立解析谱图。

3. 考核

采用课堂练习、阶段性测验进行阶段性总结,以期末考试作为全面考核。考核形式以闭卷为主。题型一般包括:填空题、判断题、简答题和综合解析题。其中综合解析题所占比例最大,最多可达到 50%,这部分主要考核学生的解图能力,这也是以后实际工作中所需要的。

课程设置指导

教学分配学时

章　数	讲授内容	学时分配
第一章	绪论	2
第二章	紫外—可见吸收光谱	6
第三章	红外光谱	12
第四章	核磁共振波谱	10
第五章	质谱	10
第六章	综合解析	4
第七章	实验	16
合　计		60

目录

第一章 绪论

学习要求：

 1. 了解电磁波以及分子轨道的概念。
 2. 掌握电磁波的基本性质及分类。
 3. 熟练运用郎伯—比尔定律。

一、光与原子、分子的相互作用

(一)光的二象性

光具有波动性和微粒性，又称光的二象性。光的波动可以解释光的传播，而光的微粒性可以解释光与原子、分子的相互作用。

满足波动性的关系式为：

$$\nu\lambda = c \tag{1-1}$$

式中：ν 为频率(Hz)；λ 为波长(nm)；c 为光速，$c = 3.0 \times 10^8 \text{m/s}$。

$\nu = \dfrac{1}{\tau}$，τ 为周期(指完成一周波所需时间，单位，s/周)。

$\bar{\nu} = \dfrac{1}{\lambda}$，$\bar{\nu}$ 为波数(指 1cm 中波的数目，单位，cm^{-1})。

光也可看作是高速运动的粒子，即光子或光量子。它具有一定的能量，满足普朗克方程式：

$$E = h\nu \tag{1-2}$$

式中：E 为光子能量；ν 为光的频率；h 为普朗克常数，$h = 6.63 \times 10^{-34} \text{J} \cdot \text{s}$。

综合光的波动性与微粒性可得：

$$E = hc/\lambda \qquad E = hc\bar{\nu} \tag{1-3}$$

即光的能量与相应的光的波长成反比，与波数及频率成正比。

(二)电磁波谱

按各种电磁辐射的波长或频率的大小顺序进行排列即得到电磁波谱。根据能量的高低，可将电磁波谱分为高能辐射区、中能辐射区和低能辐射区。

1. 高能辐射区 包括 γ 射线和 X 射线区，高能辐射的粒子性比较突出。

2. 中能辐射区 包括紫外区、可见光区和红外区，由于对这部分辐射的研究和应用要使用一些共同的光学试验技术，例如，用透镜聚焦、用棱镜或光栅分光等，故称此光谱区为光学光谱区。

3. 低能辐射区 包括微波区和射频区,通常称为波谱区。

光学分析涉及所有波谱区,但用得最多的还是光学光谱区,它是光学分析最重要的光谱区域。

(三)分子吸收光能后的变化

根据量子理论,原子或分子的能量是量子化的。其具有的能量叫原子或分子的能级。当原子或分子吸收一定波长的光线后,可由低能级向高能级跃迁,如图 1-1 所示。

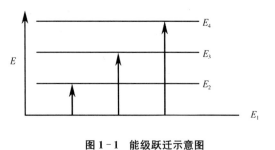

图 1-1 能级跃迁示意图

当连续光源通过棱镜或光栅时,光线可被分解为各个波长的组分。这些不同波长的光,只有当电磁波的能量与原子或分子中两能级之间的能量差相等时,原子或分子才可能吸收该电磁波的能量。若两能级间能量差用 ΔE 表示,则:

$$\Delta E_{2,1} = E_2 - E_1 = h\nu \qquad (1-4)$$

$$\Delta E_{4,1} = E_4 - E_1 = h\nu' \qquad (1-5)$$

由于不同类型的原子、分子有不同的能级间隔,吸收光子能量和波长也不同,因而可得到不同的吸收光谱。

分子能量由许多部分组成,分子的总能量如用 E_T 表示,则:

$$E_T = E_0 + E_t + E_e + E_v + E_r$$

式中:E_0 为零点能,是分子内在的能量,它不随分子运动而改变;E_t 为分子平均动能,是温度的函数,它的变化不产生光谱;E_e 为电子能量;E_v 为振动能量;E_r 为转动能量。

后三种能量都是量子化的,它们与光谱有关。三种能量的关系如图 1-2 所示。

由图 1-2 可见,$\Delta E_e > \Delta E_v > \Delta E_r$,一般 ΔE_e 为 1~29eV(1eV = 9.65×10⁴J/mol),ΔE_v 为 0.05~1.0eV,ΔE_r 更小。分子吸收不同能量的光后产生不同的跃迁,分子吸收光能后的变化情况如表 1-1 所示。

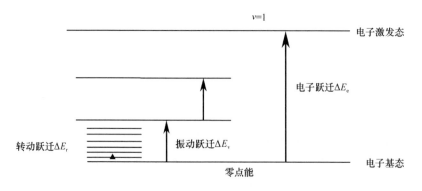

图 1-2 双原子分子能级示意图

表 1-1　分子吸收光能后的变化情况

波长/nm	10	10^3	10^6	10^8	10^{11}
波数/cm^{-1}	10^8	10^4	10	10^{-1}	10^{-4}
能量　eV	124	1.24	1.24×10^{-3}	1.24×10^{-5}	1.24×10^{-8}
能量　J·mol^{-1}	1.20×10^7	1.20×10^5	1.20×10^2	1.20	1.20×10^{-3}
电磁波区域	X射线区	紫外光可见区	红外区	微波区	无线电波区
分子吸收能量后的变化	分子内层电子跃迁	分子价电子跃迁	原子间的振动和转动动能及跃迁	分子中的转动动能	自旋核在特定磁场中的跃迁
光谱类型	电子光谱	振动光谱	转动光谱	自旋核跃迁光谱（核磁共振）	

二、电子能级与分子轨道

原子中有电子能级，分子中也有电子能级，分子中的电子能级即分子轨道。分子轨道是原子轨道的线性组合，由组成分子的原子轨道相互作用形成的。当两个原子轨道相互作用形成分子轨道时，一个分子轨道比原来的原子轨道能量低，叫做成键轨道；另一个分子轨道比原子轨道能量高，叫做反键轨道。根据其成键方式可分为 σ 轨道、π 轨道及 n 轨道。

σ 轨道是指围绕键轴对称排布的分子轨道（形成 σ 键）。π 轨道是指围绕键轴不对称排布的分子轨道（形成 π 键）。n 轨道也叫未成键轨道或非键轨道，即在构成分子轨道时，该原子轨道未参与成键（是分子中未共用电子对）。

σ 轨道相互作用时，只能形成 σ 键。p 轨道相互作用时，据其方向和重叠情况可形成能量较低的 σ 键（两个 p 轨道头尾相接，电子云重叠较多、能量低、体系比较稳定），又可能形成能量较高的 π 键（两个 p 轨道电子云从侧面交盖、重叠较少，能量较高、体系稳定性较差）。不饱和化合物中各种不同分子轨道的电子能级具有的能量情况如图 1-3 所示。

图中，σ 为成键轨道，$\sigma*$ 为反键轨道，π 为成键轨道，$\pi*$ 为反键轨道，n 为非键轨道。$\sigma\rightarrow\sigma*$ 跃迁所需能量最大，而 $n\rightarrow\pi*$ 跃迁所需能量较小，其各种不同跃迁所需能量大小为：

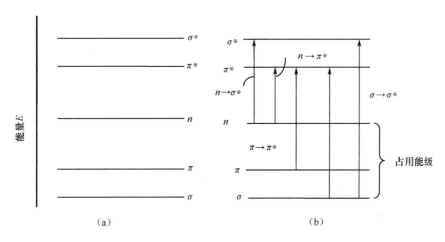

图 1-3　含杂原子不饱和化合物电子能级及跃迁

$$\sigma \rightarrow \sigma * > \pi \rightarrow \pi * \geqslant n \rightarrow \sigma * > n \rightarrow \pi *$$

饱和烃分子中只有 σ 键，电子只能产生 $\sigma \rightarrow \sigma *$ 跃迁。不饱和分子中既有 σ 键电子，又有 π 键电子，故既可发生 $\sigma \rightarrow \sigma *$、$\pi \rightarrow \pi *$ 跃迁，又可发生 $\sigma \rightarrow \pi *$ 跃迁。含有杂原子的不饱和化合物，当 p、π 共轭时可产生各种跃迁；当 p、π 不共轭时，不产生 $n \rightarrow \pi *$ 跃迁，可发生 $\pi \rightarrow \pi *$、$n \rightarrow \sigma *$、$\sigma \rightarrow \sigma *$ 跃迁。

电子跃迁的类型不同，实现这种跃迁所需的能量不同，故吸收光的波长不同。跃迁需要能量越大则吸收光波长越短，电子跃迁最大吸收峰的波长（λ_{max}）也越小。各类型电子跃迁的最大吸收峰波长见表 1-2。

表 1-2   各类型电子跃迁的最大吸收峰波长

跃迁类型	λ_{max}/nm
$\sigma \rightarrow \sigma *$	~150
$n \rightarrow \sigma *$	~200
$\pi \rightarrow \pi *$	~200
$n \rightarrow \pi *$	200~400

三、电磁波的基本性质和分类

一种以巨大速度通过空间，不需要以任何物质作为传播媒介的能量形式，称为电磁波。在整个电磁辐射范围内，按波长或频率的大小顺序排列，即为电磁波谱（表 1-1）。

物质是运动的体系。组成物质的各种分子、质子、原子核、核外电子等都在不同能级作不同形式运动，每一种粒子都具有一定的能量，而能量是量子化的，它们吸收外能后，从较低的能级 E_1 跃迁到较高的能级 E_2。因此每个粒子只吸收能量等于相应能级差 ΔE 的外能，而对不等于 ΔE 的外能则不吸收。

$$\Delta E = h\nu = h \frac{c}{\lambda} \tag{1-6}$$

式中：λ 为波长，其单位有微米（μm）、纳米（nm）、埃（Å）等，其关系为：$1nm = 10^{-7} cm = 10Å$；ν 为频率，通常表示在每秒内经过某一点的波数，其单位是 Hz。表示频率的另一种方法是波数，即 1cm 长度内所含光波的个数，单位为 cm^{-1}，即为波长的倒数；E 表示电磁波的能量大小，由于 $E = h\nu$ 中的普朗克常数为 $6.63 \times 10^{-27} erg \cdot s$（尔格·秒），故 E 的单位通常为尔格，但尔格不是法定计量单位应换算成 J（焦耳）（普朗克常数单位为 $J \cdot s$）或电子伏（eV）。

如果外能是由电磁波提供的，那么这个粒子就只吸收能量为 ΔE 的电磁波。因此物质对电磁波的吸收是选择性的。

电磁波的能量与频率成正比，与波长成反比，波长越短或频率越高能量就越大。因此电子跃迁所吸收的电磁波是吸收光谱中频率最高（波长最短）的，即紫外光和可见光。紫外—可见光的能量相当于分子中价电子跃迁所需能量的能级。由于电子状态能远大于振动能及转动能，因此分子从电子能级的基态跃迁到激发态时，伴随有振动、转动能级的跃迁。

实际上,不同频率的光量子的能量,引起分子的跃迁形式是不同的。通常分子所具有的内能可以看成是电子、振动和转动能量的总合:

$$E_总 = E_e + E_v + E_r \tag{1-7}$$

分子内电子的运动,各原子之间的振动及分子的转动都是量子化的微观运动,即能量的变化是不连续的,它们只能处于不同能量的分立能级(量子化的能级)上。

四、朗伯—比尔定律

根据光波的能量可将光谱分为电子光谱和分子光谱。电子光谱又分为发射光谱和吸收光谱,其中,紫外光和可见光谱属于吸收光谱,而红外光谱属于分子光谱。

朗伯(Lambert)定律阐述为:光被透明介质吸收的比例与入射光的强度无关,在光程上每等厚层介质吸收相同比例值的光。

比尔(Beer)定律阐述为:光被吸收的量正比于光程中产生光吸收的分子数目。

朗伯—比尔定律指出:当一束光透过溶液时,光被吸收的程度(吸光度)与溶液中光程长度及溶液的浓度有关,若吸收池厚度为L,溶液浓度为C,一束光入射强度为I_0。当光束通过吸收池后,其中一部分辐射被吸收,使透射光的强度变为I,那么,这些关系可用式(1-8)表示:

$$\lg \frac{I_0}{I} = \varepsilon \cdot C \cdot L = A \tag{1-8}$$

式中:I_0、I分别为入射光及通过样品后的透射光的强度;A为吸光度(Absorbance)或称光密度;ε为吸光系数,也称摩尔吸光系数。

例题:每100mL中含有0.705mg溶质的溶液,在1.00cm吸收池中测得的百分透光率为40%。试计算:(1)此溶液的吸光度;(2)如果此溶液的浓度为0.420mg/100mL,其吸光度和百分透光率各是多少?

解

(1)$A_2 = -\lg T = -\lg 0.40 = 0.398$

(2)因为$C_1 = 0.420$mg/100mL,$C_2 = 0.705$mg/100mL,$A_2 = 0.398$,所以

$$\frac{A_1}{A_2} = \frac{C_1}{C_2}$$

$$A_1 = \frac{C_1 \times A_2}{C_2} = \frac{0.420 \times 0.398}{0.705} = 0.237$$

$$因为 A_1 = -\lg T$$

$$所以 T\% = 10^{-A_1} \times 100\% = 10^{-0.237} \times 100\% = 57.9\%$$

当溶液中同时存在多种无相互作用的吸光物质时,体系的总吸光度等于各物质吸光度之和,即

$$A_总 = A_a + A_b + A_c + \cdots \tag{1-9}$$

化合物中多组分分析即利用此原理。

当吸收池长度用 $L(cm)$ 表示,溶液浓度用 $C(mol/L)$ 时,则

$$\varepsilon = \frac{A}{L \cdot C} = \frac{1000A}{L \cdot C}(cm^2/mol) \tag{1-10}$$

当浓度采用物质的量浓度时,ε 为摩尔吸光系数,即被测物质的量浓度为 $1mol/L$,液层厚度为 $1cm$ 时,该溶液在某波长处的吸光度。它与吸收物质的性质及入射光的波长 λ 有关。E 值的范围变化较大,从量子力学的观点来考虑,若跃迁是完全"允许的",ε 值大于 10^4;若跃迁概率低时,ε 值小于 10^3;若跃迁是"禁阻的",ε 值小于几十。

在光谱表示中,也常用透射率(T)和百分透射率($T\%$)表示,即透过样品的光与入射光强度的比值。

$$T = \frac{I}{I_0} \qquad T\% = \frac{I}{I_0} \times 100\% \tag{1-11}$$

朗伯—比尔定律所描述的吸光度与被测物质的浓度在一定条件下存在线性关系。在实际工作中,当实验条件超越了一定范围,则会出现偏离线性关系的现象,原因有化学因素(介质不均匀、化学反应、折射率随浓度改变等)和光学因素(非单色光、杂散光、散射光、反射光、非平行光等)两大类。

第二章 紫外—可见吸收光谱

学习要求：

1. 了解发色团、助色团及吸收带的概念。
2. 掌握电子跃迁的主要类型及其应用举例。
3. 熟悉各类有机化合物的紫外—可见吸收光谱。
4. 熟练掌握紫外—可见吸收光谱与分子结构的关系。

第一节 紫外—可见吸收光谱的基本原理

一、紫外—可见光的波段

紫外—可见光谱区域是在波长为 $10\sim800nm$ 的电磁波，其中 $10\sim400nm$ 的电磁辐射称为紫外区，它又分成远紫外区和近紫外区两段。$10\sim200nm$ 为远紫外区，由于在此区域内空气中的氧、氮及二氧化碳都能产生吸收，所以在此区域测定时，仪器的光路系统必须在真空状态下进行，故又称真空紫外区，由于实验技术的限制和实际应用的价值不大，故很少使用；而 $200\sim400nm$ 的电磁波称为近紫外区，由于玻璃对波长 $300nm$ 的电磁波有吸收，在 $300nm$ 以下的测定中光学元件不能使用玻璃，一般以石英制品代替，在 $300nm$ 以下的区域又称石英区。而波长在 $400\sim800nm$ 的电磁波，为可见光区。因此，有机化合物测定中所谓的紫外光谱是指 $200\sim400nm$ 的近紫外区的吸收光谱，通常用 UV 表示。波长更长的即为可见光区，波长为 $400\sim800nm$。人对可见光是可感知的。不同波长的光具有不同的颜色，称为光谱色。白光照到物体上，物体吸收一定范围波长的光，显示出其余波长范围的光，后者称为补色。

二、电子跃迁的类型

为简化对多原子分子紫外吸收的讨论，现仅讨论电子能级的跃迁。有机化合物外层电子为：σ 键上的 σ 电子，π 键上的 π 电子，未成键的 n 电子。电子跃迁主要有 $\sigma\rightarrow\sigma*$，$\pi\rightarrow\pi*$，$n\rightarrow\sigma*$ 和 $n\rightarrow\pi*$ 四种。前两种属于电子从成键轨道向对应的反键轨道的跃迁，后两种是杂原子的未成键轨道上的电子被激发到反键轨道的跃迁。由图 1-3 可知，不同轨道的跃迁所需的能量不同，即需要不同波长的光激发，因此形成的吸收光谱谱带的位置也不同。下面分别进行讨论。

(一)$\sigma \to \sigma^*$ 跃迁

单键中的 σ 电子只能从 σ 键的基态跃迁到 σ 键的激发态,即 $\sigma \to \sigma^*$,因其能级差很大,跃迁需要较高的能量,相应的激发光波长较短,在 $150 \sim 160$nm,对应的紫外吸收处于远紫外区,超出了一般紫外分光光度计的检测范围。

(二)$\pi \to \pi^*$ 跃迁

不饱和键中的 π 电子吸收能量跃迁到 π^* 反键轨道。其能级差较 $\sigma \to \sigma^*$ 为小,反映在紫外吸收上,其吸收波长较 $\sigma \to \sigma^*$ 长。孤立双键的 $\pi \to \pi^*$ 跃迁产生的吸收带位于 $160 \sim 180$nm,仍在远紫外区。但在共轭双键体系中,吸收带向长波方向位移。共轭体系越大,$\pi \to \pi^*$ 跃迁产生的吸收带波长越长。例如乙烯的吸收带位于 164nm,丁二烯为 217nm,$1,3,5$-己三烯的吸收带移至 258nm。这种因共轭体系增大而引起的吸收带向长波方向位移是因为处于共轭状态下的几个 π 轨道会重新组合,使得成键电子从最高占有轨道到最低空轨道之间的跃迁能量大大降低。

(三)$n \to \sigma^*$ 跃迁

氧、氮、硫、卤素等杂原子的未成键 n 电子向 σ^* 跃迁。当分子中含有—NH_2、—OH、—SR、—X 等基团时,就能发生这种跃迁。n 电子的 $n \to \sigma^*$ 跃迁所需能量较 $\sigma \to \sigma^*$ 跃迁的小,所以相应的波长较 $\sigma \to \sigma^*$ 长,一般出现在 200nm 附近。$n \to \sigma^*$ 跃迁所需的能量主要取决于杂原子的种类,受杂原子性质的影响较大,而与分子结构的关系较小。

(四)$n \to \pi^*$ 跃迁

当不饱和键上连有杂原子(如羰基、硝基等)时,杂原子上的 n 电子能跃迁到 π^* 轨道上,是各种电子能级跃迁中能级差最小的,其吸收波波长最长,在 $270 \sim 300$nm 的近紫外区。如果杂原子的双键基团与其他双键基团形成共轭体系,其跃迁产生的吸收带将向长波位移,如共轭的 $\pi \to \pi^*$ 一样。例如丙酮的 $n \to \pi^*$ 和 $\pi \to \pi^*$ 分别是 276nm 和 166nm,而 4-甲基-3-戊烯酮的相应的两个吸收波长分别位移到 313nm 和 235nm。

以上四种跃迁中,只有 $n \to \pi^*$、共轭体系的 $\pi \to \pi^*$ 和部分的 $n \to \sigma^*$ 产生的吸收带位于紫外区域,能被普通的紫外分光光度计所检测。由此可见,紫外吸收光谱的应用范围有很大的局限性。吸收带的强度与跃迁概率有关,见表 $2 - 1$。

表 $2 - 1$ 各种跃迁所需能量大小顺序及强度比较

跃迁能量	$\sigma \to \sigma^*$	$> n \to \sigma^*$	$\geqslant \pi \to \pi^*$	$> n \to \pi^*$
吸收强度	强	弱	强	弱
吸收波长范围/nm	<150	~ 200	~ 200	$270 \sim 400$
键型	C—C C—H	C—N C—O C—X C—S	C=C C=N C=O C=S	C=N C=O C=S

三、紫外—可见光谱仪

(一)基本组成

紫外—可见光谱仪的基本组成为光源、单色器、样品室、检测器和结果显示记录系统。

1. 光源　在整个紫外光区或可见光区可以发射连续光谱,具有足够的辐射强度、较好的稳定性、较长的使用寿命。可见光区用钨灯作为光源,其辐射波长范围在 320～2500nm。紫外区用氢、氘灯作为光源,发射 185～400nm 的连续光。

2. 单色器　将光源发射的复合光分解成单色光并可从中选出任一波长单色光的光学系统。包括入射狭缝(光源的光由此进入单色器)、准光装置(透镜或反射镜使入射光成为平行光束)、色散元件(作用是将复合光分解成单色光,一般采用棱镜或光栅两种形式,棱镜是利用各种波长光折射率不同分光,光栅是利用光的衍射作用分光)、聚焦装置(透镜或凹面反射镜,将分光后所得单色光聚焦至出射狭缝)、出射狭缝。

3. 样品室　样品室放置各种类型的吸收池(比色皿)和相应的池架附件。吸收池主要有石英池和玻璃池两种。在紫外区须采用石英池,可见区一般用玻璃池。

4. 检测器　检测器是一种将光能转换成可测的电信号的电子器件,早期的有光电池、光电管,现在多用光电倍增管,最新检测器为光二极管阵列检测器,由多个二极管组成,能在极短时间内,获得全光谱。

5. 结果显示记录系统　这部分包括检流计、数字显示系统等,一般采用微机进行仪器自动控制和结果处理。即电信号经放大器放大后,送至记录器,绘制出波长和吸光度之间的关系曲线。

(二)紫外—可见光分光光度计的类型

1. 单光束分光光度计　一束光通过一个样品池,空白样、样品要分开测定。简单、价廉,适于在给定波长处测量吸光度或透光度,一般不能作全波段光谱扫描,要求光源和检测器具有很高的稳定性。

2. 双光束分光光度计　斩光器将一个波长的光分成两束,分时交替地照射空白池和样品池,克服了光源不稳定引入的误差。自动记录,快速全波段扫描。可消除检测器灵敏度变化等因素的影响,特别适合于结构分析。仪器复杂,价格较高。

3. 双波长分光光度计　将不同波长的两束单色光(λ_1、λ_2)快速交替通过同一吸收池而后到达检测器,产生交流信号,无须参比池,$\Delta\lambda = 1～2nm$。两波长同时扫描即可获得导数光谱。

上述紫外—可见光谱的测量仪器中,以双光束自动记录式紫外光谱仪最实用。紫外光源主要使用氢灯和碘钨灯,两种光源的发射波长光度范围不同。氢灯可产生 165～360nm 波长范围的光,当超过 360nm 时,则应采用钨灯或碘钨灯,一般可以在 340～2500nm 范围内均可使用,光源可以自动进行切换。

(三)紫外—可见光分光光度计的校正

1. 波长的校正　用氢(氘)灯、钬玻璃、苯蒸气等谱线校正仪器波长。

2. 吸光度校正　用规定浓度的标准有色溶液(如硫酸铜溶液)校正。

3. 吸收池的校正　参比液和样品液交换放置在配对的吸收池中测定,应使测得 $\Delta A < 1\%$。

四、紫外可见光谱图

紫外可见光谱通常在非常稀的溶液中测量。精确称取一定量的化合物（当相对分子质量在 $100\sim200$ 之间，通常取 1mg 左右），将其溶解在选取的溶剂中，在一个石英样品池中装入该溶液，另一个石英样品池中装入纯溶液，两个池分别放在紫外分光光度计的适当位置进行测量。当一个试样连续地受不同波长的紫外光辐照时，有些波长的光波被吸收，有些吸收很少或不被吸收，这样就可以在仪器的记录仪上得到这个样品的紫外吸收光谱或简称紫外光谱。

紫外光谱通常是以吸收曲线的形式表示，图 2-1 为紫外光谱示意图。横坐标是吸收光的波长，单位用纳米（nm）表示。纵坐标有两种不同的表示方法：一种是吸收度（A）或摩尔吸光系数（ε），其吸收峰向上；另一种用百分透光率表示，吸收峰向下，A、ε 及物质的量间服从朗伯—比尔定律。由于有机化合物的摩尔吸收系数变化范围很大，从十几万到数十万，因此，通常用 $\lg\varepsilon$ 表示。当化合物的最大吸收（ε_{max}）在某波长位置时，则波长用 λ_{max} 表示。但是必须注意的是，当样品和实验条件相同，使用 ε 用 $\lg\varepsilon$ 表示的两个谱图仍有明显差异，但最大吸收所对应的波长 λ_{max} 总是相同的。

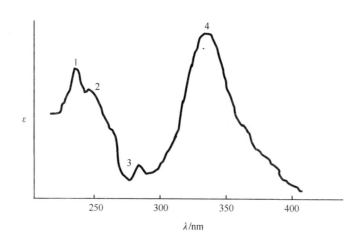

图 2-1 紫外光谱示意图

1,4—吸收峰 2—肩峰 3—吸收谷

从实验中测出吸光度 A 或百分透光率 $T\%$，再利用朗伯—比尔定律就可以计算某物质在一定波长下的摩尔吸光系数。

由于紫外光谱的测定大多数是在溶液中进行的，而溶剂的不同将会对吸收带的位置及吸收曲线的形态有较大的影响。一般来讲，极性溶剂会造成 $\pi \rightarrow \pi^{*}$ 吸收带发生红移（吸收峰向长波方向移动），而使 $n \rightarrow \pi^{*}$ 跃迁发生蓝移（吸收峰向短波方向移动），而非极性溶剂对上述跃迁影响不太明显。因此选取溶剂需注意下列几点：

（1）当光的波长减小到一定数值时，溶剂会对它产生强烈的吸收（即溶剂不透明），这即是所谓"端吸收"，样品的吸收带应处于溶剂的透明范围。透明范围的最短波长称透明界限。常用溶剂的透明界限如表 2-2 所示。

表 2－2 常用溶剂的透明界限

溶　剂	透明界限	溶　剂	透明界限
水	190	丙酮	335
乙腈	190	苯	285
正己烷	200	二硫化碳	335
异辛烷	200	四氯化碳	265
环己烷	205	二氯甲烷	230
乙醇(95%)	205	乙酸乙酯	205
甲醇	210	庚烷	195
乙醚	215	戊烷	200
1,4-二氧六环	215	异丙醇	205
三甲基磷酸酯	215	吡啶	305
氯仿	245	甲苯	285
四氢呋喃	230	二甲苯	290
2,2,4-三甲基戊烷	210		

（2）样品在溶剂中能达到必要的浓度（此浓度值取决于样品摩尔吸光系数的大小）。

（3）要考虑溶质和溶剂分子之间的作用力。一般溶剂分子的极性强则与溶质分子的作用强，因此应尽量采用低极性溶剂。

（4）为与文献对比，宜采用文献中所使用的溶剂。

（5）其他如溶剂的挥发性、稳定性、精制的再现性等。

五、常用术语和吸收带

(一)常用术语

1. 生色团（Chromophore） 　生色团是指有机化合物分子结构中含有能发生 $\pi \rightarrow \pi*$ 或 $n \rightarrow \pi*$ 跃迁的基团，能在紫外—可见光范围内产生吸收的不饱和基团，如 $C=C$、$C=O$、NO_2 等。

2. 助色团（Auxochrome） 　助色团是指含有非键电子的杂原子饱和基团，当它们与生色团或饱和烃连接时，能使后者吸收波长变长或吸收强度增加（或同时两者兼有），如—OH、—NH_2、—Cl 等。

3. 深色位移（Bathochromic Shift） 　由于基团取代或溶剂效应，最大吸收波长变长。深色位移亦称为红移（Red Shift）。

4. 浅色位移（Hypsochromic Shift） 　由于基团取代或溶剂效应，最大吸收波长变短。浅色位移亦称为蓝移（Blue Shift）。

5. 增色效应（Hyperchromic Effect） 　增色效应是指可使吸收强度增加的效应。

6. 减色效应（Hypochromic Effect） 　减色效应是指可使吸收强度减小的效应。

(二)吸收带

各种不同的电子跃迁在紫外—可见光谱的不同波段产生的吸收峰。吸收带的位置受空间位阻、电子跨环、溶剂极性及体系 pH 值的影响。除了下面 R 带、K 带、B 带、E 带四种常见类型,还有电荷迁移跃迁、配位场跃迁产生的吸收带等。

将紫外—可见光区的主要吸收带及其特点列于表 2-3。

表 2-3 紫外—可见光区的主要吸收带及其特点

吸收带符号	跃迁类型	波长/nm	吸收强度	其他特征
R	$n \to \pi^*$	250~500	$\varepsilon < 100$	溶剂极性↑,λ_{max}↓ 共轭双键↑,λ_{max}↑,强度↑
K	共轭 $\pi \to \pi^*$	210~250	$\varepsilon > 10^4$	溶剂极性↑,λ_{max}↑
B	芳香族 C=C 骨架振动及 环内 $\pi \to \pi^*$	230~270 重心~256	~200	蒸气状态出现精细结构
E	苯环内 $\pi \to \pi^*$ 共轭系统	~180(E_1) ~200(E_2)	~10^4 ~10^3	助色基团取代,λ_{max}↑; 生色团取代,与 K 带合并

1. R 带(基团型,源于德文 Radikal) 主要是 $n \to \pi^*$ 引起,即发色团中孤电子对 n 电子向 π^* 跃迁的结果。此吸收带强度较弱 $\varepsilon_{max} < 100$,吸收波长一般在 270nm 以上。如丙酮在 279nm,$\varepsilon_{max} = 15$,乙醛在 291nm,$\varepsilon_{max} = 11$。

2. K 带(共轭型,源于德文 Konjugation) 由于 $\pi \to \pi^*$ 跃迁引起,其特征是吸收峰强,$\varepsilon_{max} > 10^4$,具有共轭体系及具有发色团的芳香族化合物(如苯乙烯、苯乙酮)的光谱中出现 K 带,随着共轭体系的增加,其波长红移并出现增色效应。

3. B 带(苯型,Benzenoid Band) B 带专指苯环上的 $\pi \to \pi^*$ 跃迁。在 230~270nm 形成一个多重的吸收峰(其形状类似人的手指,俗称五指峰),通过其细微结构可识别芳香族化合物。但一些有取代的苯环可引起此带消失。

4. E 带(乙烯型,Ethylenic Band) E 带也产生于 $\pi \to \pi^*$ 跃迁,可看成苯环中 π 电子相互作用而导致激发态的能量发生裂分的结果。如苯的 $\pi \to \pi^*$ 跃迁可以观察到三个吸收带。E_1 带、E_2 带和 B 带,其中 E_1 带落在真空紫外区一般不易观察到,如图 2-2 所示。

(三)影响吸收带的因素

1. 空间位阻 两个共轭的生色团由于空间位阻而影响它们处于同一个平面;顺反异构或几何异构等使吸收带产生位移。

2. 跨环效应 由于适当的空间排列,使原来不共轭的体系中的电子跨环发生相互作用而使吸收带位移。

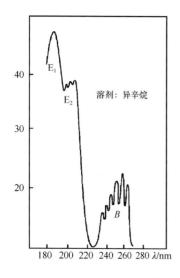

图 2-2 苯的紫外吸收光谱图

3. 溶剂效应 同一物质在不同溶剂中产生的吸收峰位置、强度均会有所不同。由于 $n \to \pi^*$ 跃迁和 $\pi \to \pi^*$ 跃迁受溶剂影响能量的改变不同,使吸收带位移的情况也不同。

4. 体系 pH 值 体系 pH 值的变化,可改变物质的离解状况等,使吸收峰发生位移。

第二节 有机化合物的紫外光谱

一、饱和的有机化合物

(一)饱和的碳氢化合物

饱和的碳氢化合物唯一可发生的跃迁为 $\sigma \to \sigma^*$,能级差很大,紫外吸收的波长很短,属于远紫外范围,如甲烷、乙烷的最大吸收分别为 125nm、135nm。由于吸收在远紫外范围,不能用一般的紫外分光光度计进行测定。

(二)含杂原子的饱和化合物

杂原子具有孤电子对,含杂原子的饱和基团一般为助色团。这样的化合物有 $n \to \sigma^*$ 跃迁,但大多数情况下,它们在近紫外区仍无明显吸收。硫醚、硫醇、胺、溴化物、碘化物在近紫外有弱吸收,但其大多数均不明显。例如:

$$CH_3NH_2 \qquad 215.5nm(\varepsilon=600) \qquad 173.7nm(\varepsilon=2200)$$
$$CH_3I \qquad 257nm(\varepsilon=378) \qquad 258.2nm(\varepsilon=444)$$

从上面的讨论可知,一般的饱和有机化合物在近紫外区无吸收,不能将紫外吸收用于鉴定;反之,它们在近紫外区对紫外线是透明的,故常可用作紫外测定的良好溶剂。

二、非共轭的不饱和化合物

(一)非共轭的烯烃和炔烃

它们都含有 π 电子不饱和体系,当分子吸收一定能量的光子时,可以发生 $\sigma \to \sigma^*$、$\pi \to \pi^*$ 的跃迁。其中以 $\pi \to \pi^*$ 跃迁能量最低。$\pi \to \pi^*$ 跃迁出现两个吸收带,强吸收带的位置在真空紫外区,弱吸收带在近紫外区。如乙烯吸收在 165nm,乙炔吸收在 173nm,因此,它们虽名为生色团,但若无助色团的作用,在近紫外区仍无吸收。

(二)含不饱和杂原子的化合物

1. 羰基化合物 在羰基化合物中,含有碳氧双键,并且氧原子上的具有孤对电子,可能发生 $\sigma \to \sigma^*$、$\pi \to \pi^*$、$n \to \sigma^*$、$n \to \pi^*$ 四种跃迁,其中 $n \to \pi^*$ 跃迁能量最小,吸收带在近紫外区,但强度很弱。羰基的吸收光谱受取代基的影响显著,一般酮在 $270 \sim 285nm$,而醛略向长波方向移动,在 $280 \sim 300nm$ 附近。当羰基的碳原子与带 n 电子的杂原子基团,如—OH、—OR、—X、—NH₂等相连,就得到羧基、酯、酰卤、酰胺等。它们的羰基 $n \to \pi^*$ 跃迁比醛、酮有较大幅度的蓝移,这是诱导效应和共轭效应共同作用的结果。

2. 硝基与亚硝基化合物 脂肪族硝基化合物在紫外区有两个吸收带,即 $\pi \to \pi^*$ 跃迁的 λ_{max} 为 200nm 左右($\varepsilon \sim 50000$)和 $n \to \pi^*$ 跃迁的 λ_{max} 为 270nm 左右($\varepsilon \sim 15$)。脂肪族硝基化合物

的 $n \rightarrow \pi^*$ 跃迁受取代基影响不大,但吸收强度随相对分子质量的增加而增加。当溶剂极性增大时,$n \rightarrow \pi^*$ 跃迁发生蓝移。

脂肪族亚硝基化合物的主要吸收带有 $\pi \rightarrow \pi^*$ 跃迁强吸收带 220nm 附近和 $n \rightarrow \pi^*$ 跃迁弱吸收带 270~290nm 附近。

3. 脂肪族偶氮化合物和重氮化合物　偶氮化合物的偶氮基一般出现三个吸收带,两个分别出现在 165nm 和 195nm 附近,第三个由 $n \rightarrow \pi^*$ 跃迁引起的吸收谱带出现在 360nm 附近,因此一些偶氮化合物主要表现为黄色。重氮化合物在 250nm 附近有强吸收带,在 350~450nm 区有弱吸收带。

三、共轭体系的化合物

(一)共轭烯烃体系

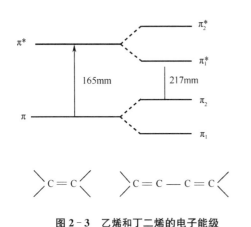

图 2-3　乙烯和丁二烯的电子能级

共轭体系的形成使吸收移向长波方向。图 2-3 显示了从乙烯变成共轭丁二烯时的电子能级的变化。原烯基的两个能级各自分裂为两个新的能级,电子跃迁所需的能量减少,所以在原有 $\pi \rightarrow \pi^*$ 跃迁的长波方向出现新的吸收。一般把共轭体系的吸收带称为 K 带。K 带对近紫外吸收是重要的,因其出现在近紫外范围,且摩尔吸收系数也高,一般 $\varepsilon_{max} > 10000$。

共轭体系越长,其最大吸收越移向长波方向,甚至到可见光部分。随着吸收移向长波方向,吸收强度也增大,$H(CH=CH)_n H$ 在不同溶液中的最大吸收见表 2-4。

表 2-4　$H(CH=CH)_n H$ 的最大吸收

n	λ_{max}/nm	溶　　剂
2	217	己烷
3	268	2,2,4-三甲基戊烷
4	304	环己烷
5	334	2,2,4-三甲基戊烷
6	364	2,2,4-三甲基戊烷
7	390	2,2,4-三甲基戊烷
8	410	2,2,4-三甲基戊烷
10	447	2,2,4-三甲基戊烷

(二)α,β-不饱和醛酮

α,β-不饱和醛酮中羰基双键与碳碳双键共轭。与孤立双键的醛酮相比,α,β-不饱和醛、酮

分子中 $\pi \rightarrow \pi^*$ 跃迁和 $n \rightarrow \pi^*$ 跃迁的 λ_{max} 均红移。$\pi \rightarrow \pi^*$ 跃迁，$\lambda_{max}200 \sim 250nm$，$lg\varepsilon > 4$，即所谓的 K 带。$n \rightarrow \pi^*$ 跃迁，$\lambda_{max}300 \sim 330nm$，$lg\varepsilon$ 小很多，即所谓的 R 带。另外，$\pi \rightarrow \pi^*$ 跃迁随溶液极性增大，λ_{max} 红移；$n \rightarrow \pi^*$ 跃迁随溶液极性增大，λ_{max} 蓝移。

(三)α, β-不饱和酸、酯、酰胺

α, β-不饱和酸、酯、酰胺 λ_{max} 较相应的 α, β-不饱和醛酮蓝移。K 带在 $210 \sim 230nm$，R 带在 $260 \sim 280nm$。极性基团导致 λ_{max} 较大程度红移，且红移与取代基的位置有关。α, β-不饱和酰胺的最大吸收低于相应的酸。α, β-不饱和酯的最大吸收稍低于相应的酸。

四、芳香族化合物

芳香族化合物均含有环状共轭体系，有共轭的 $\pi \rightarrow \pi^*$ 跃迁，因此也是紫外吸收光谱研究的重点之一。下面对芳香族化合物主要类型苯及取代苯、稠环芳烃和杂环芳烃的紫外光谱特征进行简单介绍。

(一)苯和取代苯

苯分子在 $180 \sim 184nm$、$200 \sim 204nm$($\varepsilon = 8800$)有强吸收带，即 E_1、E_2 带；在 $230 \sim 270nm$ 有弱吸收带($\varepsilon = 250$)，即 B 带。一般紫外光谱仪观察不到 E_1 带，E_2 带有时也仅以"末端吸收"出现，观察不到其精细结构。B 带为苯的特征谱带、以中等强度吸收和明显的精细结构为特征。

在烷基取代苯中，烷基对苯环电子结构产生的影响很小。由于共轭效应，一般导致 E_2 带和 B 带红移。同时 B 带的精细结构特征有所降低。如甲苯，E_2 带 $208nm$($\varepsilon = 7900$)，B 带 $262nm$($\varepsilon = 260$)。

当助色团与苯环直接相连时，取代苯的 E_2 带和 B 带红移，吸收强度也有所增强，但 B 带的精细结构消失，这是由于 $p \rightarrow \pi$ 共轭所致。分子中共轭体系的电子分布和结合情况影响紫外吸收带。如苯酚在碱性水溶液中测定时，E_2 带和 B 带红移；而苯胺在酸性水溶液中测定时，E_2 带和 B 带蓝移。这是因为苯酚在碱性条件下变成阴离子，氧原子上增加了一个能与苯环共轭的孤对电子，而苯胺的氮原子上唯一的孤对电子在形成铵盐时与 H^+ 构成了阳离子，不再与苯环共轭，所以出现了一个与苯环几乎相同的紫外光谱。当生色团与苯环相连时，B 带有较大的红移，同时在 $200 \sim 250nm$ 出现强的 K 带，$\varepsilon > 10^4$。有时会将 B 带、E_2 带(如果同时有助色团存在)淹没，对光谱带的完整解释较为困难。

(二)稠环芳烃

与苯环相似，稠环芳烃也有 E_1 带、E_2 带和 B 带三个吸收带，三个带都伴随有振动能级跃迁的精细结构。随着稠环环数的增加，共轭体系增大，三个吸收带的波长均红移，E_1 带出现在 $200nm$ 以上，E_2 带和 B 带可能进入可见光区域，吸收强度大大增大。

(三)芳香族杂环化合物

芳香族杂环化合物可分为五元杂环、六元杂环以及杂原子的稠环。它们的紫外光谱与苯系芳烃有相似之处。如吸收带常有精细结构，环上有助色团或生色团时吸收带红移。

第三节　不饱和化合物吸收波长的经验方法计算

在理论分析与大量实验数据归纳总结的基础上建立的经验公式常用于预测比较复杂有机化合物的紫外光谱。有机化学家伍德沃德（Woodward）等总结了一套预测不饱和化合物最大吸收峰位的经验公式，对鉴定和推测化合物的结构非常有用，下面分述这几种经验公式。

一、共轭烯吸收的计算值

共轭体系的化合物中的 $\pi \rightarrow \pi*$ 跃迁带由于能量降低因此发生明显的红移。大多数出现在 200nm 以上的区域。如乙烯的 $\pi \rightarrow \pi*$ 跃迁在 164nm，而 1,3-丁二烯在 217nm。共轭体系化合物的紫外光谱研究得很深入，从中也引出了一些规律性的东西。对一些共轭体系的 K 带吸收位置可进行计算，其计算值与实测值较为符合。这是由 Woodward 在 1941 年首先提出的，他总结出一个取代双烯的经验规则见表 2-5，后经其他研究者修正，称为 Woodward 规则。表 2-5 指六元环，若为五元环或七元环基本值分别为 228nm 和 241nm，应用上面的规则可对一些结构的 λ_{max} 进行预测。

表 2-5　计算取代共轭双烯紫外 λ_{max} 值的 Woodward 规则（EtOH 溶液）

母体异环或开键共轭双烯	基本值	双键碳原子上每一个取代基	增　量
，ＯＯ	217nm	—R	+5nm
同环共轭双键	+36nm	—O—COR	+0nm
每个延伸共轭双键	+30nm	—OR	+6nm
每个环外双键	+5nm	—Cl，—Br	+5nm
每个烷基取代或环残基	+5nm	—NR$_2$	+60nm

使用该经验方法计算的要点是：在基本值上将结构改变部分对吸收波长的贡献一一加上。应该注意的是只有共轭体系以及与其相连部分的结构改变时，吸收带波长才会发生改变。下面举例说明。

实例 2-1　计算下面化合物的 λ_{max}。

解：

母体基数	217nm
同环二烯	36nm
环外双键	5nm
烷基取代基（3×5）	15nm
计算值	273nm
实测值	271nm

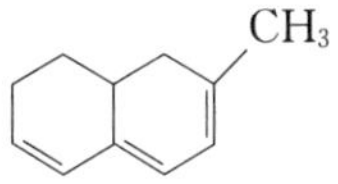

解：

母体基数	217nm
同环二烯	36nm
环外双键	5nm
烷基取代基(4×5)	20nm
共轭系统的延长	30nm
计算值	308nm
实测值	309nm

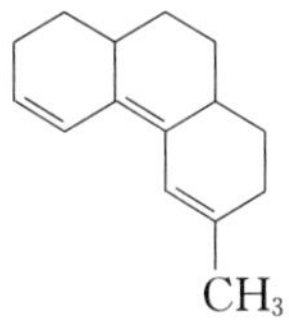

解：

母体基数	217nm
环外双键(2×5)	10nm
烷基取代基(5×5)	25nm
共轭系统的延长	30nm
计算值	282nm
实测值	284nm

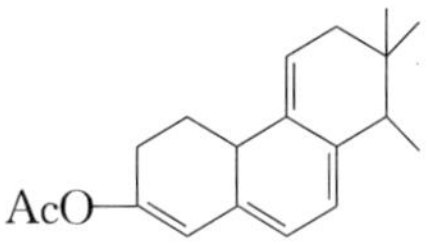

解：

母体基数	253nm
环外双键(3×5)	15nm
烷基取代基(5×5)	25nm
共轭系统的延长(2×30)	60nm
计算值	353nm
实测值	352nm

用 Woodward 规则计算四个或者四个以下的共轭烯烃 K 吸收带位置时，计算结果与实测值相当吻合。超过四个双键的共轭多烯可以使用 Fiesser-kuhn 规则。这个规则不仅可以预测 λ_{max}，还可以预测 ε_{max}。

$$\lambda_{max} = 114 + 5M + n(48 - 1.7n) - 16.5Rendo - 10Rexo$$

$$\varepsilon_{max} = (1.74 \times 10^4)n$$

式中：M 为烷基数，n 为共轭双键数，Rendo 为具有环内双键的个数，Rexo 为具有环外双键的个数。

实例 2-2 计算 β-胡萝卜素(β-Cartene)的 λ_{max} 和 ε_{max}。

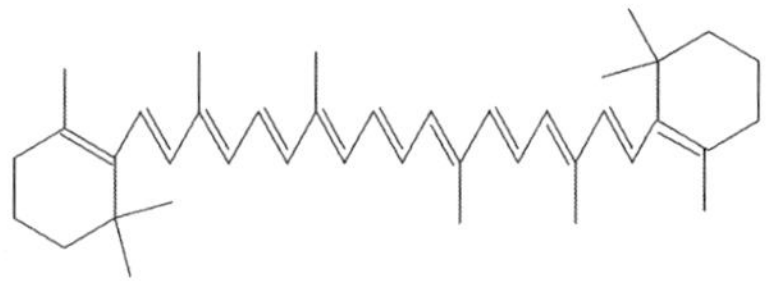

解:据其结构 $M=10$ $n=11$ Rendo$=2$ Rexo$=0$

$\lambda_{max}=114+(5\times10)+11(48-1.7\times11)-16.5\times2-10\times0=453.3$(计算值)

实测 $\lambda_{max}=452nm$(已烷)

$\varepsilon_{max}=(1.74\times10^4)\times11=1.91\times10^5$

实测 $\varepsilon_{max}=1.52\times10^5$(已烷)

根据费舍-昆(Fiesser-kuhn)规则,化合物分子中含的共轭双键的数量越多,则相应的紫外吸收光的波长越长。含有八个或八个以上双键的多烯烃的吸收光,其波长已经在可见光范围内。β-胡萝卜素的最大波长为453nm,已在可见光范围内。由于被吸收的453nm的光为蓝绿色,所以人们看到的 β-胡萝卜素是蓝绿色的补色——橙红色。

二、α,β-不饱和醛、酮、酸、酯吸收的计算值

同样由于 Wordward 和 Fiseser 的研究,对共轭醛、酮 K 吸收带的位置也可以进行计算(表2-6)。应用这个规则应该注意的是,有两个可供选择的 α,β-不饱和羰基母体时,应优先选择具有波长较大的一个。环上的羰基不能作为环外双键,共轭体系有两个羰基时,其中之一不作为延长双键,仅作为取代基 R 计算。

表 2-6 α,β-不饱和羰基化合物吸收位置计算法(乙醇)

基 团			对吸收带波长的贡献/nm
基本值	链状和六元环 α,β-不饱和酮		215
	五元环 α,β-不饱和酮		202
	α,β-不饱和醛		210
	α,β-不饱和酸、酯		195
增 量	每增加一个共轭双键		30
	同环共轭双键		39
	环外双键		5
	烷基或环烷取代基	α	10
		β	12
		γ 及更高	18
	助色团取代	—OH α	35
		β	30
		δ	50
		—OAc α,β,δ	5
		—OR α	35
		β	30

续表

基 团			对吸收带波长的贡献/nm
增 量	助色团取代	—OR γ	17
		—OR δ	31
		—SR β	85
		—Cl α	15
		—Cl β	12
		—Br α	25
		—Br β	30
		—NR$_2$ β	95

注 本表数据适合乙醇为溶剂的情况,若用其他溶剂时需要作校正,校正方法是计算值减去相应溶剂的校正值,然后再与实测值比较。

实例 2-3 计算下面化合物的 λ_{max}。

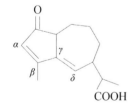

解:

母体基数	215nm
共轭双键延长(2×30)	60nm
环外双键(1×5)	5nm
同环二烯(1×39)	39nm
β-烷基取代(1×12)	12nm
(δ+1)-烷基取代基(1×18)	18nm
(δ+2)-烷基取代基(2×18)	36nm
计算值	385nm
实测值	388nm

解:

母体基数	202nm
共轭双键延长(1×30)	30nm
环外双键(1×5)	5nm
β-烷基取代(1×12)	12nm
γ-烷基取代基(1×18)	18nm
δ-烷基取代基(1×18)	18nm
计算值	285nm
实测值	281nm

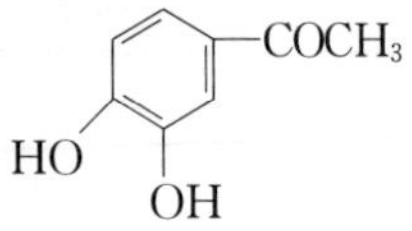

解：

母体基数		246nm
m—OH		7nm
p—OH		25nm
	计算值	278nm
	实测值	279nm

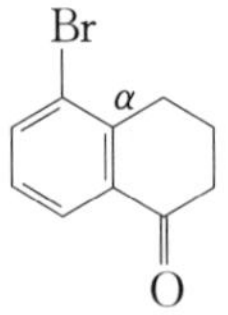

解：

母体基数		246nm
o—环残基		3nm
m—Br		2nm
	计算值	251nm
	实测值	248nm

三、苯的多取代 RC_6H_4COX 型衍生物吸收的计算值

也有些经验公式可以用以预测苯衍生物的紫外吸收波长。这里仅介绍苯酰基化合物 K 吸收带最大吸收波长的 Scott 经验公式（表 2 - 7）。

表 2 - 7　计算 RC_6H_4COX 型化合物紫外吸收位置计算法（乙醇）

		邻位	间位	对位
X＝烷基或环基准值/nm		246		
X＝H 基准值/nm		250		
X＝OH 或 OR 基准值/nm		230		
取代产生的增值/nm	烷基或环	+3	+3	+10
	—OH、—OCH₃、—OR	+7	+7	+25
	—O⁻	+11	+20	+78
	—Cl	0	0	+10
	—Br	+2	+2	+15
	—NH₂	+13	+13	+58
	—NHAc	+20	+20	+45
	—NHCH₃	—	—	+73
	—N(CH₃)₂	+20	+20	+85

第四节　紫外光谱的解析和应用

一、紫外光谱的解析

(一)紫外光谱提供的结构信息

利用紫外吸收光谱鉴定有机化合物的基团,虽不如利用红外吸收光谱普遍和有效,但在鉴定共轭生色团或某些基团方面有其独到之处。

1. 200～400nm 无吸收峰　则表明为饱和化合物或单烯。不含共轭体系,没有醛基、酮基、溴或碘。

2. 200～330nm 有强吸收峰　若在 200～250nm 有强吸收峰,表明含有一个共轭双键。而在 260nm、300nm、330nm 处有强吸收峰,则分别表示含 3、4、5 个双键的共轭体系。

3. 250～300 nm 有弱吸收峰($\varepsilon=10～100$)　则表明含有羰基。在此区域若有中强吸收带,表示具有苯的特征。

4. 有许多吸收峰　若化合物有许多吸收峰,甚至延伸到可见光,则可能为一长链共轭化合物或环芳烃。

(二)紫外光谱解析程序

紫外光谱解析程序主要包括:

(1)确认 λ_{max},并算出 $\lg\varepsilon$,初步估计属于何种吸收带。

(2)观察主要吸收带的范围,判断属于何种共轭体系。

(3)与同类已知化合物的紫外光谱进行比较,或将预测结构计算值与实验值进行比较分析。

(4)与标准品或者文献进行比较、对照或查找标准谱图核对。

二、定性分析

目前无机元素的定性分析主要是用发射光谱法,也可采用经典的化学分析方法,因此紫外—可见光谱在无机定性分析中并未得到广泛的应用。

在有机化合物的定性鉴定和结构分析中,由于紫外—可见光区的吸收光谱比较简单,特征性不强,并且大多数简单官能团在近紫外光区只有微弱吸收或者无吸收,因此,该法的应用也有一定的局限性。但它可用于鉴定共轭生色团,以此推断未知物的结构骨架。在配合红外光谱、核磁共振谱等进行定性鉴定及结构分析中,它无疑是一个十分有用的辅助方法。

(一)定性鉴定

利用紫外分光光度法确定未知不饱和化合物结构的结构骨架时,一般有两种方法。一是比较吸收光谱曲线,二是用经验规则计算最大吸收波长 λ_{max},然后与实测值比较。吸收光谱曲线的形状、吸收峰的数目以及最大吸收波长的位置和相应的摩尔吸收系数,是进行定性鉴定的依据,其中最大吸收波长 λ_{max} 及相应的 ε_{max} 是定性鉴定的主要参数。

所谓比较法是在相同的测定条件下,比较未知物与已知标准物的吸收光谱曲线,如果它们的吸收光谱曲线完全等同,则可以认为待测试样与已知化合物有相同的生色团。在进行这种对比法时,也可以借助于前人汇编的以实验结果为基础的各种有机化合物的紫外与可见光谱标准谱图或有关电子光谱数据表。

紫外吸收光谱只能表现化合物生色团、助色团和分子母核,而不能表达整个分子的特征,因此只靠紫外吸收光谱曲线来对未知物进行定性是不可靠的,还要参照一些经验规则以及其他方法(如红外光谱法、核磁共振波谱、质谱,以及化合物某些物理常数等)配合来确定。此外,对于一些不饱和有机化合物也可采用一些经验规则,如伍德沃德(Woodward)规则、斯科特(Scott)规则,通过计算其最大吸收波长与实测值比较后,进行初步定性鉴定。

(二)结构分析

紫外吸收光谱在研究化合物结构中的主要作用是推测官能团、结构中的共轭关系和共轭体系中取代基的位置、种类和数目。

1. 官能团的鉴定 先将样品尽可能提纯,然后绘制紫外吸收光谱。由所测出的光谱特征,根据一般规律对化合物做初步判断。进行初步推断后,能缩小该化合物的归属范围,然后再按前面介绍的对比法做进一步确认。当然还需要其他方法配合才能得出可靠结论。

2. 顺反异构体的确定 顺反异构体的波长吸收强度不同,由于反式构型没有立体障碍,偶极矩大,而顺式构型有立体障碍影响了平面性,使共轭程度降低。因此一般反式异构体比顺式异构体有较大的 ε_{max} 和 λ_{max}。

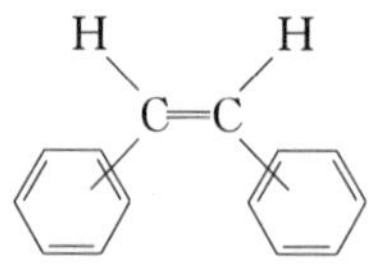

顺-1,2-二苯乙烯($\lambda_{max}=280nm$,$\varepsilon_{max}=10500$) 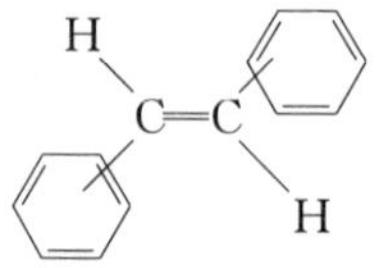   反-1,2-二苯乙烯($\lambda_{max}=295.5\ nm$,$\varepsilon_{max}=29000$)

3. 互变异构体的确定 紫外吸收光谱除应用于推测所含官能团外,还可对某些同分异构体进行判别。常见的异构体有酮—烯醇式、醇醛的环式—链式、酰胺的内酰胺—内酰亚胺式等。例如,乙酰乙酸乙酯具有酮—烯醇式互变异构体,在极性溶剂中,酮式易与极性溶剂形成氢键,在 $272nm[\varepsilon=16L/(cm \cdot mol)]$有 R 吸收带。在非极性溶剂中,烯醇式易形成分子内氢键,除了在 $300nm$ 有一个弱 R 吸收带外,还在 $243nm$ 有一个强 E 吸收带。

(三)化合物纯度的检测

紫外吸收光谱能检查化合物中是否含具有紫外吸收的杂质,如果化合物在紫外光区没有明显的吸收峰,而它所含的杂质在紫外光区有较强的吸收峰,就可以检测出该化合物所含的杂质。例如,要检查乙醇中的杂质苯,由于苯在 $254nm$ 处有吸收,而乙醇在此波长下无吸收,因此可以利用这一特征检定乙醇中的杂质苯。又如,要检查四氯化碳中有无 CS_2 杂质,只要观察在 $318nm$ 处有无 CS_2 的吸收峰就可以确定。

紫外光谱用于鉴定物质纯度时,有用量小、快速和灵敏等优点($10^{-5} \sim 10^{-3}\ mol/L$)。例如,工业上生产环己烷是将苯彻底氢化获得,若产品中混有微量苯时,其紫外光谱在 $254nm$ 处会有苯的吸收峰。如果一化合物在紫外区没有吸收峰,而其中的杂质有较强的吸收,就可以检出该化合物中的痕量杂质。例如,乙酸中的醛在280nm处有吸收,以蒸馏水为参比,在270～290nm扫描或测定吸光度,即可鉴定是否有醛存在。

另外,还可以用吸光系数来检查物质的纯度。一般认为,当试样测出的摩尔吸光系数比标准样品测出的摩尔吸光系数小时,其纯度不如标样。相差越大,试样纯度越低。例如菲的氯仿溶液,在296nm处有强吸收(lgε＝4.10),用某方法精制的菲测得ε值比标准菲低10％,说明实际含量只有90％,其余很可能是蒽醌等杂质。

三、定量分析

定量分析的依据是朗伯—比尔定律,其基本方法是用选定波长的光照射被测物质溶液,测定它的吸光度,再根据吸光度计算被测组分的含量。值得提出的是,在进行紫外定量分析时应选择好测定波长和溶剂。通常情况下一般选择 λ_{max} 作测定波长,若在 λ_{max} 处共存的其他物质也有吸收,则应另选ε较大,而共存物质没有吸收的波长作测定波长。选择溶剂时要注意所用溶剂在测定波长处应没有明显的吸收,而且对被测物溶解性要好,不和被测物发生作用,不含干扰测定的物质。

四、紫外光谱的应用

(一)在精细化工产品分析中的应用

洗涤剂及洗涤制品常由阴离子和非离子表面活性剂及其他成分复配而成,根据是否出现261nm和277nm吸收峰可以判断是否存在烷基苯磺酸钠和烷基酚聚氧乙烯醚两种表面活性剂。对化妆品的防晒剂以及除臭剂、杀菌剂等均含有能强烈吸收紫外光的共轭芳环化合物(如肉桂酸酯等);同时,作为除臭剂的苯磺酸锌、六氯苯等在紫外区都有特征吸收峰。因此,用紫外光谱进行鉴定、分析非常有效。

(二)在食品分析中的应用

防止食品变质的添加剂(如抗氧化剂、防腐剂等)大部分具有芳环结构或共轭结构,因此可以用紫外光谱进行鉴定。为提高食品营养价值,添加一些维生素进行强化。各种维生素几乎都具有共轭双键或芳环结构,在紫外区也有其特征吸收峰,也可以用紫外光谱进行鉴定和分析。

(三)在纺织化学产品分析中的应用

1. 偶氮染料　偶氮染料一般没有典型的特征吸收峰,取代基对 λ_{max} 值影响很大。图2-4是单偶氮染料的紫外—可见吸收光谱。从图中可以看出,随着共轭链的加长,电子流动性增大,吸收光谱向长波方向移动。

用单取代的苯胺衍生物合成一系列单偶氮分散染料,其 λ_{max} 值与重氮组分和偶合组分上取代基的性质有关。例如,下列类型偶氮染料结构中,由于取代基 Z、R_1、R_2 和 R_3 的不同,致使染料的 λ_{max} 相差100nm。

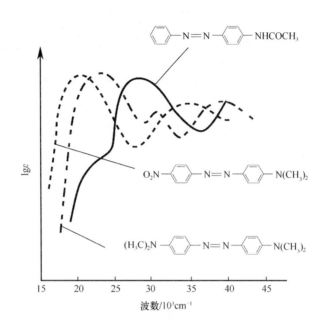

图 2-4　单偶氮染料的紫外—可见吸收光谱

这类染料一般都出现三个吸收带,即 227~245nm(Ⅰ带)、260~282nm(Ⅱ带)和 382~475nm(Ⅲ带)。Ⅰ带和Ⅱ带仅由苯环产生,而Ⅲ带起因于两个苯环和偶氮基整个共轭系统的电子跃迁,即由 $\pi \rightarrow \pi *$ 跃迁所引起。所以,Ⅰ带和Ⅱ带(lgε3.64~4.09)比Ⅲ带(lgε4.42~4.51)弱,由这些规律可以对偶氮染料同系物进行鉴定。

2. 酞菁颜料　铜酞菁衍生物在大部分溶剂中都不溶,只溶于浓硫酸中,图 2-5 为铜酞菁蓝、氯化铜酞菁绿和氯化铜或溴化铜酞菁绿 A 在硫酸中的吸收光谱。

(四)在功能高分子材料分析中的应用

光致变色现象是指在光的照射下颜色发生可逆变化的现象,可通过紫外光谱进行测试研究。如螺噁嗪类化合物 A 的环己烷溶液是没有颜色的,但在 365nm 连续的紫外光的照射下,溶液变成蓝色,在可见区域产生吸收。随照射时间的延长,吸收峰的强度逐渐变大,直至不再变化为止,将化合物的溶液放在暗处,其在可见区域的吸收会逐渐下降。从图 2-6 的紫外可见光谱中可以看出螺噁嗪化合物 A 的开环体 B 的吸收在可见光区域由两个部分组成,一部分就是 420nm 左右出现的一个新峰,另一部分就是在 600~650nm 处的峰。

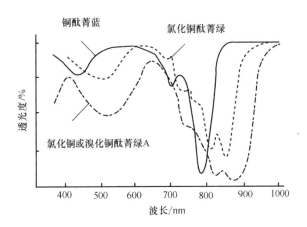

图 2-5　酞菁染料在硫酸中的吸收光谱

A　　　　　　　　B

(a) 在365nm紫外光照射下　　(b) 达到稳定后在暗处

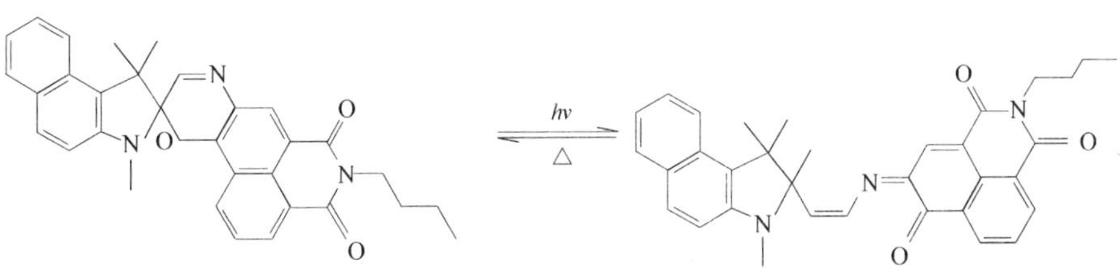

图 2-6　在环己烷溶液中化合物 A 的吸收光谱随时间的变化

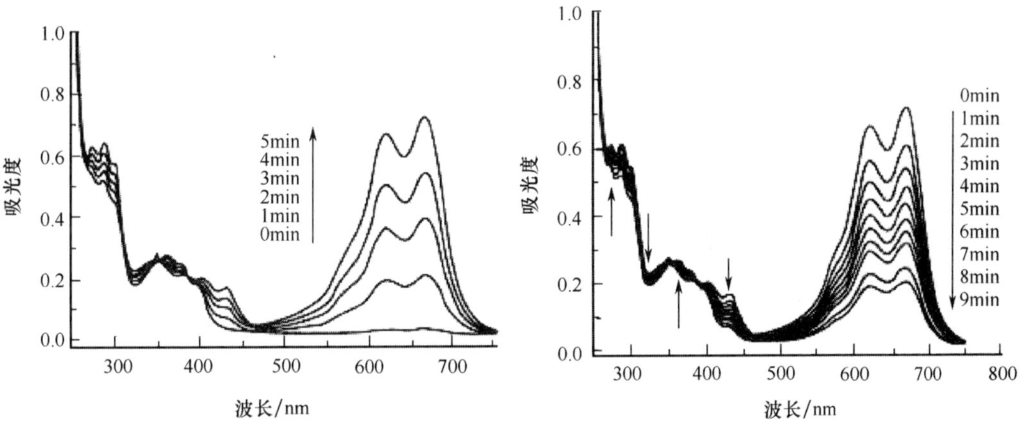

光致变色材料作为一类新功能材料，有着十分广阔的应用前景，例如可以作为光信息储存材料、光开关、光转换器等，这些材料在机械、电子、纺织、国防等领域都大有作为。光致变色涂料、光致变色玻璃、光致变色墨水的研制和开发，具有现实性的应用意义。除了以上应用，光致变色材料还可以作为自显影感光胶片、全息摄影材料、防护和装饰材料、印刷版和印刷电路和伪装材料等。

特别要指出的是，光致变色化合物作为可擦重写光存储材料的研究，是近些年来光致变色领域中研究的热点之一。作为可擦写光存储材料的光致变色光存储介质,应满足在半导体激光波长范围具有吸收、非破坏性读出、良好的热稳定性、优良的抗疲劳性和较快的响应速度等条件。

(五)在无机化合物分析中的应用

在一定条件下,许多金属离子和非金属离子能产生紫外吸收光谱(表2-8),因此可以利用紫外吸收光谱法对它们进行定量分析。例如,Fe^{3+} 和 SO_4^{2-} 形成的络合物的最大吸收波长为300nm;硝酸根在302nm处有一吸收峰。此外,某些金属离子与卤离子生成的络合物,以及某些有机试剂与无机离子生成的络合物都能在紫外区产生吸收峰,这使得用紫外吸光法定量测定这些无机离子成为可能。

表2-8 部分无机材料的紫外吸收位置

被测物	试剂	介质	λ_{max}/nm
Nb(铌)	浓 HCl	水溶液	281
Bi(铋)	KBr	水溶液	365
Sb(锑)	KI	H_2SO_4	330
Ta(钽)	邻苯三酚	HCl	325

思考题和习题

一、思考题

1. 什么是透光率、吸光度、百分吸光系数和摩尔吸光系数?

2. 举例说明发色团和助色团,并解释蓝移和红移。

3. 什么叫选择吸收?它与物质的分子结构有什么关系?

4. 电子跃迁有哪几种类型?跃迁所需的能量大小顺序如何?具有什么样结构的化合物产生紫外吸收光谱?紫外吸收光谱有何特征?

5. 以有机化合物的官能团说明各种类型的吸收带,并指出各吸收带在紫外—可见吸收光谱中的大概位置和各吸收带的特征。

6. 紫外吸收光谱中,吸收带的位置受哪些因素影响?

7. 朗伯—比尔定律的物理意义是什么?为什么说朗伯—比尔定律只适用于稀溶液、单色光?

8. 简述用紫外分光光度法定性鉴定未知物的方法。

9. 举例说明紫外分光光度法如何检查物质纯度。

10. 紫外—可见分光光度法的定量分析中,误差的来源有哪几个方面?如何避免?

二、判断题

1. 分光光度法中,选择测定波长的原则是"吸收最大,干扰最小"。(　　)

2. 乙酸乙酯是常用的紫外测定溶剂。(　　)

3. $\sigma \rightarrow \sigma *$ 跃迁是所有分子中都有的一种跃迁方式。(　　)

4. 苯胺分子中含有杂原子 N，所以存在 $n \rightarrow \pi *$ 跃迁。(　　)

5. 溶剂极性增大，R 带发生红移。(　　)

6. 溶剂极性增大，K 带发生蓝移。(　　)

7. 饱和烃化合物的 $\sigma \rightarrow \sigma *$ 跃迁出现于远紫外区。(　　)

8. 摩尔吸光系数可以衡量显色反应的灵敏度。(　　)

9. 紫外光谱又称振转光谱。(　　)

10. B 带为芳香族化合物的特征吸收带。(　　)

11. 物质的紫外吸收光谱基本上是反映分子中发色团及助色团的特点，而不是整个分子的特性。(　　)

12. 紫外光谱的谱带较宽，原因是其为电子光谱，包含分子的转动与振动能级的跃迁。(　　)

13. 当含有杂原子的饱和基团与发色团或饱和烃相连，使得原有的吸收峰向短波方向位移，这些基团称为助色团。(　　)

14. 由于某些因素的影响，使吸收强度减弱的现象称为红移。(　　)

15. 吸收强度减少的现象称为蓝移。(　　)

三、单选题

1. 所谓真空紫外区，所指的波长范围是(　　)。

 A. 200～400nm   B. 400～800nm   C. 1000nm   D. 100～200nm

2. 下列说法中正确的是(　　)。

 A. 朗伯—比尔定律，浓度 C 与吸光度 A 之间的关系是一条通过原点的直线

 B. 朗伯—比尔定律成立的必要条件是稀溶液，与是否单色光无关

 C. $E_{1cm}^{1\%}$ 称比吸光系数，是指用浓度为 1%（质量浓度）的溶液，吸收池厚度为 1cm 时吸收值

 D. 同一物质在不同波长处吸光系数不同，不同物质在同一波长处的吸光系数相同

3. 某化合物 λ_{max}（正己烷）＝329nm，λ_{max}（水）＝305nm，该吸收跃迁类型为 (　　)。

 A. $n \rightarrow \sigma *$ B. $n \rightarrow \pi *$ C. $\sigma \rightarrow \sigma *$ D. $\pi \rightarrow \pi *$

4. 电子能级间隔越小，电子跃迁时吸收光子的(　　)。

 A. 能量越高   B. 波长越长   C. 波数越大   D. 频率越高

5. 丙酮在乙烷中的紫外吸收 λ_{max}＝279nm，ε＝14.8，此吸收峰由(　　)能级跃迁引起的。

 A. $n \rightarrow \pi *$ B. $\pi \rightarrow \pi *$ C. $n \rightarrow \sigma *$ D. $\sigma \rightarrow \sigma *$

6. 下列化合物中，同时有 $n \rightarrow \pi *$，$\pi \rightarrow \pi *$，$\sigma \rightarrow \sigma *$ 跃迁的化合物是(　　)。

 A. 氯甲烷   B. 丙酮   C. 1,3-丁二烯   D. 甲醇

7. 双光束分光光度计与单光束分光光度计相比，其突出的优点是(　　)。

 A. 可以扩大波长的应用范围

 B. 可以采用快速响应的检测系统

 C. 可以抵消吸收池所带来的误差

D. 可以抵消因光源的变化而产生的误差

8. 下列四种化合物中,在紫外区出现两个吸收带的是(　　)。

　　A. 乙烯　　　　　　B. 1,4-戊二烯　　　C. 1,3-丁二烯　　D. 丙烯醛

9. 分光光度计测量有色化合物的浓度相对标准偏差最小时的吸光度为(　　)。

　　A. 0.368　　　　　　B. 0.334　　　　　　C. 0.443　　　　　D. 0.434

10. 已知 $KMnO_4$ 的相对分子质量为 158.04. $\varepsilon_{545nm} = 2.2 \times 10^3$,今在 545nm 处用浓度为 0.002% $KMnO_4$ 溶液,3.0cm 比色皿测得透光率为(　　)。

　　A. 15%　　　　　　B. 83%　　　　　　C. 25%　　　　　D. 53%

11. 某物质摩尔吸光系数(ε)很大,则表明(　　)。

　　A. 该物质对某波长的吸光能力很强　　　　B. 该物质浓度很大

　　C. 光通过该物质溶液的光程长　　　　　　D. 测定该物质的精密度很高

12. 某有色溶液,当用 1cm 吸收池时,其透光率为 T,若改用 2cm 吸收池,则透光率应为(　　)。

　　A. $2T$　　　　　　B. $2 \lg T$　　　　　C. $\sqrt{T}$　　　　　D. T^2

13. 符合朗伯—比尔定律的有色溶液稀释时,其最大峰的波长位置将(　　)。

　　A. 向长波方向移动　　　　　　　　　　B. 不移动,但峰高值降低

　　C. 向短波方向移动　　　　　　　　　　D. 不移动,但峰高值升高

14. 下列化合物中,(　　)不适宜作紫外光谱测定中的溶剂。

　　A. 甲醇　　　　　　B. 苯　　　　　　C. 碘乙烷　　　D. 正丁醚

15. 在紫外—可见分光光度分析中,极性溶剂会使被测物的吸收峰(　　)。

　　A. 消失　　　　B. 精细结构更明显　　C. 位移　　　D. 分裂

16. 某被测物质的溶液 50mL,其中含有该物质 1.0mg,用 1.0cm 吸收池在某一波长下测得百分透光率为 10%,则百分吸光系数为(　　)。

　　A. 1.0×10^2　　　　B. 2.0×10^2　　　　C. 5.0×10^2　　　D. 1.0×10^3

17. 吸光性物质的摩尔吸光系数与下列(　　)因素有关。

　　A. 比色皿厚度　　B. 该物质浓度　　　C. 吸收池材料　　D. 入射光波长

18. 有 A、B 两份不同浓度的有色溶液,A 溶液用 1.0cm 吸收池,B 溶液用 3.0cm 吸收池,在同一波长下测得的吸光度值相等,则它们的浓度关系为(　　)。

　　A. A=1/3B　　　　B. A=B　　　　　C. B=3A　　　　D. B=1/3A

四、多选题

1. 偏离朗伯—比尔定律的化学因素有(　　)。

　　A. 解离　　　　　B. 杂散光　　　　D. 溶剂化　　　E. 散射光

2. 偏离朗伯—比尔定律的光学因素有(　　)。

　　A. 解离　　　　　　B. 杂散光　　　　　D. 溶剂化　　　E. 散射光

3. 分子中电子跃迁的类型主要有(　　)。

　　A. $\sigma \rightarrow \sigma *$ 跃迁　　B. $\pi \rightarrow \pi *$ 跃迁　　　C. $n \rightarrow \pi *$ 跃迁

　　D. $n \rightarrow \sigma *$ 跃迁　　　E. 电荷迁移跃迁

4. 结构中含有助色团的分子有(　　)。

  A. CH_3CH_2OH　　　　B. CH_3COCH_3　　　　C. $CH_2CH{=\!=}CHCH_2$

  D. $CH_3CH_2NH_2$　　　　E. $CHCl_3$

5. 常见的紫外吸收光谱的吸收带有(　　)。

  A. R 带　　　　　B. K 带　　　　　C. B 带　　　　　D. E_1 带　　　　　E. E_2 带

6. 影响紫外吸收光谱吸收带的因素有(　　)。

  A. 空间位阻　　B. 跨环效应　　C. 顺反异构　　D. 溶剂效应　　E. 体系 pH 值

7. 紫外可见分光光度计中紫外区常用的光源有(　　)。

  A. 钨灯　　　　B. 卤钨灯　　　　C. 氢灯　　　　D. 氘灯　　　　E. 空心阴极灯

8. 结构中存在 $\pi \rightarrow \pi*$ 跃迁的分子是(　　)。

  A. CH_3CH_2OH　　　　　B. $CHCl_3$　　　　　C. CH_3COCH_3

  D. C_2H_4　　　　　　　　E. $C_6H_5NO_2$

五、推测下列化合物含有哪些跃迁类型和吸收带

1. $Ph{-}CH{=\!=}CHCH_2OH$

2. $CH_2{=\!=}CHCH_2CH_2CH_2OCH_3$

3. $CH_2{=\!=}CH{-}CH{=\!=}CH_2{-}CH_2{-}CH_3$

4. $CH_2{-}CH{=\!=}CH{-}CO{-}CH_3$

六、计算题

1. 某试液显色后用 2.0cm 吸收池测量时，$T=50.0\%$。若用 1.0cm 或 5.0cm 吸收池测量，T 及 A 各是多少？

2. 有两种异构体，α 异构体的吸收峰在 228nm$[\varepsilon=1.4\times10^4\,L/(mol\cdot cm)]$，而 β 异构体吸收峰在 296nm$[\varepsilon=1.1\times10^4\,L/(mol\cdot cm)]$。试指出这两种异构体分别属于下面两种结构中的哪一种。

(a) 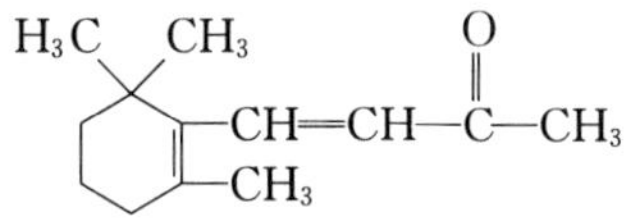 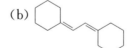　　　　　　(b)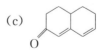

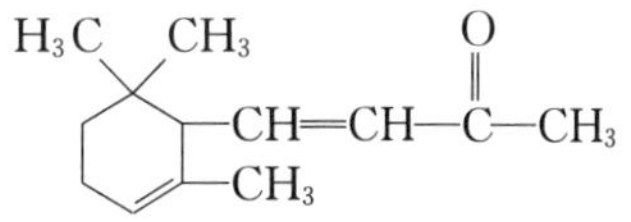

3. 试计算下列化合物的 λ_{max}。

(a) 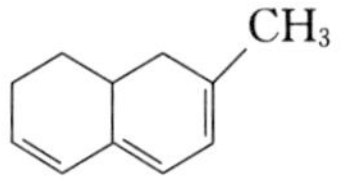　　　　　　　　　　(b)　　　　　　　　　　(c)

参考文献

[1]苏克曼，潘铁英，张玉兰．波谱解析法[M]．上海：华东理工大学出版社，2002.

[2]朱开宏．分析化学例题与习题[M]．上海：华东理工大学出版社，2005.

[3]浙江大学分析化学教研室．分析化学习题集[M]．北京：人民教育出版社，1985.

[4]孙毓庆．分析化学习题集[M]．北京：科学出版社，2005.

[5]王明德．分析化学学习指导[M]．北京：高等教育出版社，1988.

[6]孙延一，吴灵．仪器分析[M]．武汉：华中科技大学出版社，2012.

[7]钱晓荣，郁桂云．仪器分析实验教程[M]．上海：华东理工大学出版社，2009.

[8]朱为宏，杨雪艳，李晶，等．有机波谱及性能分析[M]．北京：化学工业出版社，2007.

[9]李建颖，石军．分析化学学习指导与习题精解[M]．天津：南开大学出版社，2008.

[10]张华．《现代有机波谱分析》学习指导与综合练习[M]．北京：化学工业出版社，2007.

第三章　红外光谱

学习要求：

1. 了解分子振动与红外光谱产生及红外光谱的基本概念。
2. 掌握红外光谱的制样方法。
3. 熟悉各类有机化合物的红外光谱。
4. 熟练掌握红外光谱解析的基本原理及方法。

红外光谱分析法是测定有机化合物结构的重要的物理方法之一，可以用它来对有机物进行定性和定量分析。

对一个未知的有机化合物，可以用红外光谱进行分析。

(1)鉴别分子所含的基团。一张红外光谱图可以回答这个化合物是否含有—OH、—NH$_2$或C=O，从而判断该化合物是醇、醛还是酸；还可以回答该化合物是芳香族化合物还是脂肪族化合物；是饱和化合物还是不饱和化合物；这些基团又是如何连接的等。

(2)可以推断分子的结构。

(3)可以进行组分的纯度分析(定量分析)。

此外，在有机化学理论研究中，红外光谱还可以用来推断分子中化学键的强弱，测定键长、键角及研究反应机理等。

第一节　基本概念

一、红外光谱区域

光是电磁波的一种，红外光与 X 光、紫外光、可见光以及无线电波一样，都是一种电磁波，只是它们的波长不同，各种光谱区域划分如图 3-1 所示，从图中可见红外光是一种波长大于可见光的电磁波。

γ射线	X射线	紫外	可见	红外	微波

μm

图 3-1　各种光谱区域

红外光区为 0.7～200μm，通常光谱学家把红外光区分作近红外区、中红外区和远红外区三个区域。

(1)近红外区[0.7～2.5μm(13300～4000 cm⁻¹)]。靠近可见光的红外光被称为近红外光，低能量的电子跃迁及氢的伸缩与弯曲振动的倍频与结合频都在此区，主要用于定量分析，适用于测定含—OH、—NH₂或—CH 基团的水、醇、酚、胺及不饱和碳氢化合物的组成。

(2)中红外区[2.5～25μm(4000～400cm⁻¹)]。分子中原子振动的基频谱带出现在中红外区。中红外是最常用的，用来对有机化合物作结构分析和定量分析。

(3)远红外区[25～200μm(400～50cm⁻¹)]。因远离可见光区，故称远红外。主要是骨架弯曲振动及有机金属化合物等重原子的振动谱带，主要用于研究分子结构，并可研究气体的纯转动光谱。

二、分子振动与红外光谱的产生

(一)分子的振动和转动

物质分子是在不断运动的，而分子本身的运动是很复杂的，作为一级近似，分子运动可以把它分为分子的平动、转动、振动和分子内电子相对于原子核的运动。平动是不会产生光谱的，与产生光谱有关的运动方式包括分子内电子相对于原子核的运动(这已在第二章紫外光谱中详细介绍，此处不再过多介绍)、分子的振动和分子的转动。

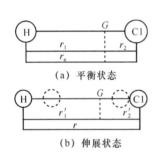

图 3 - 2 双原子分子振动示意图

1. 分子的振动 以 HCl 双原子分子的振动为例。双原子分子 HCl 的两个原子以较小的振幅围绕其平衡位置振动，可近似的把它看作是谐振子，如图 3 - 2 所示。

双原子分子振动的能量可以表示为：

$$E_{振}=\left(V+\frac{1}{2}\right)h\nu \tag{3-1}$$

式中：V 为振动量子数($V=0$、1、2、3……)；ν 为振动频率；h 为普朗克常数。

双原子分子频率公式：

$$\nu=\frac{1}{2\pi}\sqrt{\frac{K}{\mu}} \tag{3-2}$$

这是根据虎克定律推导而得的，其中 μ 为折合质量；K 为力常数，所以：

$$E_{振}=\frac{h}{2\pi}\sqrt{\frac{K}{\mu}}\left(V+\frac{1}{2}\right) \tag{3-3}$$

2. 分子的转动 分子除了原子振动以外，分子还可以绕不同轴转动，如 HCl(图 3 - 3)。可以绕键轴(a 轴)转动，也可以绕通过分子重心 G 并垂直于键轴的 b、c 轴转动。后者转动时发生偶极矩的改变，有红外活性，纯转动光谱出现在远红外区。

双原子分子对刚性转子而言，其转动能量为：

$$E_{转}=BhcEJ(J+1) \qquad J=0,1,2,3\cdots \tag{3-4}$$

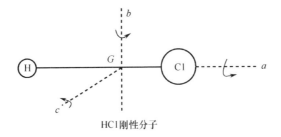

图 3-3 HCl 分子的转动

式中：$B=\dfrac{h}{8\pi^{2}Ic}$，I 为转动惯量矩；c 为光速；h 为普朗克常数；J 为转动量子数。

(二)分子内部的能级

图 3-4 表示的是双原子分子能级示意图(多原子分子能级分布更加复杂)。上文讲到分子运动方式,包括平动、振动、转动和分子内电子相对于核的运动,因此分子的总能量可以写成：

$$E_{总}=E_{0}+E_{平}+E_{电}+E_{振}+E_{转} \tag{3-5}$$

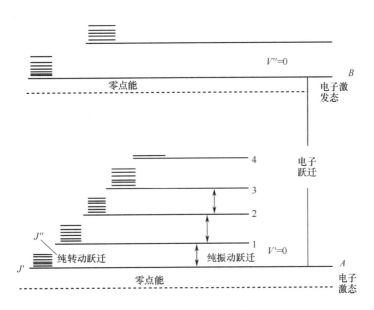

图 3-4 双原子分子能级示意图

式中：E_{0} 为分子内在的能量,不随分子运动而改变,也叫零点能；$E_{平}$ 是平动能变化不会产生红外光谱,它只是温度的函数；$E_{电}$ 为电子能量；$E_{振}$ 为振动能量；$E_{转}$ 为转动能量。与红外光谱有关的能量变化是 $E_{电}$、$E_{振}$ 和 $E_{转}$ 这三种能量都是量子化的,所以分子总的量子化的能量为：

$$E_{总}=E_{电}+E_{振}+E_{转} \tag{3-6}$$

量子化的能量可以由能级表示(图 3-4),图中 A、B 是电子能级,在两个电子能级中间有许多振动能级,在振动能级中间又包含很多转动能级,由图 3-4 可见电子能级间隔大,即能量差大,振动能级间隔较小,转动能级间隔最小。

1. 电子能级 A、B 表示两个不同的电子能级,为了节省篇幅电子能级没有按比例画出。A 能级低,B 能级高。电子能级间隔很大(能量差大)。

$$\Delta E = 1 \sim 20 \text{eV} \quad (1 \text{eV} = 96571.64 \text{J/mol})$$

2. 振动能级 V',V''…表示振动能级,$V' = 0, 1, 2, 3$…是 A 电子能级中各个振动能级,$V'' = 0, 1, 2, 3$…是 B 电子能级中各个振动能级。

V'、V'' 称为振动量子数,V'、V'' 数值越大表示振动能级越高,振动能级的间隔较小。

$$\Delta E = 0.05 \sim 1.0 \text{eV}$$

3. 转动能级 J',J'' 表示转动能级,$J' = 0, 1, 2, 3$…是振动能级 $V' = 0$ 中各个转动能级,$J'' = 0, 1, 2, 3$…是振动能级 $V' = 1$ 中各个转动能级。

同样,J',J''…转动量子数值越大表示转动能级越高。振动能级间隔最小,所以能量差也最小。

(三)能级的跃迁

1. 电子能级跃迁 用钨灯或氢灯照射化合物分子,也就是用能量大、频率高的可见光或紫外光去照射分子,化合物分子吸收能量后会引起分子中电子的能量升高,从电子基态 A 跃迁到激发态 B,这就叫做发生了电子的能级跃迁。这已在第二章紫外—可见吸收光谱中详细介绍。

2. 振动能级跃迁 如果用红外光照射化合物分子,因为红外光的能量比可见光低一些,不足以引起电子能级的跃迁,但可以引起振动运动状态的变化,通常分子中的原子处于基态 $V' = 0$。当吸收能量后原子的振动能量升高至 $V' = 1$,这就称为发生了振动跃迁(图 3 - 4),若振动能量升高至 $V' = 2, 3$…则所处的振动能级就更高一些。

若振动能级由 $V' = 0$ 向 $V' = 1$ 跃迁,则:

$$E_1 - E_0 = \Delta E_振 = \left(1 + \frac{1}{2}\right)h\nu - \left(0 + \frac{1}{2}\right)h\nu = h\nu \tag{3-7}$$

可见任意两个相邻能级之间的能量差都是 $\Delta E = h\nu$。分子吸收的能量就变成了它所增加的振动能量。由上式可见每个增加的振动能量 $\Delta E_振$ 相当于一个频率 ν,各种基态从 $V' = 0 \rightarrow V' = 1$ 吸收的 ΔE 是不同的,所以它们的振动频率 ν 也是各不相同的,这个振动频率就是基团和化学键的特征频率。如果各种基团或化学键吸收能量发生跃迁时 $\Delta E_振$ 都相同,ν 也一样,那就无特征可言了。

3. 转动能级跃迁 如果用远红外光(能量比红外光更低)去照射化合物分子,只能使分子的转动运动状态发生变化,分子吸收能量之后,转动能量可以由 $J' = 0$ 变化到 $J' = 1$,这就叫做发生了纯转动跃迁(图 3 - 4)。如果转动能级变化由 $J' = 0$ 至 $J' = 2, 3$…则这样转动跃迁后所处的转动能级就更高一些。

前面讲过对于双原子分子刚性转子而言,其转动能量为:

$$E_转 = BhcEJ(J+1) \tag{3-8}$$

当转动能级由 J 向 $J+1$ 跃迁,其能量差:

$$\Delta E_{转}=E_{J+1}-E_J=Bhc(J+1)(J+2)-BhcJ(J+1)$$
$$=Bhc(J+1)(J+2-J)=2Bhc(J+1)=h\nu_{转} \tag{3-9}$$

此时：$\nu_{转}=2Bc(J+1)$ （3-10）

由式(3-9)可见，一个 $\Delta E_{转}$ 也相当于对应一个转动频率 $\nu_{转}$，因此不同基团吸收能量以后发生转动能量的改变，$\Delta E_{转}$ 不同，转动频率 $\nu_{转}$ 也各不相同。

红外光谱是由分子中原子的振动产生的，因此红外光谱也叫做振动光谱，但这种说法不够全面，由于在振动的过程中分子还在不停地转动，因此"当分子吸收能量以后，在振动运动状态发生改变的同时必然伴随着若干转动能量的变化"所以红外光谱称为振—转光谱。

将双原子分子以谐振子和刚性转子来处理，则：

$$\Delta E_{振-转}=\left(V+\frac{1}{2}\right)h\nu+BhcJ(J+1) \tag{3-11}$$

若由$(V=0,J)\rightarrow(V=1,J+1)$，$J=0,1,2,3\cdots$，可以算出：

$$\Delta E_{振-转}=\left(1+\frac{1}{2}\right)h\nu_{振}-\left(0+\frac{1}{2}\right)h\nu_{振}+Bhc(J+1)(J+2)-BhcJ(J+1)$$
$$=h\nu_{振}+Bhc(J+1)(J+2-J)=h\nu_{振}+2Bhc(J+1) \tag{3-12}$$

也可以算出相应的 $\nu_{振-转}$：

$$\nu_{振-转}=\frac{\Delta E_{振-转}}{h}=\frac{h\nu_{振}+2Bhc(J+1)}{h}=\nu_{振}+2Bc(J+1) \tag{3-13}$$

由此可以看出，分子吸收红外的能量，就变成了它所增加的振动能量和转动能量。有一个 $\Delta E_{振-转}$，就有一个相应的频率，由于各种分子结构不同，其能级分布不同，也就是其产生跃迁时需要的能量不同，当然相应的频率也不一样，即"各种基团或化学键都具有自己的特征频率"。特征频率 ν 的决定因素后文还要详细介绍。

通常情况下，大多数分子处于能量最低的基态，只有当外来的电磁辐射的能量恰好等于基态与某一激发态之间的能量差 $\Delta E=h\nu$ 时，这个能量才被分子吸收产生红外光谱，即只有当外来电磁辐射的频率恰好等于从基态跃迁到某一激发态的频率时，才能发生共振吸收，产生红外光谱。

图3-5是线型分子振—转跃迁的能级示意图，是将前面双原子分子能级图放大了，但只画出了 $V'=0$ 及 $V'=1$ 的两个振动能级。

分子振动和转动都服从一定的规律。

(1)振动规律。双原子分子谐振子振动跃迁的选律是：

$$\Delta V=\pm 1$$

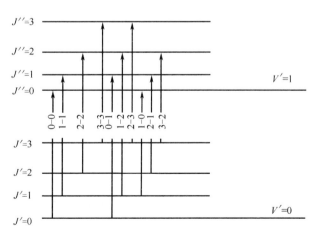

图3-5　线型分子振—转跃迁的能级示意图

对于真实分子(非谐振子)的振动跃迁的选律不再局限于 $\Delta V=\pm1$,而是 $\Delta V=\pm1,\pm2,\pm3\cdots$ 这就是红外光谱中除了可以观察到强的基频吸收外,还可以看到弱的倍频和组合频吸收的缘故。

即可以由:

$$V'=0\rightarrow V'=1 \qquad\qquad 第一激发态——基频$$
$$V'=0\rightarrow V'=2 \qquad\qquad 第二激发态——倍频$$
$$V'=0\rightarrow V'=3 \qquad\qquad 第三激发态——倍频$$

由于通常情况下分子处于基态 $V'=0$,通常 $V'=0\rightarrow V'=1$ 的跃迁概率最大,所以出现的相应的吸收峰的强度也最强,称为基频,特征频率都是基频,其他跃迁的概率较小,如 $V'=0\rightarrow V'=2$ 或 $V'=1\rightarrow V'=2$ 等跃迁概率较小,出现的吸收峰较弱。

(2)转动选律。多原子线型分子转动跃迁的选律。

$$\Delta J=0,\pm1 \qquad (偶极矩变化平行于分子轴)$$

$$\left.\begin{array}{l} \Delta J'=0\rightarrow J'=1 \\ \\ J'=1\rightarrow J'=2 \end{array}\right\} 纯转动光谱,出现在远红外或微波区$$

前面已经讲过,在振动跃迁的同时必定伴随着转动跃迁(图 3-6),即当振动由 $V'=0\rightarrow V'=1$ 时,转动跃迁可能发生以下情况。

$0\rightarrow0$	$0\rightarrow1$	$1\rightarrow0$
$1\rightarrow1$	$1\rightarrow2$	$2\rightarrow1$
$2\rightarrow2$	$2\rightarrow3$	$3\rightarrow2$
$3\rightarrow3$		
$\Delta J=0$	$\Delta J=1$	$\Delta J=-1$

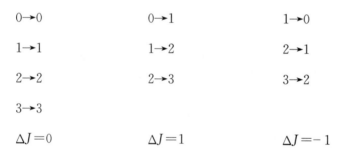

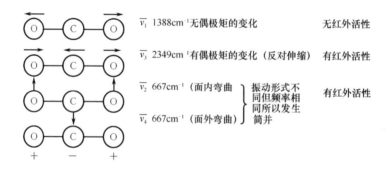

图 3-6　CO_2 的几种振动形式

振动跃迁的同时转动能量究竟如何变化,服从于选律,也取决于分子的构型。选律是由量子力学计算出来的,同时也是被实验证实了的。

在这里还要强调一下：如前所述，分子振动引起红外光谱，但必须是在分子振动过程中引起分子偶极矩的变化（转动也一样），如 HCl 分子振动时能引起偶极矩的变化，这种振动称为有红外活性的，即可以观察到红外光谱。若在振动过程中分子无偶极矩的改变，例如同核的双原子分子 H_2、N_2、O_2 的振动称为无红外活性，所以同核双原子分子没有红外光谱，同时具有对称中心的分子也无红外活性。

CO_2 虽无永久偶极，但是 CO_2 在振动中有如下几种情况，如图 3-6 所示，所以 CO_2 在 667cm^{-1} 和 2349cm^{-1} 出现两个峰。

三、红外光谱的表征方法

用一束红外光照射样品，样品分子就要吸收能量，由于物质对于光具有选择吸收的性能，即物质分子对一系列不同波长的单色光的吸收程度是不一样的，即对某些波长的光吸收得多一些，对某些波长的光吸收得少一些。如果用红外光（$2.5\sim25\mu m$）去照射样品，并设法将样品对每一种单色光的吸收情况记录下来，就得到了红外吸收光谱。图 3-7 所示是正己烷的红外吸收光谱。该图是以波长 $2.5\sim15\mu m$（$666.7\sim4000$ cm^{-1}）的红外光通过正己烷，则正己烷对各种波长的单色光就会产生大小不同的吸收，吸收峰是向下的。吸收峰越大表示吸收得越多。正己烷在 2900 cm^{-1}，2800 cm^{-1} 附近就有强吸收，在 1460 cm^{-1}，1380 cm^{-1} 附近有中等吸收，在 720 cm^{-1} 附近有弱吸收，在其他波长处正己烷基本没有吸收。

图 3-7 中的纵坐标：表示透光度或吸光度。

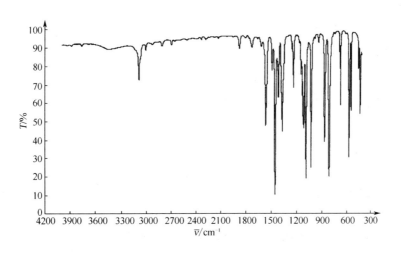

图 3-7 正己烷的红外吸收光谱

（一）透光度（左边标尺）

$$T = \frac{I}{I_0} \times 100\% \tag{3-14}$$

式中：I_0 为入射光的强度；I 为入射光样品吸收一部分后透过光的强度；透光度（$T\%$）即透过光占入射光的百分数。

(二)吸光度(右边标尺)

$$A=\lg\frac{1}{T}=\lg\frac{I_0}{I} \qquad (3-15)$$

从式中可见:

$T\uparrow$	$A\downarrow$	$T\downarrow$	$A\uparrow$
透过得多	吸收得少	透过得少	吸收得多

所以 A 的大小即表示吸收的程度,也就是吸光度 A 越大表示样品分子吸收得越多,A 越小即吸收得越少。

(三)波长或波数(横坐标)

图 3-7 中横坐标表示波长或波数(有的仪器波长刻度是线性的,有的仪器波数刻度是线性的,目前以波数为单位的红外光光度计使用较普遍)。上方表示波长,下方表示波数。

波数是波长的倒数,$\bar{\nu}=\frac{1}{\lambda}$

式中:λ 为波长(μm);$\bar{\nu}$为波数(cm^{-1})。

实例 3-1 波长为 5μm 则波数是多少?

$$波数=\frac{1}{\lambda}=\frac{10^4}{5}=2000cm^{-1}$$

四、分子的振动与基团的特征频率

(一)双原子分子的振动

现在我们来分析最简单的分子——双原子分子,看看它们的振动频率都与哪些因素有关?把两个原子看作是两个小球,把化学键看作质量可以忽略不计的弹簧,如图 3-8 所示。

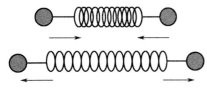

分子中的原子是通过化学键连接起来的,所以可以看成两个原子(小球)是由化学键(弹簧)连接起来的。它们不是静止的,而是在它们的平衡位置附近振动(伸缩振动),并可看作是简谐振动,即把双原子分子看作是作简谐振动的,或不太确切地说复杂分子的双原子基

图 3-8 双原子分子模型

团,如—OH、—NH$_2$、C=O 等的振动也可看作是简谐振动,振动的频率取决于小球的质量和弹簧的强度(取决于原子的质量及化学键的强度)。

双原子分子的频率公式(3-2)用波数单位表示时,c 为光速,式(3-2)可改写成:

$$\bar{\nu}=\frac{1}{2\pi c}\sqrt{\frac{K}{\mu}} \qquad (3-16)$$

式中:μ 为一个分子的折合质量,

$$\mu=\frac{m_1 m_2}{m_1+m_2} \qquad (3-17)$$

式中：m_1 和 m_2 分别是两个原子的质量。

折合质量 $\mu = \dfrac{m_1 m_2}{m_1 + m_2}$ 的推导　双原子分子可由图 $3-9$ 简单表示。

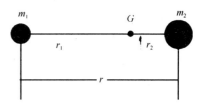

图 $3-9$　双原子分子示意图

$$转动惯量：I = m_1 r_1^2 + m_2 r_2^2 \qquad (3-18)$$

$$\because \quad m_1 r_1 = m_2 r_2 = m_2(r - r_1) = m_2 r - m_2 r_1$$

$$\therefore \quad m_1 r_1 + m_2 r_1 = m_2 r$$

$$r_1(m_1 + m_2) = m_2 r$$

$$\therefore \quad r_1 = \frac{m_2}{m_1 + m_2} r$$

同理：
$$r_2 = \frac{m_1}{m_1 + m_2} r$$

将 r_1、r_2 代入式 $(3-18)$：

$$I = m_1 \frac{m_2^2 r^2}{(m_1 + m_2)^2} + m_2 \frac{m_1^2 r^2}{(m_1 + m_2)^2}$$

$$= \frac{m_1 m_2 r^2 (m_2 + m_1)}{(m_1 + m_2)^2} = \frac{m_1 m_2}{m_1 + m_2} r^2 = \mu r^3 \qquad (3-19)$$

实例 $3-2$　以双原子分子 CO 为例计算折合质量 μ。

m_1 是碳原子质量，m_2 是氧原子质量，6.02×10^{23} 是阿佛加德罗常数 N_0，则：

$$m_1 = \frac{原子量}{阿伏伽德罗常数} = \frac{12.00}{6.02 \times 10^{23}} = 1.99 \times 10^{-23} \text{g}$$

算出的 1.99×10^{-23} g 是一个碳原子的质量，即 m_1。

同理：
$$m_2 = \frac{16.00}{6.02 \times 10^{23}} = 2.66 \times 10^{-23} \text{g}$$

算出的 2.66×10^{-23} g 是一个氧原子的质量，即 m_2。则分子的折合质量为：

$$\mu = \frac{m_1 m_2}{m_1 + m_2} = \frac{1.99 \times 10^{-23} \times 2.66 \times 10^{-23}}{(1.99 + 2.66) \times 10^{-23}} = \frac{5.29 \times 10^{-23}}{4.65} = 1.14 \times 10^{-23} \text{g}$$

即 1.14×10^{-23} g 是一个 CO 分子的折合质量。

式 $(3-16)$ 和式 $(3-17)$ 中：K 为化学键的力常数，它是表示化学键强弱的一个参数，反映了键对伸展、变形运动的阻力，也叫做回复力常数。同一种化学键的力常数从一个分子到另一个分子变化不大。

从式 $(3-16)$ 可见，在相同的折合质量下 K 值越大，频率越大，在相同的 K 值下，组成分子的相对原子质量越大则频率越小。

例如：

(1) C—H 伸缩振动 2900cm^{-1}，C—C 伸缩振动 1195cm^{-1}，是单键，K 相近，$\mu \uparrow$，$\bar{\nu} \downarrow$；

(2) C—C 伸缩振动 1195cm^{-1}，$K_1 = (4-6) \times 10^5 \text{mN/m}$，C≡C 伸缩振动 1620cm^{-1}，$K_2 = (8-12) \times 10^5 \text{mN/m}$，$\mu$ 相同的情况下 $K \uparrow$，$\nu \uparrow$，C≡C 伸缩振动 2100cm^{-1}，$K_3 = (12-18) \times 10^5 \text{mN/m}$。

由此可见,叁键的频率大于双键更大于单键的频率。

由双原子分子的频率公式可以看出,$\bar{\nu}$决定于 K 和 μ 的值,但各种分子和化学键的 K、μ 都是不一样的,所以它们的基频也就不同,因此各种基团都有自己的特征频率。

(3)HCl 和 DCl 的力常数是相同的,但 DCl 的折合质量比 HCl 大,所以 HCl 的基频比 DCl 的基频高,根据式(3-17)可以导出同位素的关系:

$$\frac{\bar{\nu}_{DCl}}{\bar{\nu}_{HCl}}=\sqrt{\frac{\mu_{HCl}}{\mu_{DCl}}}$$

已知:$\bar{\nu}_{HCl}=2885.9\text{cm}^{-1}$(实验值)

求:$\bar{\nu}_{DCl}=\sqrt{\frac{\mu_{HCl}}{\mu_{DCl}}}\times\bar{\nu}_{HCl}=0.72\times2885.9=2078\text{cm}^{-1}$

$\bar{\nu}_{DCl}$(实验值)$=2090.8\text{cm}^{-1}$

可见计算值与实验值是相符的。

虽然由双原子分子频率公式可以计算频率,但实际上大部分频率值都是由实验得来的。

另外,如果从光谱图上已经得到了分子的简谐振动的基频,又知道组成原子的质量,就可以由公式求出化学键的力常数。

$$K=4\pi^2c^2\mu\bar{\nu}^2 \tag{3-20}$$

(二)多原子分子的振动

多原子分子振动主要有两种形式:伸缩振动和变形振动(弯曲振动)。

1. 伸缩振动 沿键轴伸展和收缩振动时键长发生变化,键角不变。以亚甲基(—CH$_2$)为例:

如图 3-10 所示,亚甲基的伸缩振动又可以分为对称伸缩($\bar{\nu}_s$)与反对称伸缩振动($\bar{\nu}_{as}$),一般反对称伸缩振动的频率比对称伸缩振动的频率高。

2. 变形振动 振动时键长不变,键角发生变化,如图 3-11 和图 3-12 所示。变形振动通常又可以细分为剪式振动(δ)、平面摇摆振动(r)、非平面摇摆振动(ω)及卷曲振动(τ 或 t)。

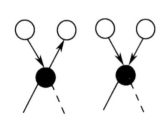

$\bar{\nu}_s=2853\text{cm}^{-1}$(强)　　$\bar{\nu}_{as}=2926\text{cm}^{-1}$(强)

图 3-10 —CH$_2$ 的对称与反对称伸缩振动

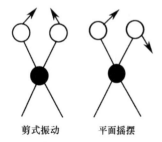

剪式振动　　　　平面摇摆

图 3-11 —CH$_2$ 的变形振动

($\delta=1468\text{cm}^{-1}$, $r=720\text{cm}^{-1}$)

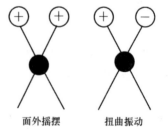

面外摇摆　　　　扭曲振动

图 3-12 —CH$_2$ 的变形振动($\omega=1306\sim1303\text{cm}^{-1}$, τ 或 $t=1300\text{cm}^{-1}$)

⊕表示垂直于纸面向上　　⊖表示垂直于纸面向下

由此可见,每一种基本振动,都有一个特征频率叫基频,如—CH$_2$基团,有几种振动方式,就会出现几个吸收带。

例如,醇的C—OH基的振动情况,如图3-13所示。—OH伸缩振动3700~3000cm^{-1}(特征),C—O伸缩振动1200~1000cm^{-1}(特征),C—OH面内变形振动1500~1200cm^{-1},可见醇的—OH基也可以出现几个吸收带。

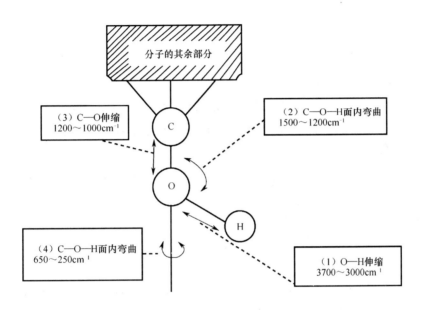

图3-13 醇的C—OH基的模型

(三)基团的特征频率

有机化合物基团的种类繁多,它们的特征频率在红外光谱的专著书上都可以找到。这里仅就几种常见的基团特征频率作介绍,表3-1给出了常见基团的特征频率:

表3-1 常见基团的特征频率

基 团		吸收频率/cm^{-1}	振动形式	强 度
—OH	游离	3650~3500	伸缩振动 ν	中、尖锐
	缔合	3400~3200	伸缩振动 ν	强宽
—NH$_2$、—NH 游离		3500~3300	伸缩振动 ν	中
—CH$_3$		2960±5	反对称伸缩振动 ν_{as}	强
		2870±10	对称伸缩振动 ν_s	强
—CH$_2$		2930±5	反对称伸缩振动	强
		2850±10	对称伸缩振动	强
—CH$_3$		1460±10	反对称变形振动	中
		1380	对称变形振动	中~强
—CH$_2$		1460±10	剪式振动	中

续表

基　团	吸收频率/cm⁻¹	振动形式	强　度
C≡N	2260～2240	伸缩振动	强、针状
芳环	1600,1580	骨架振动	可变
	1500,1450		
—C=O	1928～1580	伸缩振动	强、共轭时 $\nu\downarrow$
—S=O	1060～1040	伸缩振动	强
SO₂	1350～1310	伸缩振动	强
	1160～1120		

下面按基团逐一加以说明:

1. 羟基(—OH) 羟基的特征频率与氢键的形成有密切关系,羟基(—OH)是强极性基团,由于氢键的作用醇羟基通常总是以缔合状态存在的,只有在极稀的溶液(浓度小于 0.01mol/L)时,才以游离—OH 存在。

游离—OH 的伸缩振动:伯—OH 3640cm⁻¹、仲—OH 3630cm⁻¹、叔—OH 3620cm⁻¹、酚—OH 3610cm⁻¹、二分子缔合(二聚体)3600～3500 cm⁻¹、多分子缔合(多聚体)3400～3200cm⁻¹,见图 3-14、图 3-15。

图 3-16 是不同浓度的乙醇/四氯化碳溶液的红外谱图变化,图中 3640cm⁻¹ 是游离—OH 峰,3515cm⁻¹ 是二聚体—OH 的峰,3350cm⁻¹ 是多聚体—OH 的峰,仅在浓度小于 0.01mol/L 时乙醇以游离状态存在,而在 0.1mol/L 时,多聚体—OH 吸收峰明显增强,二聚体的吸收也很明显,当浓度为 1.0mol/L 时游离—OH 的吸收峰变得很弱,基本上是以多聚体的形式存在。

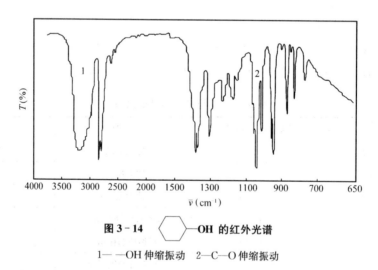

图 3-14 ⬡—**OH 的红外光谱**

1——OH 伸缩振动　2—C—O 伸缩振动

由图 3-16 可见:

(1)当—OH 由于氢键作用发生缔合时,—OH 的伸缩振动频率 ν_{-OH} 是往低波数位移的。

(2)**浓度越稀,游离—OH 越多吸收峰越高**。随着浓度的增大缔合—OH 增多,缔合峰(多聚体的吸收)增强。应当指出的是,分子之间氢键是随浓度而变的,但分子内氢键是不随浓度而变的。

氢键的缔合还会随温度而变,温度升高,缔合减弱,缔合峰(3350 cm⁻¹)的波数就会下降。

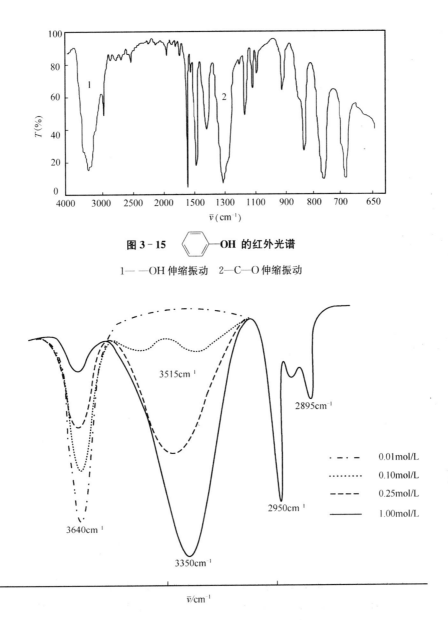

图 3-15 <benzene>—OH 的红外光谱

1——OH 伸缩振动　2—C—O 伸缩振动

图 3-16　不同浓度的乙醇/四氯化碳溶液的谱图变化

—OH 变形振动(面内)1200～1500 cm^{-1} 和面外变形振动 250～650 cm^{-1} 这两个区域的吸收峰无实用价值。

2. —NH$_2$ 和 —NH　胺的主要特征吸收有 N—H 的伸缩振动、N—H 弯曲振动和 C—N 伸缩振动。

(1)—NH 伸缩振动。游离的伯胺 R—NH$_2$ 和 Ar—NH$_2$ 有两个谱带:反对称伸缩振动 $\nu_{as} \approx$ 3500cm^{-1},对称伸缩振动 $\nu_s \approx$ 3400cm^{-1}。

游离的仲胺 R—NH—R　　　　3350～3310cm^{-1}　　　　一个谱带

　　　　Ar—NH—R　　　　3450cm^{-1}　　　　一个谱带

通常以此区的双峰或单峰来区别是伯胺或仲胺,非常特征。

—NH₂与—OH 一样也能形成氢键,产生缔合,缔合时从游离谱带的位置低移小于 100cm⁻¹,与相应的—OH 谱带相比较,一般谱带较弱较尖,随浓度变化比较小。

(2)N—H 谱带弯曲振动(变形振动)。

①—NH₂:1640~1560cm⁻¹(面内弯曲)相当于 CH₂的剪式振动,在 R—NH₂及在 Ar—NH₂中相同。900~650cm⁻¹(面外弯曲)相当于 CH₂的扭曲振动,较特征。

②—NH:1580~1490cm⁻¹ 难以测出。特别是在 Ar—NH 中受芳核 1580cm⁻¹谱带的干扰。在缔合的情况下 N—H 的弯曲振动吸收峰向高波数位移。

(3)C—N 伸缩振动。其位置与 C—C 伸缩振动没太大区别,但由于 C—N 键的极性,所以强度较大,见图 3-17、图 3-18。

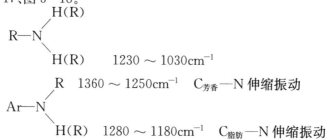

图 3-17 正己胺[CH₃(CH₂)₅NH₂]的红外光谱

1—NH₂的 νas和 νs 2—NH₂的弯曲振动 3—C—N 的伸缩振动 4—NH₂面外弯曲

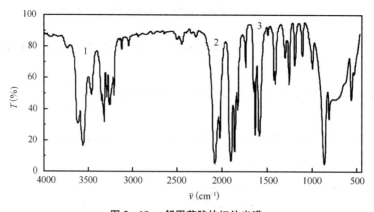

图 3-18 邻甲苯胺的红外光谱

1—NH₂的 νas和 νs 2—NH₂的弯曲振动 3—Φ—N 伸缩振动

3. 饱和烃(链烷)　饱和烷基的 C—H 伸缩振动的频率在 3000cm^{-1} 以下,其中只有环丙烷 3060～3040cm^{-1} 和卤代烷 $\nu_{as}\approx$3060cm^{-1} 是例外。各个烷烃的特征吸收带如表 3-2 所示。

表 3-2　烷烃的特征吸收带

伸缩振动	CH$_3$	(2962±10)cm^{-1}	CH$_3$ 反对称伸缩振动	强
		(2872±10)cm^{-1}	CH$_3$ 对称伸缩振动	强
	CH$_2$	(2926±5)cm^{-1}	CH$_2$ 反对称伸缩振动	强
		(2853±5)cm^{-1}	CH$_2$ 对称伸缩振动	强
	CH	(2890±10)cm^{-1}	CH 伸缩振动	弱,无实用意义
弯曲振动	—C—CH$_3$	(1450±20)cm^{-1}	CH$_3$ 反对称变形振动	中
		(1375±5)cm^{-1}	CH$_3$ 对称变形振动	强
	R—CH(CH$_3$)$_2$	1372～1368cm^{-1} 1389～1381 cm^{-1}	CH$_3$ 对称变形振动裂分双峰	强度相等
	R—C(CH$_3$)$_2$—R	1368～1366cm^{-1} 1391～1381cm^{-1}	CH$_3$ 对称变形振动	1368～1365cm^{-1}峰的强度是 1391～1381cm^{-1}峰的 5/4 倍
	R—C(CH$_3$)$_3$	1405～1393cm^{-1}	CH$_3$ 对称变形振动 1374～1366cm^{-1}	
		1374～1366cm^{-1}	峰强度是 1401～1393cm^{-1}峰的两倍	
		(1465±20)cm^{-1}	CH$_2$ 剪式振动(中)与 CH$_3$ 反对称变形振动重叠	
骨架振动	—(CH$_2$)$_n$—	$n\geqslant4$　724～722	CH$_2$ 的平面摇摆(弱)也称为骨架振动 $n\geqslant4$ 时 722cm^{-1} (液态)一个峰,固态或晶态(如聚乙烯晶态)裂分成双峰	
		$n=3$　729～726		
		$n=2$　743～734		
		$n=1$　785～770		
		CH　～1340	C—H 弯曲振动(弱)	
		(1170±5)cm^{-1}	1170cm^{-1}峰较强但比 1380cm^{-1}弱	
	R—CH(CH$_3$)$_2$	(1155±5)cm^{-1}	1170cm^{-1}的肩部	
		(815±5)cm^{-1}		
	R—C(CH$_3$)$_3$	(1250±5)cm^{-1}	1250cm^{-1}峰位置更恒定	
		1250～1200cm^{-1}		
	R—C(CH$_3$)$_2$—R	1215cm^{-1}	1215cm^{-1}是 1295cm^{-1}的肩部	
		1195cm^{-1}	1195cm^{-1}峰位置更恒定	

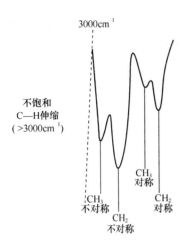

图 3-19 烷烃的 CH 伸缩振动频率

（1）饱和 C—H 伸缩振动吸收峰，在区别饱和与不饱和化合物时特别有用，只要在 $2900cm^{-1}$ 和 $2800cm^{-1}$ 附近有强吸收峰，就可以断定是饱和 C—H 的峰，如果是 =CH₂ 则在 $3100cm^{-1}$ 附近有吸收峰，若是 —C≡CH 则在 $3300cm^{-1}$ 附近有吸收峰。

光栅光谱可以将 CH 伸缩振动区里的 CH₃ 和 CH₂ 的对称伸缩振动和反对称伸缩振动的四个峰分开，如图 3-19 所示。但是分辨率低的仪器，如棱镜型的红外光谱仪就只能分出两个峰（四个峰部分重叠）。

（2）烷烃异构化的情况可以从 $1380cm^{-1}$ 峰的裂分来判断。从裂分峰的相对强度来推知：双峰强度相等则是异丙基，强度比 1:5/4 则是偕二甲基，强度比是 1:2 则是叔丁基。另外，还可以从骨架振动进一步得到证明（图 3-20、图 3-21）。

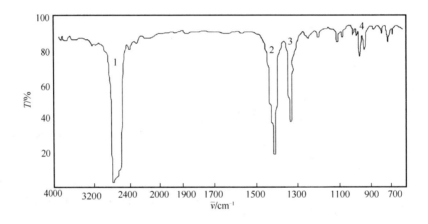

图 3-20 3-甲基戊烷的红外光谱

1—饱和 CH 伸缩振动 2—CH₂剪式振动和 CH₃反对称变形振动

3—CH₃对称变形振动 4—乙基中的 CH₂面内摇摆

（3）CH₃、CH₂的相对含量也可以由弯曲振动频率来估算。由图 3-22 可见，正庚烷、正十三烷和正二十八烷的 CH₃变形振动（$1380cm^{-1}$）的相对强度是差不多的，而 $1460cm^{-1}$ CH₂剪式振动带则是正二十八烷最强，因为它的链最长。

（4）长链的存在还可以由 $720cm^{-1}$ 带来证明。当 $720cm^{-1}$ 出现峰时，表示分子链中含有四或四个以上连续相连的 CH₂结构，n 越大 $720cm^{-1}$ 峰越高，这与所述是一致的。

（5）—CH₃，—CH₂与 C=O 邻接时就会使 $2800cm^{-1}$，$2900cm^{-1}$ 附近—CH₃，—CH₂的峰强度大大下降，尤其是—CH₃的情况下。在变形振动区由于 C=O 的影响使—CH₃的对称变形频率低移至 $1360cm^{-1}$ 强度增加很多，使—CH₂剪式振动位移至 $1420cm^{-1}$。

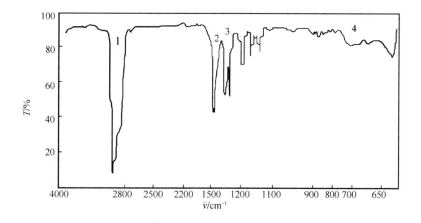

图 3-21 $CH_3—CH—CH_2—CH_2—S—CH_2—CH_2—CH—CH_3$ 的红外光谱
（其中两处有 CH_3 支链）

1—饱和 CH 伸缩振动　2—CH_2 剪式振动和 CH_3 反对称变形振动

3—CH_3 对称变形振动，因异丁基而裂分成等强度的两个峰

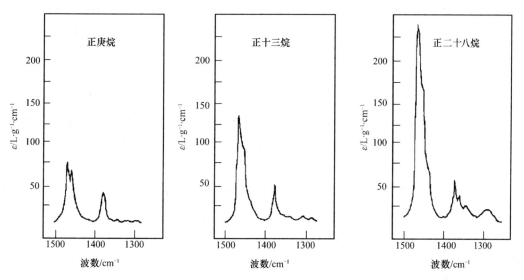

图 3-22　正庚烷、正十三烷和正二十八烷 C—H 的变形振动吸收峰

4. C≡N 基团　C≡N 的伸缩振动出现在 2260～2240 cm^{-1}，当与不饱和键或芳核共轭时，该峰就位移至 2230～2220 cm^{-1}，一般共轭 C≡N 伸缩振动比非共轭的低约 30 cm^{-1}，而且强度增加。C≡N 峰形很尖锐似针状。注意此峰与 C≡C（C≡C 末端的：2140～2100 cm^{-1}，中间的：2260～2190 cm^{-1}）都是尖峰，但 C≡N 峰更尖锐（图 3-23）。

5. 芳烃（萘、菲等与苯系是相似的）　芳香族基团的存在可由 3030 cm^{-1}、1600 cm^{-1} 和 1500 cm^{-1} 的谱带表示，芳环上的取代类型由 900 cm^{-1} 以下的强吸收谱带的位置确定，有时也利用 2000～1600 cm^{-1} 的倍频和组合频谱带来确定，而面内弯曲 1225～950 cm^{-1} 的谱带常受到 C—C、C—O 吸收的干扰很少用。

（1）3030 cm^{-1} 处 n 个小峰是 Ar—H 的伸缩振动，当有烷基存在时（用 NaCl 棱镜），此谱带只

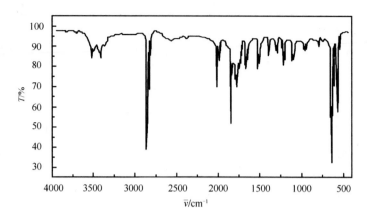

图 3-23　邻甲苯腈的红外光谱($2210cm^{-1}$ 为 C≡N 的伸缩振动)

是烷基峰的一个肩部。

(2)$2000\sim1650cm^{-1}$ 几个小峰这是面外变形的倍频和合频,由 $2\sim6$ 个峰组成的取代类型特征谱带,往往需要样品浓度比常规高 10 倍以上才能观察到。

(3)$1600(1580)cm^{-1}$、$1500(1450)cm^{-1}$ 是芳环 C=C 的骨架振动,强度可变,$1500cm^{-1}$ 的峰通常强于 $1600cm^{-1}$ 的峰,原则上只有当苯基与不饱和基团或具有未共用电子对的基团共轭时才出现 $1580cm^{-1}$ 的谱带,共轭使这三个峰都加强了,但位置不变,$1450cm^{-1}$ 的峰与 CH_2 谱带重叠。

(4)$1225\sim950cm^{-1}$ 为 Ar—H 的面内弯曲,常受到 C—C,C—O 吸收的干扰很少用。

(5)$900\sim650cm^{-1}$ 为 Ar—H 的面外弯曲,吸收较强,这一区域的吸收峰是表征苯核上的取代位置的,这里的峰可以回答苯环上是单取代还是双取代,是邻位取代还是间位、对位取代……

①单取代(有五个相邻的 H)。特征峰为 $770\sim730cm^{-1}$ 和 $710\sim690cm^{-1}$ 两个峰(图 3-25)。

②邻位取代(有四个相邻的 H)。特征峰为 $770\sim735cm^{-1}$ 一个峰。

③间位取代(有三个相邻的 H)。特征峰为 $810\sim750cm^{-1}$ 和 $710\sim690cm^{-1}$ 两个峰。

④对位取代(有两个相邻的 H)。特征峰为 $833\sim810cm^{-1}$ 一个峰。

由上可以看出,相邻 H 原子的数目决定了产生谱带的数目和位置,一般频率随相邻 H 原子数目的减少而升高,通常与取代基的性质无关。

由芳环的特征吸收可见,只要在 $3030cm^{-1}$ 及 $1500cm^{-1}$,$1600cm^{-1}$ 有峰就可以确定是芳香族化合物,进而又从 $900\sim650cm^{-1}$ 这一区域的峰确定取代基的取代位置。

多核芳烃类取代后的峰的图形也取决于相邻 H 原子数目。例如,1-甲基萘就会出现 1,2-二取代(四个相邻 H)和 1,2,3-三取代(三个相邻 H)其谱图如图 3-24 所示。

$2000\sim1600cm^{-1}$ 及 $900\sim650cm^{-1}$ 范围内显示了不同取代位置的芳环的峰形,这些谱图是由棱镜型仪器得到的,光栅型仪器的谱图具有更精细的结构。

6. C=O 基　羰基伸缩振动的频率是很宽的 $1928\sim1580cm^{-1}$,但较通常的吸收范围是 $1850\sim1650cm^{-1}$,具有 C=O 的化合物类型很多,如醛、酮、酸、酯、酰胺和酐等都具有 C=O,它

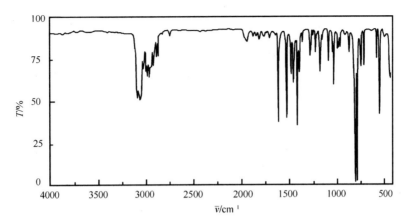

图 3-24 1-甲基萘的红外光谱

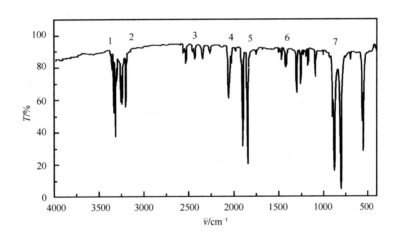

图 3-25 1,2—二苯基乙烷 (⟨苯环⟩—CH₂—CH₂—⟨苯环⟩)的红外光谱

1—Ar—H 伸展 2—饱和 CH 伸展 3,4—芳香族 C=C 骨架振动

5—脂肪族 CH₂的剪式振动 6,7—苯环上相邻五个氢的特征峰

们的特征吸收峰的位置都在此范围内,但还略有差别。

如:酰胺 $\overset{O}{\underset{\|}{-C}}-NH_2$ 1680cm⁻¹(图 3-30)

醛 $\overset{O}{\underset{\|}{-C}}-H$ 1725cm⁻¹

酮 $-C-\overset{O}{\underset{\|}{C}}-C-$ 1715cm⁻¹(图 3-26)

酸 $\overset{O}{\underset{\|}{-C}}-OH$ 1760 cm⁻¹(单体) 1710 cm⁻¹(二聚体)气态或液态总可观察到两个峰

酯　　—C—C—O—R　　　1735cm⁻¹ （上方标注 O 和 ‖）

共轭时：C=O　往低波数位移

一般单靠 C=O 频率来鉴别醛、酮、酸、酯是不够的，还必须依靠其他特征峰来作为旁证。

(1)醛类。还可以由 —C—H 中的 C—H 伸缩振动的峰通常在 2820cm⁻¹ 和 2720cm⁻¹（弱）的双峰来进行证明（图3-27）。（—C—H 上方标注 O 和 ‖）

(2)羧酸。氢键极强且很易缔合，所以还可以由 3300~2500cm⁻¹ 整个范围的高低不平且很宽的峰加以证明，这一组弱的谱带最高频处的谱带归属于—OH，其他则是合频。也可以从 1420cm⁻¹（弱）和 1300~1200cm⁻¹（弱）C—O 伸缩和—OH 变形振动的偶合峰加以证明，有时也可以从 920cm⁻¹ 宽、中等强度的二聚体的—OH 面外弯曲吸收峰来证明。

(3)酯类（图3-28）。可以用 1300~1030 cm⁻¹ 的强吸收作证明（图3-29），这是 —C—O—C 基团的反对称和对称伸缩振动引起的。此峰通常比 C=O 峰强且宽，偶尔也分裂为双峰。 —C—O—C 的谱带与酯的类型有关：（—C—O—C 上方标注 O 和 ‖）

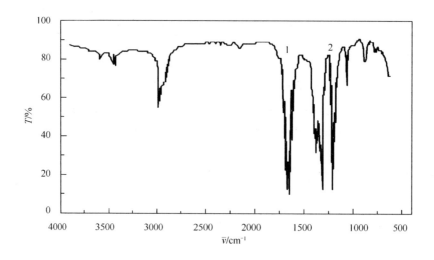

图3-26　CH₃—C—CH₃ 的红外光谱（中间 C 上方标注 O 和 ‖）

1—1715 cm⁻¹ 酮羰基的伸缩振动　2— C—C—C 骨架振动（中间 C 上方标注 O 和 ‖）

H—CO—OR　　　　甲酸酯　　　　1180cm⁻¹

$$CH_3-\overset{\overset{\displaystyle O}{\|}}{C}-OR \qquad 乙酸酯 \qquad 1240\ cm^{-1}$$

$$R-\overset{\overset{\displaystyle O}{\|}}{C}-OR \qquad 一般酯 \qquad 1190\ cm^{-1}$$

$$R-\overset{\overset{\displaystyle O}{\|}}{C}-OCH_3 \qquad 甲酯 \qquad 1165\ cm^{-1}$$

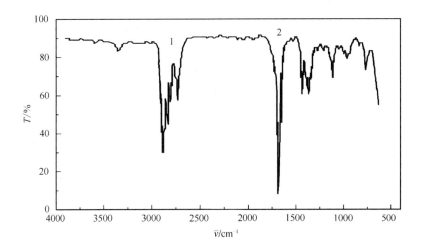

图 3－27　$CH_3CH_2CH_2\overset{\overset{\displaystyle O}{\|}}{C}-H$ 的红外光谱

1—C—H 伸缩与 C—H 变形振动倍频的偶合峰　2—醛C＝O的伸缩振动

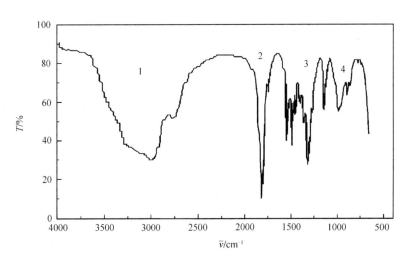

图 3－28　CH_3CH_2COOH 的红外光谱

1—3000～2500cm⁻¹宽峰是羧酸的特征　2—羧酸C＝O的伸缩

3——OH 面内弯曲与 C—O 伸缩偶合峰(二聚体)　4—二聚体的—OH 面外弯曲

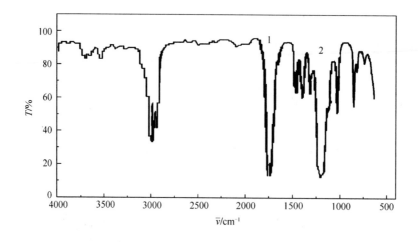

图 3 - 29　甲酸乙酯　$HC\overset{\displaystyle O}{\underset{\displaystyle \|}{—}}O—C_2H_5$ 的红外光谱

1—酯中 C=O 伸缩振动　2—C—O—C 对称及反对称伸缩振动

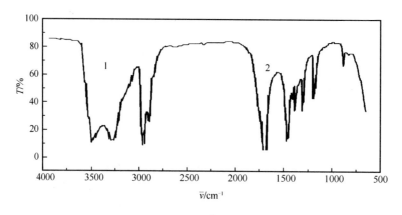

图 3 - 30　$CH_3CH_2CH_2\overset{\displaystyle O}{\overset{\displaystyle \|}{C}}—NH_2$ 的红外光谱

1——NH₂伸缩振动双峰　2—酰胺 C=O 伸缩振动

7. S=O 基

(1)亚砜(R—S=O)。1060～1040cm^{-1}共轭时有氢键时向低波数位移 10～20cm^{-1},与卤素或氧相连时向高波数位移(图 3 - 31)。

(2)砜(R—SO$_2$—R)。1350～1310cm^{-1}(ν_{as})和 1160～1120cm^{-1}(ν_s)固态时往低波数位移 10～20cm^{-1},常常裂分成谱带组不受共轭和环张力的影响(图 3 - 32)。

(3)磺酰胺(R—SO$_2$—NH$_2$)。1370～1330cm^{-1}固态时低 10～20cm^{-1},1180～1160cm^{-1}固态时位置相同。磺酰胺的两个 S=O 谱带频率比砜的高(图 3 - 33)。

(4)磺酰氯(R—SO$_2$Cl)。1370～1365cm^{-1}(ν_{as})和 1190～1170cm^{-1}(ν_s)(图 3 - 34)。

(5)磺酸(R—SO$_2$—OH)。(1345±5)cm^{-1}(ν_{as})和(1155±5)cm^{-1}(ν_s)这些是无水酸的数值,磺酸易于生成水合物在 1200cm^{-1}和 1050cm^{-1}有峰(图 3 - 35)。

(6)磺酸酯(R—SO$_2$—OR)。1370～1335cm^{-1}(ν_{as})强的双峰,频率高者强度较强,1200～

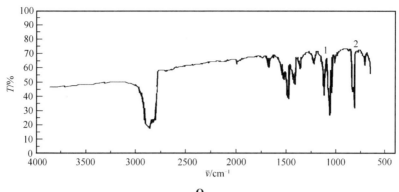

图 3 - 31 CH₃—⟨⟩—S(=O)—⟨⟩—CH₃ 的红外光谱

1— S=O 亚砜 2—相邻两个 H 的面外弯曲振动

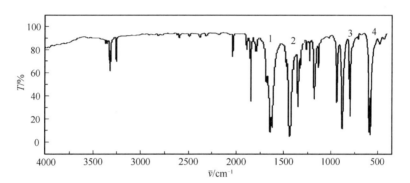

图 3 - 32 ⟨⟩—SO₂—CH₃ 的红外光谱

1—SO₂反对称伸缩振动 2—SO₂对称伸缩振动 3,4—相邻 5 个 H 的面外弯曲振动

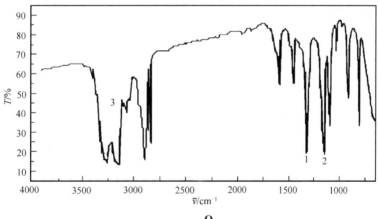

图 3 - 33 CH₃—⟨⟩—SO₂—NH₂ 的红外光谱

1,2—SO₂谱带 3——NH₂对称、反对称伸缩振动

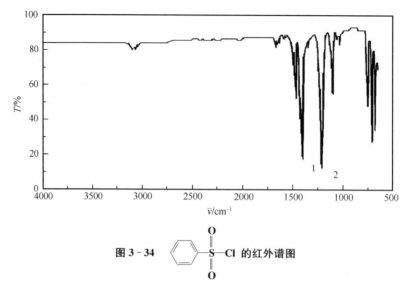

图 3-34　⬡—S(O)(O)—Cl 的红外谱图

1—SO₂反对称伸缩振动　2—SO₂对称伸缩振动

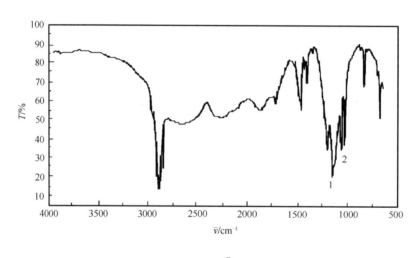

图 3-35　CH₃—⬡—S(O)(O)—OH 的红外光谱

1—SO₂反对称伸缩振动　2—SO₂对称伸缩振动

$1170 \mathrm{cm}^{-1}(\nu_s)$。

(7)硫酸酯（ $RO—SO_2—OR$ ）（图 3-36）。$1415 \sim 1380 \mathrm{cm}^{-1}(\nu_{as})$ 和 $1200 \sim 1185 \mathrm{cm}^{-1}(\nu_s)$，由于两个氧原子连在 SO_2 上故比磺酸、磺酸酯波数高。

以上列举了一部分基团的特征频率，作了简要说明。现将基团和化学键的特征峰位置归纳如图 3-37 所示。

由图 3-37 可见：

① C—H、O—H、N—H 伸缩振动频率较高。C—C、C—O、C—N 伸缩振动频率低因为它们的质量大；C—Cl 因为 Cl 原子更重，频率就更低。

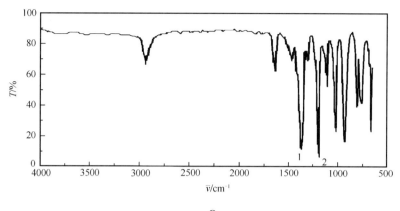

图 3–36　$CH_3-\!\!\!\!-\!\!\!\!-S(\begin{smallmatrix}O\\\\O\end{smallmatrix})-OC_2H_5$ 的红外光谱

1—SO_2反对称伸缩振动　　2—SO_2对称伸缩振动

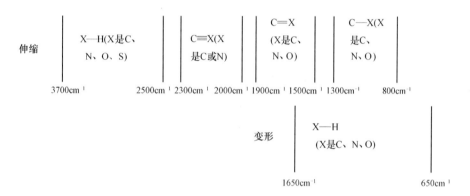

图 3–37　基频红外区谱带的频率

②C—C、C=C、C≡C伸缩振动由于力常数 K 增加,所以频率逐个增高。叁键伸缩振动频率最高。

③ 由于伸缩振动的力常数比对应的变形振动的力常数大些,所以伸缩振动频率更高些。

④ 由图 3–38 可见 1300cm^{-1} 以下都是一些单键的伸缩振动和弯曲振动,在一个化合物的分子中,单键是很多的,那么这些单键的吸收峰就会互相重叠和干扰,因此在 1300cm^{-1} 以下出现的峰是不特征的,这在后面还要介绍。

大量的实验发现:同一种化学键或基团在不同的化合物中的红外光谱的吸收峰的位置大致相同(变化范围比较窄),如—OH 在伯醇、仲醇中或不同缔合状态的—OH 其特征吸收带总在 3650～3200cm^{-1} 之间,但又不是一个固定值,因为基团在不同的分子中会受到外部因素和内部因素的影响,而导致频率有若干变化。比如基团受到氢键、共轭、诱导、空间效应的影响等。频率就会发生若干改变。虽然受到环境的影响。但频率又不会作过大的改变,所以说"在不同构型的分子中,频率值在一个较窄的范围内变化"。

第二节　影响频率位移和谱图质量的因素

一、影响频率位移的因素

了解这些影响因素和位移选律对鉴定工作很有好处。比如 $-\overset{\overset{\displaystyle O}{\|}}{C}-$ 在 1680cm^{-1} 有峰,我们要考虑这可能是酰胺的 $-\overset{\overset{\displaystyle O}{\|}}{C}-$,也可能是由于 $-\overset{\overset{\displaystyle O}{\|}}{C}-$ 与某基团共轭了,导致频率低移,那么就要找出共轭基团来,这对推断结构是很有用处的。

(一)外部因素的影响

1. 物理状态不同频率就会有差异　同一个样品在气态、液态和固态下,它们的特征频率就会有差异,即它们的红外光谱有差别,气态测得的频率最高,因为蒸气状态的分子可以自由旋转,分子间相互作用很小,所以频率就高。例如:

气　态:　　单体　　　1780cm^{-1}

　　　　　　二聚体　　1730cm^{-1}

纯液体:　　二聚体　　1712cm^{-1}(因为相互作用力稍大)

固　体:　测得的频率值更低（因为相互作用力更大）

2. 不同的溶剂　由于溶剂和溶质的相互作用不同所以频率也不同,基本规律:极性基团的频率随着溶剂的极性增大而减小。如上述的—COOH

在非极性溶剂中:1762cm^{-1};在极性溶剂中:1735cm^{-1}(在醚中),1720cm^{-1}(在醇中),醇的极性大使得—COOH 中 $\nu_{C=O}$ 变小

3. 晶体　由于原子在晶格内规则排列,相互作用均一,所以谱带往往裂分。如长链烃—CH$_2$ 的面内摇摆振动液体时~720cm^{-1} 一个峰,晶态时裂分为双峰,晶态聚乙烯的红外光谱中就可以看到 720cm^{-1} 的双峰。

(二)内部因素的影响

1. 诱导效应(I效应)　当基团旁边连有负电性大的原子(或基团)时往往使特征频率升高。

C=O 中的氧原子有吸引电子的倾向,形成 C$^+$—O$^-$,当吸引电子基团与 C=O 邻接时,它就要和氧原子争夺电子,使 C 原子上的正电荷增加,使双键性增强,力常数 K 增大,所以 $\bar{\nu}_{C=O}$ 向高波数位移(由双原子分子的频率公式可知 $\bar{\nu}$ 与 $\sqrt{K}$ 成正比关系)。

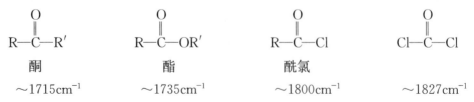

由上可见:与 C=O 邻接的基团电负性越大,$\bar{\nu}_{C=O}$ 往高波数位移越多。

2. 共轭效应(M 效应) 形成共轭体系时一般特征频率往低波数位移。以 $\overset{\overset{\displaystyle O}{\parallel}}{—C}—NH_2$（N电负性＝3.0，Cl 电负性＝3.0）为例，从诱导效应考虑 C＝O 峰也应该出现在高波数，但实际上酰胺特征频率出现在 1680cm^{-1}，用诱导效应就解释不了。有人认为，$\overset{\overset{\displaystyle O}{\parallel}}{—C}—NH_2$ 是诱导效应和共轭效应都存在，只是共轭效应占优势，使键长平均化了，双键性减弱，力常数 K 变小所以 $\bar{\nu}_{C=O}$ 向低波数位移。

又如当 C＝O 与芳环上的 C＝C 共轭时，形成了大 π 键 $\overset{\overset{\displaystyle O}{\parallel}}{—C＝C—C—}$，键长平均化了，这时它们的双键的键长比原来孤立双键的键长增加了（单键略有缩短）双键特性减弱，K 变小所以频率降低了。这时与苯环共轭的 C＝O 的频率降至 1680cm^{-1} 左右。

同时 C＝O 的引入使 C＝C 上的电子云不再平均分布，而产生倾斜，因此使 C＝C 带有一点极性，所以吸收强度就增加。前面在讲到芳环的特征吸收时，讲过当芳环与不饱和键或带有孤对电子的基团如 C＝C、C＝O、—NO$_2$ 等共轭时 1500cm^{-1} 和 1600cm^{-1} 峰强度增加都是这个道理。

当诱导效应和共轭效应同时存在时（这两种效应同时存在的机会较多），就要看哪一种占优势，谱带就往哪一边位移。诱导占优势谱带就往高波数位移，共轭效应占优势则谱带就往低波数位移。

3. 氢键效应 在介绍 —OH 的特征频率时讲到醇的 —OH 之间的氢键作用，但除了醇 —OH 之外。羧酸、酚等的 —OH 和胺类化合物的 —NH 常和邻近的 O、N 等电负性强的原子形成氢键，氢键的形成往往使基团的伸缩振动频率往低波数位移，变形振动的频率向高波数位移，而且谱带的形状变宽。氢键越强，峰的强度越强也越宽。伸缩频率向低波数位移也越大。例如：

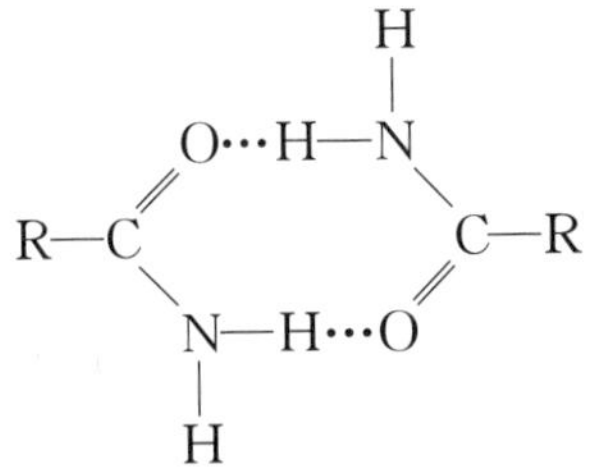

二聚体由于缔合会使伸缩振动的频率 $\bar{\nu}_{C=O}$ 下降，游离伯酰胺 $\bar{\nu}_{C=O}$＝1690cm^{-1}，缔合伯酰胺 $\bar{\nu}_{C=O}$＝1650cm^{-1}；变形振动频率 δ_{-NH} 增大，游离伯酰胺 δ_{-NH}＝1620～1590cm^{-1}，缔合伯酰胺 δ_{-NH}＝1650～1620cm^{-1}。

4. 空间效应 空间效应包括环张力效应和空间位阻等。

环张力效应即键角张力。环越小张力效应越大。如环丙烷 $\overset{\displaystyle CH_2—CH_2}{\underset{\displaystyle CH_2}{\diagdown\ \diagup}}$，其伸缩振动 3060～

$3030cm^{-1}$，而环己烷 （ ） 的伸缩振动基本与饱和的 CH_2 的频率一致。

简单介绍一下分子内空间位阻：

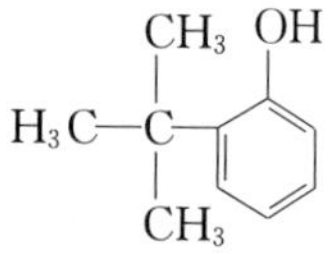

$$\bar{\nu}_{OH} = 3380\ cm^{-1}$$

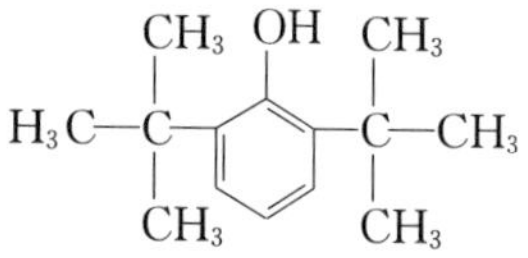

$$\bar{\nu}_{OH} = 3510\ cm^{-1}$$

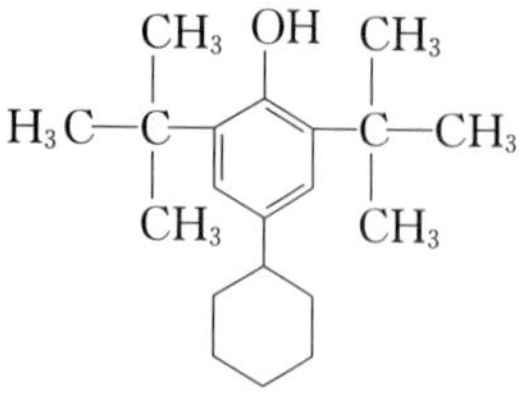

$$\bar{\nu}_{OH} = 3530\ cm^{-1}$$

由于空间位阻使分子间羟基不容易缔合，因而—OH 频率下降幅度较小，因为形成氢键时 $\bar{\nu}_{OH}$ 是往低波数位移的。

5. 振动的偶合 当两个化学键或基团的振动频率相近（或相等）又相互接近或直接相连时，会使原来的谱带裂分为两个峰，一个频率比原来的谱带高一点，另一个低一点，这就称为振动的偶合。例如醇中的 C—O—H 谱带就是 $\bar{\nu}_{C-O}$ 伸缩振动和 δ_{O-H} 变形振动的偶合。结果在 $1150\sim1000cm^{-1}$（强）和 $1000\sim900cm^{-1}$（弱）出现两个峰，这是属于伸缩—变形偶合。又如：

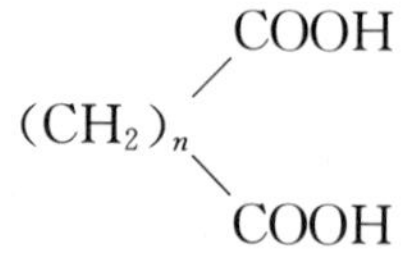

$(CH_2)_n$〈$^{COOH}_{COOH}$ 的两个 C=O 的振动偶合使 $\bar{\nu}_{C=O}$ 裂分，当 $n=1$ 时，丙二酸 $\bar{\nu}_{C=O}$ 1740，$1710cm^{-1}$；当 $n=2$ 时，丁二酸 $\bar{\nu}_{C=O}=1780,1700cm^{-1}$；当 $n>3$ 时，$\bar{\nu}_{C=O}$ 只有一个峰。

综上所述，组成分子的基团或化学键的特征频率以及邻接基团的性质、构型（即连接方式）等周围环境的影响导致的频率的位移是定性分析的基础，即根据特征频率（吸收峰）的位置、强度、形状可以确定官能团和键，然后根据频率的位移（往高波数位移还是往低波数位移）进一步考虑邻接基团的性质和连接方式，从而确定分子的结构（位移可以有助于确定结构）。但往往只靠红外光谱一种方法也很难确定，对一个完全未知的化合物作结构分析还需要多种分析手段配合。

二、影响谱图质量的因素

（一）仪器参数的影响

光通量、增益、扫描次数等直接影响信噪比 S/N，同时要根据不同的附件及检测要求进行必要的调整，以得到满意的谱图。

（二）环境的影响

光谱中的吸收带并非都是由光谱本身产生的，潮湿的空气、样品的污染、残留的溶剂、由玛瑙研钵或玻璃器皿所带入的二氧化硅、溴化钾压片时吸附的水等原因均可产生依附的吸收带，故在光谱解析时应特别加以注意。

(三)厚度的影响

样品的厚度或样品量是很重要的，通常要求厚度为 $10\sim50\mu m$，对于极性物质(如聚酯)要求厚度小一些，对非极性物质(如聚烯烃)要求厚一些。有时，为了观察弱吸收带，如某些含量少的基团、端基、侧链，少量共聚组分等，应该用较厚的样品测定光谱，若用 KBr 压片法用量也应作相应的调整。

第三节　红外光谱图的解析

一、红外光谱的特征区与指纹区

$4000\sim1333cm^{-1}$ 区叫特征区，一般化学键和基团的特征频率就在这个区。低于 $1333cm^{-1}$ 区叫指纹区，"指纹"两字是借用的。正如辨认人要用指纹一样，辨认红外光谱除了要看特征区外还要看指纹区。

大多数单键(如 C—C、C—N、C—O)的伸缩振动和各种弯曲振动都在指纹区，这些单键强度相近，即 K 相近，在分子中许多单键又互相连在一起，相互干扰，所以特征性差。

指纹区虽特征性差，但它对分子结构的变化十分敏感，分子结构的细微变化就会引起指纹区光谱的明显改变，所以此区峰的变化是反映整个分子构型的。比如邻二甲苯、间二甲苯、对二甲苯虽同是二甲苯，但它们在指纹区的峰是有很大差别的，所以可以说"没有任何两个分子在指纹区的峰是完全一样的，正如没有任何两个人的指纹是完全相同的一样"。

同一个化学式的化合物只要在构型上有差别，如支链(如带支链的异构烃类与正构烃类)、互变异构(如酮式和烯醇式的互变异构)、顺反异构(如聚丁二烯有 1,4-顺式、1,4-反式和 1,2-结构)、芳香异构(如二甲苯)等，它们在指纹区的谱带各不相同。因此根据指纹区的信息可以确定结构。前面讲过频率位移的数据有助于确定结构。指纹区的信息也一样，这两者都很重要，它们可以给出不同的信息。

要解析一张谱图时，首先在特征区找出特征峰的归属，然后到指纹区去找旁证。

二、红外解析的三要素

在有机化合物中，解析谱图三要素即谱峰位置、形状和强度。

谱峰位置即谱带的特征振动频率，是对官能团进行分析的基础，依照特征峰的位置可确定化合物的类型。

谱带的形式包括谱带是否有分裂，可用于研究分子内是否存在缔合以及分子的对称性、旋转异构、互变异构等。

谱带的强度是与分子振动时偶极矩的变化有关的，但同时又与分子的含量成正比，因此可作为定量分析的基础。依据某些特征谱带强度随时间(或温度、压力)的变化规律可研究动力学的过程。

三、红外光谱的解析步骤

红外光谱图的解析步骤大致分为以下几步：

(1)首先了解样品的来源及制备方法，了解其原料及可能产生的中间产物或副产物，了解熔沸点等物理化学性质，以及其他分析手段所得的数据，如相对分子质量、元素分析数据等。分析的样品必须是纯样品，否则将给解析工作带来困难。

(2)若已知分子式可以先算出其不饱和度，计算不饱和度的经验公式：

$$u = 1 + n_4 + \frac{1}{2}(n_3 - n_1)$$

式中：n_4 为四价原子数，如 C；n_3 为三价原子数，如 N；n_1 为一价原子数，如 H。

双键 (C=C、C=O、C=N)的 $u=1$，环的 $u=1$，叁键(C≡C、C≡N)的 $u=2$，⬡(一个环和三个双键)的 $u=4$。

例 3-2 CH_3COOH ($C_2H_4O_2$)

$$u = 1 + 2 + \frac{1}{2}(-4) = 1$$

知道了不饱和度有助于分子结构的推断。

稠环化合物的不饱和度计算公式：

$$u = 4r - s$$

式中：r 为环数；s 为共边数。

(3)谱图的解析往往只根据一张红外光谱图是不够的，常常要作不同浓度的几张谱图，以便由大浓度的谱图读小峰，从小浓度的谱图读强峰。

(4)确定含有什么基团和键。首先观察特征区的谱带，根据特征频率的位置、强度、形状可初步推断含有什么基团和化学键，然后在指纹区找到进一步的旁证情报，如芳香取代基位置的情报就可以由指纹区获得。又如：在 $1735cm^{-1}$ 有强峰可能是酯类的 C=O，但如果在指纹区 $1275\sim1185cm^{-1}$ 有一个强峰，通常比 C=O 峰还强，那是酯基中的 C—O—C 的反对称伸缩和对称伸缩振动引起的，这就更能确定有酯基存在。

(5)由于邻接原子的性质、连接方式(即连在什么位置)，对基团的特征频率有影响，使基团的特征频率发生位移，如形成氢键、共轭体系、诱导作用等都会使基团的特征频率发生位移，因此根据位移可以考虑邻接基团的性质及连接方式，进而推断分子结构。

(6)对于所推断的分子结构，必须与标准谱图对照(对照时必须注意所作的图与标准谱图的条件必须一致，如样品的状态及制备方法等)。若无标准谱图，则可用标准已知样作图来对照，图谱上峰的个数、形状、位置及强度次序必须完全一致，才能认为所推断的结构与标准物完全相同。

(7)对于一些较复杂的样品往往单凭一张红外光谱图不可能得出结论，必须用多种分析手段，如核磁、质谱、色谱等的配合才能得出正确结论。

四、例题分析

例 3-3 正己烷的红外光谱图(图 3-38)。

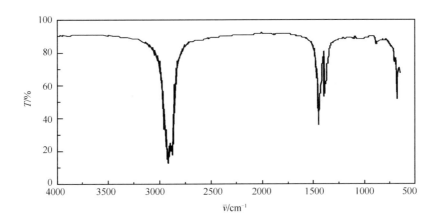

图 3-38 正己烷的红外光谱图

$CH_3(CH_2)_4CH_3$ 不饱和度 $u = 1 + 6 + \dfrac{1}{2}(-14) = 0$

这是一个饱和烃。

峰的归属:

$\sim 2960 \text{ cm}^{-1}$	—CH_3 反对称伸缩振动
$\sim 2930 \text{ cm}^{-1}$	—CH_2 反对称伸缩振动
$\sim 2860 \text{ cm}^{-1}$	—CH_3 对称伸缩振动相重叠
	—CH_2 对称伸缩振动相重叠
$\sim 1460 \text{ cm}^{-1}$	—CH_3 反对称变形振动
	—CH_2 剪式振动(特征)
$\sim 1380 \text{ cm}^{-1}$	—CH_3 对称变形 振动(特征)
$\sim 720 \text{ cm}^{-1}$	—$(CH_2)_n$ - $n \geqslant 4$ 面内摇摆,有长碳链存在可由 720cm^{-1} 来判定。

如果这是一个未知化合物,由红外光谱图可以判断是饱和烃(只有 $\sim 2900 \text{cm}^{-1}$、$\sim 2800 \text{cm}^{-1}$ 附近的峰,没有 1500cm^{-1}、1600cm^{-1} 峰),$u = 0$ 也说明是饱和烃。因为出现 720cm^{-1} 的峰,所以此化合物至少是 C_6,至于是否是 C_7、$C_8 \cdots\cdots$ 红外光谱不易区分,尚须借助其他分析手段如核磁共振等。

例 3-4 2-甲基戊烷红外光谱图(图 3-39)。

这是上例中正己烷的异构体,分子式同样是 C_6H_{14} 的饱和烃,由图可以明显地看出正构烷烃和异构烷烃的峰是明显不同的,所以结构不同红外光谱就有差别。

主要差别是:1380cm^{-1} 裂分成双峰,720cm^{-1} 峰消失,出现 740cm^{-1} 的峰。

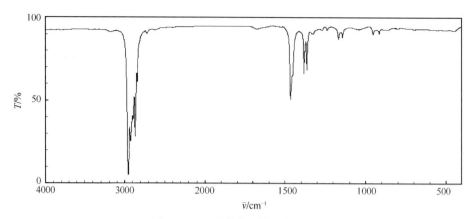

图 3 - 39　2 - 甲基戊烷的红外光谱图

(1)异丙基 $\left[\begin{array}{c} CH_3 \\ -HC \\ CH_3 \end{array} \right]$ $\begin{array}{ll} 1385cm^{-1} & 强 \\ 1370cm^{-1} & 强 \end{array}$ 　强度相等的双峰

叔丁基 $\left[\begin{array}{c} CH_3 \\ -C-CH_3 \\ CH_3 \end{array} \right]$ $\begin{array}{ll} 1390cm^{-1} & 中 \\ 1370cm^{-1} & 强 \end{array}$ 　$1370cm^{-1}$ 是 $1390cm^{-1}$ 的两倍

由图可见 $1380cm^{-1}$ 裂分的双峰几乎是等强度的,所以是异丙基结构。

(2)异丙基的骨架振动在 $1170cm^{-1}$、$1155cm^{-1}$,$1155cm^{-1}$ 是 $1170cm^{-1}$ 的肩部。在图 3 - 39 中可以看得很清楚。

(3)因为没有 $+CH_2\frac{}{n}(n\geqslant4)$,所以 $720cm^{-1}$ 峰消失,在这个结构中只有两个相邻的 CH_2。

(4)—$(CH_2)_2$—$734\sim743cm^{-1}$ 面内摇摆。图中 $740cm^{-1}$ 的峰即是。

2 - 甲基戊烷中有异丙基和两个相邻的 CH_2。

例 3 - 5　苯胺的红外光谱图(图 3 - 40)。

以上两个例子是饱和的正构化合物和异构化合物解析实例,现列举芳香族化合物的谱图解析。

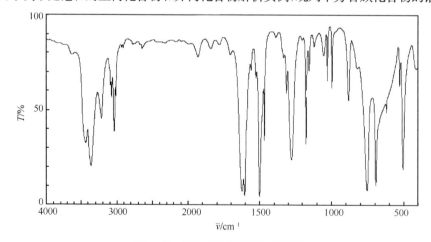

图 3 - 40　C_6H_7N 苯胺的红外光谱图

不饱和度 $u=1+n_4+\dfrac{1}{2}(n_3-n_1)=1+6+\dfrac{1}{2}(1-7)=7-3=4$　　苯环 $u=4$

谱带的归属:

(1)3450cm^{-1},3390cm^{-1}双峰是—NH$_2$的反对称和对称伸缩振动,并在 3225cm^{-1}处有一个小峰是 1620cm^{-1}的倍频。

(2)3030cm^{-1}苯环上=CH 的伸缩振动这是芳香的特征之一。至此可以推定有—NH$_2$和可能有苯环。

(3)1620cm^{-1}—NH$_2$的变形振动。

(4)1600cm^{-1},1500cm^{-1}附近的峰是苯环上 C=C 的伸缩振动。这也是芳环的特征之一,若一个未知化合物在 3030cm^{-1}有弱峰且在 1500cm^{-1},1600cm^{-1}有吸收峰就可以基本肯定是芳环了,然后再从指纹区的信息确定取代基的位置。

(5)1280cm^{-1}是 Ar—N 伸缩振动。很有趣,当—NH$_2$与 HCl 形成—NH$_2$·HCl(盐酸盐)时此峰消失。为要进一步证明是否是苯胺可令它成为盐酸盐。若此峰消失则说明原样是苯胺。

(6)750cm^{-1},690cm^{-1}是单取代苯的特征,这是五个相邻 H 原子的面外变形振动。

例 3-6　苯乙酮的红外光谱图(图 3-41)。

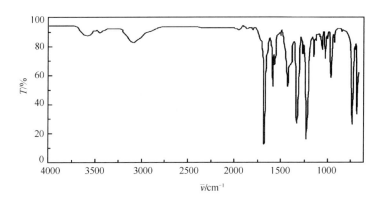

图 3-41　苯乙酮的红外光谱图

$u=1+8+\dfrac{1}{2}(-8)=5$　　苯环 $u=4$　　$u_{c=o}=1$

谱带的归属:

(1)3030cm^{-1},1580cm^{-1},1600cm^{-1}是苯环的特征,且苯环上有一个共轭基团,因为苯与取代基共轭时 1600cm^{-1}峰裂分成双峰即 1605cm^{-1}和 1580cm^{-1}两个峰。

(2)1680cm^{-1}这是共轭酮 C=O的频率,因为 C=O 与苯环共轭后$\bar{\nu}_{c=o}$向低波数位移了。

(3)由于 C=O 与 CH$_3$邻接使 CH$_3$的伸缩振动峰强度大大降低,并使 CH$_3$的反对称振动由 1460cm^{-1}移至 1430cm^{-1},对称变形振动由 1380cm^{-1}移至 1360cm^{-1}这是甲基酮的特征。

(4)1265cm^{-1}是芳酮的佐证(骨架振动)。

(5)750cm^{-1}和 690cm^{-1}是芳环单取代的特征峰。

第四节　红外光谱的应用

一、已知化合物的确认

合成一个已知化学组成的化合物,想鉴定一下合成的化合物是否是所要的结构,或形成了什么副产物,或带入了什么杂质。可以用红外光谱很方便地做出鉴定,可以将此化合物的红外光谱图与标准红外光谱图对比(标准红外光谱图已经发表了十几万张)。如果峰形、峰的个数、峰的位置强弱次序都和标准图一致,那么这个化合物就可以确定无疑了。如果比标准谱图的峰还多几个,那就是杂质的峰,根据杂质峰的波数值可以推断是什么官能团,根据反应过程推断可能带入的杂质或生成某种副产物。

常用红外光谱来鉴定化合物中的某个官能团,用红外光谱鉴定官能团是最简便而有力的工具。例如试制了一种新染料,其结构式为:

想检查一下分子中的—C≡N 是否加上去了,可借助于红外光谱,因为氰基的特征峰在 $2260\sim2240\mathrm{cm^{-1}}$ 范围内,说明分子中的—C≡N 已经接上去了。

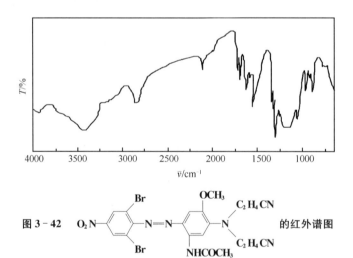

图 3-42　O_2N─〈Br,OCH₃,NHCOCH₃…〉的红外谱图

二、异构体的鉴定

用红外光谱来确定高聚物的构型异构体是很方便的,而用其他方法就比较困难。以聚丁二烯为例,它有三种构型异构体:

顺-1,4-聚丁二烯　　—CH₂　　CH₂—　　738cm⁻¹

$$\text{反-1,4-聚丁二烯}\qquad\begin{array}{c}\text{H}\qquad\text{CH}_2-\\ \diagdown\ \ \diagup\\ \text{C}=\text{C}\\ \diagup\ \ \ \ \diagdown\\ -\text{CH}_2\qquad\text{H}\end{array}\qquad967\text{cm}^{-1}$$

1,2-聚丁二烯　　$\begin{array}{c}-\text{CH}_2-\text{CH}-\\ |\\ \text{CH}\\ ||\\ \text{CH}_2\end{array}$　990 cm^{-1} 和 910 cm^{-1} 两个峰

这三种异构体的红外光谱图特别是指纹区的谱带有很大差别见图 3-43。

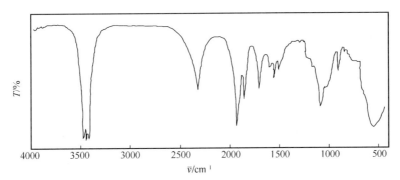

（a）顺-1,4-聚丁二烯 (97.3%)，反-1,4-聚丁二烯 (1.4%)，1,2-聚丁二烯 (1.3%)

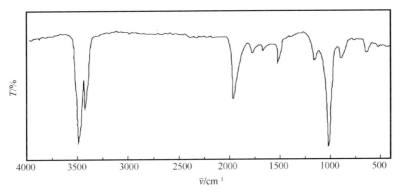

（b）反-1,4-聚丁二烯 (97%)，1,2-聚丁二烯 (2.6%)

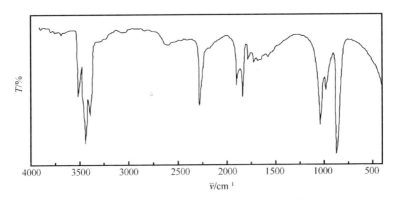

（c）1,2-聚丁二烯 (82.6%)，反-1,4-聚丁二烯 (17.4%)

图 3-43　聚丁二烯的红外光谱图

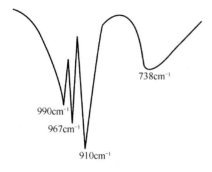

图 3 - 44 某聚丁二烯指纹区光谱

顺-1,4-聚丁二烯特征吸收 738cm^{-1}归属于 CH 面外变形振动。反-1,4-聚丁二烯特征吸收 967cm^{-1}归属于 CH 面外变形振动。

1,2-聚丁二烯特征吸收 910cm^{-1}归属于 CH$_2$ 面外变形振动和 990cm^{-1}归属于 CH 面外变形振动。

根据一张聚丁二烯的红外光谱图可以得知是顺式还是反式,1,2-还是三种异构体比例相仿的聚丁二烯。并且可以定出它们分别的含量。

三、未知物结构的测定

根据红外光谱图提供的信息来推断未知化合物的结构。

实例 3 - 7   确定某化合物(分子式 C$_6$H$_{14}$)的结构,其红外光谱图如图 3 - 45 所示。

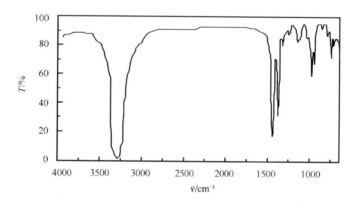

图 3 - 45 未知物分子式 C$_6$H$_{14}$

解:$u = 1 + n_4 + \dfrac{1}{2}(n_3 - n_1) = 1 + 6 + \dfrac{1}{2}(-14) = 0$

由不饱和度计算可知此化合物是饱和化合物。由图可见没有 3030cm^{-1}、1500cm^{-1}、1600cm^{-1}峰可知没有芳烃的特征。

此图与前述图 3 - 38 正己烷有许多相同之处,最大的差别是,此图中在 775cm^{-1}处有一个峰。

峰的归属:

(1)2800～2900cm^{-1}可能是—CH$_3$、—CH$_2$反对称和对称伸缩振动并互相重叠。

(2)1461cm^{-1}是—CH$_3$反对称变形振动和—CH$_2$剪式振动。

(3)1380cm^{-1}是—CH$_3$对称变形振动。

(4)775cm^{-1}是乙基中 CH$_2$的平面摇摆振动即一个—CH$_2$的面内摇摆。

分子式是 C$_6$H$_{14}$的烷烃有许多类型:

①CH$_3$(CH$_2$)$_4$CH$_3$。否,因图中无 720cm^{-1}峰。

② CH₃—CH—CH₂—CH₂CH₃ 。否,因图中 1380cm⁻¹ 没有裂分,不可能有异丙基。
        |
        CH₃

        CH₃
        |
③ CH₃—C—CH₂CH₃ 。否,此结构虽有乙基,但又有叔丁基,而图中 1380cm⁻¹ 又没有裂
        |
        CH₃

分为双峰。

④ CH₃—CH—CH—CH₃ 。否,此构型中无乙基,有两个异丙基,但因图中 1380cm⁻¹ 并没
        | |
        CH₃ CH₃

有裂分。

⑤ CH₃—CH₂—CH—CH₂CH₃ 。此结构是正确的,但还需要与标准谱图对照一下。
           |
           CH₃

实例 3-8　确定某化合物(分子式为 C_8H_7N,熔点 29℃)的结构,其红外光谱图如图 3-46 所示。

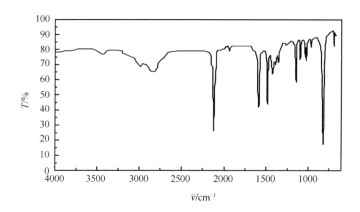

图 3-46　未知物分子式为 C_8H_7N

解:$u = 1 + n_4 + \frac{1}{2}(n_3 - n_1) = 1 + 8 + \frac{1}{2}(1 - 7) = 9 - 3 = 6$

峰的归属:

(1)3030cm⁻¹ 为苯环上＝CH 伸缩振动说明可能是芳香族化合物,这个可能性比较大,因其不饱和度很高。

(2)2920cm⁻¹ 为 CH₃ 反对称伸缩振动或—CH₂ 反对称伸缩振动。若此化合物是脂肪族化合物,则它的 C—H 伸缩振动理应很强,现在图上此峰很弱,所以可能是芳环上连接的烷基。

(3)2217cm⁻¹ 是 C≡N 的伸缩振动,非常特征,峰形呈针状,C≡N 的特征吸收范围是 2260～2240cm⁻¹,但当 C≡N 处于共轭体系中频率就要低移约 30cm⁻¹。所以 C≡N 很可能直接连在苯环上与苯环形成共轭。

(4)1607cm⁻¹ 和 1508cm⁻¹ 是芳环 C＝C 的振动,由于苯环与 C≡N 共轭后 1600cm⁻¹ 裂分成

$1607cm^{-1}$ 和 $1572cm^{-1}$ 两个峰。

(5) $1450cm^{-1}$, $1380cm^{-1}$ 表明 有 CH_2 或 CH_3 存在,共轭苯在 $1450cm^{-1}$ 也有峰。

(6) $817cm^{-1}$ 为苯环对位取代的特征峰(这是苯环上相邻两个 H 原子的面外变形振动)。

推断其结构式 H_3C—⟨苯环⟩—CN 对甲基苯腈。不饱和度 $u=6$ 也是相符的,⟨苯环⟩ 的 $u=4$,$C≡N$ 的 $u=2$,查知 H_3C—⟨苯环⟩—CN 的熔点 29℃,并与标准谱图对照,证明此结构式是正确无误的。

实例 3-9 一未知化合物为无色似水的液体,有臭味,元素分析是由 C、H、N、S 元素组成,根据红外光谱推断结构,其红外光谱图如图 3-47 所示。

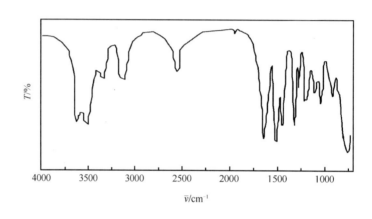

图 3-47 未知物为无色似水的液体

解:峰的归属:

(1) $3600 \sim 3400cm^{-1}$ 可能是—NH 或—OH 的伸缩振动,元素分析无氧原子,所以必然是—NH 的伸缩振动,而且是个伯胺,伯胺是双峰对应于—NH_2 的对称及反对称伸缩振动,且在它的低频一侧有一个小峰,这也是伯胺的特征。

(2) 近 $3100cm^{-1}$ 是芳环上=CH 的伸缩振动,同时在 $1605cm^{-1}$ 和 $1500cm^{-1}$ 有芳环的特征,可见分子中有芳环存在。且在 $750cm^{-1}$ 的峰进一步证明芳环上有邻位二取代。

(3) $2550cm^{-1}$ 是一个弱的吸收,这是 S—H 伸缩振动,此区很少干扰非常特征。且元素分析有 S 原子存在,由此确定有—SH 存在是有把握的。

(4) $1280cm^{-1}$ 有 Ar—N 的伸缩振动。

(5) 分子中无饱和 C—H 存在,因为 $\sim 2900cm^{-1}$,$\sim 2800cm^{-1}$ 及 $1380cm^{-1}$ 无吸收。那么分子中—SH 和—NH_2 是直接连在芳环上的。

注意通观全图,位于 $1600cm^{-1}$ 及 $750cm^{-1}$ 的峰似乎异乎寻常的宽,其原因是:

第一,—NH_2 剪式振动和苯环的 $1600cm^{-1}$ 峰相叠加。

第二,—NH_2 的卷曲振动和苯环上 4 个 H 原子的面外变形振动 $\sim 750cm^{-1}$ 相叠加。

这两个峰的变异正说明了—NH_2 的存在,未知物的结构确定为:

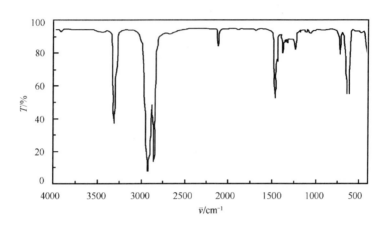

NH_2

—SH　邻氨基硫酚

结构确定后还要与标准谱图对照其峰形、位置(波数)、个数及强度次序必须全同。无标准谱图查时可制备已知的标样,再作图比较。

实例 3 - 10 试样是一个分子式为 $C_{13}H_{24}$ 的液体碳氢化合物。根据红外光谱图确定其结构。其红外光谱图如图 3 - 48 所示。

图 3 - 48 未知物分子式为 $C_{13}H_{24}$

解:计算不饱和度 $u=1+n_4+\dfrac{1}{2}(n_3-n_1)=1+13+\dfrac{1}{2}(-24)=2$

峰的归属:

(1)3304cm^{-1}是≡CH 的伸缩振动,已知此化合物不含 O、N,所以不会含有—OH 及—NH,再说—OH 由于氢键效应发生缔合,它们的缔合峰较宽而这里的峰较尖锐,可以与—OH 由于氢键效应发生缔合,它们的缔合峰较宽而这里的峰较尖锐,可以与—OH 及—NH 相区别。

(2)2923cm^{-1}处的峰为 CH_2 的反对称伸缩振动,2854cm^{-1}处的峰为 CH_2 的对称伸缩振动。两个峰在整个光谱中是最强峰,所以可以推论有大量 CH_2 存在。

(3)2198cm^{-1}是叁键的伸缩振动范围,因为没有 N 原子所以就可以推断仅仅是 C≡C,同时表明只有一个叁键,故为一单炔,因为 $u=2$。

(4)1467cm^{-1}的强峰是—CH_2—的剪式振动。

(5)1435cm^{-1}是 CH_3 反对称变形振动。

(6)1378cm^{-1}是 CH_3 对称变形振动。

(7)1239cm^{-1}是一个倍频,许多端炔烃化合物在此范围内都有此峰,≡CH 的变形振动＜667cm^{-1},而 1239cm^{-1}是它的倍频。

(8)四个以上的 CH_2 会在 719cm^{-1}处出现峰。因此可以推断:

①此化合物是一个叁键在末端的炔烃。因叁键若不在末端就不会有≡CH 的峰。

②因为是单炔,所以此化合物是 1-十三炔($CH_3(CH_2)_{10}C≡CH$),$u_{C≡C}=2$,与不饱和度计

算相符。

但是在主链上若有几个支链的异构体是不能排除的,还必须与标准谱图对照。

四、红外光谱的定量分析

(一)单一组分的定量——工作曲线法

进行定量分析时,首先要选定一个峰(一个波长),一般选组分的特征吸收峰(不干扰、不重叠的峰),但当所选的特征峰附近有干扰时也可以另选一个峰,但此峰必须是在浓度变化时其强度变化灵敏的峰,这样分析误差就小。

通常采用峰高或峰面积法定量,峰面积法包括了整个振动能级跃迁的吸收,还得用求积仪,根据公式计算很麻烦,通常峰高法比较方便。

用基线法量取峰高,ab 之间的距离即我们所求峰的峰高,如图 3 - 49 所示。

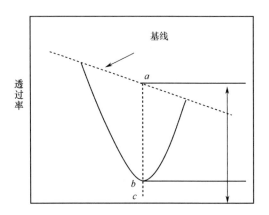

图 3 - 49　基线的画法及峰高的量取

定量的方法很多,如直接计算法、吸收强度比法、补偿法、解联立方程法等。对单一组分通常用的是工作曲线法,尤其是当样品测定工作量较大时工作曲线法是较方便的。

实例 3 - 11　农药 endrin　分子式为 $C_{12}H_{10}OC_{16}$ 的定量分析。

选 $851cm^{-1}$ 的峰来定量,用基线法量出峰高(定量时不必作全图,只要作出所需的特征峰就可以了)。

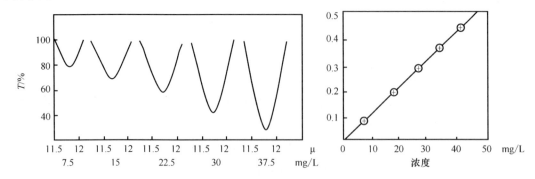

图 3 - 50　endrin 的定量分析

用已知含量的 endrin 样品做工作曲线,配成五种浓度:7.5mg/L、15 mg/L、22.5 mg/L、30 mg/L、37.5 mg/L。分别在 $870 \sim 833 cm^{-1}$ 之间扫描绘制吸收曲线,由图用基线法量得 $851 cm^{-1}$ 峰的峰高,并以峰高(吸光度)与浓度作图,未知含量的样品就可以在工作曲线上查得浓度 C 值。

(二)多元组分的定量

1. 解联立方程式 上述工作曲线法是适合于单一组分的样品,即在所选的分析波长处没有其他组分的吸收峰。但对于多元组分来说,要选择互不干扰的孤立的特征峰是很困难的。如果各组分在溶液中是遵守朗伯—比尔定律的,那么就可以根据吸光度的加和性原理来定量。若有甲、乙两组分在 λ_1 处都有吸收,则在 λ_1 处测得的吸光度 A 值是由甲、乙两者贡献的结构(图 3-51)。

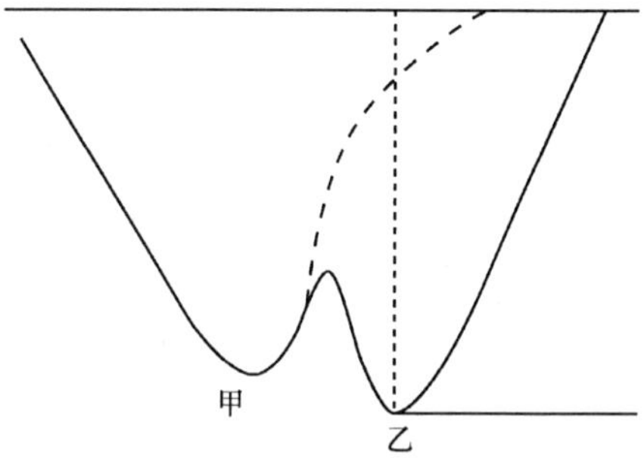

图 3-51 吸光度的加和性

λ_1 处: $\qquad A = A_{\lambda_{1甲}} + A_{\lambda_{1乙}}$

例如某一个混合物有 n 个组分。其各组分的浓度为 $C_1, C_2, C_3, C_4 \cdots C_n$。

在波长 λ 处的消光系数 $K_{\lambda_1}, K_{\lambda_2}, K_{\lambda_3} \cdots K_{\lambda_n}$ 以上在 λ 处各组分的各自的 K 值可由纯物质求得。

在 λ 处总的吸光度为:

$$A = A_{\lambda_1} + A_{\lambda_2} + A_{\lambda_3} + \cdots A_{\lambda_n}$$
$$= K_{\lambda_1} C_1 L + K_{\lambda_2} C_2 L + K_{\lambda_3} C_3 L + \cdots + K_{\lambda_n} C_n L$$

选择 n 个分析波长就可以得到 n 个方程:

λ_1 处: $\qquad A_1 = K_{11} C_1 L + K_{12} C_2 L + K_{13} C_3 L + \cdots + K_{1n} C_n L$

λ_2 处: $\qquad A_2 = K_{21} C_1 L + K_{22} C_2 L + K_{23} C_3 L + \cdots + K_{2n} C_n L$

λ_3 处: $\qquad A_3 = K_{31} C_1 L + K_{32} C_2 L + K_{33} C_3 L + \cdots + K_{3n} C_n L$

λ_n 处: $\qquad A_n = K_{n1} C_1 L + K_{n} 2 C_2 L + K_{n3} C_3 L + \cdots + K_{m} C_n L$

由上可见,三种组分就会有 9 个 K 值,四种组分就会有 16 个 K 值,n 种组分就会有 n^2 个 K 值。

n 种组分在 n 个波长处的 K 值可事先由已知纯样品分别在 n 个波长下求得。这样上述联立方程组中就只有 n 个浓度 $C_1, C_2, C_3, \cdots C_n$ 是未知数,有 n 个方程就可以解出 n 个未知数了。

2. 基线扣除法 多元组分的定量是很麻烦的,还可以采用基线扣除法直接计算。

实例 3-12 聚丁二烯微观结构的定量测定。

(1)选择特征峰作为分析波长。顺-1,4-聚丁二烯 $738 cm^{-1}$,反-1,4-聚丁二烯 $967 cm^{-1}$,1,2-聚丁二烯 $911 cm^{-1}$。

当背景吸收干扰不太大又可以精确扣除时,可采用基线扣除法量取各个峰的高度。

在光谱图上作基线,以扣除邻近吸收峰的背景干扰。这样只要确定了每一组分的消光系数则它们的浓度就可以求得。

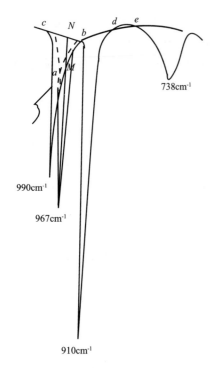

图3-52　聚丁二烯指纹区吸收峰

如何扣除邻近吸收峰的干扰呢？以反-1,4-聚丁二烯的特征峰967cm^{-1}为例(图3-52)，由于990cm^{-1}峰对此峰有干扰必须扣除。

①以 ab 为基线，则量出的峰高比实际的峰高小。

②若以 bc 为基线，这样量出的峰高比实际峰高大了。因为这样量出的峰高是由967cm^{-1}和邻近的990cm^{-1}两者贡献的结果。

③由967cm^{-1}峰的顶点向横坐标作一垂线，与 ab,bc 交于 M、N 点，求 M、N 的中点 O，由967cm^{-1}峰的顶点到 O 的距离比较合理地代表了967cm^{-1}峰的真实峰高(吸光度)。

910cm^{-1}峰作 bd 切线为基线，由910cm^{-1}峰顶端向横坐标作垂线与 bd 的交点间的距离代表910cm^{-1}的峰高。

738cm^{-1}峰由 e 点约840cm^{-1}处作一与横坐标平行的线为基线。由738cm^{-1}顶点作一垂线与横坐标平行线的交点间的距离是738cm^{-1}峰的峰高。

(2)摩尔吸光系数的确定(可由纯物质测得)。

聚丁二烯各微观结构的吸光系数：

顺-1,4-聚丁二烯(c)　$\varepsilon_{738cm^{-1}}=31.4 \text{L/(mol·cm)}$

反-1,4-聚丁二烯(t)　$\varepsilon_{967cm^{-1}}=117 \text{ L/(mol·cm)}$

1,2-聚丁二烯(v)　$\varepsilon_{910cm^{-1}}=151 \text{ L/(mol·cm)}$

(3)直接计算。

$$A=\varepsilon CL$$

$$C=\frac{A}{\varepsilon \cdot L} \qquad (L=1\text{cm})$$

$$C_c=\frac{A_{738}}{\varepsilon_{738}L}=\frac{A_{738}}{31.4}$$

$$C_v=\frac{A_{911}}{\varepsilon_{911}L}=\frac{A_{911}}{151}$$

$$C_t=\frac{A_{967}}{\varepsilon_{967}L}=\frac{A_{967}}{117}$$

A_{738}，A_{911}，A_{967} 都是已扣除背景的吸光度(吸光度)值，由实验测得。

求它们的百分含量：

$$C_c=\frac{C_c}{C_c+C_v+C_t}\times 100\%$$

$$C_v=\frac{C_v}{C_c+C_v+C_t}\times 100\%$$

$$C_t = \frac{C_t}{C_c + C_v + C_t} \times 100\%$$

虽然红外光谱一般用于定性较多,用于定量较少。但是对于高聚物的各种微观结构的定量分析是一种很好的方法。如聚丁二烯、聚异戊二烯或丁苯橡胶的各种微观结构的定量分析采用红外光谱是很方便的,想用其他方法还很难测定。如丁苯橡胶用紫外光谱只能测其中聚苯乙烯的含量,所以红外光谱在高分子化合物研究中是一个极好的工具。

五、红外光谱在纺织工业中的应用

红外光谱以其简便、快速、微量、准确等优异特点,广泛应用于纺织纤维、染料、染整助剂、化纤油剂的生产及科学研究中。

(一)纺织纤维的红外光谱及应用

纺织纤维的红外光谱,可用溴化钾压片法、薄膜法及衰减全反射法(ATR)测得。测试仪器的现代化给红外光谱的分析带来极大的便利。

无论天然纤维或化学纤维,它们都是高分子化合物,其红外光谱都比较复杂,但都有各自的特征官能团及其特征吸收带。某些纤维的红外光谱带及其特征波数列于表 3-3 中,几种重要的纤维红外光谱解析如后,对纤维的识别与鉴定有很大帮助。

表 3-3 几种纤维红外光谱的主要吸收谱带的特征波数

纤维名称	*	主要吸收谱带的特征波数/cm^{-1}						
棉	K	3450~3250	2900 1630	1370	1100~970	550		
亚麻	K	3450~3250	2900 1730	1630	1430	1370	1100~970	550
苎麻	K	3400~3350	2900 1630	1430	1370	1100~970	550	
羊毛	K	3400~3250	2900 1720~1600	1500	1220			
生丝	K	3300~3200	2950 1710~1500	1220	1050			
熟丝	K	3300~2950	1710~1630	1530~1500	1400	1220	610	550
聚苯乙烯	F	3050~2950	1600 1490	1450	1020	750	690	540
黏胶	K	3450~3250	2900 1650	1430~1370	1060~970	890		
醋酯	F	3500 2950	1750 1430	1370	1230	1040	900	600
锦纶6	F	3300 3050	2950 2850	1630	1530	1450	1250	680 570
维纶	F	3400 2950	1430~1400	1090~1050	1020	850	790	
氯纶	F	2950 2900	1420 1350	1250	1090	950	690	650~600
涤纶	F	1730 1410	1340 1250	1120	1100	1020	870	720
腈纶	F	2950 2250	1730 1450	1360	1220	1060	1060	540
丙纶	F	2970~2940	2850 1450	1370	1160	990	970	840
氨纶	F	3300 2950	2850 1730	1630	1590	1530	1410	
		1370 1300	1220	1100	760	650	510	

注 *栏内的 K 表示溴化钾压片法,F 表示薄膜法。

1. 涤纶 如图 3-53 所示,在 1730cm^{-1} 附近有 C=O 的强吸收,在 880~700cm^{-1} 间出现特征吸收,尤其是 727cm^{-1} 强吸收,可认为是存在 O=C—O 的面外弯曲振动所致。

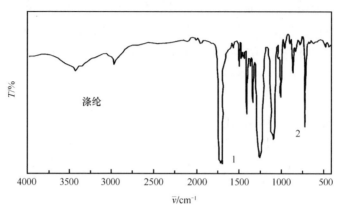

图 3-53 涤纶的红外谱图

2. 锦纶与羊毛 如图 3-54～图 3-56 所示,锦纶与羊毛的红外光谱图很相似,在 3080cm^{-1} 处出现特征吸收(—CONH—)。锦纶此吸收较明显,而羊毛的吸收则很弱。在 1650cm^{-1} 处均出现酰胺 I(C=O)的弱特征吸收。在 700cm^{-1} 附近出现 N—H 的弯曲振动。锦纶与羊毛的红外光谱另一个区别是锦纶在 1170cm^{-1} 处有特征吸收谱带。

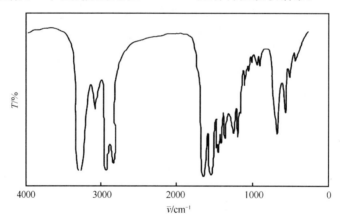

图 3-54 锦纶 6 的红外光谱图

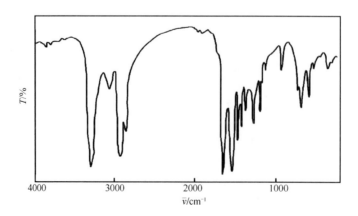

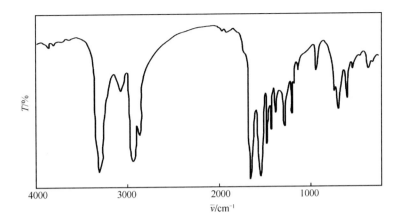

图 3 - 55　锦纶 66 的红外光谱图

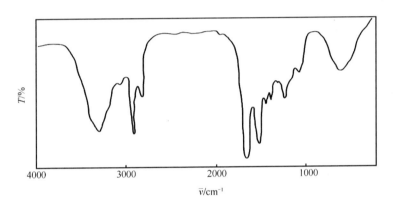

图 3 - 56　羊毛的红外光谱图

3. 亚麻和苎麻　如图 3 - 57 和图 3 - 58 所示，亚麻和苎麻在 1420cm^{-1}、1370cm^{-1}、1317cm^{-1} 处有显著吸收，尤其是 1420cm^{-1} 处的尖锐吸收，称作结晶谱带，在再生纤维素的黏胶纤维中，这种吸收就不明显；890cm^{-1} 处的非结晶性谱带的弱吸收虽然弱，但再生纤维的这种吸收强，这可作为区别天然纤维和再生纤维的一个标志。

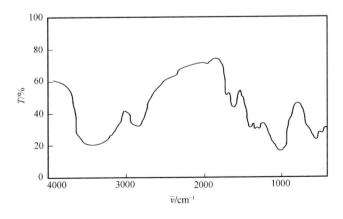

图 3 - 57　亚麻的红外光谱图

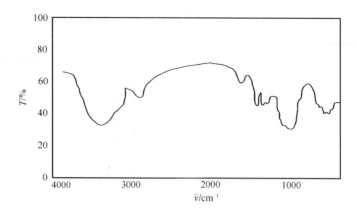

图 3 - 58 苎麻的红外光谱图

4. 混纺纤维的定性与定量　混纺纤维红外光谱图的识别,主要还是依靠各种单组分纤维的红外特征官能吸收。以涤纶/羊毛为例(图 3 - 59)。根据 $880 \sim 770 \mathrm{cm}^{-1}$ 间的吸收谱带及 $1700 \mathrm{cm}^{-1}$ 处的吸收,证明涤纶的存在。图中箭头指处证明羊毛的存在,是羊毛的特征吸收。在确定纤维为涤纶/羊毛纤维后,毛涤织物的混纺比可用红外衰减全反射光谱法(ATR)进行定量。

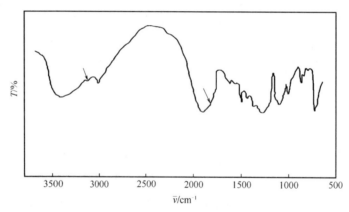

图 3 - 59 涤纶/羊毛(50/50)混纺纤维的红外光谱图

使用 ATR 技术测定织物混纺比,可避免化学法的溶液选择、试样溶解、称重以及红外常规透射法的纤维切片,称量和压片等繁琐步骤,方法简便,重现性好。只要在红外吸收区有特征吸收峰的纤维织物的混纺比的测定都可以用此方法测定。

毛涤织物混纺比测定的具体步骤同一般的红外定量的方法步骤相似,第一步是绘制标准曲线。准确剪取已处理的纯羊毛和纯涤纶织物,使其面积比分别为 $9:1,8:2,7:3,6:4,5:5,4:6,3:7,2:8,1:9$ 后分别放在 ATR 装置的梯形晶片两边夹紧,进行红外光谱测试,得一系列的红外光谱图(图 3-60)。纯涤纶织物选择聚酯的羰基伸缩振动 $1720 \mathrm{cm}^{-1}$,羊毛选择 NH 变形振动 $1520 \mathrm{cm}^{-1}$ 为分析吸收谱带(图 3-60),以基线法求得纯羊毛、纯涤纶及两者之间不同面积的吸收值 A_{1720}、A_{1520} 制作以羊毛面积百分含量为横坐标,$A_{1520}/(A_{1520}+A_{1720})$ 为纵坐标的标准吸收线。

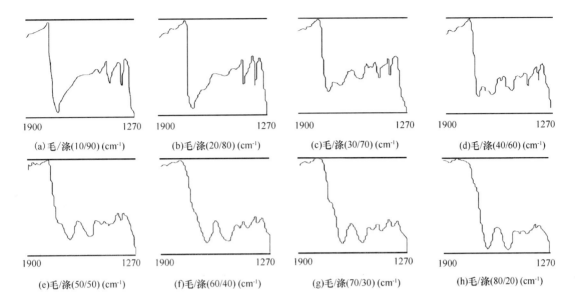

图 3 - 60　不同面积比的毛/涤织物在 1900~1270cm⁻¹ 范围内的 ATR 光谱

直线方程为：$y=0.826x+0.167$

式中：y 为 $A_{1520}/(A_{1520}+A_{1720})$ 值；x 为羊毛百分含量（面积）。

测量未知样品，只需要在同等条件下测定未知毛涤混纺物的 ATR 光谱图，求其 $A_{1520}/(A_{1520}+A_{1720})$，然后代入上述方程式，即可推算出混纺比。

此外，用红外光谱法还可研究纺丝速度对聚酯纤维结晶度和取向度的影响。

(二)纺织助剂的红外光谱及应用

纺织助剂主要分为两大类，一类是纤维制造及纺织加工用助剂，如纺丝油剂、卷绕油剂、纺织油剂等。使用目的是为了实现纤维制造及纺织加工能顺利进行，提高制造及加工效率。另一类是为了缩短加工周期，提高产品质量，改善服用性能而使用的染整加工助剂，如净洗剂、渗透剂、匀染剂、柔软剂等。

纺织助剂大多不经过精制提纯，多是复配物，往往还含有水、未反应的原料或其他添加剂、调节剂等。表面活性剂是纺织助剂的主要成分之一，熟悉和掌握各类表面活性剂的红外光谱的特征，对纺织助剂的剖析及研究有很大帮助。纺织助剂由于成分复杂，红外谱图的解析是比较困难的，故在图前进行必要的分离提纯，干燥除水后才能获得更有效的信息。

红外光谱在纺织助剂的制造及研究中的应用一般有如下几方面：

1. 质量监控　在用酯交换法合成复合乳化剂时，按下列反应式进行：

$$\begin{array}{l} C_nH_{2n+1}COO{-}CH_2 \\ C_nH_{2n+1}COO{-}CH \quad +2HO(CH_2CH_2O)_mH \xrightarrow[\triangle]{催化剂} \\ C_nH_{2n+1}COO{-}CH_2 \end{array}$$

$$2C_nH_{2n+1}COO(CH_2CH_2O)_mH + C_nH_{2n+1}COO—CH_2$$
$$CH—OH$$
$$CH_2—OH$$

再用 NaOH 或 KOH 作催化剂时,若反应中含水量较高,碱的浓度较大,则另一个皂化副反应就易于发生,生成的皂类就多。皂类和未反应完全的酯类及生成物就生成胶冻状结构物,并增加反应的耗碱量,有碍于主反应的发生,破坏产物的乳化性能。正常情况下的产物红外谱图与皂化严重时的产物红外谱图大同小异,差别较大的是 1560cm^{-1} 处振动吸收不同,正常情况下吸收很小,而副反应严重时吸收较大(图3-61和图3-62),正好是 $—C\begin{smallmatrix}O\\\\O\end{smallmatrix}$ 的反对称伸缩振动吸收。

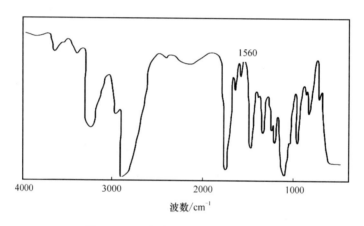

图3-61 正常情况下的产物红外光谱图

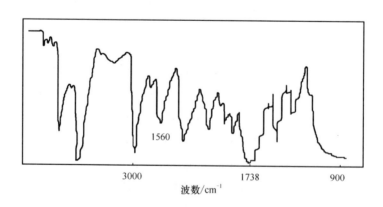

图3-62 皂化严重时的产物红外光谱图

因此,可据红外谱图进行质量监测和反应条件的控制。

另外,聚氧乙烯类化合物在制造或放置时可被氧化生成醛基,在 1725~1680cm^{-1} 有弱的羰基峰出现,这可能是端基氧化或醚键断裂氧化生成,真正的酯基加成物,羰基吸收非常强,故可用红外光谱进行聚氧乙烯类化合物存放后的质量监测。

2. 助剂类型的确定 纺织助剂多数是复配物,其光谱是其所含各种成分光谱的加和,单独利用红外光谱来确定一个复杂物质的组成和结构是不现实的,一般要和其他化学的或物理的分析方法结合起来进行。例如,在对某式样进行元素分析或一些简单的物理数据测试后,再进行红外光谱分析,根据表3-4中提供的特征吸收频率,估计试样可能的结构和含有哪些官能团就不太困难。再结合使用助剂的基本知识,初步确定它的分类,可为整个分析步骤提供参考。

表 3 - 4 助剂分析中常用的特征吸收谱带

功能基		波长/μm	波数/cm^{-1}	谱带形状和强度
含 C、H、O 的	OH 伸缩	2.9~3.0	3450~3330	b,m~s
C=O 伸缩	脂肪酸酯	5.7~5.9	1750~1700	sh,s
	脂肪酸	5.8~5.9	1730~1700	sh,s
羧酸盐	不对称	6.3~6.5	1610~1540	b,s ⎫皂
	对称	7.0~7.3	1470~1370	b,m ⎭
C—C 伸缩	芳香	6.25	1600	sh,m
		6.67	1600	sh,m
C—H 变形	—CH_3	7.25~7.3	1380~1370	sh,m
	—CH_2CH_2O	7.4	1350	sh,m
C—O 伸缩	芳香族	8.0~8.1	1250~1230	sh,s
	羧酸	8.0~8.2	1250~1220	b,m~s
	酯	8.5~8.6	1180~1160	b,m
	烷基	8.7~9.2	1150~1090	b,s
C—OH	3°OH	8.7	1150	b,s
	2°OH	9.0	1110	b,m
	1°OH	9.5~9.6	1050~1040	b,m
C—O 伸缩	＼CHCH_2O—	10.5~10.9	950~910	b,m
C—H 变形	三取代苯	{ ~11.3 ~12.0	~885 ~835	sh,m sh,m
	对二取代苯	12.1	830	b,s
	邻二取代苯	13.3~13.4	750	b,s
	—$(CH_2)_x$—	13.9	~720	sh,m~w, x≥4
含硫的	S—O 伸缩 ROSO_3^- 不对称	7.9~8.2	1270~1220	b,vs 多重峰
	RSO_3^- 不对称	8.4~8.5	1190~1180	b,vs 多重峰
	ROSO_3^- 对称	9.1~9.4	1100~1060	b,m~s
	RSO_3^- 对称	9.4~9.7	1060~1030	b,m~s

续表

功能基		波长/μm	波数/cm⁻¹	谱带形状和强度
C—O—S 伸缩	1°硫酸酯	～10 / 11.9～12.2	～1000 / 840～820	b,m 多重峰 / b,m
	2°硫酸酯	10.6～10.8	940～925	b,m
	—OC₂H₄OSO₃⁻	12.6～12.8	790～780	b,m
C—H 伸缩	对烷基苯磺酸盐	9.9	1010	sh,m～s
	烷基芳基磺酸盐	14.6～15.0	690～670	b,m～s
含氮的 N—H 伸缩	2°酰胺	3.0～3.2	3330～3120	sh,m
	1°或2°胺	3.0～3.2	3330～3120	sh,m～w
	1°或2°铵盐	3.4～3.7	2840～2700	b,s
	3°铵盐	3.6～4.1	2780～2440	b,m 多重峰
C＝O	酰胺	6.0～6.1	1670～1640	sh,vs
C—N	2°酰胺	6.4～6.5	1560～1540	sh,vs
N—H 变形	2°酰胺	6.4～6.5	1560～1540	sh,m
	1°酰胺	6.1～6.3	1640～1590	sh,m
	1°铵盐	6.2～6.4	1610～1560	sh,s
	2°铵盐	6.2～6.4	1610～1560	sh,m～w
C—N 伸缩	—N(CH₃)₃	10.4 / 11.0	～960 / ～910	sh,m / sh,m
含磷的 P＝O 伸缩	O＝P(OR)₃	7.8～8.0	1280～1250	b,s
	O＝P(OR₂)O-	8.0～8.2	1250～1220	b,s
	O＝(OR)O₂²⁻	8.0～8.2	1250～1220	b,m～s
P—O—C 伸缩（脂肪族）	O＝P(OR)₃	9.7～9.9	1030～1010	b,vs
	O＝P(OR₂O—)	9.4～9.7	1060～1030	b,vs
	O＝P(OR)O₂²⁻	9.1～9.2	1100～1090	b,vs
含硅的	Si—H	4.6～4.7	2160～2110	sh,s
	(CH₃)₃— / Si—O—	7.8～8 / 11.9	1280～1250 / 840	sh,s / sh,s
	—Si(CH₃)₂ / —O—	7.8～8 / 12.3～12.5	1280～1250 / 813～800	b,s / sh,s
	Si—O—Si	9.2～9.8	1090～1020	b,vs

注 表征 sh 表示尖峰, b 表示宽, vs 表示很强, s 表示强, m 表示中, w 表示弱。

3. 助剂鉴定 助剂鉴定一般分为鉴别和剖析两类情况。鉴别是确定某些商品助剂是否相同, 或其主要成分是否相同。剖析是确定助剂中的各个组分, 或确定助剂中是否含有某种成分。

以上这两种情况都可以用已知物对照法和查阅标准谱图法。已知物对照法即在相同条件下做试样和对照助剂试样的红外谱图,依次比较它们的峰位、峰强、峰形、峰数,如果两者大体一致时,可定为组分相同。这种方法比较常用。先决条件是要找到已知物或标准物。值得注意的是,纺织助剂多为复配物,其原料本身波动较大,且各厂家的配方比例各不相同,即使是同一类产品,也难得到完全一致的谱图。尽管如此,当它们的主要成分相同时,其谱图的大致轮廓也还是相仿的。

查询谱图法是指在没有适当的样品作对照时只好去查阅谱图,与之对照核准。助剂分析中常用的标准谱图集有:休膜著的《表面活性剂的红外和化学分析方法》第二卷(Hummel D. O. Identification and Analysis of Surface Active Agent by Tnfrared and Chemical Method Munchen 1964),其中有 466 个表面活性剂谱图。萨特勒红外谱图集(The Sadtle Standard Spectra),这是个商业谱图集。该图集分有表面活性剂、纺织化学品、单体和聚合物、溶剂、油脂、蜡等分册。

气相(液相)色谱—红外联用仪器的出现使得剖析助剂中的各个组分或确定助剂中是否含有某种成分变得十分方便。色谱仪部分将助剂分离成单组分后送进傅里叶变换红外光谱仪进行扫描。计算机内存有上万张的助剂红外谱图,红外扫描结果可自动与已储存的标准谱图进行对照,仪器可报告每个组分最有可能的几个结果让人们去判断。

4. 聚氧乙烯化合物及聚醚中加成数的测定 聚氧乙烯化合物系高级脂肪酸、醇、胺、酰胺及烷基酚类化合物与环氧乙烷加成而得的非离子表面活性剂,它是纺织助剂的主要原料之一,其分子内环氧乙烷加成数 n,对它本身的性能起决定性的作用,故 n 的测定具有重要意义。

$$R\!-\!OH + n\,H_2C\!-\!CH_2 \longrightarrow R\!-\!O\!\!+\!\!CH_2CH_2O\!\!\xrightarrow{}_{\!n}\!H$$
$$\underset{O}{}$$

红外光谱法测定环氧乙烷加成数 n,方法简单、实验迅速。先用标准的各不同加成数的环氧乙烷加成物作光谱图,分别在 $1250cm^{-1}$ 和 $720cm^{-1}$ 处测其吸光度 A,并求得各个不同的 A_{1250}/A_{720} 之比值,再从标准曲线上找出相对应的环氧乙烷加成的摩尔数。

表 3-5 EO 加成数测定数据表

EO 加成数 n	2	4	6	8	12	20
A_{1250}/A_{720}	0.67	1.47	2.14	3.00	4.56	10.1

表 3-5 列出椰醇环氧乙烷加成物的加成数 A_{1250}/A_{720} 的对应关系,从此表不难看出 EO(环氧乙烷)加成数在 $0\sim20$ 之间,加成数与吸光度比值 A_{1250}/A_{720} 之间存在线性关系。

实验证明,油醇的环氧乙烷加成物 A_{1250}/A_{720} 与 EO 加成数之间在 $n=20$ 以内呈线性关系。油酸的环氧乙烷加成物,其 A_{1250}/A_{720} 与加成数之间在 $n<20$ 以内呈线性关系,硬脂酸的加成物在 $n<12$ 以内呈线性关系。

聚醚是具活泼氢的起始剂与环氧乙烷,环氧丙烷共聚而成的非离子表面活性剂,如:

$$R\!-\!OH + n(\underset{O}{CH_2\!-\!CH_2}) + m(CH_3\!-\!\underset{O}{HC\!-\!CH_2}) \longrightarrow$$

$$R + O—CH_2CH_2O]_n—[CH_2— \underset{\underset{CH_3}{|}}{CH}—O]_m H$$

分子中环氧乙烷(EO)数 n 与环氧丙烷(PO)数 m 的比值对决定聚醚的性能起重要作用。它的红外光谱图(图3-63)与聚氧乙烯化合物很相似,但由于引入 $+ CH_2—\underset{\underset{CH_3}{|}}{CH}—O \rightarrow$ 基团,分子中甲基数增多,甲基谱带增强($2960cm^{-1}$,$1370cm^{-1}$)。当氧丙烯基含量很高时($\geqslant 50\%$),则 $1370cm^{-1}$ 与 $1350cm^{-1}$ 两峰吸收强度之比大于1,当氧乙烯基含量比例很高时,$1370cm^{-1}$、$1010cm^{-1}$ 两个谱带衰减为肩峰。聚醚的红外光谱见图3-63。从 $1318cm^{-1}$、$1420cm^{-1}$ 两个小峰引出基线,用 $1379cm^{-1}$(CH_3)及 $1350cm^{-1}$(CH_2)两峰的吸光度能够求得 EO,PO 的含量比值。

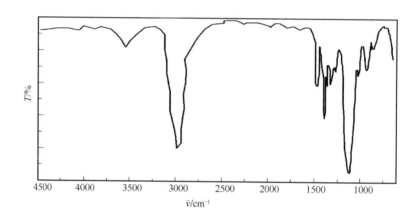

图3-63　聚醚的红外光谱图

六、红外光谱在聚合物结构研究中的应用

红外光谱在高分子研究中是一种很有用的手段,目前较普遍的应用有下述几方面:

(一)分析与鉴别高聚物

因红外测试操作简单,谱图的特征性强,因此是鉴别高聚物很理想的方法。用红外光谱不仅可区分不同类型的高聚物,而且对某些结构相近的高聚物,也可以依靠指纹图谱来区分。例如由于尼龙6、尼龙7和尼龙8都是聚酰胺类聚合物,具有相同的官能团,从图3-64可以看出,其官能团区的谱带是一样的,N—H=$3300cm^{-1}$,酰胺Ⅰ和Ⅱ带分别在 $1635cm^{-1}$ 和 $1540cm^{-1}$。这三种聚合物区别是 $(CH_2)_n$ 基团的长度不同(即 n 的数目不相同),因此它们在 $1400\sim800cm^{-1}$ 指纹区的谱图不一样,可用来区别这三种聚合物。

在前文讨论频率影响因素时,曾提到偶合效应对特征频率的影响,这对于鉴定结构相似的化合物也是很有用的,在只含有碳和氢元素的聚烯烃中,如果 α-H 被非极性基团取代时主要是机械偶合,则会影响特征频率,产生位移。例如聚异丁烯(PIB)可看成是等规聚丙烯(PP)上的 α-H 被甲基取代,在这种情况下,如图3-65所示,PP 中的—CH_3 基团在 $1378cm^{-1}$ 和 $969cm^{-1}$ 处的面内和面外弯曲振动在 PIB 中均分裂成两个谱带,而 PP 在 $1158cm^{-1}$ 处的骨架振动带在 PIB 中移至 $1227cm^{-1}$ 处。如果芳香族聚合物的 α-H 被甲基取代,例如聚苯乙烯(PS)和

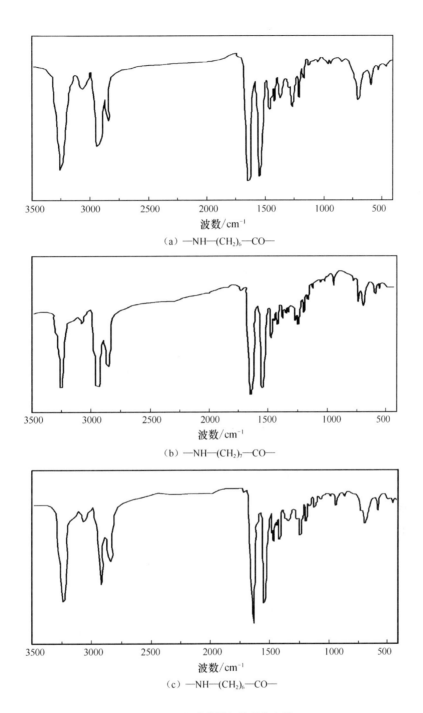

（a）—NH—(CH₂)₆—CO—

（b）—NH—(CH₂)₇—CO—

（c）—NH—(CH₂)₆—CO—

图3-64　尼龙类的红外吸收光谱

聚α-甲基苯乙烯（α-MPS），比较图3-66和图3-67可知，除了α-MPS增加了—CH₃，在图3-66中增加了-CH₃的特征吸收（即2960cm⁻¹、2980cm⁻¹、1470cm⁻¹、1380 cm⁻¹的谱带）外，在PS中1027cm⁻¹处的环内氢原子的弯曲振动带的强度在α-MPS中明显增加。这种强度的变化是由于PS中的α-H被甲基取代后电子偶合引起的。

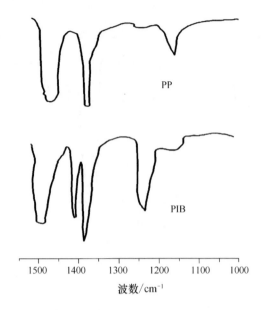

图 3 - 65　PP 和 PIB 在 1000~1500cm⁻¹ 的红外光谱图

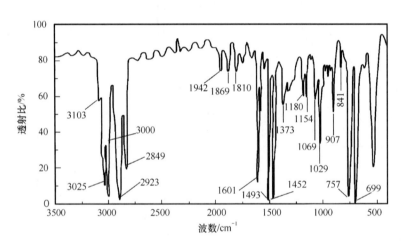

图 3 - 66　聚苯乙烯的红外光谱图

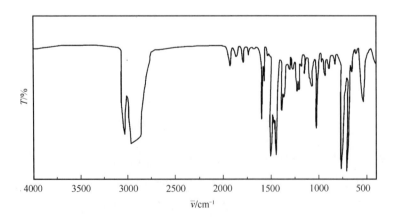

图 3 - 67　α - MPS 的红外光谱图

(二)高聚物反应的研究

用红外光谱法特别是傅里叶变换红外光谱,可直接对高聚物反应进行原位测定来研究高分子反应动力学,包括聚合反应动力学、固化、降解和老化过程的反应机理等。

要研究反应过程必须解决下述三个问题:首先是样品池,既能保证一定条件反应,又能进行红外检测;其次是选择一个特征峰,该峰受其他峰干扰小,而且又能表征反应进行的程度;最后要能定量地测定反应物(或生成物)的浓度随反应时间(或温度、压力)的变化。根据比尔定律,只要测定所选择特征峰的吸光度(峰高或峰面积法均可)就能换算成相应的浓度,例如,双酚 A 型环氧-616 树脂(EP-616)能与固化剂二氨基二苯基砜(DDS)发生交联反应,形成网状高聚物,这种材料的性能与其网络结构的均匀性有很大关系,因此可用红外光谱法研究这一反应过程,了解交联网络结构的形成过程。图 3-68 是未反应的 EP-616 的局部红外谱图,其中 913cm^{-1} 的吸收峰是环氧基的特征峰,随着反应进行,该峰逐渐减小,这表征了环氧反应进行的程度。在反应过程中,还观察 1050~1150cm^{-1} 范围内的醚键吸收峰不变;3410cm^{-1} 的仲胺峰逐渐减小,而 3500cm^{-1} 的羟基吸收峰逐渐增大。说明在固化过程中主要不是醚化反应,而是由氨基形成交联点。在固化过程中一级胺的反应可由 1628cm^{-1} 的伯胺特征峰的变化来表征,而二级胺的形成与反应,因为可以不考虑醚化反应,可由下式导出:

$$2P = P_{\mathrm{I}} + P_{\mathrm{II}}$$

式中:P 为环氧反应速度;P_{I}、P_{II} 分别表示一级胺和二级胺的反应速度。

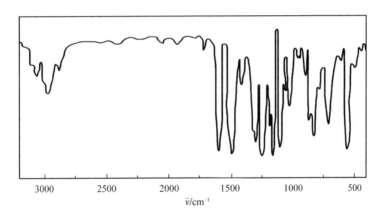

图 3-68 EP-616 的局部红外光谱图

在图 3-69 中显示在 130℃固化时,环氧基、一级胺、二级胺含量随时间变化的曲线。

从图中可看出,从固化开始到一级胺反应 90%时,二级胺的含量一直在增加,说明二级胺反应速度低于一级胺。

(三)高聚物取向的研究

在红外光谱仪的测量光路中加入一个偏振器形成偏振红外光,是研究高分子链取向的很好的一个手段(图 3-70)。

当红外光透过偏振器后就成为其电矢量上只有一个方向的红外偏振光。当偏振光通过取

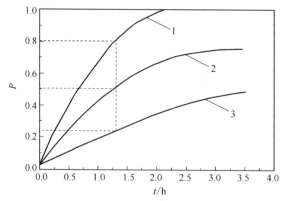

图 3‑69 在 130℃ 固化时,环氧基、一级胺和二级胺含量随时间的变化

1——级胺 2—环氧基 3—二级胺

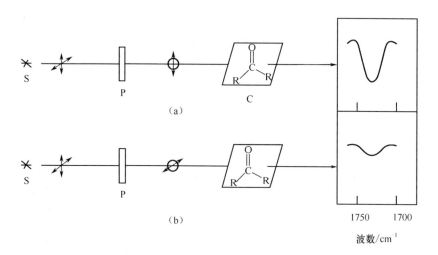

图 3‑70 羰基伸缩振动红外二向色性示意图

向的高聚物膜时,若电矢量与 —$\overset{\overset{\text{O}}{\|}}{\text{C}}$— 振动的偶极矩(即跃迁距)方向平行时,则 —$\overset{\overset{\text{O}}{\|}}{\text{C}}$— 谱带具有最大的吸收强度;反之当垂直时,这个振动几乎不产生吸收,这种现象称为红外二色性。

测试方法:单向拉伸的膜,沿拉伸方向部分取向,将样品放入测试光路,转动偏振器,使偏振光的电矢量方向先后与样品的拉伸方向平行和垂直,然后分别测出某谱带的这两个偏振光方向的吸收度,并用 $A_{//}$ 和 $A_\perp$ 表示,两者比值称为该谱带的二向色性比,即:$R=\dfrac{A_{//}}{A_\perp}$。

从原则上讲 R 可以从 $0\sim\infty$,但由于样品不可能完全取向,因此 R 是在 $0.1\sim10$ 之间。

七、红外光谱在表面活性剂结构分析中的应用

红外光谱(IR)是鉴别化合物及确定物质分子结构常用的手段之一,主要用于有机物和无机物的定性定量分析。红外光谱属于分子吸收光谱,是依据分子内部原子间的相对振动和分子转动等信息进行测定的。其测定方法简便、快速且所需样品量少,样品一般可直接测定。在表面

活性剂分析领域中,红外光谱主要用于定性分析,根据化合物的特征吸收可以知道其所含有的官能团,进而帮助确定有关化合物的类型。对于单一的表面活性剂的红外分析,可对照标准谱图(Dieter Hummel谱图,Sadtler谱图),对其整体结构进行定性。近代傅里叶变换红外技术的发展,红外可与气相色谱、高效液相联机使用,更有利于样品的分离与定性。各类表面活性剂的红外光谱特征如下:

(一)肥皂

肥皂在1568cm⁻¹呈特征吸收。近羧基的碳链上引入吸电性基团,则特征吸收移向高波数。由羧酸盐水解为羧酸时,此吸收消失,而出现1710cm⁻¹吸收。

(二)磺酸盐和硫酸盐

如在1220~1170cm⁻¹出现宽阔的强吸收,则可以推断存在磺酸盐或硫酸(酯)盐。磺酸盐的最大吸收波长的波数低于1200cm⁻¹,硫酸(酯)盐的最大吸收波长的波数在1220cm⁻¹附近。在磺基的第一个碳原子上有吸电子基团时,则移向高于1200cm⁻¹的波数。支链和直链烷基苯磺酸除1180cm⁻¹的强而宽的吸收外,还有1600cm⁻¹、1500cm⁻¹和1045cm⁻¹的ν_{SO_3}吸收为特征。支链型(ABS)在1400cm⁻¹、1380cm⁻¹和1367cm⁻¹呈吸收,直链型(LAS)在1410cm⁻¹和1430cm⁻¹呈吸收。α-烯基磺酸盐除1190cm⁻¹的强吸收和1070cm⁻¹的谱带外,在965cm⁻¹由于反式双键的CH面外变角振动引起的吸收而成为特征吸收带。链烷磺酸盐和烯基磺酸盐类似有965cm⁻¹的吸收,以1050cm⁻¹代替1070cm⁻¹。琥珀酸磺酸盐呈现ν_{CO}的1740cm⁻¹,$\nu_{asC-O-C}$和ν_{SO_3}重叠的1250~1210cm⁻¹,ν_{SO_3}的1050cm⁻¹吸收。烷基硫酸酯(AS)以1245cm⁻¹、1220cm⁻¹的强吸收,1085cm⁻¹和835cm⁻¹的吸收为特征。除在1220cm⁻¹附近吸收外,如在1120cm⁻¹附近有宽吸收,即表明是AES,随着环氧乙烷(EO)加成数增加,1120cm⁻¹吸收带增强。图3-71是磺基琥珀酸二-2-乙基己基酯钠盐红外光谱图,磺酸的吸收是在1250~1220cm⁻¹ SO₃的非对称伸缩振动,而和C—O—C的非对称伸缩振动重叠。另外,1053~1042cm⁻¹是SO₃的对称伸缩振动。酯的吸收除表现在1725cm⁻¹的C═O伸缩振动外,从1163cm⁻¹的C—O—C伸缩振动可看出。

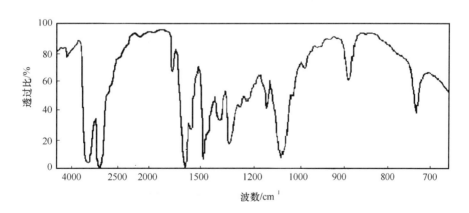

图3-71　磺基琥珀酸二-2-乙基己基酯钠盐的红外光谱(薄膜法)

图3-72是脂肪醇聚氧乙烯醚硫酸钠的红外谱图。有机硫酸酯的特征吸收基于1270~

1220cm⁻¹的 S—O 伸缩振动。EO 链的特征吸收为 1351cm⁻¹ 的 CH_2 变形振动和 1123～1100cm⁻¹ 与 953～926cm⁻¹ 的 C—O 伸缩振动的吸收为特征。

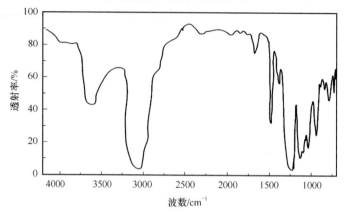

图 3 - 72　脂肪醇聚氧乙烯醚硫酸钠的红外谱图(薄膜法)

　　一般来讲,硫酸盐以及磺酸盐的 SO_3 非对称伸缩振动的最大吸收在 1200cm⁻¹ 附近,硫酸盐出现在 1250～1220cm⁻¹,而磺酸盐出现在 1200cm⁻¹ 以下的场合多。因此两者可以根据这个差别来判别。而像琥珀酸磺酸盐那样,在磺酸基的碳原子上有吸电子基团,最大吸收波数由 1200cm⁻¹ 向高波数一侧移动,判别比较困难,所以需要注意。

(三)磷酸(酯)盐

　　烷基磷酸(酯)盐有 1290～1235($\nu_{P=O}$)和 1050～970cm⁻¹(主要在 1030～1010cm⁻¹)(ν_{P-O-C})两处宽而强的吸收。一般后者也有裂分为两个强峰的场合。比较其吸收带的位置和强度,可以和磺酸盐、硫酸盐区别开来。图 3 - 73 是烷基聚氧乙烯醚磷酸酯的红外谱图,对于含有乙氧基的磷酸酯,因为它的醚键的吸收非常强,所以 $\nu_{P=O}$,ν_{P-O-C} 测出的情况较多,因此,这些特征吸收在红外谱图上是比较容易确认的。

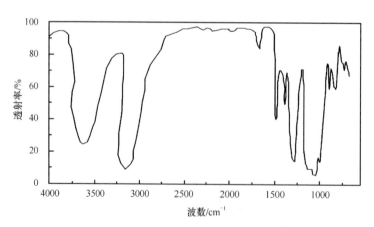

图 3 - 73　烷基聚氧乙烯醚磷酸酯的红外谱图(薄膜法)

(四)伯、仲、叔胺

　　伯胺在 3340～3180cm⁻¹ 有 ν_{asNH} 的中等程度的吸收,在 1640～1588cm⁻¹ 有 δ_{NH} 的弱吸收。

仲胺在上述范围内的吸收都很弱或者不出现,其他吸收和烷烃类似。叔胺在红外区得不到有效的情报。二烷醇胺的红外吸收光谱和伯醇类似,将其转变成盐酸盐,则在 2700~2315cm⁻¹ 出现缔合的 N⁺H 的强吸收。一般来讲,将胺转变成盐酸盐,其吸收增强。

（五）季铵盐

除 1470cm⁻¹ 和 720cm⁻¹ 的尖锐吸收外,在 2900cm⁻¹ 前后有强吸收的话,则为双烷基二甲基型(但是,在结合水和不纯物时,吸收峰出现在 3400cm⁻¹ 前后和 1600cm⁻¹)（图 3-74）。在 1470cm⁻¹ 附近裂分为两个峰,如在 970cm⁻¹ 和 910cm⁻¹ 也有吸收,则为烷基三甲基型（图 3-75）。970cm⁻¹ 和 910cm⁻¹ 的强度相同,如 720cm⁻¹ 裂分为 720cm⁻¹ 和 730cm⁻¹,则烷基的链长为 C₁₈ 左右;如 910cm⁻¹ 较强,720cm⁻¹ 裂分,则链长为 C₁₂ 左右。除以上外,如在 1620~1600cm⁻¹ 有吸收,在 1500cm⁻¹ 也有吸收,则考虑存在咪唑啉环（图 3-76）。780cm⁻¹,690cm⁻¹ 有吸收的话,则为吡啶盐（图 3-77）。如在 1585cm⁻¹ 有弱而尖的吸收,在 720cm⁻¹ 和 705cm⁻¹ 有强而尖锐的吸收,则判断为三烷基苄基铵盐。

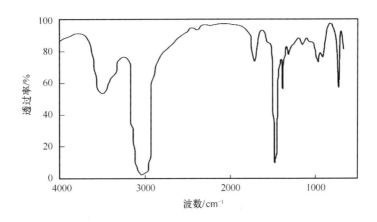

图 3-74 双硬脂酸基二甲基氯化铵的红外光谱

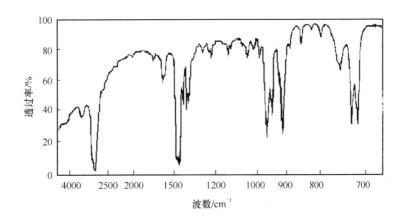

图 3-75 硬脂酸三甲基氯化铵的红外光谱（KBr 压片法）

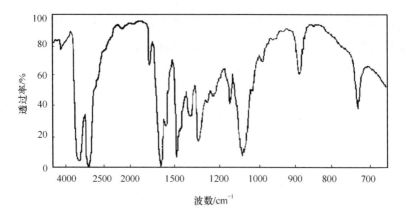

图 3-76　2-烷基-1-(2-羟乙基)-甲基咪唑啉氯化物的红外光谱(熔融法)

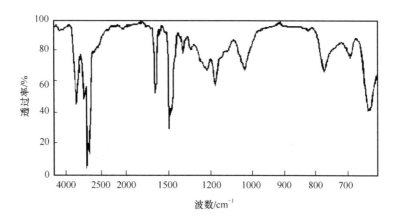

图 3-77　十六烷基吡啶溴化物的红外光谱(熔融法)

(六)聚氧乙烯型

聚氧乙烯型非离子表面活性剂的特征是,在 $1120\sim1110cm^{-1}$ 具有最大的宽阔而强的吸收。这种吸收的强度随着 EO 数的增加而增强。醇的环氧乙烷加成物除上述吸收外,在没有其他特征吸收,而烷基酚的环氧乙烷加成物还会呈现 $1600\sim1580cm^{-1}$ 和 $1500cm^{-1}$ 的苯核吸收,取代苯在 $900\sim700cm^{-1}$ 呈现吸收,因此可以和前者区别开来。

聚氧乙烯—聚氧丙烯嵌段聚合物的吸收与脂肪醇聚氧乙烯醚的吸收相似,前者在 $1380cm^{-1}$ 的吸收带比 $1350cm^{-1}$ 的吸收带强,后者则相反。

图 3-78 是壬基酚聚氧乙烯醚的红外光谱,由于壬基酚聚氧乙烯醚一般采用丙烯为原料,所以谱图中在 $1380cm^{-1}$ 附近出现 δ_{SCH_3} 引起的强吸收带。另外,也可以看出苯环特有的 $1600cm^{-1}$ 和 $1500cm^{-1}$ 两个吸收带。因此,可以区别于高级醇衍生物等其他非离子表面活性剂。$1110cm^{-1}$ 附近的强吸收带是由于醚键引起的。

图 3-79 是油酸聚氧乙烯酯的红外谱图,其最特征的吸收是 $1740cm^{-1}$ 附近,可以看到由酯键引起的强吸收,同时由 PEO 基中的醚键引起吸收出现在 $1110cm^{-1}$、$1177cm^{-1}$,吸收是由于 ν_{C-O},一般变成了肩峰。油酸的不饱和链在 $3030cm^{-1}$ 处出现小的肩峰。

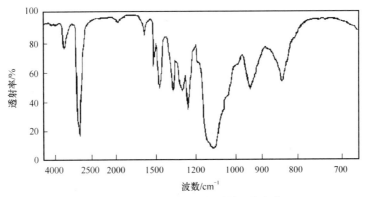

图 3－78 壬基酚聚氧乙烯醚的红外光谱

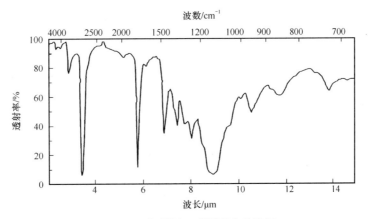

图 3－79 油酸聚氧乙烯酯的红外谱图

(七)脂肪酰烷醇胺

烷醇酰胺的吸收特征是在 1640cm^{-1} 前后的酰胺吸收带和 1050cm^{-1} 的 OH 强的吸收带。单乙醇酰胺具有 1540cm^{-1} 的单取代酰胺的强吸收。

两性表面活性剂随 pH 值的变化而变成酸型或盐型,根据红外光谱可以了解其相应构造。

图 3－80 是椰子脂肪酰二乙醇胺的红外光谱,1610cm^{-1} 的强吸收由酰胺键的 $\nu_{C=O}$ 引起的,3330cm^{-1} 和 1050cm^{-1} 的吸收分别由伯胺的 ν_{OH},δ 引起的。

(八)氨基酸

氨基酸的酸型特征是 1725cm^{-1} 的 ν_{C-O},1200cm^{-1} 的 ν_{C-O} 和弱的 1588cm^{-1} 的 δ_{NH_2} 的吸收。在碱性条件下转变成盐型,则 1725cm^{-1}、1200cm^{-1} 的吸收消失,出现 1610～1550cm^{-1} 和 1400cm^{-1} 的 ν_{COO}-吸收。对于两性离子,1400cm^{-1} 的吸收发生转移和—CH$_3$ 的 1380cm^{-1} 吸收重叠。这种现象是以两性离子存在的一切氨基酸的特征。

(九)甜菜碱

甜菜碱是在分子中具有酸性基团的季铵盐化合物。酸型在 1740cm^{-1}($\nu_{C=O}$)和 1200cm^{-1}(ν_{C-O})呈现吸收。盐型上述吸收消失,而出现 1640～1600cm^{-1}(ν_{COO})的吸收。(CH$_3$)$_3$N—的特征吸收是 960cm^{-1}。

图 3－81 是硬脂基-N-羧甲基-N-羟乙基咪唑甜菜碱的红外光谱,在 1680～1600cm^{-1} 可

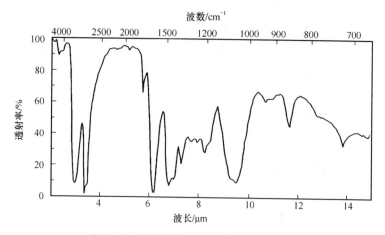

图 3-80　椰子脂肪酰二乙醇胺的红外光谱

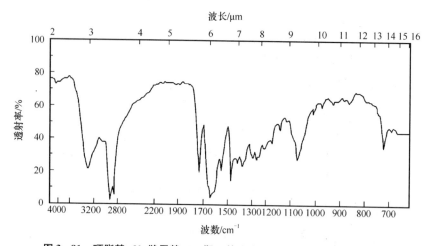

图 3-81　硬脂基-N-羧甲基-N-羟乙基咪唑甜菜碱的红外光谱(薄膜法)

看到的强吸收是羧酸离子的 C—O 伸缩振动($1650cm^{-1}$ 的吸收)和咪唑啉环的 C=N 伸缩振动($1620cm^{-1}$ 的吸收)混合的结果。然而,$3333cm^{-1}$ 的 O—H 伸缩振动吸收和 $1075cm^{-1}$ 的 C—O 伸缩振动(伯 OH)的吸收是由于羟乙基引起的。另外,这种类型的两性表面活性剂由于在反应过程中生成副产物酰胺化合物的酯化合物等,所以成为相当复杂的混合物。然而红外光谱在 $1670cm^{-1}$ 附近(被看做咪唑啉环的吸收)是由酰胺的 C=O 伸缩振动引起的,另外,仲酰胺的 N—H 变角振动吸收出现在 $1550cm^{-1}$ 。另一方面,在 $3333cm^{-1}$ 附近也是由酰胺的 N—H 变角振动引起的吸收,酯化合物的吸收出现在 $1730cm^{-1}$ 附近。

第五节　红外光谱仪

一、红外光谱仪的发展

红外光谱仪起始于棱镜式色散型红外光谱仪,由于分光器为 NaCl 晶体,因此对温度要求很高,波数范围为 4000~600cm^{-1}。20 世纪 60 年代出现光栅式色散型红外光谱仪,由光栅代替了原来的棱镜,它提高了分辨率,拓宽了测量波段(4000~400cm^{-1}),降低了对环境的要求,属于二代红外光谱仪。

但上述两种都是以色散元件进行分光,它把具有复合频率的入射光分成单色光后,经狭缝进入检测器,这样达到检测器的光强大大下降,时间响应也较长,而且由于分辨率和灵敏度在整个波段内是变化的,因此在研究跟踪反应过程中及色红联用等方面受到了限制。从 60 年代末开始发展了傅里叶变化红外光谱仪,它具有光通量大,速度快、灵敏度高等特点,这是第三代红外光谱仪。

二、色散型红外光谱仪

双光束光学自动平衡红外光谱仪的主要部件有如下五大部分:红外光源(发出各种波长的红外光)、单色器(将复合光分解成单色光)、检测器(将红外辐射转换成电信号)、电子放大器(将探测器输出的电信号放大)、信号记录装置(将经电子放大器放大的电信号记录到图纸上,向用户提供红外光谱图)。

另外,目前绝大多数红外光谱仪都配有计算机,一方面使某些操作程序化和自动化,另一方面可使光谱数据的处理自动化。对于色散型仪器来说,计算机虽不是必需的,但可大大提高仪器的功能和效率,从而大大方便用户。

根据单色器所用色散元件的不同,色散型仪器分为棱镜型仪器和光栅型仪器。前者用棱镜(NaCl、KBr 等透红外光的材料制成)作为色散元件,分辨率较低;后者用光栅作为色散元件,分辨率较高。

色散型仪器的扫描过程是色散元件连续改变方向的过程。在某一时刻到达检测器的红外光是波长范围极小的"复色光",称为"单色光",其波长的光都被色散系统阻挡而不能到达检测器。因此,在某一时刻检测器"感受"到的光能量极弱——信号很弱,这就是色散型仪器灵敏度低的内在原因。

色散型仪器的另一个不可克服的缺点是扫描速度很慢。色散型仪器的扫描过程是色散元件慢慢转动和记录装置慢慢传动的过程。这一过程不能太快,否则,峰位和峰高都将发生偏差。

色散型仪器的第三个缺点是可动部位太多(例如色散元件、狭缝、斩光器、减光器、记录传动装置),光经过的反射镜也较多,这些都是增加噪声强度的因素。因此,色散型仪器的 S/N(称为信噪比)较低。

色散型仪器的四个缺点是在整个光谱区域(例如 4000~400cm^{-1})内分辨率不一致,长波长区分辨率较高,短波长区分辨率较低。

三、傅里叶变换红外光谱仪

(一)仪器构造和原理

傅里叶变换红外(Fourier Transform Infrared,FT－IR)光谱仪的构造和工作原理与色散型仪器相比,有很大区别。FT－IR 光谱仪由如下部件组成:红外光源、干涉仪、检测器、电子放大器、记录装置、计算机。

FT—IR 光谱仪的光学系统的核心部件是一台迈克逊干涉仪(图 3-82)。

由红外光源 B 发出的红外光,经准直镜 C 反射后变成一束平行光入射到光束分裂器 BS 上。其中一部分光透过 BS 垂直入射到定镜 M₁ 上,并被 M₁ 垂直地反射到 BS 的另一面上。这束光的一部分透过 BS(成为无用部分),另一部分光被分束器 BS 反射后,垂直地入射到动镜 M₂ 上,并被 M₂ 垂直地反射回来入射到 BS 上。其中的一部分光被 BS 反射(成为无用光),另一部分则透过 BS 进入后继光路(成为第 Ⅱ 束光)。当第一束光和第二束光合二为一时,即发生干涉。干涉光经凹面镜 H 聚焦后透过样品 S(其中各种波长的光不同程度地被 S 吸收),照射到检测器 D 上,并被 D 转变成电信号。

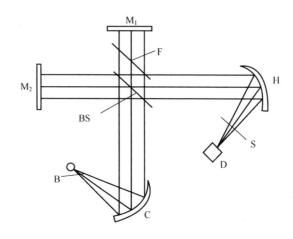

图 3-82 干涉型红外光谱仪光路示意图(F 为补偿器)

干涉光强度与光束 Ⅰ 和 Ⅱ 经过的路程的差别——光程差有关。当光程差为零或等于波长的整数倍时,两束光发生相长干涉,干涉光最强;当光程差等于波长的半整数(即 1/2、3/2、5/2……)倍时,这发生相消干涉,干涉光最弱。对于单色光而言,干涉强度 $I'(x)$ 可用式(3-22)表示:

$$I'(x)=2RTI(\bar{\nu})[1+\cos(2\pi\bar{\nu}x)] \qquad (3-21)$$

式中:x 为光束 Ⅰ 和光束 Ⅱ 的光程差;$I(\bar{\nu})$ 为波长为 $I(\bar{\nu})$ 的红外光强度,实验条件一定时,仅随 $\bar{\nu}$ 变化;R 为分束器的反射比,实验条件和波长一定时,是常数;T 为分束器的透射比,实验条件和波长一定时,是常数。

式(3-21)包括两项。对于单色光来说,其中第一项 $2RTI(\bar{\nu})$ 是常数,成为直流部分;第二项 $2RTI(\bar{\nu})\cos(2\pi\bar{\nu}x)$ 随 x 而变,称为交流部分。对光谱测量而言,仅仅交流部分有意义,并用式(3-22)表示:

$$I(x)=2RTI(\bar{\nu})\cos(2\pi\bar{\nu}x) \qquad (3-22)$$

对于单色光而言,$I(x)$ 仅仅是 x 的函数,称之为干涉图。不难看出,在理想状态下,单色光的干涉图是一条余弦曲线,不同波长的光的干涉图,不仅周期不同,而且由于入射光强度 $I(\bar{\nu})$ 不同,因而干涉曲线的振幅也不同(图3-83)。

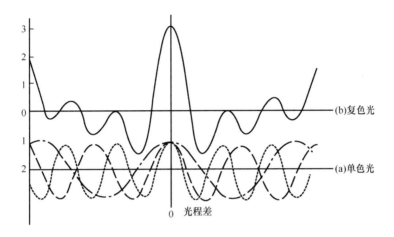

图 3-83　干涉图

令

$$B(\bar{\nu}) = 2RTI(\bar{\nu}) \tag{3-23}$$

则

$$I(x) = B(\bar{\nu})\cos(2R\pi\bar{\nu}x) \tag{3-24}$$

对于不同频率的光来说,$B(\bar{\nu})$不同,而且仅与光的频率有关,与光程差无关。红外光源发出的光是连续波长的复色光。复色光的干涉光强度$I_{总}(x)$可用式(3-25)表示:

$$I_{总}(x) = \int_0^\infty B(\bar{\nu})\cos(2R\pi\bar{\nu}x)\mathrm{d}\bar{\nu} \tag{3-25}$$

由于多种波长的单色光在零光程差处都发生相长干涉,故零光程差处的$I_{总}(0)$极大;随着$|x|$的增大,各种波长的干涉光在很大程度上互相抵消,$I_{总}(x)$很小。因此,复色光的干涉图是一条中心极大、左右对称且迅速衰减的曲线,见图3-83中的(b)复色光。

由式(3-25)可知,在复色光的干涉图的每一点上,都包含有各种单色光的光谱信息。将式(3-25)进行傅里叶变化,可得到下式:

$$B(\bar{\nu}) = \int_{-\infty}^{+\infty} I_{总}(x)\cos(2\pi\bar{\nu}x)\mathrm{d}x \tag{3-26}$$

根据仪器测得的$I_{总}(x)$,可由式(3-26)算出各种波长的红外光的强度$B(\bar{\nu})$,从而得到单光束光谱。横坐标代表波数(或频率,或波长),纵坐标代表光强度。测得样品的单光谱$B_{S}(\bar{\nu})$,再测得残壁单光束光谱$B_{R}(\bar{\nu})$,将两者进行比较,即得到透射光谱:

$$T(\bar{\nu}) = \frac{B_{S}(\bar{\nu})}{B_{R}(\bar{\nu})} \times 100\% \tag{3-27}$$

式中:$T(\bar{\nu})$为样品对波数为$\bar{\nu}$的光的透过率。

由上述分析可清楚地看出,干涉型仪器和色散型仪器的工作原理完全不同,但两种仪器测得的光谱是可比的。

(二)FT-IR光谱仪的优点

1. 扫描速度快 色散型仪器的扫描过程是单色器和机械转动装置慢慢转动的过程。为了保证测量的准确性,扫描速度不能太快(常规约6min)。由于这一缺点,色散仪不能用于快速变化过程的监测。

FT-IR光谱仪扫描速度快得多。动镜移动一个周期即完成一次扫描。目前的FT-IR光谱仪,其动镜移动速度可达$80s^{-1}$。在保证分辨率为$8cm^{-1}$的前提下,时间分辨率可达到0.02s。由于扫描速度快,故FT-IR光谱仪可用于快速变化过程的测定。例如红外和色谱联合测定、快速反应过程的动力学研究等,只能用FT-IR光谱仪,不能用色散型仪器。

2. 灵敏度高 在色散型仪器中,各种波长的红外光按波长的大小依次到达检测器,在某一时刻检测器"感受"到的是某一波长的单色光的强度,其他波长的光都被单色器阻挡而不能到达检测器,因此信号很小。与此相反,干涉型仪器没有色散系统,从光源发出的各种波长的红外光一起到达检测器,因此信号很强。另外,由于干涉型仪器扫描快,在短时间内可进行多次扫描,因此利用计算机的累加功能,可大大提高S/N。

3. 波数精度高 色散型仪器在扫描过程中只能测量光强度,不能测量波长;波长是通过单色器转动和机械部件转动记录下来的,其波数(或波长)精度不可能太高。

FT-IR光谱仪的光学系统结构简单,除干涉仪的动镜运动外,其他部件均不运动。动镜位移是以单色性极好的He-Ne激光的波长为标尺进行测量的,故采样极为精确。FT-IR光谱仪测量的干涉图,既包括各种单色光的强度信息,也包括相应波数(或波长)的信息,经傅里叶变换,可准确地把这两种信息计算出来。FT-IR光谱仪测量的波数精确度可达$0.01cm^{-1}$。

4. 分辨率高 色散型仪器的分辨率与色散系统夹缝宽度有关,狭缝越窄,分辨率越高。但是,随着狭缝减小,通过的光的强度亦减小,S/N将随之降低。为了不使S/N太小,狭缝不能太窄,因此色散型仪器的分辨率很难达到$0.1cm^{-1}$。

FT-IR光谱仪的分辨率取决于动镜最大位移,最大位移越大,分辨率越高。目前研究型FT-IR光谱仪,其动镜最大位移可长达2m,分辨率高达$0.0026cm^{-1}$。

5. 全波段内分辨率一致 以光栅仪器为例,光栅对光的分辨率与光波的波长有关,波长越长,分辨率越高。另外,红外光源对不同波长的光的发光强度不同,长波长区发光强度较强,短波长区光强度较弱。扫描过程中,为了使短波长区的光通量不至于太小,狭缝宽度适当加大(狭缝宽度由仪器自动调节)。由于上述原因,色散型仪器在全波段内的分辨率不一致,高频区分辨率较低,低频区较高。

FT-IR光谱仪没有这样的限制,在整个光谱范围内分辨率一致。

四、红外光谱的制样技术

红外光谱图是利用红外光谱方法进行定性定量的依据,因此记录一张好的光谱图是很重要的。红外光谱图的好坏与制样过程有很大关系。这就需要依据不同的样品选择适当的制样方法。通常要求光谱图中最强吸收带的透光度在 0～10％ 之间,弱吸收亦能清楚地看出,并能与噪声相区别,这样的光谱图与标准光谱图相比较时是特别有用的。下面对红外光谱常用的制样方法进行简要介绍:

(一)流延薄膜法

由于聚合物溶液制备薄膜($10～30\mu m$)是一种最常用的制样技术,与溴化钾压片法相比,该方法能研究 $3300cm^{-1}$($3\mu m$)区域的羟基或氨基吸收,在制备聚合物薄膜时,总是使用最有效的溶剂,但成为均匀的薄膜后要使溶剂挥发掉,通常需置于真空下干燥。

(二)热压薄膜法

热压薄膜法是制备热塑性树脂和不易溶解的树脂样品的最方便和最快速的方法,对于聚乙烯、α-烯烃聚合物,如聚丙烯最为合适,而含氟聚合物和聚硅氧烷因具有较高的吸收系数,用该方法不易获得较薄的膜,橡胶状样品由于去掉压力后立即收缩,热压法也难于制备适用的膜。热压在 10t 压力机上进行,热压装置能升温至 250℃。在热压法制样过程中,某些化合物会因受热而氧化,或者在加压时产生定向,从而使光谱发生某些变化,这是值得注意的。

(三)溴化钾压片法

此法对一般固体样品都是很适用的,但是大多数树脂难以在溴化钾中均匀分散,因此,所得到的光谱与薄膜法相比较质量较差。溴化钾压片法只适用于薄膜法所不能使用的,如不溶性或脆性树脂,或本来就是粉末状样品。对于某些不溶树脂或橡胶可先加入适当的溶剂进行溶胀,然后进行研磨。或者将橡胶样品在液态氮气或干冰冷却下进行脆化研磨,也可得到质量较好的光谱。

通常的制样过程是:将 1～2mg 试样和 100～200mg 溴化钾(事先在 700～800℃ 的马弗炉内灼烧 3～4h,冷却后用玛瑙研钵研成细粉),再在 150℃ 烘箱内烘 3～4h,盛在磨口瓶内置于干燥器中备用,粉末置于玛瑙研钵内,一起研磨至颗粒直径为 $2\mu m$。研好的混合物均匀地放入压模内,用油压机加压至 50～100MPa,即得到透明或半透明的锭片。将此锭片固定在锭片架上,即可置于红外光谱仪样品光路中进行测试。

凡是可研成细末且在研磨过程中不发生化学变化、也不显著吸潮的化合物均可采用此方法制样。溴化钾容易吸潮,很难完全干燥,因此对试样中的羟基、氨基等基团的分析会产生干扰。

除了上述三种方法外,还有切片法、溶液法、石蜡糊法等。

第六节　激光拉曼光谱简介

一、光的散射

当一束平行光照射到样品上时,如果样品是透明的,那么大部分光依原来的方向透射过去,小部分光则向不同方向散射;如果样品是不透明的,那么一部分光被样品吸收,另一部分光发生散射。光的散射是光子与样品分子互相碰撞的结果。如果碰撞是弹性的,光子与样品分子之间不发生能量的传递,散射光频率 ν_R 与入射光频率 ν_0 相同,这种散射称为瑞利(Rayleigh)散射。如果碰撞是非弹性的,那么光子将一部分能量传递给样品分子,使样品分子由振动能级的基态跃迁到振动能级的激发态;光子的能量则减少,散射光的频率 ν_R 小于入射光的频率 ν_0。以上两种情况下得到的散射光的频率与入射光的频率之差 $\Delta\nu$ 是相同的,都等于分子振动跃迁能,这样的散射称为拉曼(Raman)散射。在拉曼散射中,频率低于入射光的散射线称为斯托克斯线(Stokes);频率高于入射光的散射线称为反斯托克斯线(图 3 - 84、图 3 - 85)。

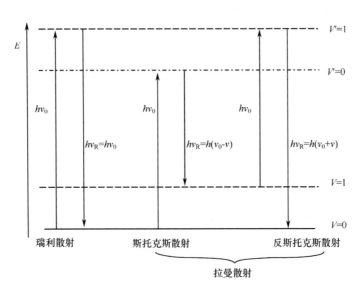

图 3 - 84　拉曼散射中的振动能级跃迁

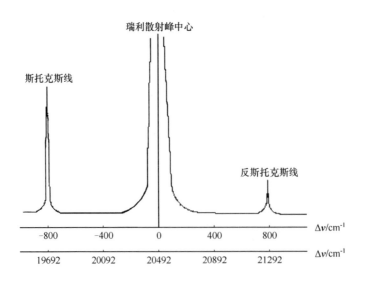

图 3 - 85　拉曼散射线与入射光线的波数关系

(入射光为 $\lambda=488.0\text{nm}$ 的 Ar 离子激光)

在图 3 - 84 中,虚线不一定是分子的能级,它只表示始态分子的能量与光子能量之和。

因此用不同频率的光作激发光源,都可以观察到拉曼散射线,而且其频率差 $\Delta\nu$ 相同,它等于分子振动跃迁能。虚线越接近分子的真正能级,拉曼谱线越强。一般来说,拉曼谱线的强度很小,大概只有入射光强度的 $1/10^7$。为了排除激发光的干扰,拉曼谱线在垂直于入射光的方向上测量。

在常温下,样品分子绝大多数处于振动基态,故斯托克斯线比反斯托克斯线强得多(图 3-85),所以在拉曼光谱中只记录斯托克斯线。在拉曼光谱中,谱线的位置不用拉曼散射线的频率表示,而用它与激发光频率之差 $\Delta\nu$ 表示,$\Delta\nu$ 称为拉曼位移。由于它取决于样品分子振动能级的变化,故拉曼光谱亦属于分子振动光谱,可以和红外光谱比较。

二、拉曼光谱选律

红外光谱和拉曼光谱虽然都与分子振动能级跃迁有关,但光谱选律不同。分子振动过程中,偶极矩的变化是产生红外光谱的必要条件;极化率的改变则是产生拉曼光谱的必要条件。所谓极化率,就是在外电场作用下,分子中电子云发生极化的难易程度。易极化的,极化率高;难极化的,极化率低。

同核双原子分子的伸缩振动过程中,偶极矩始终为零,没有变化,故不能产生红外光谱。但是,分子的极化率却已发生变化:当化学键伸长时,电子离原子核比较远,受原子核的吸引力比较小,故易于极化;当化学键缩短时,电子离核较近,受原子核吸引力较大,故难以极化。因此,同核双原子分子的伸缩振动是拉曼活性的。

异核双原子分子的伸缩振动既是红外活性的,也是拉曼活性的。

对于多原子分子,可用某一简正振动过程中分子的中极化率是否变化,来判断该简正振动是否是拉曼活性的。极化率是张量。

例如,在 $O{=}C{=}O$ 的对称伸缩振动中,两个 $C{=}O$ 键同时伸长或缩短,伸长时极化率增大,缩短时极化率减小,故对称伸缩振动是拉曼活性的振动,可产生拉曼光谱。其反对称伸缩振动虽然是红外活性的,却是非拉曼活性的。这是因为当一个 $C{=}O$ 键伸长、极化率增大时,另一个 $C{=}O$ 键缩短、极化率减小。前者的增大和后者的减小互相抵消,分子总极化率不变。在弯曲振动中,只有键角的变化,而键长基本保持不变,分子的总极化率亦基本保持不变,所以拉曼光谱中也观察不到 CO_2 的弯曲振动谱带。

$R{-}C{\equiv}C{-}R$ 的 $\nu(C{\equiv}C)$、

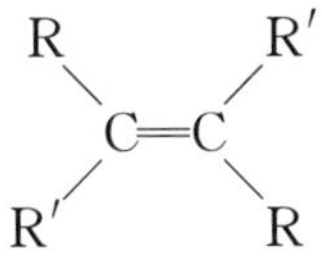

$$\begin{array}{c} R \\ \diagdown \\ C{=}C \\ \diagup \quad \diagdown \\ R' \qquad\qquad R \end{array}$$ 的 $\nu(C{=}C)$、

$$\begin{array}{c} R \\ \diagdown \\ N{=}N \\ \diagup \\ R \end{array}$$ 的 $\nu(N{=}N)$ 以及

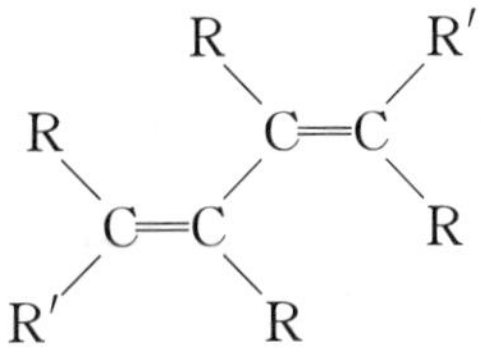

$$\begin{array}{c} R \qquad R' \\ \diagdown \quad \diagup \\ C{=}C \\ \diagup \quad \diagdown \\ R' \qquad R \end{array}$$ 的 $\nu(C{=}C,s)$ 等中心对称的伸缩振动,都是拉曼活性的振动。

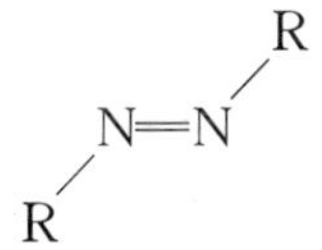

在由 n 个原子组成的多原子分子的 $3n-6$(线型分子为 $3n-5$)个简正振动中,有的是红外

活性而非拉曼活性的,有的是拉曼活性而非红外活性的,有的既是红外活性也是拉曼活性的,因此红外光谱和拉曼光谱可以互相补充。也有极少数的简正振动既不是红外活性的,也不是拉曼活性的,例如乙烯分子四个 C—H 键中心对称的扭曲振动,在红外和拉曼光谱中都观察不到相应的谱带。

三、拉曼光谱的特性

(一)拉曼位移

拉曼位移相当于红外光谱中的吸收频率,因此影响拉曼位移的因素与影响红外吸收频率的因素相同。

(二)拉曼谱带强度

因为红外和拉曼光谱的选律不同,故同一种样品的同一种振动的红外和拉曼光谱带的强度往往有较大差别。常见有机基团的拉曼谱带强度特征列入表 3-6。

表 3-6 常见有机基团拉曼和红外光谱谱带强度

振 动	强 度		振 动	强 度	
	拉曼	红外		拉曼	红外
$\nu(OH)$	W	q	$\nu(-NO_2, as)$	M	s
$\nu(NH)$	M	m	$\nu(-NO_2, s)$	vs	m
$\nu(=C-H)$	W	s	$\nu(\diagdown SO_2 \diagup, as)$	w~O	s
$\nu(=C—H)$	S	m	$\nu(\diagdown SO_2 \diagup,)$	S	s
$\nu(-CH_2)$ $\nu(-CH_2-)$	S	s	$\nu(\diagdown SO \diagup)$	M	s
$\nu(-S-H)$	S	w	$\nu(CH_2)$	M	m
$\nu(-C-N)$	m~s	s~w	$\nu(CH_3, as)$	M	m
$\nu(C=C)$	vs	o~w	$\nu(CH_3, s)$	w~m	s~m
$\nu(C≡C)$	vs~m	o~m	$\nu(C-O-C, as)$	W	s
$\nu(C=O)$	s~w	vb	$\nu(C-O-C, s)$	s~m	w

四、拉曼光谱仪和制样技术

(一)拉曼光谱仪

拉曼光谱仪有两类,一类是色散型激光拉曼仪,另一类是傅里叶变换拉曼光谱仪。

色散型激光拉曼光谱仪使用可见激光作为激发光源。对于芳香族化合物、共轭体系及芳香族杂环有机分子来说,由于它们的最低空轨道能量较低,可见光可将这样的分子激发到高于第一电子激发态的状态。被激发的分子以非辐射的方式释放一部分能量,回到第一电子激发态,然后发出荧光,回到电子基态。荧光的强度比拉曼散射强好几个数量级,严重地干扰拉曼光谱的测定。另外,可见光子能量高,某些不太稳定的有机化合物受可见激光照射时,可能被破坏。

傅里叶变换拉曼光谱仪用近红外激光作激发光源。由于近红外光子能量较低,不足以将样品分子激发到第一电子激发态,因此可以避免荧光的产生,也不会使样品光解。

(二)制样技术

拉曼光谱中激发光和散射光均为可见光或近红外光,两者对玻璃和石英均有良好的透过性,因此可用玻璃或石英制作样品容器。

气体拉曼光谱较少测定。液体、粉末以及各种形状的固体样品均无须特殊处理即可用于拉曼光谱的测定。为了增加样品密度,粉末样品也可压成锭片使用。

微小样品可用傅里叶变换拉曼光谱显微技术测定。目前傅里叶变换拉曼显微测试技术的空间分辨率可达到 $18\mu m$。

光导纤维对近红外光有良好的传导性,因此,傅里叶变换拉曼光谱光导纤维取样技术有广泛的应用前景。这种取样技术很方便,只要将光导纤维探针接触被测样品即可。

思考题和习题

1. 如果把一个化学键看作一个弹簧谐振子,那么化学键的振动频率与化学键的哪些结构因素有关,是什么关系?

2. 多原子分子有 $3n-6$(线型分子为 $3n-5$)个简正振动。请问,什么样的振动是红外活性的? 什么样的振动是拉曼活性的? 举例说明。

3. 某化合物的红外光谱中,其三键伸缩振动区和双键伸缩振动区均无吸收带,因此可以做出如下结论:

(1)该化合物分子中既无 C≡C 键,也无 C=C 键。

(2)该化合物分子中无— N=C=O 基团和 $\diagdown$C=O 基团。

(3)该化合物分子中不存在—NH₂ 基团。

以上三种说法中哪些正确,哪些不正确? 为什么?

4. 下列说法中,哪些正确,哪些不正确? 为什么?

(1) 当将两幅红外光谱图进行对比时,发现它们不相同,因此说这两幅光谱图对应的化合物不相同。

(2)如果两幅红外光谱图完全相同,那么它们所对应的化合物一定相同。

(3) 某化合物的红外光谱中在 $2000\sim1500cm^{-1}$ 区域内只有一个 $\nu(C=O)$ 吸收带,所以该化合物分子中只有一个 $\diagdown$C=O 基团。

(4)有两个样品,它们的紫外光谱相同,所以它们的红外光谱也一定相同(测定条件相同)。

(5)有两个样品,它们的红外光谱相同,因此它们的紫外光谱一定相同(测定条件相同)。

5. 色谱—红外光谱联机测试中,所用红外光谱仪应该是色散型仪器还是干涉型仪器? 为什么?

6. 已知 O—H 键的力常数是 5.0N/cm,试计算该键的伸缩振动频率($\mu_{O、H}=1.5\times10^{-24}$ g)。

7. 已知相对原子质量 H=1,Li=7,Cl=35,N=14,试计算 HCl、LiH、N_2 分子的折合质量。

8. 分别计算乙炔和苯分子自由度总数及振动自由度数目。

9. 双原子分子有几种振动形式?为什么?

10. 分子中每个振动自由度是否都产生一个 IR 吸收峰?为什么?

11. C—H 键与 C—Cl 键的伸缩振动吸收峰何者相对强一些?为什么?

12. $\nu_{C=O}$ 与 $\nu_{C=C}$ 哪个峰强些?为什么?

13. 在醇类化合物中,为什么 ν_{OH} 随溶液浓度的增大向低波数方向移动。

14. 为什么傅里叶变换激光拉曼光谱法可以避免或降低荧光的干扰?

15. 将下列波长变为波数:

(1)2.78μm (2)10.72μm (3)15.80μm (4)24.50μm

16. 化合物 R—OH 的 CCl_4 稀溶液的红外光中,ν_{OH} 吸收带位于 3650cm^{-1};如果用 R—OD 代替 R—OH,则 ν_{OH} 吸收带大约位于何处?

17. 顺-1,2-环戊二醇的 CCl_4 稀溶液在 3630cm^{-1} 和 3455cm^{-1} 出现两个尖锐吸收带,试对这两个谱带进行归属。

18. 解释下列一组中各个化合物的 $\nu_{C=O}$ 吸收波数为什么有高低之分?

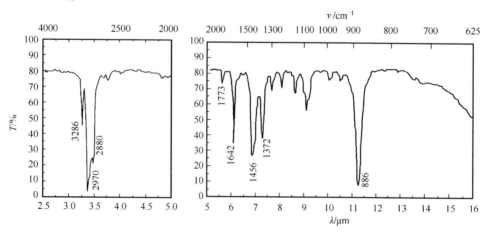

(A)1708cm^{-1} (B)1690cm^{-1} (C)1660cm^{-1}

19. 有一羟基苯甲醛,其 CCl_4 溶液的红外光谱中,ν_{OH} 和 $\nu_{C=O}$ 吸收频率均不随浓度变化。试判断羟基相对于醛基的位置,并说明理由。

20. 下列每组中,哪个化合物与该组的光谱相对应?说明理由。

(1)图 3－86。

图 3－86

(A) CH₃—CH₂—CH₂—CH₂—CH₂—CH₃

(B) CH₃—CH₂—CH₂—CH₂—C≡CH

(C) CH₃—CH—C=CH₂
　　　　|　　|
　　　CH₃　CH₃

(2) 图 3 - 87。

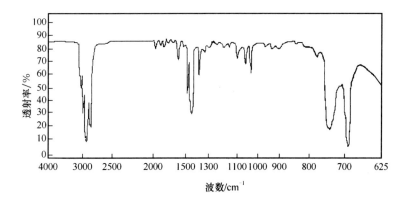

图 3 - 87

(A) CH₃—CH₂—CH₂—CH₂—⟨苯环⟩

(B) C₂H₅—⟨苯环⟩—C₂H₅

(C) ⟨苯环，邻位两个 C₂H₅⟩

(D) C₂H₅—⟨苯环，间位⟩—C₂H₅

(E) ⟨苯环，1,3,5位 CH₃, CH₃, C₂H₅⟩

(F) ⟨苯环，CH₃, CH₃, CH₃, CH₃⟩

(3) 图 3 - 88。

(A) ⟨苯环⟩—NO₂

(B) ⟨环己基⟩—NO₂

(C) ⟨环己基⟩—N=C=O

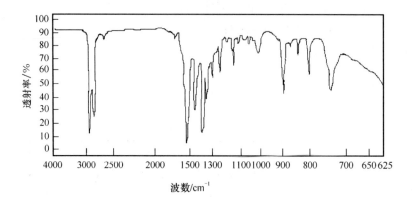

图 3－88

(4)图 3－89。

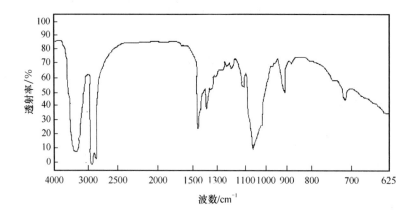

图 3－89

(A) CH₃—CH₂—CH₂—CH₂—CH₂—CH₂—OH

(B) CH₃—CH₂—CH₂—CH₂—CH₂—CH₂—NH₂

(C) CH₃—CH₂—CH₂—O—CH₂—CH₂—CH₃

(D)

21. 下列每组中的每幅红外光谱图分别与哪个化合物相对应？

(1)图 3－90～图 3－93。

(A)

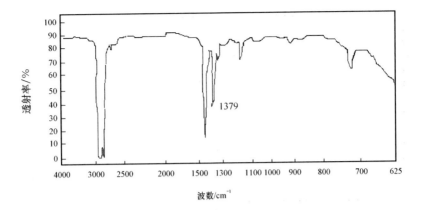

图 3-90

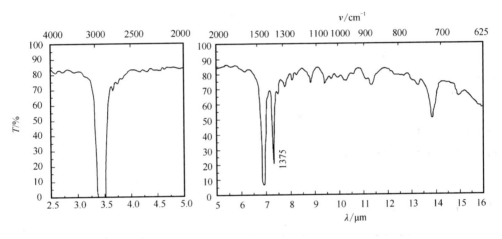

图 3-91

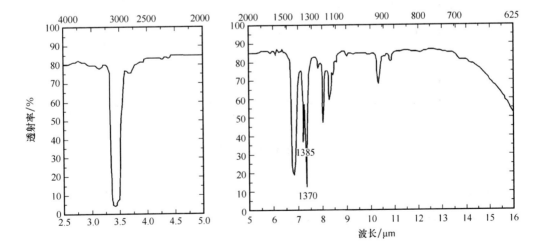

图 3-92

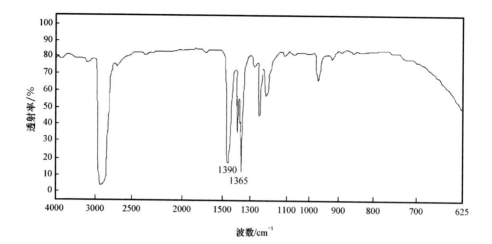

图 3 - 93

（B） CH$_3$—CH$_2$—$\overset{\overset{\displaystyle H}{|}}{\underset{\underset{\displaystyle CH_3}{|}}{C}}$—CH$_2$—CH$_3$

（C） CH$_3$—CH$_2$—CH$_2$—CH$_2$—CH$_2$—CH$_3$

（D） CH$_3$—$\underset{\underset{\displaystyle CH_3}{|}}{CH}$—CH$_2$—CH$_2$—CH$_2$—CH$_2$—CH$_2$—CH$_3$

（2）图 3 - 94～图 3 - 97。

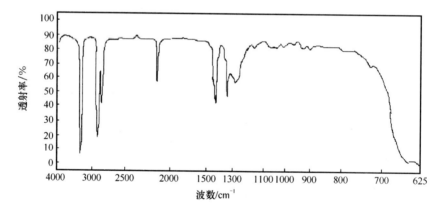

图 3 - 94

（A） OH—⟨benzene⟩—S—C≡N

（B） CH≡C—CH$_2$—CH$_2$—CH$_2$—CH$_2$—CH$_2$—C≡CH

（C） ⟨cyclohexane⟩—N=C=O

（D） ⟨cyclohexane⟩—C≡N

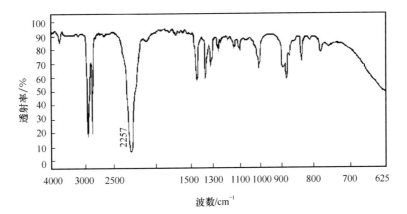

图 3－95

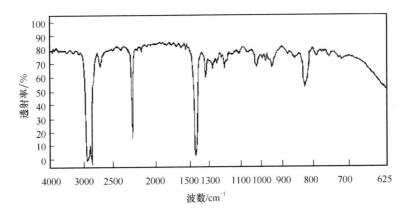

图 3－96

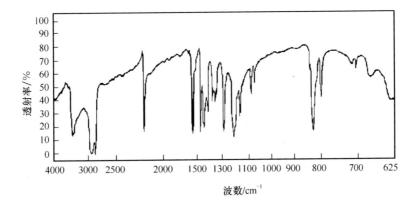

图 3－97

(3)图 3-98~图 3-102。

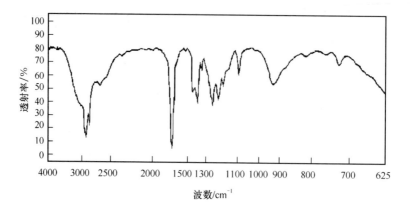

图 3-98

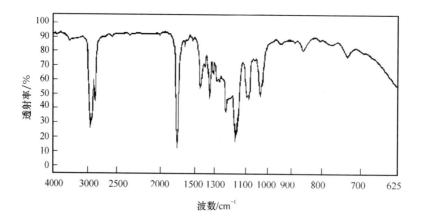

图 3-99

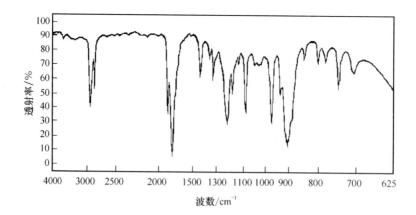

图 3-100

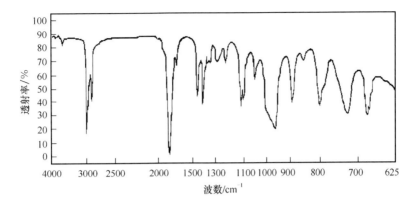

图 3–101

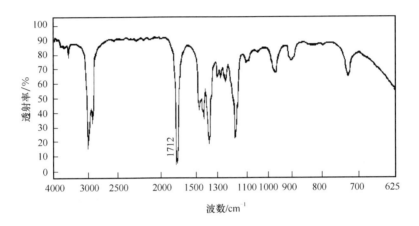

图 3–102

(A)
$$\begin{array}{c}\text{(环己烷-1,2-二甲酸酐结构)}\end{array}$$

(B) $CH_3{-}CH_2{-}CH_2{-}\overset{O}{\underset{}{C}}$ ... $CH_3{-}CH_2{-}CH_2{-}\overset{}{\underset{O}{C}}$ (— O — 桥连的丙酸酐)

(C) $CH_3{-}CH_2{-}CH_2{-}CH_2{-}CH_2{-}CH_1{-}CO{-}OH$

(D) $CH_3{-}CH_2{-}CH_2{-}CH_2{-}CH_2{-}\overset{O}{\underset{}{C}}{-}O{-}C_2H_5$

(E) $CH_3{-}\overset{O}{\underset{}{C}}{-}O{-}CH_2{-}CH_2{-}CH_2{-}CH_2{-}CH_2{-}CH_3$

(F) $CH_3-CH_2-CH_2-\overset{\overset{\displaystyle O}{\|}}{C}-Cl$

(G) $CH_3-CH_2-CH_2-\overset{\overset{\displaystyle O}{\|}}{C}-NH_2$

(H) $CH_3-CH_2-CH_2-\overset{\overset{\displaystyle O}{\|}}{C}-CH_3$

(I) $CH_3-CH_2-CH_2-CH_2-\overset{\overset{\displaystyle O}{\|}}{C}-H$

(4)图 3-103。

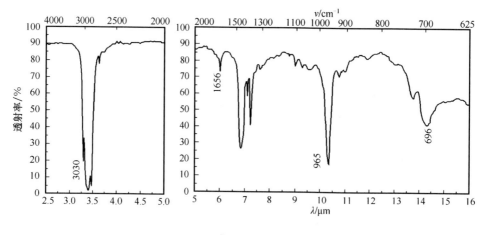

图 3-103

(A) $CH_3-\underset{\underset{\displaystyle H}{|}}{\overset{\overset{\displaystyle H}{|}}{C}}=C-CH_2-CH_2-CH_2-CH_2-CH_3$

(B) $CH_3-\overset{\overset{\displaystyle H}{|}}{C}=\overset{\overset{\displaystyle H}{|}}{C}-CH_2-CH_2-CH_2-CH_2-CH_3$

(C)A 和 B 的混合物

(5)图 3-104。

(A) $CH_3-CH_2-CH_2-CH_2-CH_2-CH_2-CH_2-CH_2-CH_2-NH_2$

(B) $CH_3-CH_2-CH_2-CH_2-NH-CH_2-CH_2-CH_2-CH_3$

22. 根据所给条件,推断化合物的分子结构。

(1)分子式为 C_6H_{12},红外光谱如图 3-105 所示。

(2)分子式为 $C_9H_{10}O_2$,红外光谱如图 3-106 所示。

(3)分子式为 $C_{13}H_{12}$,红外光谱如图 3-107 所示。

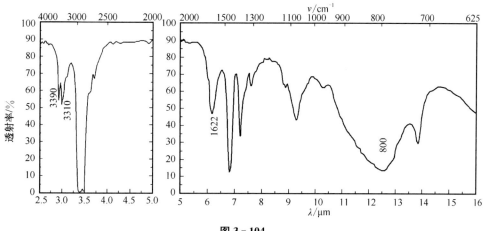

图 3 - 104

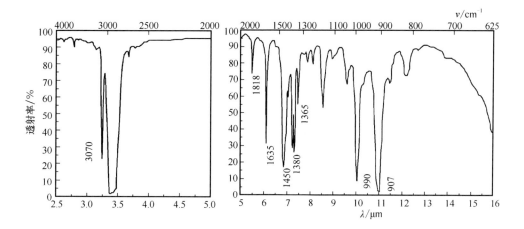

图 3 - 105

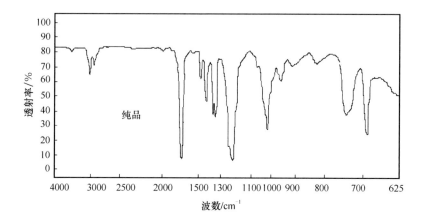

图 3 - 106

(4)分子式为 C_7H_9N,红外光谱如图 3 - 108 所示。

(5)分子式为 C_4H_8O,红外光谱如图 3 - 109 所示。

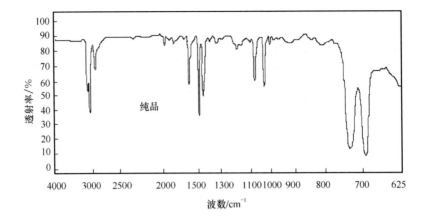

图 3-107

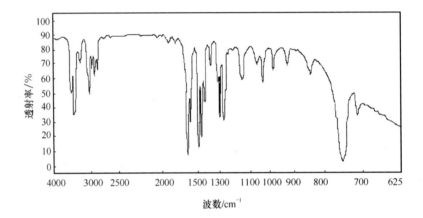

图 3-108

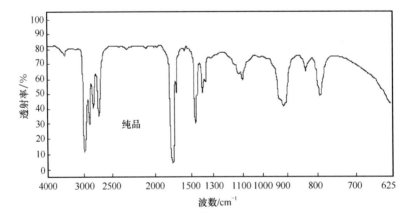

图 3-109

(6)分子式为 C_8H_7NO，红外光谱如图 3-110 所示。

(7)分子式为 C_3H_3Br，红外光谱如图 3-111 所示。

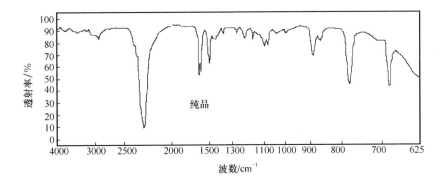

图 3－110

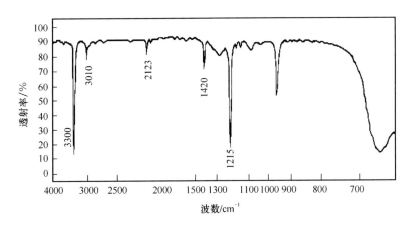

图 3－111

23. 某化合物的结构不是（Ⅰ）就是（Ⅱ），试根据其红外光谱图 3－112 进行判断。

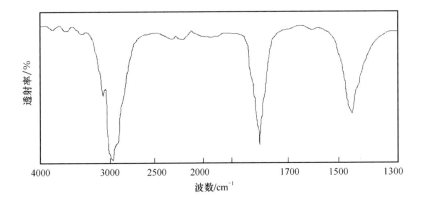

图 3－112

（Ⅰ） （Ⅱ）

24. 下述三种化合物 IR 光谱应有何不同?

(1)$CH_3(CH_2)_6COOH$

(2)$(CH_3)_3CCH(OH)CH_2CH_3$

(3)$(CH_3)_3CCH(CH_2CH_3)N(CH_3)_2$

25. 某化合物含有 C、H、O,其红外谱图见图 3-113。

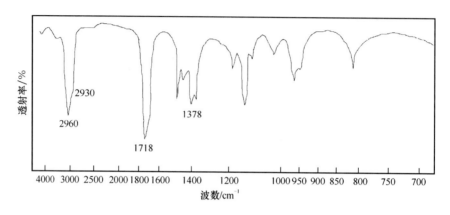

图 3-113

试问:(1)该化合物是脂肪族还是芳香族?

(2)是否为醇类?

(3)是否为醛、酮、酸类?

(4)是否为双键或叁键?

参考文献

[1]李润卿，范国梁，渠荣遴.有机结构波谱分析[M].天津：天津大学出版社,2002.

[2]崔永芳.实用有机物波谱分析[M].北京：中国纺织出版社,1994.

[3]毛培坤.表面活性剂产品工业分析[M].北京：化学工业出版社,1985.

第四章　核磁共振波谱

学习要求：

1. 理解核磁共振的基本原理并了解核磁共振谱仪各部件的功能。
2. 理解并掌握氢谱的化学位移的影响因素，能够根据氢谱化学位移的经验公式来计算化学位移，熟悉各类氢谱化学位移的范围。
3. 理解氢谱自旋偶合与裂分的规律，熟悉一些特殊峰型的情况。
4. 能够运用掌握的知识解析氢谱。
5. 了解碳谱的化学位移以及自旋偶合等知识概况。

核磁共振（Nuclear Magnetic Resonance，简称 NMR）波谱学是近几十年发展起来的一门新学科，是磁性原子核在外磁场中产生能级跃迁的一种物理现象。早在 1936 年，理论上就作出过核磁共振的预言，直到 1945 年，F. Block 和 E. M. Purcell 各自领导的研究小组才分别观测到水、石蜡中质子的核磁共振信号，为此他们荣获了 1952 年诺贝尔（Nobel）物理奖。今天，核磁共振谱仪已成为化学、物理、生物、医药等研究领域中必不可少的实验工具，是研究分子结构、构型构象、分子动态等的重要方法。本章主要介绍核磁共振的原理、仪器和应用，主要介绍[1]H 谱，简略介绍[13]C 谱。

第一节　核磁共振基本原理

一、原子核的自旋与磁矩

(一)原子核的自旋

1. 自旋运动　原子核是由质子和中子组成的带正电荷的粒子，具有一定质量和体积，实验证明，大多数原子核都围绕着某个轴自身做旋转运动，这种自身旋转运动称为原子核的自旋运动。原子核的自旋运动与自旋量子数 I 相关。

2. 自旋角动量　有机械的旋转就有角动量产生。原子核由自旋产生的角动量是一个矢量，其方向服从右手螺旋定则，与自旋轴重合，根据量子力学，可以计算出自旋角动量的绝对值：

$$\rho = \frac{h}{2\pi}\sqrt{I(I+1)} \tag{4-1}$$

式中：ρ 为原子核的总角动量，I 为自旋量子数，取 0、1/2、1、3/2 等，h 为普朗克常数。

核自旋角动量在直角坐标 Z 轴上的分量：

$$\rho_z = m h / 2\pi \qquad (4-2)$$

式中：m 为磁量子数，可取值为：$m = I, I-1, I-2, \cdots -I$，可以取 $(2I+1)$ 个数值。

从式（4-1）可知，$I=0$ 的原子核就无自旋现象，只有 $I>0$ 的核才能有自旋角动量，自旋角动量与自旋量子数 I 有关，I 的数值取决于原子核的质量数 a 和原子序数 Z，它们的关系如下：

表 4-1 各核的自旋量子数

质量数(a)	原子序数(Z)	自旋量子数(I)	例 子
偶数	偶数	0	^{12}C、^{16}O、^{32}S
偶数	奇数	$n=1,2,3\cdots$	$I=1, ^2H_1、^{14}N_7, I=3, ^{10}B_5$
奇数	奇数或偶数	$1/2,3/2,5/2\cdots$	$I=1/2, ^1H_1、^{13}C_6、^{19}F_9$ $I=3/2, ^{11}B_5、^{35}Cl_{17}$ $I=5/2, ^{17}O_8$

(二)原子核的磁矩

原子核是带正电荷的粒子，当它围绕自旋轴运动时，电荷也围绕自旋轴旋转，产生循环电流，从而产生磁场，这种磁性质一般用磁矩 μ 表示。磁矩的方向沿自旋轴，大小与角动量 P 成正比。

$$核磁矩：\mu = \gamma P, \qquad \gamma = \mu / P \qquad (4-3)$$
$$磁矩在 z 轴上的分量：\mu_z = \gamma \rho_z = \gamma m h / 2\pi \qquad (4-4)$$

式中：γ 为磁旋比，同一种核，γ 为一常数。如 $^1H \gamma = 26.752[10^7 \text{rad}/(\text{T} \cdot \text{s})]$；$^{13}C \gamma = 6.728[10^7 \text{rad}/(\text{T} \cdot \text{s})]$；$1T=10^4 Gs$。$\gamma$ 值可正可负，由核的自身性质所决定。不同的核有不同的 γ 值，可以作为描述原子核特性的参数。

二、核磁共振

(一)拉摩进动

当具有磁矩的原子核置于外磁场中，它在外磁场的作用下，核自旋产生的磁场与外磁场发生相互作用，因而原子核运动状态除了自旋之外，还要附加一个以外磁场方向为轴线的回旋，核一面自旋，一面围绕着磁场方向发生回旋，这种类似于陀螺的旋转的回旋运动称为进动或拉摩进动。进动时有一定的频率，称为拉摩频率。

(二)能级裂分

1. 能级裂分 由于核自旋不同的空间取向，产生能级裂分。原子核在磁场中的每种取向，都代表了原子核某一特定能级，可用一个磁量子数 m 表示，m 的取值为 $I, I-1, I-2, \cdots -I$，共 $2I+1$ 个。

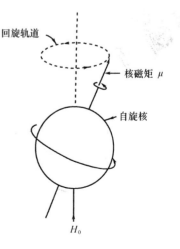

回旋轨道

核磁矩 μ

自旋核

H_0

图 4-1 在磁场中进行旋进运动的氢核

也就是说,无外加磁场存在时,原子核只有一个简单的能级,但在外加磁场作用下,原来简单的能级就要分裂为 $2I+1$ 个能级。自旋核的角速度 ω_0,拉摩频率 ν_0 与外磁场强度 H_0 的关系为:

$$\omega_0 = 2\pi\nu_0 = \gamma H_0 \quad (\gamma \text{ 为磁旋比}) \quad (4-5)$$

所以拉摩频率 $\quad \nu_0 = \gamma H_0 / 2\pi \quad (4-6)$

例如:^1H 核的自旋量子数 $I=1/2$,在外磁场中,^1H 核的自旋取向为 $2\times(1/2)+1=2$,两种自旋取向分别代表两个能级。

$m = +1/2$ 与外磁场 H_0 方向一致,能级较低,氢核处于低能态;

$m = -1/2$ 与外磁场 H_0 方向相反,能级较高,氢核处于高能态。

根据电磁理论,核在磁场中的能量:

$$E_1 = -\mu_z H_0 = -\gamma m_1 h/2\pi H_0 = -\gamma h/4\pi H_0 \quad (4-7)$$

$$E_2 = +\mu_z H_0 = +\gamma m_1 h/2\pi H_0 = +\gamma h/4\pi H_0 \quad (4-8)$$

两个能级的能量差为:$\Delta E = E_2 - E_1 = 2\mu_z H_0 = \gamma h/2\pi H_0 = h\nu \quad (4-9)$

所以: $\qquad \nu = \gamma H_0 / 2\pi \quad (4-10)$

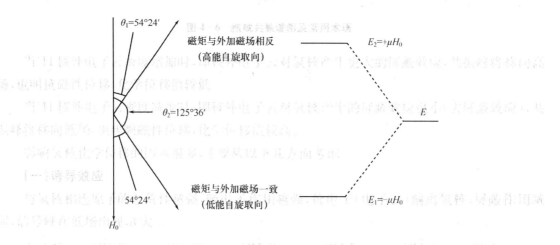

图 4-2 氢核在磁场中的能级裂分

这说明氢核由低能级向高能级跃迁需吸收 ΔE 的能量,其数值与外加磁场强度、核的磁旋比成正比,当用一定频率的电磁辐射照射氢核时,如果射频的频率恰好等于氢核的拉摩频率时,外界提供的能量就等于氢核跃迁需要的能量,这时处于低能级的核吸收射频的能量以后,便可跃迁到高能级,即由一种取向变为另一种取向,这种现象就叫核磁共振。发生核磁共振时,当电磁波的能量 $(h\nu)$ 等于样品分子的某种能级差 ΔE 时,分子可以吸收能量,由低能态跃迁到高能态。这一过程发生的先决条件是低能级的 ^1H 核数大于高能级的 ^1H 核数,否则,会造成跃迁到高能级和跌落到低能级的概率相等,不会发生吸收或发射电磁波的现象,即不会产生核磁共振现象。

2. 弛豫过程 根据玻耳兹曼(Boltzmann)分布,低能态的核(N_2)与高能态的核(N_1)的关系可以用玻耳兹曼因子来表示:

$$\frac{N_2}{N_1} = \exp(-\frac{\Delta E}{KT}) \approx 1 - \frac{\Delta E}{KT} \tag{4-11}$$

式中,N_1是处于低能级的核数;N_2是处于高能级的核数;ΔE 为两能级的能量差;K 为玻耳兹曼常数(1.38×10^{-23}J/K),T 为绝对温度。

处于外磁场中的^{1}H 核,其低能级的核数仅比高能级高百万分之十左右,这个微弱的多数,便可使低能级的核发生核磁共振,但随着低能级的核数目的减少,吸收信号减弱,最后消失,因此只有使高能级的核放出能量回到低能级,才能维持这一微弱的多数,即高能态的核以非辐射的形式放出能量回到低能态称为弛豫(Relaxation)过程。

有两种弛豫过程,自旋—晶格弛豫和自旋—自旋弛豫。

(1)自旋—晶格弛豫(Spin - lattice Relaxation)。自旋—晶格弛豫反映了体系和环境的能量交换。"晶格"泛指"环境"。高能态的自旋核将能量转移至周围的分子(固体的晶格、液体中同类分子或溶剂分子)而转变为热运动,结果是高能态的核数目有所下降。体系通过自旋晶格弛豫过程而达到自旋核在 H_0 场中自旋取向的 Boltzmann 分布所需的特征时间(半衰期)用 T_1 表示,T_1 称为自旋—晶格弛豫时间。T_1 与核的种类、样品的状态、温度等都有关系。液体样品 T_1 较短($10^{-4} \sim 10^2$ s),固体样品 T_1 较长,可达几个小时甚至更长,因为自旋晶格弛豫是使宏观上纵向(z 轴方向)磁化强度由零恢复到 M_z,固又称其为纵向弛豫。

(2)自旋—自旋弛豫(Spin - spin Relaxation)。自旋—自旋弛豫反映核磁矩之间的相互作用。高能态的自旋核把能量转移给同类低能态的自旋核,结果是各自旋态的核数目不变,总能量不变。自旋—自旋弛豫时间(半衰期)用 T_2 表示。液体样品 T_2 约为 1s,固体或高分子样品 T_2 较小,约 10^{-3} s。

共振时,自旋核受射频场的相位相干作用,使宏观净磁化强度偏离 z 轴,从而在 x—y 平面上非均匀分布。自旋—自旋弛豫过程是通过自旋交换,使偏离 z 轴的净磁化强度 M_{xy} 回到原来的平衡零值态(即绕原点在 x—y 平面上均匀散开)。故自旋—自旋弛豫又称横向弛豫。

三、核磁共振谱仪简介

核磁共振谱仪是检测磁性核核磁共振现象的仪器。NMR 波谱仪按磁体可以分为永久磁体、电磁体和超导磁体三类,其中永久磁体和电磁体的最高频率可达 100MHz,而超导磁体则可达到 200MHz、400MHz、600MHz 等。按射频频率(^{1}H 核的共振频率)可分为 60MHz、80MHz、90MHz、100MHz、200MHz、300MHz、600MHz 等。按扫描方式又可分为连续波波谱仪(CW - NMR)和脉冲傅里叶变换波谱仪(PFT - NMR)。

(一)连续波核磁共振谱仪(CW - NMR)

所谓连续波是指射频场的频率或磁场的强度是连续变化的,即扫描连续进行,一直到全部欲观测的核都依次被成功地激发为止。固定频率,连续改变磁场强度,由低场至高场扫描,这种扫描方式称扫场(Field - sweep),固定磁场,连续改变射频频率的方式扫描称扫频(Frequency - sweep)。

CW－NMR 目前有 60MHz、90MHz 等通用型谱仪,通常是用电磁体或永久磁体产生均匀而稳定的磁场,对化学工作者的例行测试带来极大的方便,其示意图见图 4－3。

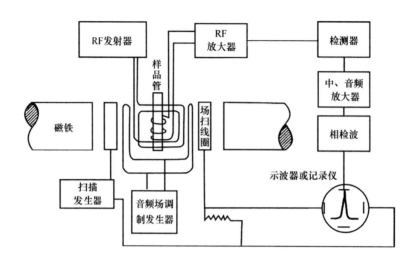

图 4－3　连续波核磁共振谱仪示意图

1. 磁体　磁体产生均匀而稳定的磁场(H_0)。磁体两极的狭缝间设置有探头,探头内放置样品管(内装溶解好的待测样品),样品管以每秒 40～60 周的速度旋转,使待测样品感受到的磁场强度平均化。

2. 探头　探头置于磁体间隙内,是仪器的心脏部分,除样品管外,还有发射线圈、接收线圈、扫描发生器、放大器和变温元件。

3. 谱仪部分

(1)射频源。在与外磁场垂直的方向上,绕样品管外施加有射频振荡线圈,固定发射与 H_0 相匹配的射频(如 60MHz、90MHz)。射频功率可供选择,既使待测核有效地产生核磁共振,又不会出现饱和现象,通常≤0.05mGs。

(2)扫描发生器。可以在小范围内调节外加磁场强度进行扫描。

(3)接收器和记录仪。围绕样品管的线圈,除射频振荡线圈外,还有接收线圈,并与扫描线圈三者互相垂直,互不干扰。通过射频接收线圈接受共振信号,经放大记录下来,横坐标是磁场强度,纵坐标是共振峰强度,记录下来的图就是 NMR 谱图。

(4)样品支架。样品支架装在一个探头上,连同样品管用压缩空气使之旋转,以提高作用于样品上磁场的均匀性。

CW－NMR 价廉、稳定、易操作,但灵敏度低,需要样品量大(10～50mg)。只能测天然丰度高的核(如^{1}H、^{19}F、^{31}P),对于^{13}C 这类天然丰度极低的核,无法测试。

(二)脉冲傅里叶变换核磁共振波谱仪(PFT－NMR)

1. PFT－NMR 谱仪工作基本原理　PFT－NMR 波谱仪与 CW－NMR 谱仪不同,增设了脉冲程序控制器和数据采集及处理系统。PFT－NMR 波谱仪是在具有一定带宽的频率范围内使所有待测核同时激发(共振)、同时接收,均由计算机在很短的时间内完成,大大提高了效率。

脉冲程序控制器使用一个周期性的脉冲序列来间断射频发射器的输出。短的频带是理想的射频源。调节所选择的射频脉冲序列,脉冲宽度可在 $1\sim50\mu s$ 范围内变化。脉冲发射时,待测核同时被激发;脉冲终止时,及时准确地启动接收系统,等被激发的核通过弛豫过程返回平衡位置时再进行下一个脉冲的发射。

接收器接收到的自由感应衰减信号(F1D)是时间的函数,是若干频率的 FID 信号的叠加,人们不能识别,必须通过计算机完成的傅里叶变换运算,使 FID 的时间函数转变为频率的函数,再经过数模变换后,即可通过示波器或记录仪显示核磁共振谱。

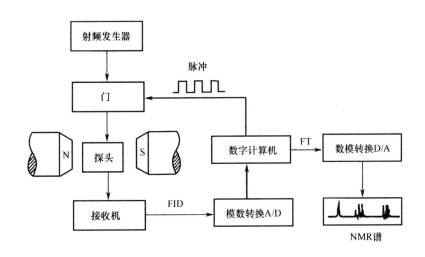

图 4-4 脉冲傅里叶变换 NMR 谱仪示意图

2. PFT-NMR 波谱仪的优点

(1)大幅度提高了仪器的灵敏度,一般 PFT-NMR 的灵敏度比 CW-NMR 的灵敏度提高两个数量级以上。因此可以对丰度小、磁旋比亦比较小的核进行核磁共振的测定。

(2)测定速度快,脉冲作用时间为微秒数量级。若脉冲需重复使用,时间间隔只需几秒,可以较快地自动测量高分辨谱及与谱线相对应的各核的弛豫时间,可以研究核的动态过程、瞬变过程、反应动力学等。

(3)使用方便,用途广泛。可以做 CW-NMR 不能做的许多实验,如固体高分辨谱、自旋锁定弛豫时间的测定及各种二维谱等。

四、核磁共振波谱的测定

通常核磁共振的测定要在液态下进行。

理想的溶剂必须具备如下的条件:不含 ^1H,沸点低,与样品不发生缔合,溶解度好且价钱便宜。常用的溶剂为 CCl_4、$CDCl_3$、D_2O 等,有时由于溶解度的需要,要采用较贵重的氘代溶剂,如重氢丙酮、重氢苯等。在实际使用中,有时由于氘代溶剂不纯,其中的残留氢会在谱图上出峰。氘代溶剂中残留氢的吸收峰的位置见表 4-2。

表4-2 商品氘代溶剂中残余质子的位移位置

溶剂	同位素原子纯度/%	残余质子的位置						
		基团	$\delta/mg \cdot kg^{-1}$	基团	$\delta/mg \cdot kg^{-1}$	基团	$\delta/mg \cdot kg^{-1}$
乙酸	99.5	甲基	2.05	羟基	11.53		
丙酮	99.5	甲基	2.05				
乙腈	98	甲基	1.95				
苯	99.5	次甲基	7.20				
氯仿	99.8	次甲基	7.25				
环己烷	99.0	亚甲基	1.40				
重水	99.8	羟基	4.75				
乙醚	98	甲基	1.16	亚甲基	3.36		
二甲基甲酰胺	98	甲基	2.16	甲基	2.94	甲酰基	8.05
二氧六环	98	亚甲基	3.55				
乙醇(无水)	98	甲基	1.17	亚甲基	3.59	羟基	2.60
甲醇	99	甲基	3.35	羟基	4.84		
吡啶	99	α位	8.70	β位	7.20	Γ位	7.58
四氢呋喃	98	α-亚甲基	3.60	β-亚甲基	0.75		
二氯甲烷	99	亚甲基	5.35				
二甲亚砜	99.5	甲基	2.50				

第二节　化学位移及其影响因素

一、电子屏蔽效应

在外磁场 H_0 中,不同的氢核所感受到的 H_0 是不同的,这是因为氢核外围的电子在与外磁场垂直的平面上绕核旋转的同时,产生一个与外磁场相对抗的感应磁场。感应磁场对外加磁场的屏蔽作用称为电子屏蔽效应。感应磁场的大小与外磁场的强度有关,用 σH_0 表示,σ 称屏蔽常数。

σ 的大小与核外电子云的密度有关。核外电子云密度越大,σ 就越大,σH_0 也就越大。在 H_0 中产生的与 H_0 相对抗的感应磁场越强,核实际感受到的 H_0(称有效磁场,用 H_{eff} 表示)就越弱。可表示如下:

$$H_{eff} = H_0 - H_0\sigma = H_0(1-\sigma) \qquad (4-12)$$

氢核外围电子云密度的大小,与其相邻原子或原子团的亲电能力有关,与化学键的类型有关。如 CH_3—Si,氢核

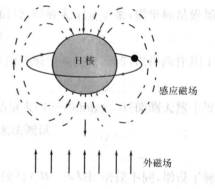

图4-5　电子对质子的屏蔽作用

外围电子云密度大,σH_0也大,共振吸收出现在高场;CH_3—O,氢核外围电子云密度小,σH_0亦小,共振吸收出现在低场。

式(4-10)可改写为:

$$\nu_0 = \frac{\gamma}{2\pi}H_{eff} = \frac{\gamma}{2\pi}H_0(1-\sigma) \tag{4-13}$$

若ν_0固定不变而改变H_0(扫场),则分子中不同环境的氢核因σ不同,会在不同的H_0处出现共振吸收峰。

二、化学位移

(一)化学位移及其表示法

同一分子中不同类型的氢核,由于化学环境不同,共振吸收频率亦不同。其频率间的差值是一个很小的数值,仅为ν_0的百万分之十左右。对其绝对值的测量,难以达到所要求的精度。且因仪器不同(导致σH_0不同),其差值亦不同。例如60MHz谱仪测得乙基苯中CH_2、CH_3的共振吸收频率之差为85.2Hz,100MHz的仪器上测得为142Hz。

为了克服测试上的困难和避免因仪器不同所造成的误差,在实际工作中,使用一个与仪器无关的相对值表示。即以某一标准物质的共振吸收峰为标准($H_标$或$\delta_标$),测出样品中各共振吸收峰($H_样$或$\nu_样$)与标样的差值ΔH或$\Delta \nu$,采用无因次的δ值表示,由于核所处的化学环境不同引起吸收峰位置的变化称为化学位移,常采用相对表示法表示。

$$\delta = \frac{\Delta H}{H_标} \times 10^6 = \frac{H_标 - H_样}{H_标} \times 10^6 \tag{4-14}$$

或

$$\delta = \frac{\Delta \nu}{\nu_标} \times 10^6 = \frac{\nu_样 - \nu_标}{\nu_标} \times 10^6 \tag{4-15}$$

以上两式中,δ为化学位移值,它是一个无量纲数,可用ppm[百万分之一(10^{-6})]表示。

化学位移的相对表示法,既可使测量精度大为提高,又可使化学位移值不会因不同磁场的谱仪而不同,因而统一环境类型的质子就有统一的化学位移了。

(二)标准物

作为标准物的氢核,最好是外层没有屏蔽的裸露氢核,但实际上是做不到的,因而选择一种屏蔽作用很强,只给出一个尖锐单峰的物质作为测定时的内标物。

最理想的标准样品是$(CH_3)_4Si$(Tetramethyl Silicon),简称TMS。因为TMS有12个化学环境相同的氢,在NMR中给出一尖锐的单峰,且用量极少。TMS化学性质稳定,不与待测样品反应,沸点低,易于从测试样品中分离出,与大多数有机溶剂混溶,TMS氢核外围的电子屏蔽作用较大,共振频率处于高场,对一般化合物的吸收不产生干扰等特点。

1970年,国际纯粹与应用化学协会(IUPAC)建议化学位移采用δ值,规定TMS的δ为0(无论[1]H-NMR还是[13]C-NMR)。TMS左侧δ为正值,右侧δ值为负。

早期文献报道化学位移有采用τ位的,τ与δ之间的换算式如下:

$$\delta = 10 - \tau \tag{4-16}$$

TMS作内标,通常直接加到待测样品溶液中。若用D_2O作溶剂,由于TMS与D_2O不相混溶、可改用DSS(2,2-二甲基-2-硅代戊磺酸钠盐),用量不能过大,以避免化学位移在(0.5~2.5ppm)范围内的CH_2的共振吸收峰产生干扰。NMR测试也可采用外标,即用毛细管将标准样品与测试样品隔开。

三、影响化学位移的因素

在表达核磁共振谱时,常用到以下术语:高场、低场,屏蔽效应、去屏蔽效应,顺磁性位移、抗磁性位移。这些概念的关系如图4-6所示。

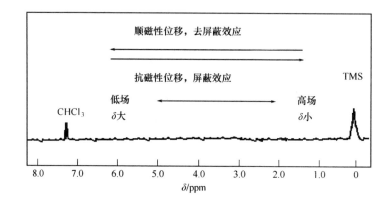

图4-6 核磁共振谱图及常用术语

当^1H核外电子云密度增加时,即核外电子云对氢核产生更大的屏蔽效应,共振峰将移向高场,也叫抗磁性位移,化学位移值较低。

当^1H核外电子云密度减少时,即核外电子云对氢核产生的屏蔽效应也小(去屏蔽效应),共振峰将移向低场,也叫顺磁性位移,化学位移值较高。

影响氢核化学位移的因素很多,主要从以下几方面考虑。

(一)诱导效应

与氢核相连原子的电负性越强,吸电子作用越强,价电子(电子云)偏离氢核,屏蔽作用减弱,信号峰在低场出现,δ大 。

化合物	CH_3F	CH_3Cl	CH_3Br	CH_3I	CH_4	TMS
δ/ppm	4.26	3.05	2.68	2.16	0.23	0
电负性	4.0	3.0	2.8	2.5	2.1	1.8

若氢核与给电性原子或基团相连,氢核周围的电子云密度就增加,屏蔽效应越强,该核就在较高的磁场出现,化学位移值越小。

化合物	CH_3F	CH_3OH	CH_3NH_2	CH_3CH_3
δ/ppm	4.26	3.38	2.2	0.96

值得注意的是,诱导效应是通过成键电子传递的,随着与电负性取代基距离的增大,诱导效应的影响逐渐减弱,通常相隔3个以上碳的影响可以忽略不计。例如:

化合物	CH_3Br	CH_3CH_2Br	$CH_3(CH_2)_2CH_2Br$	$CH_3(CH_2)_3CH_2Br$
δ/ppm	2.68	1.65	1.04	0.9

电负性原子或基团增多时,相邻氢核屏蔽效应减弱,化学位移值增大。

化合物	CH_3Cl	CH_2Cl_2	$CHCl_3$
δ/ppm	3.05	5.33	7.24

(二)共轭效应

在具有多重键或共轭多重键的分子体系中,由于 π 电子的转移,导致某基团电子云密度发生改变称为共轭效应。共轭效应主要有两种类型,即 π-π 共轭和 p-π 共轭。π-π 共轭是从邻位拉电子,去屏蔽作用,δ 值增加;p-π 共轭是推电子给邻位,起屏蔽作用,δ 值减小。例如:

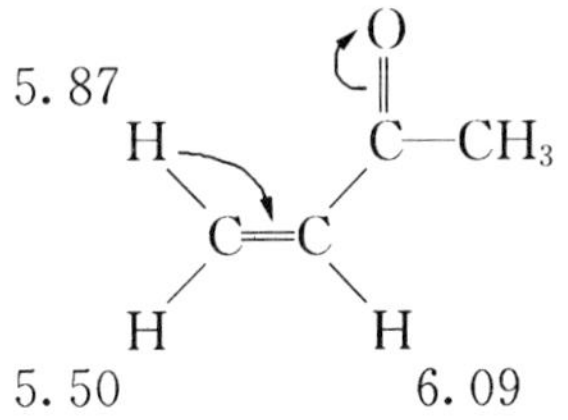

在乙烯单取代衍生物中,在(a)中,由于羰基吸电子,使 α-氢和 β-氢均表现为去屏蔽,与(b)相比,烯氢信号移向低场。在(c)中,由于氧原子通过共轭作用,使 α-氢表现为去屏蔽,故其共振信号向低场移动,而 β-氢表现为屏蔽,其信号移向高场。

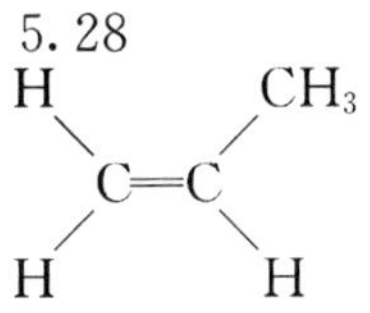

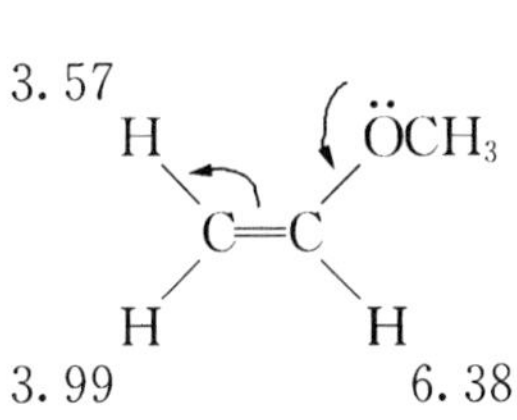

(三)磁各向异性

分子中氢核与某一功能基团的空间关系会影响其化学位移值,这种影响称磁各向异性。这是由于成键电子的电子云分布不均匀性,在外磁场作用下所产生的感应磁场,使得某些位置上的核受到屏蔽,而另一些位置上的核为去屏蔽。

例如,含 π 键的化合物,不饱和碳上氢原子的化学位移值与饱和碳上氢原子的化学位移值差别很大,而且呈现出特定的规律性。其中烯键碳原子上氢的化学位移值高于叁键上氢的化学位移值,更高于烷烃碳上氢的化学位移值,苯上氢原子的化学位移值更高,这是因为 π 键电子流动引起的磁各向异性效应,可能造成屏蔽也可能造成去屏蔽的结果。

	CH_3CH_3	$H_2C{=}CH_2$	$HC{\equiv}CH$	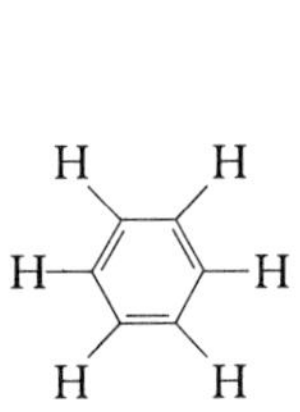 苯
δ_H/ppm	0.96	5.84	2.86	7.20

1. 芳环 苯环的 π 电子在分子平面上下形成 π 电子云,在外加磁场的作用下产生环流和感应磁场(图 4-7)。随着共轭体系的增大,环电流效应增强,即环平面上、下的屏蔽效应增强,环平面上的去屏蔽效应增强。芳环上的氢处于去屏蔽区,氢核在低场共振,苯氢较烯氢位于更低场(7.20ppm)。

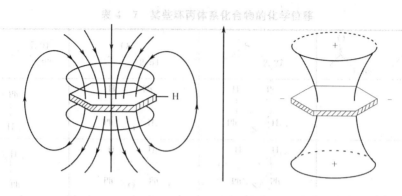

图4-7 苯环屏蔽作用示意图

2. 双键 在磁场中,双键的π电子云分布于成键平面的上、下方,形成的环流也产生感应磁场,平面内为去屏蔽区(图4-8)。乙烯平面上的氢位于去屏蔽区,氢核也在低场,化学位移值较大($\delta=5.84$ppm)。醛基的氢核处于羰基的去屏蔽区,因而也在低场共振,化学位移值很大($\delta=9\sim10$ppm)。

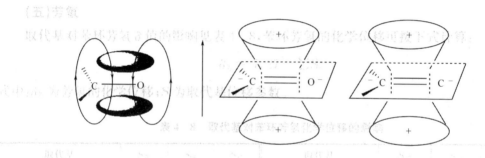

图4-8 碳碳双键的磁各向异性

3. 叁键 炔氢与烯氢相比,δ值应处于较低场,但事实相反。这是因为π电子云以圆柱形分布,构成筒状电子云,绕碳碳键而成环流(图4-9)。产生的感应磁场沿键轴方向为屏蔽区,炔氢正好位于屏蔽区,因而在高场发生共振,化学位移值比烯、苯相应的小很多($\delta=2.88$ppm)。

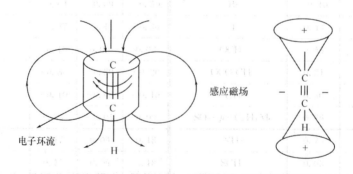

图4-9 碳碳三键的各向异性

4. 单键 除 π 键化合物存在电子屏蔽的各向异性效应外,单键化合物也存在各向异性效应,只是 C—C 单键的 σ 电子产生的各向异性较小。图 4 - 10 中 C—C 键轴为去屏蔽圆锥的轴。随着 CH_3 中氢被碳取代,去屏蔽效应增大,信号移向低场。所以甲基、亚甲基和次甲基中质子的 δ 值依次增大,

$$\delta_{CH_3}(0.9ppm) < \delta_{CH_2}(1.3ppm) < \delta_{CH}(1.5ppm)。$$

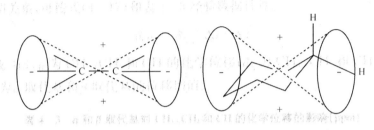

图 4 - 10 碳碳单键的屏蔽效应

(四)范德华效应

当立体结构决定了空间的两个核靠得很近时,带负电荷的核外电子云就会相互排斥,排斥的结果使核外电子云密度减小,对核的屏蔽作用显著下降,使得 ^1H 核的 δ 值增大(低场位移),这种效应称为范德华(Van der waals)效应。见化合物 A,B(图 4 - 11),B 中 Hb 的 δ 值远大于 A 中 Hb 的 δ 值,说明靠近的某一基团越大,该效应的影响越明显。

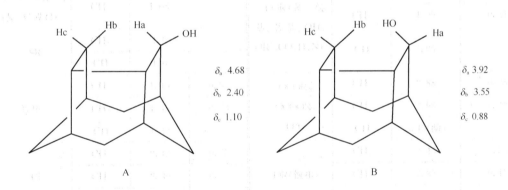

δ_a 4.68
δ_b 2.40
δ_c 1.10

δ_a 3.92
δ_b 3.55
δ_c 0.88

图 4 - 11 化合物 A、B 的范德华效应

(五)氢键效应

氢键有去屏蔽效应,使 ^1H 核的核磁共振出现在低磁场,δ 值增大。

如饱和醇 δ_{OH} 为 0.5~5.5 ppm,酚 δ_{OH} 为 4.0~7.7 ppm,羧酸 δ_{OH} 为 10.5~12 ppm。

—OH、—NH_2 很容易形成分子间氢键,随着溶液中样品浓度的不同,其化学位移值也不固定。一般,脂肪胺波动为 $\Delta\delta_{NH} = 0.3~3.2ppm$,芳香胺波动大体在 $\Delta\delta_{NH} = 2.6~5.0ppm$。当温度升高或稀释溶液时,分子间氢键或分子间缔合现象会减弱,可以使 ^1H 核化学位移信号移向高场,化学位移值减小。分子内氢键同样使 ^1H 的化学位移值增大,如硝基二苯胺分散染料。由于 2-硝基二苯胺形成分子内氢键,其化学位移比 4-硝基二苯胺明显增大。

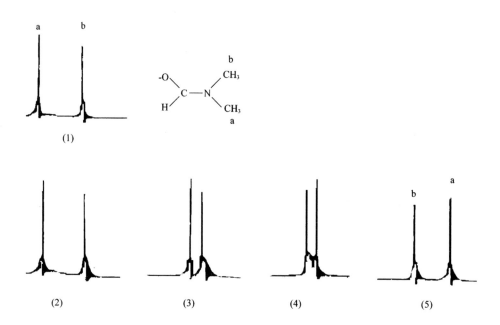

$\delta_{NH}=5.62ppm$ $\delta_{NH}=9.46ppm$ $\delta_{NH}=6.30ppm$

(六)溶剂效应

一般化合物在 CCl_4 或 $CDCl_3$ 中测得 NMR 谱重复性较好,在其他溶剂中测试,δ 值会稍有所改变,有时改变较大,这是溶剂与溶质间相互作用的结果。

在溶液中,同一个 ^1H 核受到不同溶剂的影响,而引起化学位移的变化,或由于溶剂的作用信号消失的现象称溶剂效应。

苯的溶剂效应不可忽视。这是因为苯分子平面上、下方的 π 电子云容易接近样品分子中的 δ_+ 端而远离 δ_- 端,形成瞬时配合物,致使某些氢的共振吸收发生变化。

苯对二甲基甲酰胺中两个甲基 δ 值的影响见图 4 – 12。

图 4 – 12　苯对二甲基甲酰胺中两个甲基 δ 值的影响

(1)$CDCl_3$　(2)～(5)$C_6D_6/CDCl_3$ 的比值依次增大

图 4 – 12 表明氮上的两个甲基是不等性的。a –甲基位于低场,b –甲基位于高场,随着苯溶剂浓度的增加,a –甲基向高场位移。

四、各类质子的化学位移计算

我们已经了解影响化学位移的各种因素及理论上的定性解释。质子的化学位移主要取决于所在官能团的性质,但邻近基团的影响也很重要,此外,还受到溶剂效应等其他因素的影响,所以在各类官能团中,质子的化学位移可在一定的范围内变化。

　　下面是人们从实验中总结出一些不同环境质子化学位移的经验方法，从而利用氢谱推知未知化合物结构。

(一)烷氢

1. CH₃、CH₂和CH化学位移经验公式　CH₃、CH₂和CH的化学位移与邻近的α取代基和β取代基有密切关系，可按式(4-17)和表4-3经验数据计算。

$$\delta_{CH_i} = \delta_{S_i} + \Delta\alpha + \Delta\beta \tag{4-17}$$

式中：$i=1$、2或3；δ_{CH_i}为CH₃、CH₂和CH的化学位移；δ_{S_i}为CH₃、CH₂和CH的标准位移值；$\Delta\alpha$和$\Delta\beta$分别为α取代基和β取代基的位移增值。

表4-3　α和β取代基对CH₃、CH₂和CH的化学位移的影响(ppm)

取代基	质子类型	$\Delta\alpha$位移	$\Delta\beta$位移	取代基	质子类型	$\Delta\alpha$位移	$\Delta\beta$位移
$\begin{array}{c}C-C-H\\ \beta\quad\alpha\end{array}$		CH₃标准位移$\delta_{S_i}=0.87$，CH₂标准位移$\delta_{S_i}=1.20$，CH标准位移$\delta_{S_i}=1.55$[用于式(4-17)]					
—C=C—	CH₃	0.78	—	—OH	CH₃	2.50	0.33
	CH₂	0.75	0.10		CH₂	2.30	0.13
	CH	—	—		CH	2.20	—
—C=C—CR=X (X=C或O)	CH₃	1.08	—	—COR(R=烷基、芳基、OH、OR′、CO、H、N)	CH₃	1.23	0.18
					CH₂	1.05	0.31
—SR	CH₂	1.0	—		CH	1.05	—
	CH	1.0	—				
芳基	CH₃	1.40	0.35	—OCOR，—OCOOR，—OAr	CH₃	2.88	0.38
	CH₂	1.45	0.53		CH₂	2.98	0.43
	CH	1.33	—		CH	3.43(酯)	—
—Cl	CH₃	2.43	0.63	—OR(饱和)	CH₃	2.43	0.33
	CH₂	2.30	0.53		CH₂	2.35	0.15
	CH	2.55	0.03		CH	2.00	—
—Br	CH₃	1.80	0.83	—NRR′	CH₃	1.30	0.13
	CH₂	2.18	0.60		CH₂	1.33	0.13
	CH	2.68	0.25		CH	1.33	—
—I	CH₃	1.28	1.23	—NO₂	CH₂	3.0	
	CH₂	1.95	0.58		CH	3.0	—
	CH	2.75	0.00				

实例4-1　计算化合物　$\underset{A}{CH_3}-\underset{\underset{OH}{|}}{\overset{\overset{CH_3}{|}}{C}}-\underset{B}{CH_2}-\overset{\overset{O}{\|}}{C}-\underset{C}{CH_3}$　中CH₃和CH₂的化学位移

解： $\delta_A = 0.87 + 0.33 = 1.20$ （ppm）（实测值：1.20ppm）

$\delta_B = 1.20 + 1.05 + 0.13 = 2.38$ （ppm）（实测值：2.48ppm）

$\delta_C = 0.87 + 1.23 = 2.10$ （ppm）（实测值：2.09ppm）

2. Schoolery 计算 CH_2 和 CH 化学位移公式

$$\delta = 0.23 + \sum \sigma \qquad (4-18)$$

式中：δ 为 CH_2 和 CH 的化学位移；σ 为与亚甲基或次甲基相连取代基的屏蔽常数，见表 4-4。

表 4-4　Schoolery 屏蔽常数 σ(ppm)

取代基	σ	取代基	σ	取代基	σ
—CH_3	0.47	—Br	2.83	—$CONR_2$	1.59
—C=C	1.32	—I	1.82	—NR_2	1.57
—C≡C	1.44	—OH	2.56	—NHCOR	2.27
—C≡C—Ar	1.65	—OR	2.36	—CN	1.70
—C≡C—C≡C—R	1.65	—OC_6H_5	3.23	—N_3	1.97
—C_6H_5	1.85	—OCOR	3.13	—SR	1.64
—CF_2	1.21	—COR	1.70	—OSO_2R	3.13
—CF_3	1.14	—COAr	1.84	—S—C≡N	2.30
—Cl	2.53	—COOR	1.55	—N=C=S	2.86

实例 4-2　计算(1)$BrCH_2Cl$　(2)$(CH_3O)_2CHCOOCH_3$

解：(1)$\delta_{CH_2} = 0.23 + 2.33 + 2.53 = 5.09$ （ppm）（实测值：5.16ppm）

(2)$\delta_{CH} = 0.23 + 2.36 + 2.36 + 1.55 = 6.50$ （ppm）（实测值：6.61ppm）

(二)烯氢

取代基对烯氢值的影响见表 4-5，表中的数值是相对于乙烯 δ(5.25ppm)的位移参数。计算烯氢化学位移的经验公式如下：

$$\delta_{=CH} = 5.25 + Z_{同} + Z_{顺} + Z_{反} \qquad (4-19)$$

式中：$\delta_{=CH}$ 为烯氢化学位移；Z 为同碳、顺位或反位取代基参数。

表 4-5　取代基对烯氢化学位移值的影响

取代基	$Z_{同}$	$Z_{顺}$	$Z_{反}$	取代基	$Z_{同}$	$Z_{顺}$	$Z_{反}$
—H	0	0	0	—CO_2R	0.80	1.18	0.55
—R(烷基)	0.45	-0.22	-0.28	—CO_2R(共轭)	0.78	1.01	0.46
—R(环残基)	0.69	-0.25	-0.28	—$CONR_2$	1.37	0.98	0.46
—CH_2—Ar	1.05	-0.29	-0.32	—COCl	1.11	1.46	1.01
—CH_2X	0.70	0.11	-0.04	—CN	0.27	0.75	0.55
—CH_2OR, —CH_2I	0.64	-0.01	-0.02	—CH_2CN —$CH_2COR(H)$	0.69	-0.08	-0.06

续表

取代基	$Z_同$	$Z_顺$	$Z_反$	取代基	$Z_同$	$Z_顺$	$Z_反$
—$CH_2NR_2(H)$	0.58	−0.10	−0.08	—F	1.54	−0.40	−1.02
—$CH_2SR(H)$	0.71	−0.13	−0.22	—Cl	1.08	0.18	0.13
—CHF_2	0.66	0.32	0.21	—Br	1.07	0.45	0.55
—CF_3	0.66	0.61	0.32	—I	1.14	0.81	0.88
—C=C	1.00	−0.09	−0.23	—NR_2	1.14	0.81	0.88
—C=C(共轭)	1.24	0.02	−0.05	—NR_2(R 不饱和)	1.17	−0.53	−0.99
—C≡C	0.47	0.38	0.12	—N—COR	2.08	−0.57	−0.72
—Ar	1.38	0.36	−0.07	—N=N—C_6H_5	2.39	1.11	0.67
—Ar'(环内)	1.60	—	−0.05	—OR	1.22	−1.07	−1.21
—CHO	1.02	0.95	1.17	—OR(R 不饱和)	1.21	−0.60	−1.00
—COOH	0.97	1.41	0.71	—OCOR	2.11	−0.35	−0.64
—COOH(共轭)	0.80	0.98	0.32	—SR	1.11	−0.29	−0.13
—COR	1.10	1.12	0.87	—SO_2R	1.55	1.16	0.93
—COR(共轭)	1.06	0.91	0.74	—SCOR	1.41	0.06	0.02
—$OP(O)(OC_2H_5)_2$	1.33	−0.34	−0.66	—SCN	0.80	1.17	1.11
—$P(O)(OC_2H_5)_2$	0.66	0.88	0.67	—SF_5	1.68	0.61	0.49

烯氢中与双键相连的碳处于低场，有C=O中由于氧原子通过共轭吸电子，使其成为去屏蔽，故往往向低场移动。反之，若β位为供电子基团，则使化学位移向高场。

实例4-3 计算

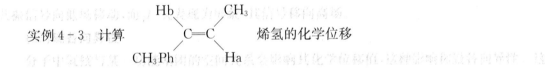

烯氢的化学位移

解：$\delta_{Ha} = 5.25 + 0.45 + 0.36 = 6.06$（ppm）（实测值：6.08ppm）

$\delta_{Hb} = 5.25 + 1.38 + (−0.22) = 6.41$（ppm）（实测值：6.28ppm）

(三)炔氢

炔氢因为叁键的屏蔽作用，它们的化学位移大约在1.6~3.4ppm范围内，见表4-6。

表4-6 某些炔氢的化学位移(ppm)

化合物	化学位移	化合物	化学位移
H—C≡C—H	1.80	CH_3—C≡C—C≡C—C≡C—H	1.87
R—C≡C—H	1.73~1.88	HO—CR_2—C≡C—H	2.20~2.27
Ar—C≡C—H	2.71~3.37	RO—C≡C—H	1.3
C=C—C≡C—H	2.60~3.10	C_6H_5—SO_3—CH_2—C≡C—H	2.55
—CO—C≡C—H	2.13~3.28	CH_3—NH—CO—CH_2—C≡C—H	2.55
C≡C—C≡C—H	1.75~2.42		

(四)环丙体系

由于环丙体系质子处于屏蔽区，故其化学位移均出现在较高场(表4-7)。

表 4-7　某些环丙体系化合物的化学位移

△ 0.23	△7.01 0.92	△O 2.54	△S 2.27	O△ 1.65	H N△ 1.62
H Ph △ Ph H$_{2.13}$	H Ph △O Ph H$_{3.67}$	H Ph △S Ph H$_{3.98}$			
H H$_{2.45}$ △ Ph Ph	H H$_{4.17}$ △O Ph Ph	H H$_{4.40}$ △S Ph Ph			
	H CH$_3$ △O CH$_3$ H$_{2.57}$				
	H H$_{2.70}$ △O CH$_3$ CH$_3$				

(五)芳氢

取代基对苯环芳氢 δ 值的影响见表 4-8，苯环芳氢的化学位移可按下式计算：

$$\delta_{芳} = 7.27 - \sum S_i \qquad (4-20)$$

式中：$\delta_{芳}$ 为芳氢的化学位移；S_i 为取代基位移参数。

表 4-8　取代基对苯环芳氢化学位移的影响

取代基	$S_{邻}$	$S_{间}$	$S_{对}$	取代基	$S_{邻}$	$S_{间}$	$S_{对}$
—NO$_2$	-0.95	-0.17	-0.33	—CH$_2$OH	0.1	0.1	0.1
—CHO	-0.58	-0.21	-0.27	—CH$_2$NH$_2$	0.00	0.00	0.00
—COCl	-0.83	-0.16	-0.30	—CH=CHR	-0.13	-0.03	-0.13
—COOH	-0.80	-0.14	-0.20	—F	0.30	0.02	0.22
—COOCH$_3$	-0.74	-0.07	-0.20	—Cl	-0.02	0.06	0.04
—COCH$_3$	-0.64	-0.09	-0.30	—Br	-0.40	0.26	0.03
—CN	-0.27	-0.11	-0.30	—I	0.43	0.09	0.37
—Ph	-0.18	0.00	0.08	—OCH$_3$	0.43	0.09	0.37
—CCl$_3$	-0.80	-0.20	-0.20	—OCOCH$_3$	0.21	0.02	
—CHCl$_2$	-0.10	-0.06	-0.10	—OH	0.50	0.14	0.4
—CH$_2$Cl	0.00	-0.01	0.00	—SO$_2$-p-C$_6$H$_4$Me	0.26	0.05	
—CH$_3$	0.17	0.09	0.18	—NH$_2$	0.75	0.24	0.63
—CH$_2$CH$_3$	0.15	0.06	0.18	—SCH$_3$	0.03	0.00	
—CH(CH$_3$)$_2$	0.14	0.09	0.18	—N(CH$_3$)$_2$	0.60	0.10	0.62
—C(CH$_3$)$_3$	-0.01	0.10	0.24	—NHCOCH	-0.31	-0.06	

实例 4 - 4　计算 （结构式：含Hb、CH=CHCH₃、CH₃O、Ha的苯环）中芳氢的化学位移

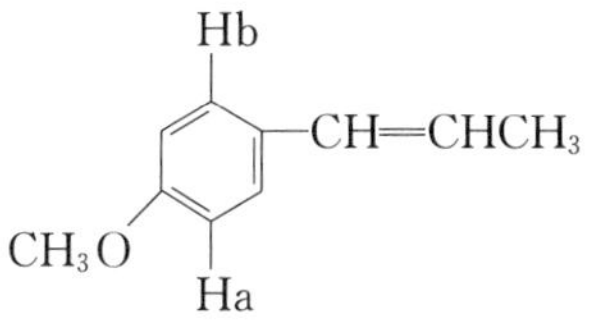

$$\delta_{Ha} = 7.27 - (0.43 - 0.03) = 6.87 \text{ ppm（实测值:6.8ppm）}$$

$$\delta_{Hb} = 7.27 - (0.09 - 0.13) = 7.31 \text{ ppm（实测值:7.3ppm）}$$

(六)杂芳氢

杂芳环化合物的氢谱较复杂,受溶剂的影响亦较大,取代基对杂芳环化学位移值的影响类似于对苯环的影响,推电子取代基导致杂芳环氢的 δ 值降低(高场位移),拉电子取代基导致杂芳环氢的 δ 值增加(低场位移),一些典型的杂芳环质子化学位移如下:

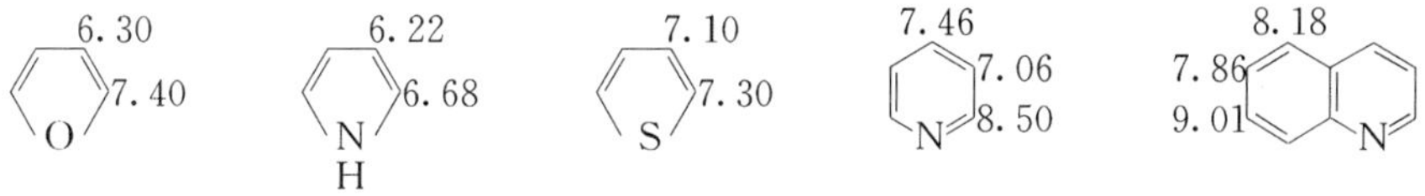

（呋喃 6.30 / 7.40）　（吡咯 6.22 / 6.68）　（噻吩 7.10 / 7.30）　（吡啶 7.46 / 7.06 / 8.50）　（喹啉 8.18 / 7.86 / 9.01）

五、常见结构的化学位移

常见氢核的核磁共振吸收数据在早期的文献中已有报道。在核磁共振的专著中以图表或数表的形式给出。各类质子的化学位移值范围如下以及表 4 - 9 中。

(一)饱和烃

—CH₃ : $\delta_{CH_3} = 0.79 \sim 1.10$ ppm　　　　　—O—CH₃　$\delta_H = 3.2 \sim 4.0$ ppm

—CH₂ : $\delta_{CH_2} = 0.98 \sim 1.54$ ppm　　　　　—N—CH₃　$\delta_H = 2.2 \sim 3.2$ ppm

—CH : $\delta_{CH} = \delta_{CH_3} + (0.5 \sim 0.6)$ ppm　　　C=C—CH₃　$\delta_H = 1.5 \sim 2.1$ ppm

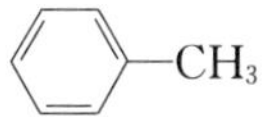

C—CO—CH₃　$\delta_H = 1.9 \sim 2.6$ ppm　　　　（苯环）—CH₃　　$\delta_H = 2 \sim 3$ ppm

(二)烯烃

端烯质子 : $\delta_H = 4.8 \sim 5.0$ ppm

内烯质子 : $\delta_H = 5.1 \sim 5.7$ ppm

(三)芳香烃

芳烃质子 : $\delta_H = 6.5 \sim 8.0$ ppm

供电子基团—OR,—NR₂取代时,芳烃质子 : $\delta_H = 6.5 \sim 7.0$ ppm

吸电子基团—COCH₃,—CN,—NO₂取代时,芳烃质子 : $\delta_H = 7.2 \sim 8.0$ ppm

(四)其他氢核

—COOH : $\delta_H = 10 \sim 13$ ppm　　　　　—NH₂ :(脂肪)$\delta_H = 0.4 \sim 3.5$ ppm

—OH：(醇)$\delta_H = 0.5 \sim 6.0$ ppm　　　　　（芳香)$\delta_H = 2.9 \sim 4.8$ ppm

　　　　(酚)$\delta_H = 4 \sim 12$ ppm　　　　　　（酰胺)$\delta_H = 5.0 \sim 10.2$ ppm

　　　　　　　　　　　—CHO : $\delta_H = 9 \sim 10$ ppm

表 4 - 9 各类质子化学位移的范围

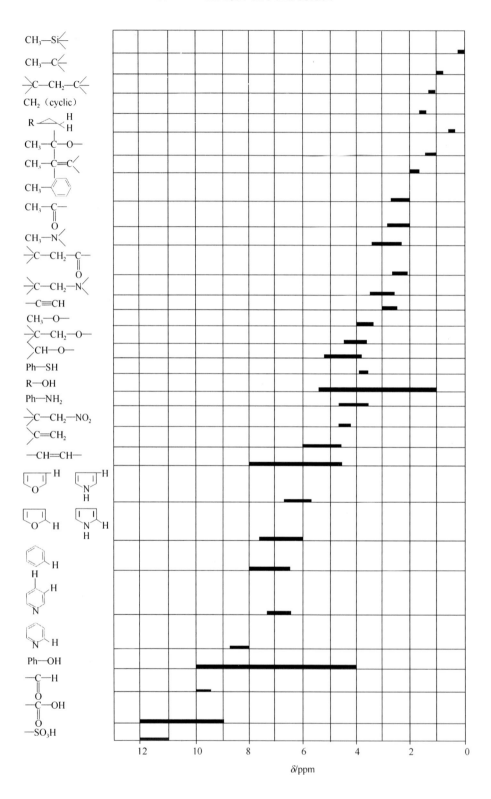

δ/ppm

第三节 自旋偶合与裂分

一、自旋—自旋偶合机理

^1H核在外加磁场中有两种取向,每种^1H核都是一个自旋体系,受到邻近^1Ha核的影响,当邻近^1Ha核自旋取向与外加磁场平行或反平行时,可以通过成键价电子的传递作用,来微弱的加强或减弱原有磁场对此^1Ha核的作用,使在低分辨率下出现的单峰裂分为相近的两个峰。如果邻近有多个^1Ha核,^1H核的峰还可以裂分为三重、四重或多重峰,把这种相邻^1H核之间的自旋相互作用称自旋—自旋偶合(Spin - spin Coupling),简称自旋偶合。氢核与氢核之间能够发生自旋偶合是有一定条件的,如果两个自旋体系相距较远,则无相互作用,一般认为:两个^1H核之间超过三个单键就没有相互作用了。

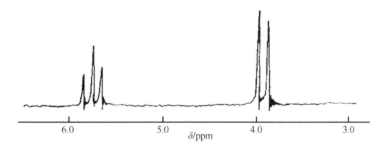

Ha、Hb 均为单峰,因无自旋偶合; Ha、Hb 均为二重峰,因发生自旋偶合

图 4 - 13 是 1,1,2 - 三氯乙烷的^1H - NMR 谱,$\delta 3.95, 5.77$ppm 处出现两组峰,两者积分比(2:1)等于质子数目比,分别对应于 CH_2Cl、$CHCl_2$。CH_2 为双峰,CH 为三重峰,峰间距为6Hz。

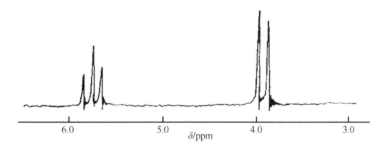

图 4 - 13 1,1,2 - 三氯乙烷的^1H - NMR 谱

双峰和三重峰的出现是由于相邻的氢核在外磁场 H_0 中产生不同的局部磁场,且相互影响造成的。$CHCl_2$ 中的^1H 在 $H_0(↑)$ 中有两种取向,与 H_0 同向(↑)和与 H_0 反向(↓),粗略认为两者概率相等。同向取向使 CH_2Cl 的氢感受到外磁场强度稍增强,其共振吸收稍向低场(高频)端位移,反向取向使 CH_2Cl 的氢感受到的外磁场强度稍降低,其共振吸收稍向高场(低频)端位移,故 CH 使 CH_2 裂分为双峰。

同样分析,CH_2Cl 中的^2H 在 H_0 中有三种取向,^2H 与 H_0 同向(↑↑),^1H 与 H_0 同向,另^1H 与 H_0 反向(↑↓ ↑↓),2H 都与 H_0 反向(↓↓),出现的概率近似为 1:2:1. 故 CH_2 在 H_0 中产生的局部磁场使 CH 裂分为三重峰。

这种自旋—自旋偶合机理,认为是空间磁性传递的,即偶极—偶极相互作用。

对自旋—自旋偶合的另一种解释，认为是接触机理，即自旋核之间的相互偶合是通过核间成键电子对传递的。

根据 Pauling 原理（同一轨道上成键电子对的自旋方向相反）和 Hund 规则（同一原子成键电子应自旋平行）及对应的电子自旋取向与核的自旋取向同向时，势能稍有升高；电子的自旋取向与核的自旋取向反向时，势能稍有降低，以 Ha — C — C — Hb 为例分析。无偶合时，Hb 两种跃迁方式的能量相等，所吸收的能量为 $\Delta E(\Delta E = h\nu_b)$，在 Ha 的偶合作用下，Hb 有两种跃迁方式，对应的能量分别为 ΔE_1，ΔE_2，见图 4 - 14。

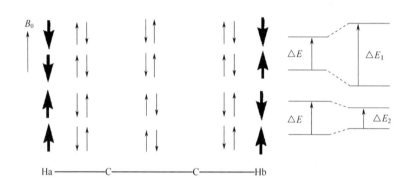

图 4 - 14 Ha — C — C — Hb 体系中 Ha 对 Hb 偶合的能级分析

Ha — C — C — Hb 体系中，Ha 对 Hb 偶合的能级分析。粗箭头表示核的自旋取向，细箭头表示成键电子的自旋取向。

$$\Delta E_1 = h(\nu_b - J/2) = h\nu_1$$
$$\Delta E_2 = h(\nu_b + J/2) = h\nu_2$$
$$\nu_2 - \nu_1 = J_{ab}$$

在 Hb 的偶合作用下，Ha 也被裂分为双峰，分别出现在 $(\nu_a - J/2)$ 和 $(\nu_a + J/2)$ 处，峰间距等于 J_{ab}，J 为偶合常数，表示两核之间相互干扰的强度大小的数为偶合常数。

所以自旋—自旋偶合是相互的，相互干扰的两个核，其偶合常数必然相等。偶合的结果产生谱线增多，即自旋裂分。

二、$n+1$ 规律

由前文分析可知，某组环境完全相等的 n 个核 $(I = 1/2)$，在 H_0 中共有 $(n+1)$ 种取向，与其发生偶合的核裂分为 $(n+1)$ 条峰。这就是 $n+1$ 规律，概括如下：

某组环境相同的氢若与 n 个环境相同的氢发生偶合，则被裂分为 $(n+1)$ 条峰。

某组环境相同的氢，若分别与 n 个和 m 个环境不同的氢发生偶合，且 J 值不等，则被裂分为 $(n+1)(m+1)$ 条峰。如高纯乙醇，CH_2 被 CH_3 裂分为四重峰，每条峰又被 OH 中的氢裂分为双峰，共八条峰 $[(3+1) \times (1+1) = 8]$。

实际上由于仪器分辨有限或巧合重叠，造成实测峰的数目小于理论值。

只与 n 个环境相同的氢偶合时,裂分峰的强度之比近似为二项式$(a+b)^n$展开式的各项系数之比。

n 数	二项式展开式系数	峰数
0	1	单峰(singlet,s)
1	1　1	二重峰(doublet,d)
2	1　2　1	三重峰(triplet,t)
3	1　3　3　1	四重峰(quartet,q)
4	1　4　6　4　1	五重峰(quintet)
5	1　5　10　10　5　1	六重峰(sextet)

......

这种处理是一种非常近似的处理,只有当相互偶合核的化学位移差值 $\Delta\nu \gg J$ 时,才能成立。

在实测谱图中,相互偶合核的二组峰的强度会出现内侧峰偏高,外侧峰偏低。$\Delta\nu$ 越小,内侧峰越高,这种规律称向心规则。利用向心规则,可以找出 NMR 谱中相互偶合的峰。

三、峰面积与氢核数目

同一类氢核的个数与它相应的共振吸收峰的面积成正比。因此比较共振吸收峰的峰面积就可知各种氢核的相对比例。

峰面积的求法,最原始的方法是剪下吸收峰的纸,称重、比较,现已不再使用。现在的 NMR 仪器能对峰面积进行自动积分,得到精确的数值用阶梯积分曲线高度在 NMR 谱图上表示出来。通常积分曲线的画法是从左到右,该高度比等于相应的氢核的数目之比。

四、核的等价性

核的等价性包括化学等价和磁等价。

(一)化学等价

化学等价是立体化学中的一个重要概念。分子中有一组氢核,它们的化学环境完全相等,化学位移也严格相等,则这组核称为化学等价的核,有快速旋转化学等价和对称化学等价两种。

快速旋转化学等价——若两个或两个以上质子在单键快速旋转过程中位置可对应互换,则为化学等价。如氯乙烷、乙醇中 CH_3 的三个质子为化学等价。

对称性化学等价——分子构型中存在对称性(点、线、面),通过某种对称操作后,分子中可以互换位置的质子则为化学等价。如反-1,2-二氯环丙烷中 Ha 与 Hb,Hc 与 Hd 分别为等价质子。

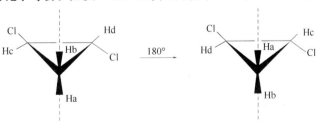

(二)磁等价

分子中有一组化学位移相同的核,它们对组外任何一个核的偶合相等,只表现出一种偶合常数,则这组核称为磁等价核。如苯乙酮中 CH_3 的三个氢核既是化学等价,又是磁等价的。苯基中两个邻位质子(Ha,Ha′)或两个间位质子(Hb,Hb′)分别是化学等价的,但不是磁等价的。虽然 Ha 与 Ha′ 化学环境相同,但对组外任意核 Hb,Ha 与其是邻位偶合,而 Ha′ 与其是对位偶合,存在两种偶合常数,故不是磁等价的。

核的等价性与分子内部基团的运动有关。分子内部基团运动较快,使本来化学等价但磁不等价的核表现出磁等价,其间的偶合表现不出来。分子内部基团运动较慢,即使化学等价的核,其磁不等价性在谱图中也会反映出来。

既化学等价又磁等价的核称为磁全同的核,磁全同核之间的偶合不必考虑。

不等价质子之间存在偶合,表现出裂分。

五、偶合常数与分子结构的关系

偶合常数与分子的结构密切相关。可利用偶合常数,推导化合物的结构,确定烯烃、芳烃的取代情况,尤其是阐明立体化学中的结构问题。

因为偶合是由成键电子传递的,故偶合常数与发生偶合核之间相隔化学键数目有关。通常偶合分为偕偶(同碳偶合,相隔两个化学键,记作 $^2J_偕$)、邻偶(相隔三个化学键,记作 $^3J_邻$)和远程偶合(相隔四个化学键以上),一般说来,通过双数键的偶合常数往往是负值,通过单数键的偶合常数往往是正值。质子和异核间还存在直接偶合,如 $^1J_{31P-1H}$。

(一)偕偶(同碳偶合)

偕偶是指一个碳上两个质子的偶合。有时因为同碳质子环境完全一样,这种偶合在图谱上表现不出来,但偶合依然存在。开链烯的偕偶偶合常数大于开链烷。在 $-CH_2-$ 的同碳上有电负性强取代基时,$^2J_偕$ 增加,但在 α 碳上有电负性较强取代基时,则 $^2J_偕$ 减小。邻位有 π 键时,$^2J_偕$ 也减小。一些环状化合物的偕偶偶合常数列于表 4-10 中。

表 4-10　一些环状化合物的偕偶偶合常数

化合物	$^2J_偕$/Hz	化合物	$^2J_偕$/Hz
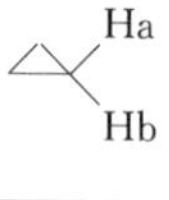 Ha / Hb	$J_{ab} = -3.1 \sim -9.1$	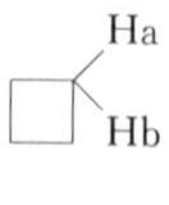 Ha / Hb	$J_{ab} = -11 \sim -17$
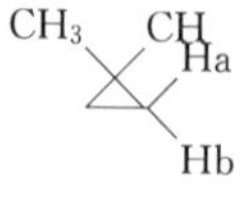 CH_3 CH_3 Ha / Hb	$J_{ab} = -4.5$	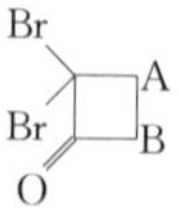 Br Br A B O	$J_{aa} = -10.92$ $J_{bb} = -15.31$
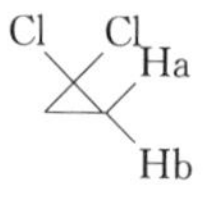 Cl Cl Ha / Hb	$J_{ab} = -6.0$	 B A O	$J_{aa} = -5.8$ $J_{bb} = -11$

化合物	$^2J_{同}$/Hz	化合物	$^2J_{同}$/Hz
AcO Cl Cl Ha / H Hb	$J_{ab} = -9.1$	A—O / KO_2C O	$J_{aa} = -8.3$
O Ha / Hb	$J_{ab} = 5.5$	Ha / Hb	$J_{ab} = -8 \sim -18$
Ph O Ha / H Hb	$J_{ab} = 5.66$	O / O A	$J_{aa} = 0 \pm 2$
AcO O Ha / H Hb	$J_{ab} = 4.5$	A O / O / X O	$J_{aa} = -18.2 \sim -19.8$
HOOC O Ha / H Hb	$J_{ab} = 6.3$	HO A / B COOH / N H	$J_{aa} = -14.6 \sim -14.23$ $J_{bb} = -12.50 \sim -12.69$
H N Ha / Hb	$J_{ab} = 1.5$	Ha / Hb	$J_{ab} = -11 \sim -14$
Ph N H Ha / H Hb	$J_{ab} = 0.97$	Ha / Hb	$J_{ab} = -12.6$
Ph S Ha / H Hb	$J_{ab} = -1.38$	B O A / C O	$J_{aa} = -6.0 \sim -6.2$ $J_{bb} = -10.9 \sim -11.5$ $J_{cc} = -12.6 \sim -13.2$

(二)邻偶

通过三个键的质子间的偶合为邻碳质子间的偶合,邻碳质子间的偶合是普遍存在的,一般情况下,可以自由旋转的$^3J_{邻} \sim 7$Hz,固定构象的$^3J_{邻} = 0 \sim 18$Hz。常见偶合系统中邻碳质子间的偶合常数列于表4-11。

例如:确定胰腺杜鹃素中乙酸苯酯基位于平伏键还是直立键。这个化合物的 NMR 谱图上显示:化学位移(ppm)H_A:2.83;H_B:3.14;H_X:5.4 偶合常数 $J_{AB} = 16$Hz;$J_{AX} = 4$Hz;$J_{BX} = 11$Hz

解:从上列数据可以看出,$J_{BX} = 11$Hz,说明 H_B 和 H_X 均位于直立键上;$J_{AX} = 4$Hz,说明 H_A 位于平伏键上;$J_{AB} = 16$Hz 是同碳偶合。因为 H_X 位于直立键,乙酸苯酯基必然位于平伏键。

表 4-11　常见偶合系统中邻碳质子间的偶合常数

偶合类型	偶合常数范围/Hz				
CH_3CH_2—CH_2	^2J 8~15	^3J 6~8	^4J 0~2		
CH_3CH_2—CHO	—	^3J 1~3			
CH_3CH_2—$C{=}CH$	—		^4J 0~3		
CH_3CH_2—$C{\equiv}CH$	—	—	^4J 2~3		
$CH_3HC{=}CH_2$	^2J 0~2	$^3J_{cis}$ 8~12	$^3J_{trans}$ 12~18		
RO—$HC{=}CH_2$	^2J 1.9	$^3J_{cis}$ 6.7	$^3J_{trans}$ 14.2		
$ROCO$—$HC{=}CH_2$	^2J 1.4	$^3J_{cis}$ 6.3	$^3J_{trans}$ 13.9		
RO_2C—$HC{=}CH_2$	^2J 1.7	$^3J_{cis}$ 10.2	$^3J_{trans}$ 17.2		
ROC—$HC{=}CH_2$	^2J 1.8	$^3J_{cis}$ 11.0	$^3J_{trans}$ 18.0		
Ph—$HC{=}CH_2$	^2J 1.3	$^3J_{cis}$ 11.0	$^3J_{trans}$ 18.0		
R—$HC{=}CH_2$	^2J 1.6	$^3J_{cis}$ 10.3	$^3J_{trans}$ 17.3		
Li—$HC{=}CH_2$	^2J 1.3	$^3J_{cis}$ 19.3	$^3J_{trans}$ 23.9		
Ph, H / H, O, H (环氧)	^2J 5.7	$^3J_{cis}$ 4.1	$^3J_{trans}$ 2.5		
Ph, H / H, N(H), H	^2J 0.97	$^3J_{cis}$ 6.03	$^3J_{trans}$ 3.2		
Ph, H / H, S, H	^2J 1.38	$^3J_{cis}$ 6.5	$^3J_{trans}$ 5.6		
呋喃(O)	—	$^3J_{23}$ 1.8	$^3J_{34}$ 3.5	$^4J_{25}$ 1.6	$^4J_{24}$ 1.0
吡咯(NH)	—	$^3J_{23}$ 2.6	$^3J_{34}$ 3.4	$^4J_{25}$ 2.2	$^4J_{24}$ 1.5
噻吩(S)	—	$^3J_{23}$ 4.7	$^3J_{34}$ 3.4	$^4J_{25}$ 3.0	$^4J_{24}$ 1.5
环己烷	^2J 10~14	$^3J_{ac}$ 2~6	$^3J_{ce}$ 2~5	$^3J_{aa}$ 8~12	
苯	—	^3J_o 6~9		^4J_m 1~3	
吡啶(N)	—	$^3J_{23}$ 5~6	$^3J_{34}$ 7~9	^4J_m 1~2	

单取代烯有三种偶合常数，$J_{同}$，J_{cis}，J_{trans} 分别表示同碳质子、顺式质子和反式质子间的偶合。$J_{同} = 0\sim 3Hz$，$J_{cis} = 8 \sim 12Hz$，$J_{trans} = 12 \sim 18Hz$。双键上取代基电负性增加，^3J 减小。双键与共轭体系相连，^3J 增大。

例如：

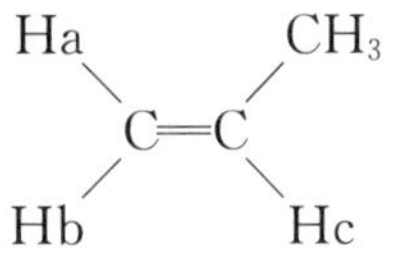

<table>
<tr><td>

Ha —— CH₃
  C＝C
Hb —— Hc

$J_{ac} = 16.8Hz$

$J_{bc} = 10Hz$

$J_{ab} = 1.6Hz$

</td><td>

Ha —— F
  C＝C
Hb —— Hc

$J_{ac} = 12.7Hz$

$J_{bc} = 4.7Hz$

$J_{ab} = 3.2Hz$

</td></tr>
<tr><td>

Ha —— COOR
  C＝C
Hb —— Hc

$J_{ac} = 17.2Hz$

$J_{bc} = 10.2Hz$

$J_{ab} = 1.6Hz$

</td><td>

Ha —— COR
  C＝C
Hb —— Hc

$J_{ac} = 18.0Hz$

$J_{bc} = 11.0Hz$

$J_{ab} = 1.8Hz$

</td></tr>
</table>

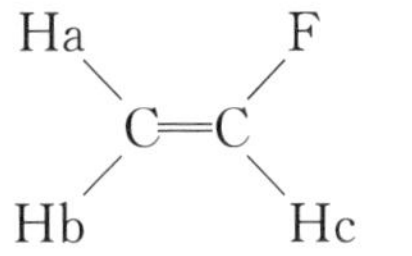

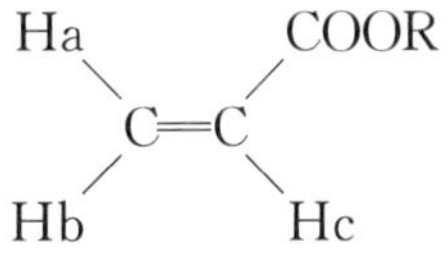

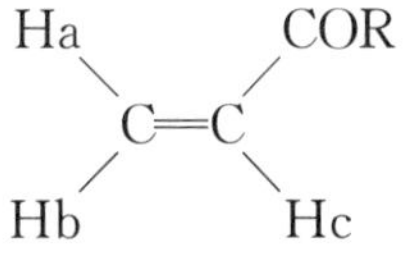

在苯环体系中，$^3J_o = 6 \sim 9Hz$（邻位偶合）；$^4J_m = 1 \sim 3Hz$（间位偶合）；$^5J_p = 0 \sim 1Hz$（对位偶合）。取代苯由于 J_o, J_m, J_p 的存在而产生复杂的多重峰。

(三)远程偶合

超过三个化学键的偶合作用称为远程偶合。通常远程偶合很弱，偶合常数在 $0 \sim 3Hz$。饱和链烃中的远程偶合不予考虑，芳环及杂芳环 J_m, J_p 属远程偶合。

烯丙基体系：跨越三个单键和一个双键的偶合体系。（1）中 Ha 使 CH₃ 裂分为双峰，J 约为 1Hz。

高丙烯体系：跨越四个单键和一个双键的偶合体系。（2）中 J_{ac}, J_{ab} 在 $0 \sim 3Hz$。

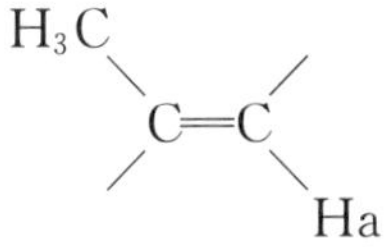

<table>
<tr><td>

H₃C
   C＝C
      Ha

(1)

</td><td>

Ha—C   C—Hc
    C＝C
Hb—C

(2)

</td></tr>
</table>

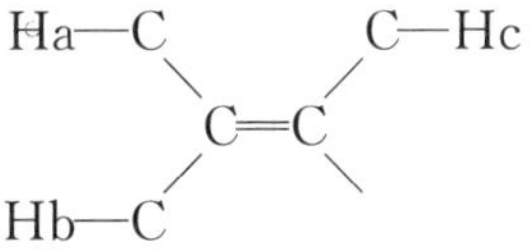

(四)质子与其他核的偶合

1. ¹³C 对 ¹H 的偶合 ¹³C$(I = 1/2)$ 天然丰度为 1.1%，对 ¹H 的偶合一般观测不到，可不必考虑。但在 ¹³CNMR 谱中，¹H 对 ¹³C 的偶合是普遍存在的，必须考虑。

2. ¹⁹F 对 ¹H 的偶合 ¹⁹F$(I = 1/2)$ 对 ¹H 的偶合符合 $(n + 1)$ 规律。$^2J_{(H-C-F)} = 45 \sim 90Hz$，$^3J_{(CH-CF)} = 0 \sim 45Hz$，$^4J_{(CH-C-CF)} = 0 \sim 9Hz$，氟苯衍生物，$J_o = 6 \sim 10Hz$，$J_m = 4 \sim 8Hz$，$J_p = 0 \sim 3Hz$。如果化合物含氟，在解析 ¹HNMR 谱时，应考虑 ¹⁹F 对 ¹H 的偶合。某些 ¹⁹F－¹H 的偶合常数见表 4－12。

表 4 – 12 $^{19}F-^{1}H$ 的偶合常数

化合物	偶合常数		化合物	偶合常数	
CH—CH—CH—F c b a	J_{aF} 45～80		Fa Fe Hc Ha	$J_{(F-H)}$	
	J_{bF} 0～30			J_{aa}34 J_{ea}≤8	
	J_{cF} 0～4			J_{ac}12 J_{ec}≤8	
CH_3F	J81		CH₃ $^+$F	J_o 2.5	
HC≡CF	J21			J_m 0.0	
CH₃CH₂F b a	J_{aF} 46.7			J_p 1.5	
	J_{bF} 25.2				
Hb Ha C=C Hc F	J_{aF} 85	衍生物	J_{aF} 70～90	F o m p	J_{oF} 9.0	衍生物	J_{oF} 6～10
	J_{bF} 52		J_{bF} 10～50		J_{mF}5.7		J_{mF} 4～8
	J_{cF} 20		J_{cF} – 3～20		J_{pF} 0.2		J_{pF} 0～3

3. ^{31}P 对^{1}H 的偶合 $^{31}P(I = 1/2)$对^{1}H的偶合亦符合 $n + 1$ 规律。一些化合物^{31}P 对^{1}H 的偶合常数为：CH_3P： $^2J = 2.7Hz$， $(CH_3CH_2)_3P$ ： $^2J = 13.7Hz$，$^3J = 0.5Hz$，某些 $^{31}P-^{1}H$的偶合常数见表 4 – 13。

表 4 – 13 $^{31}P-^{1}H$ 的偶合常数

化合物	偶合常数	化合物	偶合常数
P—H	^1J 180～200	$(CH_3CH_2O)_2P$ O Ha	$^1J_{aP}$6.30
$(CH_3CH_2)_3P$ b a	$^2J_{aP}$13.7,$^3J_{bP}$0.5	$(CH_3CH_2O)_2P$ O Ha	
$(CH_3CH_2)_4\overset{+}{P}$ b a	$^2J_{aP}$18.0,$^3J_{bP}$13.0	$[(CH_3)_2N]_3P$	^3J 8.8
$(CH_3CH_2)_3P=O$ b a	$^2J_{aP}$16.3,$^3J_{bP}$11.9	$[(CH_3)_2N]_3PO$	^3J 9.3
$(CH_3CH_2O)_3P=O$ b a	$^4J_{aP}$0.8,$^3J_{bP}$8.4	Hb Ha C=C Hc P	$^2J_{aP}$10～40
			$^3J_{bP}$30～60
			$^3J_{cP}$10～30
CH₃O O P o m CH₃O p	$^3J_{oP}$ 13.3 $^4J_{mP}$4.1 $^5J_{pP}$1.2	Hb Ha C=C Hc OP	$J_{aP}≈7,J_{bP}≈3$ $J_{cP}≈1$

六、特殊峰形、苯环氢

当^{1}H核与 $I \geqslant 1$ 的原子(有自旋去偶作用如 N、O、X 等)相连时，在 NMR 谱图上出一个宽度小且不裂分的峰，常见的有 $-NH_2$、$-OH$、$-OCH_3$ 等。当有着大体相同的化学位移的^{1}H核同时存在于一个分子中时，NMR 谱图中将出现一个像干草堆似的巨峰，而这些峰很难具体分析，或是没有精细结构。

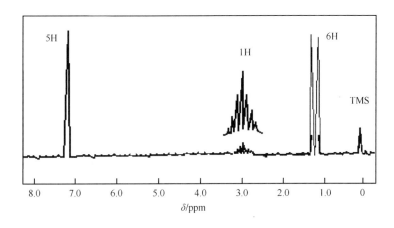

图 4‑15 异丙基苯的 ^{1}H‑NMR 图

苯环氢在 NMR 中有时呈多重峰,有时也会呈单峰。

理论上:苯环上有单取代基团 X 时,苯环上的五个 H 应分为三种。

实际上:

(1)苯环相连的单取代基是饱和烃基时(指与苯环直接相连的碳为饱和碳原子),这五个 ^{1}H 的化学位移值常没有区别,呈单峰,如图 4‑15 所示。

(2)与苯环相连的单取代基是不饱和基团(C=O 、C=C 等),则其邻位、对位、间位的化学位移值不一样。这是由于取代基与苯环发生共轭效应造成的。因而苯环上五个 ^{1}H 之间发生自旋偶合现象,从而裂分为多重峰。

七、氢核交换

不可交换的氢核:指与 C 、Si、P 等电负性较小的原子相连的氢核。

可交换的氢核: 指与 N 、O、S 等电负性较大的原子相连的氢核,又称酸性氢核、活泼氢核,如−OH、−NH、−SH 等。

活泼氢核交换速度的顺序:−OH ＞−NH ＞−SH,活泼氢核可以与同类分子或与溶剂分子(如 D_2O)的氢核进行交换,如:

$$ROH_a+R'OH_b \rightleftharpoons ROH_b+R'OH_a$$

第四节　核磁共振氢谱解析

一、简化谱图的方法

(一)谱图复杂化的原因

有机化合物中各种 ^{1}H 核的化学位移差别较小,$\Delta\delta$ 通常不超过 10,即使存在强去屏蔽效应时也不超过 20,自旋—自旋裂分又使共振峰大幅度加宽,因此不同 ^{1}H 核的共振峰拥挤在一起的现象是颇为普遍的。当 $\Delta\nu/J$ 值较小时,共振峰的裂分远比由 $n+1$ 规则预见的情况复杂得多,化学位移和偶合常数往往不能直接从图中读出,给解析造成困难。因此,设法使谱图简化,则是十分必要的。

(二)简化 ^1H-NMR 波谱的方法

1. 使用高频或高场的谱仪

$\Delta\nu/J$ 与谱图的复杂程度有关。J 值为自旋核之间的相互偶合值,是分子所固有的,不随测试仪器磁场强度 H_0 的不同而改变。$\Delta\nu$(偶合核的共振频率差值)与磁场强度 H_0 成正比,随着仪器磁场强度增大,$\Delta\nu$ 值增大,$\Delta\nu/J$ 值增大,可将二级谱图降为一级图,使其简化。例如,在图 4-16 中的乙酰水杨酸,用 60MHz 仪器测得的谱图很复杂,很难解析,改用 250MHz 仪器则得到一级谱。

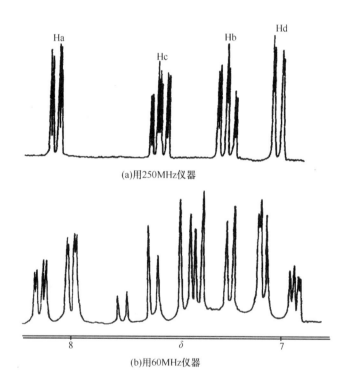

(a)用250MHz仪器

(b)用60MHz仪器

图 4-16　乙酰水杨酸的 ^1H-NMR(苯环部分)

2. 重氢交换法

(1)重水交换。重水(D_2O)交换对判断分子中是否存在活泼氢及活泼氢的数目很有帮助。可向样品管内滴加 1~2 滴 D_2O,振摇片刻后,重测 ^1H-NMR 谱,比较前后谱图峰形及积分比的改变,确定活泼氢是否存在及活泼氢的数目。若某一峰消失,可认为其为活泼氢的吸收峰。若无明显的峰形改变,但某组峰积分比降低,可认为活泼氢的共振吸收隐藏在该组峰中。

交换后的 D_2O 以 HOD 的形式存在,在 $\delta=4.7$ppm 处出现吸收峰($CDCl_3$ 溶剂中),在氘代丙酮或氘代二甲亚砜溶剂中,于 $\delta=3\sim4$ppm 范围出峰。由分子的元素组成及活泼氢的 δ 值范围判断活泼氢的类型。图 4 - 17 是苄醇的^{1}H - NMR 波谱图,其中(b)是加 D$_2$O 后测的。(a)图中 OH 共振峰位于 $\delta=$ 3.7ppm 处,(b)图中 OH 峰位移至 $\delta=$ 4.8ppm 处。

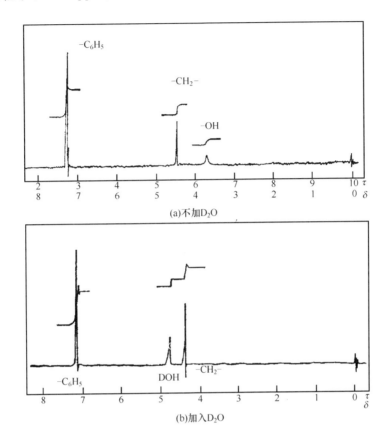

图 4 - 17 苄醇的^{1}H - NMR 波谱图

(2)重氢氧化钠(NaOD)交换。NaOD 可以与羰基 α-氢交换,由于 $J_{DH} \ll J_{HH}$,NaOD 交换后,可使与其相邻基团的偶合表现不出来,从而使谱图简化。NaOD 交换对确定化合物的结构很有帮助。

3. 溶剂效应 在 NMR 实验中通常用 CDCl$_3$、CCl$_4$ 作溶剂,这些分子的磁性是各向同性的,苯、乙腈等分子具有强的磁各异向性。向样品中加入少量此类物质,会对样品的分子的不同部位产生不同的屏蔽作用,使得在 CDCl$_3$、CCl$_4$ 溶剂中相互重叠的峰分开,便于解析。这种效应称为溶剂效应。

4. 位移试剂 位移试剂与样品分子形成络合物,使 δ 值相近的复杂偶合峰有可能分开,从而使谱图简化。常用的位移试剂有镧系元素 Eu 或镨 Pr 与 β-二酮的络合物。

Eu(DPM)$_3$

Pr(DPM)$_3$

位移试剂的作用与金属离子和所作用核之间的距离的三次方成反比,即随空间距离的增加而迅速衰减。使样品分子中不同的基团质子受到的作用不同。位移试剂对样品分子中带孤对电子基团的化学位移影响最大,对不同带孤对电子的基团的影响的顺序为:

$$-NH_2 > -OH > -C=O > -O- > -COOR > -C\equiv N$$

位移试剂的浓度增大,位移值增大。但当位移试剂增大到某一浓度时,位移值不再增加。

位移试剂对苄醇[1]H - NMR 谱的影响见图 4 - 18。在 1mmol 样品中加入 0.39mmolEu(DPM)$_3$,使原来近于单峰的苯环上的五个氢分为三组,由低场至高场,积分比为 2∶2∶1,类似于一级谱的偶合裂分。

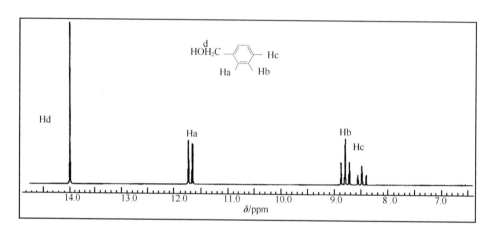

图 4 - 18　位移试剂对苄醇[1]H - NMR 谱的影响

5. 双照射去偶　除了激发核共振的射频场外,还可以加另一个射频场,这样的照射称为双照射,亦称双共振。

(1)自旋去偶。相互偶合的核 Ha、Hb,若以强功率 ν_2 照射 Ha 核,使其达到饱和,Ha 在各自旋态间快速往返,这样 Ha 产生的局部磁场平均为零,从而去掉了对 Hb 的偶合作用,使 Hb 以单峰出现。这种实验技术称为自旋去偶。双照射自旋去偶可使图谱简化,找出相互偶合的峰和隐藏在复杂多重峰中的信号。

(2)核 Overhauser 效应。分子内有空间接近的两个质子,若用双照射法照射其中一个核使其饱和,另一个核的信号就会增强,这种现象称核的 Overhauser 效应。它不仅可以找出相互偶合核之间的关系,还可以找出虽不互相偶合,但空间距离接近的核之间的关系。

二、^{1}H - NMR 谱解析一般程序

(一)识别干扰峰及活泼氢峰

解析一张未知物的[1]H - NMR 谱,要识别溶剂的干扰峰;识别强峰的旋转边带(只有当主峰很强或磁场非常不均匀时才出现);识别杂质峰(判断是否杂质峰往往要根据积分强度、样品来源、处理途径等具体分析,^{1}H - NMR 谱中积分比不足一个氢的峰可作杂质峰处理),识别活泼

氢的吸收峰（烯醇式、羧酸、醛类、酰胺类的活泼氢干扰小，可直接识别。醇类、胺类等吸收峰干扰大，不易识别，需用 D_2O 交换以确认）。

（二）推导可能的基团

1. 计算不饱和度　解析 ^1H-NMR 谱之前，若已知化合物的分子式，应先计算不饱和度，判断是否含有苯环（$C=O$，$C=C$ 或 $N=O$）等。若无分子式，应先由 MS 测得精确相对分子质量或由低分辨 MS 测得分子离子峰，再与元素分析配合求得分子式。

近似读出各组峰的化学位移值。用 PFT-NMR 测试的谱，其计算机已打印出每条谱峰的 δ 值。

2. 计算各组峰的质子最简比　由每组峰的积分基线作一水平线，量取其与该组峰积分上限之间的距离（PFT-NMR 已打印出每条谱线的相对高度），计算各组峰的积分高度之简比（峰面积比），即为质子数目的最简比，最低积分高度的峰至少含有一个氢（杂质峰除外）。若积分简比数字之和与分子式中氢数目相等，则积分简比代表各组峰的质子数目之比。若分子式中氢原子数目是积分简比数字之和的 n 倍，则积分简比要同时扩大 n 倍才等于各组峰的质子数目之比。

例如，1,2-二苯基乙烷的分子式为 $C_{14}H_{14}$，^1H-NMR 出现两组峰，积分简比为 $5:2$，$14/(5+2)=2$，则质子数目之比为 $10:4$，表明分子中存在对称结构。

3. 判断相互偶合的峰　利用 $n+1$ 规律和向心规则，判断相互偶合的峰。如图 4-19 中高场的三组峰，积分比为 $1:1:1$，质子数目比为 $2:2:2$。根据 $n+1$ 规律及向心规则，$\delta=3.6$ 的 CH_2(t)不可能与 $\delta=3.1$ 的 CH_2（三重峰）偶合，两者只能都与 $\delta=2.2$ 的 CH_2（五重峰）相互偶合，因而具有 X-$CH_2CH_2CH_2$-Y 的结构。

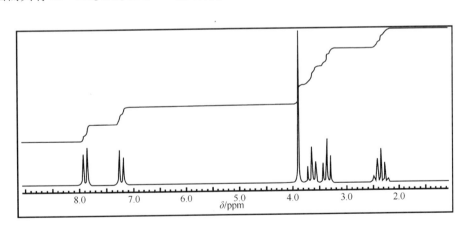

图 4-19　$C_{11}H_{13}ClO_2$ 的 ^1H-NMR 谱

4. 识别特征基团的吸收峰　根据 δ 值、质子数目及一级谱的裂分峰形可识别某些特征基团的吸收峰。如 $\delta=3.3\sim3.9ppm$（s,3H）为 CH_3O 的共振吸收，醚类化合物位于较高场，酯类化合物位于较低场，苯酯或烯酯 CH_3O 位于更低场。$\delta=2.0\sim2.5ppm$（s,3H）可能为 CH_3-CO 或 CH_3Ph 的共振吸收峰。$\delta=1\sim1.3ppm$ 裂分为不十分明显的强宽峰（多个氢），再结合约 0.9ppm 不太正规的三重峰（3H,高场裂分峰以肩峰出现），认为化合物可能含有长链烷基

$CH_3(CH_2)_n$—，由积分比可计算出 n 值的高场吸收峰为 CH_3—的共振吸收。

根据 δ 值、偶合峰和质子数目可判断 CH_3CH_2X，$X—CH_2CH_2—Y$，$(CH_3)_2CH—$，$X—CH_2$ $CH_2CH_2—Y$，$(CH_3)_3C—$，$C_6H_5CH_2—$ 或 $C_6H_5O—$，$CH_2=CH—$，$—CH=CH—$ 等基团的存在。

(三)确定化合物的结构

综合以上分析，根据化合物的分子式、不饱和度，可能的基团及相互偶合的情况，导出可能的结构式。还应注意：不饱和质子基团（如 NO_2、$C=O$、$C=N$、$C\equiv C$、$—X$、$—SO—$、$—SO_2—$ 等）的存在由分子式、不饱和度减去所推导出的可能基团的 C、H、O 原子数目及不饱和度数目之后推导出；结构对称的化合物，^1H-NMR 谱会简化。

验证所推导的结构式是否合理：组成结构式的元素的种类和原子数目是否与分子式的组成一致，基团的 δ 值及偶合情况是否与谱图吻合。若这两点均满足，可认为结构合理。有的谱图可能推导出一种以上的结构，难以确证时，需与其他谱（MS，$^{13}C-NMR$，IR，UV）配合或查阅标准谱图。

根据以上分析，图 4-19 的可能结构为：

$$CH_3—\overset{\overset{\displaystyle O}{\|}}{C}—\underset{}{\bigcirc}—CH_2—CH_2—CH_2Cl$$

三、^1H-NMR 谱解析实例

实例 4-5 化合物 C_4H_8O，其 NMR 谱图如图 4-20 所示，推测其结构。

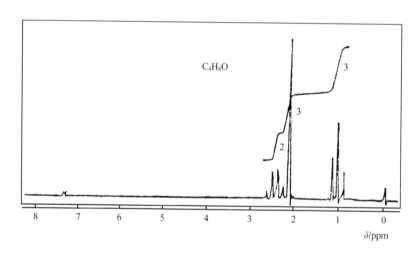

C_4H_8O

图 4-20 C_4H_8O 的 ^1H-NMR 谱图

解：首先计算化合物的不饱和度：$u=1+n_4+\dfrac{1}{2}(n_3-n_1)=4+1-8/2=1$，然后对 NMR 谱图进行解析。

从图 4-20 中可见三组氢，其积分高度比为 2：3：3，吸收峰对应的关系：

δ/ppm	氢核数	可能的结构	峰裂分数	邻近偶合氢数
2.47	2	CH_2	四重峰	三个氢核(CH_3)
2.13	3	CH_3	单峰	无氢核
1.05	3	CH_3	三重峰	两个氢核(CH_2)

从分子式以及不饱和度初步判断。其可能的结构是：

$$CH_3-\overset{\overset{\displaystyle O}{\|}}{C}-CH_2-CH_3$$

将谱图和化合物的结构进行核对,确认化合物。

实例 4-6 某化合物的分子式为 $C_{11}H_{20}O_4$,其 ^1H-NMR 波谱中,在 δ 值为 0.79、1.23、1.86 和 4.14 处分别有三重峰、三重峰、四重峰和四重峰,它们的积分曲线高度之比为 3∶3∶2∶2;其红外光谱显示,该化合物分子中含有酯基。试推测该化合物分子结构。

解：(1)首先计算其不饱和度 $u=11+1-20/2=2$

表明有两个不饱和共价键,红外光谱显示该化合物分子中含有酯基,因此说明分子中含有两个—COO—。

(2)该化合物在 ^1H—NMR 波谱中出现四组共振峰,说明分子中至少有四组化学等同核。

(3)四组峰的积分曲线高度之比为 3∶3∶2∶2,其和为 10;分子中有 20 个 H 原子,表明这四组峰各代表六个、六个、四个和四个 H 原子,说明分子中有两个 CH_3、另两个 CH_3、两个 CH_2 和另两个 CH_2。

(4)从 $C_{11}H_{20}O_4$ 中扣除四个 CH_3CH_2—和 2 个—CO_2—,尚余一个 C 原子,说明含有季碳。

(5)由此可知其分子结构可能如下：

A
$$CH_3CH_2-O-\underset{\underset{\displaystyle O}{\|}}{C}-\overset{\overset{\displaystyle CH_2CH_3}{|}}{\underset{\underset{\displaystyle CH_2CH_3}{|}}{C}}-\underset{\underset{\displaystyle O}{\|}}{C}-OCH_2CH_3$$

B
$$CH_3CH_2-\underset{\underset{\displaystyle O}{\|}}{C}-O-\overset{\overset{\displaystyle CH_2CH_3}{|}}{\underset{\underset{\displaystyle CH_2CH_3}{|}}{C}}-O-\underset{\underset{\displaystyle O}{\|}}{C}-CH_2-CH_3$$

(6)计算—CH_2—的 δ 值。

结构 A 的—$COOCH_2CH_3$ 中的 δ_{CH_2} 为：

$$\delta_{CH_2}=1.25+\sigma(R-CO_2-)+\sigma(-CH_3)=1.25+2.7+0.0=3.95$$

结构 B 的 CH_3CH_2COO—中的 δ_{CH_2} 为：

$$\delta_{CH_2}=1.25+\sigma(R-O_2C-)+\sigma(-CH_3)=1.25+0.7+0.0=1.95$$

很显然,结构 A 中的一种—CH_2—的 δ 计算值 3.95 与实测值 4.14 接近,而结构 B 的计算值 1.95 与实测值相差甚远,故可判定该化合物的分子结构为 A。

四、¹H - NMR 谱图检索

(一)《Sadtler Nuclear Magnetic Resonance Spectra》

美国 Sadtler 研究室编集和出版了《Sadtler Nuclear Magnetic Resonance Spectra》,图中注有化合物名称、分子式、相对分子质量、熔(沸)点、样品来源、测试条件及质子化学位移值。在此介绍化学位移索引(Chemical Shift Index)。按化学位移(δ 值)由小到大的顺序排列,0~14ppm 范围(递增值 0.01ppm)索引共分六栏,以 NMR 谱图号、标记符号(A,B,C···)、化学位移、质子基团、环境基团(与该质子相连的基团)及溶剂六栏依次列入索引表中,根据测试的某未知峰的精确 δ 值和质子数目,从表中方便地查到该质子基团及与其相连的基团、对应的标准谱图号,以供参考。

(二)API 的光谱集

由美国石油协会出版,1964 年出版 2 卷, 共收集 573 个光谱,附有化合物索引和号码索引。特点是碳氢化合物的资料多,并有样品纯度记载。

(三)Varian NMR Spentra Catalog

即 *High Resolution NMR Spentra Catalog*,由 N. S. Bhacca 等著,1963 年出版 2 卷,共收集 700 张纯化合物的谱图。附有化合物名称索引、功能团索引和化学位移索引。

(四)The Aldrich Library of NMR Spentra

该手册由 C. J. Pouchert and J. R. Campbel 编,Aldrich Chemical Company 出版(1974 年)。1983 年由原 11 卷缩为 2 卷出版,共收入近 9000 张谱图,第二卷后有化合物名称索引、分子式索引和 Aldrich 谱图号索引。

(五)Handbook of Proton - NMR Spectra and Data

该手册由 Asahi Research Center Co. ,Ltd. 编辑,Academic Press Japan,Inc. 出版(1987 年)。收入 8000 个有机化合物图谱。注有分子式、相对分子质量、熔(沸)点。分 10 卷出版,每卷后附有 4 种索引;化学名称索引、分子式索引、基础结构索引和化学位移索引,另外,还有 l~10 卷的总索引。

第五节 ¹³C - NMR 波谱

一、¹³C - NMR 的特点

(一)灵敏度低

¹³C 核磁共振的灵敏度比¹H 的灵敏度要低,其原因如下:

(1)因为¹³C 天然丰度甚低,仅 1.1%,而¹H 的天然丰度为 99.98%,故¹³C 约为¹H 灵敏度的 1/100。

(2)因为¹³C 的磁旋比 r 很小,约是¹H 的 1/63,而在相同的磁场中,信号灵敏度大小与核的磁旋比 r 的立方成正比。

结合这两种因素,¹³C 的灵敏度约为¹H 的 1/6300。正是因为¹³C 谱的灵敏度太低,用连续波扫描方式难以获得令人满意的^{13}C-NMR波谱,因此在脉冲傅里叶变换核磁共振波谱仪问世后,^{13}C谱才迅速发展,成为有机结构分析的常规测试手段。

(二)分辨能力高

^{13}C谱的分辨能力约为^{1}H的10倍,同时,常规^{1}H-NMR的δ值不超过20ppm(通常在10ppm以内),但氢谱广泛存在着自旋—自旋偶合,对大多数质子来说,导致共振吸收带的加宽的复杂化,碳谱中,它们自身的自旋—自旋裂分,实际上不存在,虽然和质子有偶合存在,却易于控制,^{13}C核的δ值的变化范围大得多,超过200。每个C原子结构上的微小变化都可引起δ值的明显变化,因此在常规^{13}C谱(宽带场质子去偶谱)中,每组化学等同核都可望显示一条独立的谱线。

(三)可以直接观测不带氢的含碳官能团

有机化合物分子骨架主要由C原子构成,因而^{13}C-NMR波谱更能较全面地提供有关分子骨架的信息。一些不直接与H相连的基团,如羰基、烯基、炔基、腈基等,在^{1}H-NMR谱中不能直接观测,只能靠分子式及其相邻基团化学位移值的影响来判断。^{13}C-NMR都能直接给出各自的特征吸收峰,^{13}C谱的用途更广泛。

二、^{13}C谱的化学位移及影响因素

(一)^{13}C的化学位移及其参照标准

^{13}C的化学位移是^{13}C-NMR谱的重要参数,绝大多数有机化合物的^{13}C的化学位移都落在去屏蔽的羰基和屏蔽的甲基之间,这个区间稍大于200ppm。现在规定碳谱也采用TMS为标准。从TMS甲基碳共振信号起,化学位移向低场定为正值,向高场定为负值,与质子的δ值类似。

要得到一张较好的^{13}C-NMR谱图,通常需要经过几十乃至几十万次的扫描,这就要求磁场绝对稳定。为了稳定磁场,PFT-NMR谱仪均采用锁场方法。采用氘锁的方法是较方便的,使用氘代溶剂或含一定量氘化合物的普通试剂,通过仪器操作,把磁场锁在强而窄的氘代信号上。当发生微小的场—频变化,信号产生微小的漂移时,通过氘锁通道的电子线路来补偿这种微小的漂移,使场频仍保持固定值,以保证信号频率的稳定性。

绝大多数氘代溶剂都含有碳,会出现溶剂的^{13}C共振吸收峰,由于D与^{13}C之间偶合,溶剂的^{13}C共振吸收峰往往被裂分为多重峰,$CDCl_3$在δ76.9ppm处出现三重峰。在分析^{13}C-NMR谱时,要先识别出溶剂的吸收峰,常用溶剂的^{13}C的δ值见表4-14。

表4-14 常用溶剂的δ_C(ppm)及$^1J_{CD}$(Hz)

溶 剂	氘代溶剂	$^1J_{CD}$	峰 形
氯仿	76.9	27	三重峰
甲醇	49.0	21.5	七重峰
DMSO	39.7	21	七重峰
苯	128.0	24	三重峰

续表

溶　剂	氘代溶剂	$^1J_{CD}$	峰　形
乙腈	1.3	21	七重峰
	18.2	＜1	＊
乙酸	20.0	—	七重峰
	178.4	＜1	＊
丙酮	29.8	20	七重峰
	206.5	＜1	＊
DMF	30.1	21	七重峰
	35.2	21	七重峰
	167.7	30	三重峰
CCl$_4$	96.0	—	单峰
CS$_2$	192.8	—	单峰

注　＊远程偶合的多重峰不能分辨。

(二)影响^{13}C化学位移的因素

1. 碳原子的杂化　决定^{13}C核化学位移的主要因素是C原子的杂化状态。C原子的杂化状态使得不同碳核的化学位移范围分布如表4-15所示。

表4-15　C原子的杂化对^{13}C的δ值影响

C原子的杂化状态	不同类型的碳核	化学位移范围/ppm
sp^3	—CH$_3$、—CH$_2$、—CH、—C	0～50
sp	—C≡CH	50～80
sp^2	—CH=CH$_2$	100～150
	C=O	150～220

2. 诱导效应　与电负性基团相连,使碳核外围电子云密度降低,使^{13}C核的屏蔽效应减小,故化学位移值移向低场,随着电负性的增大和取代基数目的增多,化学位移也随之增大。例如:

基团	CH$_4$	CH$_3$Cl	CH$_2$Cl$_2$	CHCl$_3$	CCl$_4$
δ/ppm	－2.30	24.9	50.0	77.0	96.0
基团	CH$_3$I	CH$_3$Br	CH$_3$Cl	CH$_3$F	
δ/ppm	－20.7	10.0	24.9	80.0	

3. 孤对电子的影响　碳原子上有孤对电子时,使^{13}C的共振产生低场位移。

如:

$$O=C=O　\rightarrow　:C≡O:$$
$$\delta=132.0ppm　　　\delta=181.3ppm$$

化学位移向低场移动50ppm左右。

4. 共轭效应 由于共轭引起电子分布不均匀,导致碳核信号向低场或高场位移。

具有孤对电子的基团,如—NH₂和—OH 等与不饱和的 π 体系连接时,它们可以离域自己的孤对电子,进入 π 体系(p—π 共轭),从而增加邻、对位碳上的电荷密度,导致邻、对位碳信号向高场移动。如苯酚同苯比较,邻位碳信号向高场移动 12.7ppm,对位碳信号移动 9.8ppm。

另一方面,吸电子基团,如—NO₂、—CN、—C═O 等可使苯环上 π 电子离域,从而降低邻、对位碳上的电荷密度,导致邻、对位碳信号向低场移动。如苯腈与苯比较,邻位碳信号向低场移动 3.6ppm,对位碳信号移动 3.9ppm。

5. 立体效应 ¹³C 的化学位移对分子构型、构象很灵敏,只要碳在空间比较接近,即使相隔好几个化学键,它们也有强烈的相互作用,这就是立体效应。

¹³C 与 ¹H 情况正相反,通常 ¹H 是处于化合物的边缘和外围,当两个氢原子靠近时,由于电子云的相互排斥,使得质子周围电子云密度下降,这种电荷密度沿 C—H 键向碳原子移动,使C—H 键发生极化作用,导致碳的屏蔽增加,碳核向高场位移,即化学位移值减小。

6. 溶剂效应 不同溶剂对 ¹³C 的化学位移会产生影响。¹³C 核化学位移对溶剂效应的敏感程度比 ¹H 核的大。

同浓度 $CHCl_3$ 在不同溶剂中的化学位移见表 4-16。

表 4-16 $CHCl_3$ 的溶剂效应

溶剂	δ_H	δ_C
CCl_4	0.12	0.20
C_6H_6	0.747	0.47
$(CH_3)_2CO$	0.812	1.76
C_6H_5N	1.280	2.63

7. 氢键效应 氢键作用对相关 ¹³C 核的化学位移影响很大,主要产生去屏蔽效应。氢键有分子内和分子间之分,但作用机理一致,它们的作用有较大差别,一般来说,分子内氢键作用较强。例如下列两组化合物中,分子内氢键使羰基的 δ_C 增加 5～9ppm。

三、¹³C - NMR 中的自旋—自旋偶合

(一) ¹³C—¹³C 偶合

¹³C 的天然丰度很低,只有 1.1%,两个 ¹³C 核相邻的几率很低,因而 ¹³C—¹³C 偶合可忽略不计。

(二) ¹³C—¹H 偶合

¹H 的天然丰度为 99.98%,故 ¹³C—¹H 偶合不能不考虑,且由 ¹H 核引起的 ¹³C 共振峰的裂

分符合 $n+1$ 规则。例如,甲基碳应有四重峰。通常 $^1J_{C-H}=125$(烷)~ 250Hz(炔),这与碳的杂化轨道中 s 成分多寡有关。相隔两个化学键的 $^{13}C-^1H$ 偶合常数小得多,$^2J_{C-C-H} \approx -5Hz$,$^3J_{C-C-C-H} \approx 7Hz$。在常规碳谱中,$^{13}C-^1H$ 偶合常数信息因为异核去偶而丢失了,若无特殊需要,一般不测定。

(三)$^{13}C—X$ 偶合

X 是指除 ^1H 以外的其他磁性原子核,如 ^{19}F、^{31}P 等,它们的天然丰度均为 100%,而且在质子去偶的双共振实验中不能消除它们对 ^{13}C 的偶合,因此这些核和 ^{13}C 的偶合不能不考虑。它们的偶合也符合 $n+1$ 规则。如 V 价的 P 的 $^1J_{C-P}$ 可达 100~150Hz,Ⅲ 价 P 的 $^1J_{C-P}$ 约几十赫兹,^{13}C 与 ^{19}F 的偶合常数 $^1J_{C-F}$ 可达 -150 ~ -350Hz,$^2J_{C-F}$ 约几十赫兹。

四、^{13}C-NMR 中的去偶技术

(一)质子宽带去偶

质子宽带去偶谱是为 ^{13}C-NMR 的常规谱,是在用射频 H_1 照射各种碳核,使其 ^{13}C 核磁共振吸收的同时,用一足以覆盖样品中全部质子激发频率的射频 H_2 照射样品,使所有的 ^1H 核处于跃迁饱和状态,从而可以消除 ^1H 核对 ^{13}C 的偶合作用,使得 ^{13}C 核呈现一系列单峰,同时产生核效应(NOE)效应,不同化学环境的 ^{13}C 核,其 NOE 增益不同,因此共振峰的强度和 ^{13}C 核的数目不成比例。这样的谱称为质子宽带去偶谱。

质子宽带去偶使 ^{13}C-NMR 大为简化,提供了化合物碳数和碳架信息,而且由于偶合的多重峰的合并,使之灵敏度增大。但是宽带去偶 ^{13}C-NMR 却失去了 $^{13}C—^1H$ 偶合信息(^{13}C 与 ^{31}P,^{19}F 偶合信息还保留),无法识别伯、仲、叔、季不同类型的碳,为了使 $^{13}C—^1H$ 偶合信息重现,又不使谱图过于复杂,故提出一种偏共振去偶技术。

(二)质子偏共振去偶

偏共振去偶是使用偏离质子共振区之外 500~1000Hz 的高功率射频照射样品,或者使用质子共振区的低频率照射样品,使 ^1H 与 ^{13}C 在一定程度上去偶,从而保留了 $^{13}C—^1H$ 偶合信息。

在偏共振去偶的 ^{13}C 谱中,共振峰的裂分可以根据 $n+1$ 规则进行分析:—CH_3 显示四重峰;—CH_2—显示三重峰;—CH 显示双峰,不和 H 原子相连的 C 原子显示单峰。

例如 2-甲基-1,4-丁二醇的质子宽带去偶谱,图 4-21 中出现五条单峰,对应于五种化学环境下不同的碳,分子中无对称因素存在。而偏共振谱中的双峰为 CH,三重峰为 CH_2,四重峰为 CH_3,分别对应于伯、仲、叔碳。

(三)质子选择性去偶

质子选择性去偶是偏共振去偶的特例。当测一个化合物的 ^{13}C-NMR 谱,而又准确知道这个化合物的 ^1H-NMR 各峰的 δ 值及归属时,就可测选择性去偶谱,以确定碳谱谱线的归属。

当调节去偶频率恰好等于某质子的共振吸收频率,且 H_2 场功率又控制到足够小时,则与该质子直接相连的碳会发生全部去偶而变成尖锐的单峰,并因 NOE 效应而使谱线强度增大。对于分子中其他的碳核,仅受到不同程度的偏移照射,产生不同程度的偏共振去偶。这样测得的 ^{13}C-NMR 谱称为质子选择性去偶。

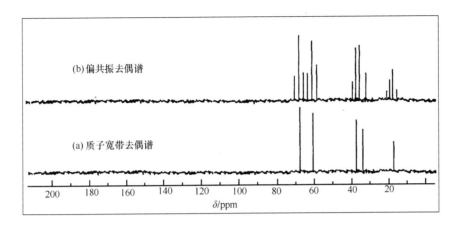

图 4 – 21 2 – 甲基 – 1,4 – 丁二醇的质子宽带去偶谱及偏共振去偶谱

(四)门控去偶与反转门控去偶

门控去偶又称交替脉冲去偶或预脉冲去偶。射频场 H_1 脉冲发射前,预先施加去偶场 H_2 脉冲,此时自旋体系被去偶,同时产生 NOE,接着关闭 H_2 脉冲,开启 H_1 脉冲,进行 FID 接收。所收到的信号既有偶合又有 NOE 增强的信号。

反转门控去偶又称抑制 NOE 的门控去偶。对发射场和去偶场的脉冲发射时间关系稍加变动,即可得到消除 NOE 的宽带去偶谱。它是一种在谱图中显示碳原子数目正常比例的方法,常用于定量实验。

五、各类碳核的化学位移范围

^{13}C – NMR 的化学位移与 ^{1}H – NMR 的化学位移有一定的对应性。若 ^{1}H 的 δ 值位于高场,则与其相连的碳的 δ 值亦位于高场。如环丙烷的 δ_H 为 0.22ppm,δ_C 约为 3.5ppm。但并非每种核的共振吸收都存在这种对应的关系。下面分别介绍不同类型碳核的化学位移。

(一)烷烃和环烷烃的 ^{13}C 的化学位移

烷烃和环烷烃的 ^{13}C 的化学位移在 – 2 ～ 50ppm 之间,列于表 4 – 17。

表 4 – 17　烷烃和环烷烃的 ^{13}C 的化学位移值(ppm)

烷烃和环烷烃	δ_{C_1}	δ_{C_2}	δ_{C_3}	δ_{C_4}
CH_4	– 2.3			
CH_3CH_3	5.7	5.7		
$CH_3CH_2CH_3$	15.4	15.9	15.4	
$CH_3(CH_2)_2CH_3$	13.0	24.8	24.8	13.0
$CH_3CH(CH_3)_2$	24.1	25.0	24.1	
▷	– 2.6			
□	23.3			
⬠	26.5			
⬡	27.1			

（二）烯烃的${}^{13}C$的化学位移

烯烃的${}^{13}C$的化学位移见表4-18。

表4-18　烯烃的${}^{13}C$的化学位移值（ppm）

烯　烃	δ_{C_1}	δ_{C_2}
$CH_2{=}CH_2$	123.3	123.3
$CH_2{=}CHCH_3$	115.9	136.2
$CH_2{=}CHCH_2CH_3$	113.3	140.2
反式 $CH_3CH{=}CHCH_3$	17.6	126.0
顺式 $CH_3CH{=}CHCH_3$	12.1	124.6
$CH_2{=}CH{-}CH{=}CH_2$	117.5	137.2
$CH_2{=}C{=}CH_2$	74.8	213.5

（三）炔碳的${}^{13}C$的化学位移

炔碳的${}^{13}C$的化学位移见表4-19。

表4-19　炔碳的${}^{13}C$的化学位移（ppm）

炔　碳	δ_{C_1}	δ_{C_2}	δ_{C_3}	δ_{C_4}	δ_{C_5}	δ_{C_6}
$HC{\equiv}CCH_2CH_3$	67.0	84.7				
$CH_3C{\equiv}CCH_3$		73.6				
$HC{\equiv}C(CH_2)_3CH_3$	67.4	82.8	17.4	29.9	21.2	12.9
$CH_3C{\equiv}C(CH_2)_2CH_3$	1.7	73.7	76.9	19.6	21.6	12.1

（四）苯环碳的${}^{13}C$的化学位移

${}^{13}C$：128.5ppm，取代基使苯环碳位移约$+35/-35$ppm

（五）羰基的${}^{13}C$的化学位移（在CH_3COX中）

羰基的${}^{13}C$的化学位移（在CH_3COX中）见表4-20。

表4-20　羰基的${}^{13}C$的化学位移（ppm）

X	$\delta_{C=O}$	X	$\delta_{C=O}$
H	199.6	OH	177.3
CH_3	205.1	OCH_3	170.7
C_6H_5	196.0	$N(CH_3)_2$	169.6
$CH{=}CH_2$	197.2	Cl	168.6
Br	165.7	I	158.9

各类碳及氢核的化学位移范围见图 4-22。

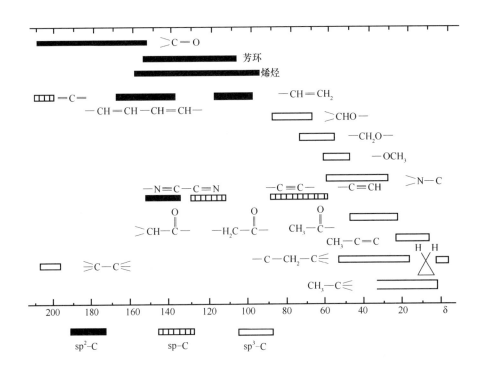

图 4-22 各类碳核的化学位移范围

思考题和习题

1. 发生核磁共振的几个条件是什么?

2. 如何判断活泼氢的位置?

3. 卤代烃中随着卤素的电负性的增加其化学位移有何变化?

4. 随着温度的升高,对酚类化合物 OH 共振信号有何影响?

5. 苯环中氢的化学位移为何在低场?

6. 试指出下列化合物氢谱的精细结构及相对强度。

(1) $Cl—CH_2—CH_3$ (2) $CH_3—O—CH_2—CH_3$ (3) $CH_3OOCCH_2CH_2CH_2COOCH_3$

(4) $CH_3—O—CHFCl$

7. 判断下列分子中 ^1H 核化学位移大小的顺序。

(1) $CH_3CH_2CH_2—COOH$ (2) $CH_3CH_2—CH(CH_3)_2$

(3) $CH_3CH_2—COO—CH_2CH_3$

8. 一未知液体分子式 $C_8H_{14}O_4$,bp:218℃,其 IR 表示有羧基强烈吸收,^1H-NMR 谱图如图 4-23 所示,判断其结构。

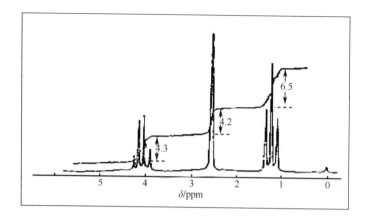

图 4−23　未知液体的 ^{1}H−NMR 谱

9. 解析谱图(图 4−24～图 4−26)。

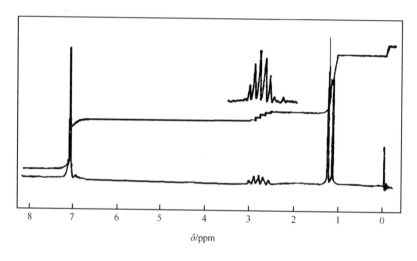

图 4−24　C_9H_{12} 的 ^{1}H−NMR 谱

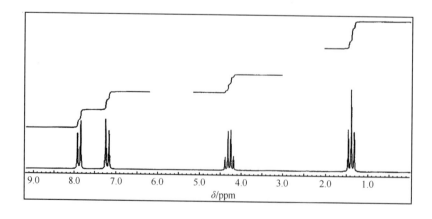

图 4−25　C_8H_9OCl 的 ^{1}H−NMR 谱

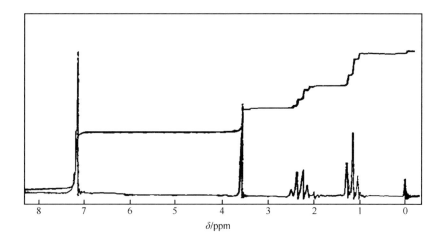

图 4‐26 $C_9H_{12}S$ 的 ^1H‐NMR 谱

10. 分子式 $C_{10}H_{12}O_2$，三种异构体的 ^1H‐NMR 谱如图 4‐27 所示，推导其结构。

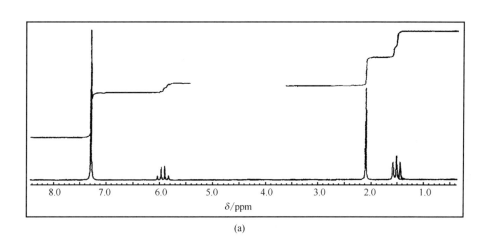

(a)

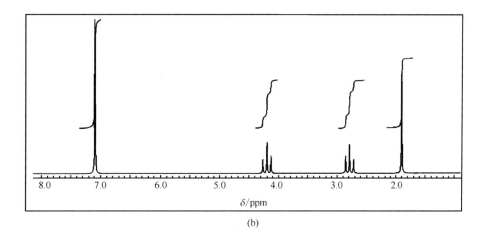

(b)

图 4‐27

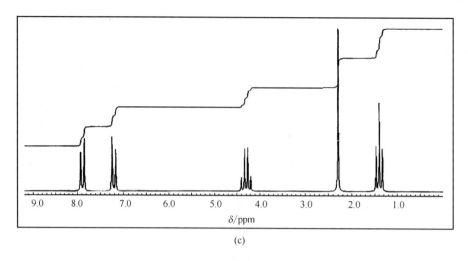

(c)

图 4-27　$C_{10}H_{12}O_2$ 三种异构体的 ^1H-NMR 谱

11. 分子式 C_3H_5NO, ^1H-NMR 谱如图 4-28 所示,推导其可能的结构。

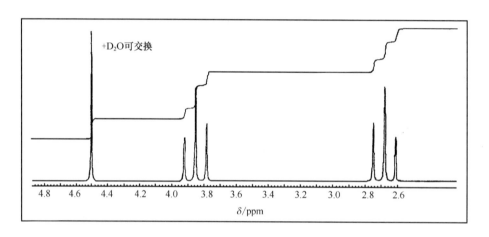

+D₂O可交换

图 4-28　C_3H_5NO 的 ^1H-NMR 谱

12. 分子式 $C_8H_{14}O_4$, ^1H-NMR 及 $^{13}C-NMR$ 谱如图 4-29 所示,推导其可能的结构。

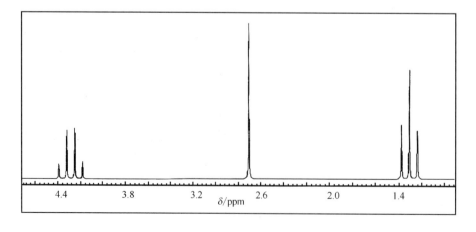

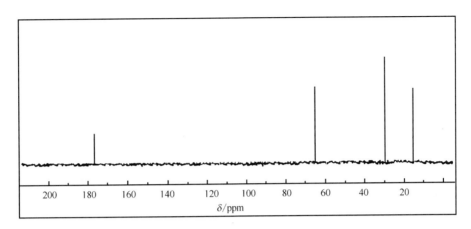

图 4 - 29 $C_8H_{14}O_4$ 的 ^1H - NMR 谱及 ^{13}C - NMR 谱

参考文献

[1]陈耀祖．有机分析[M]．北京:高等教育出版社,1983.

[2]宁永成．有机化合物结构鉴定与有机波谱学[M]．2版．北京:科学出版社,2001.

[3]沈淑娟,方绮云．波谱分析的基本原理及应用[M]．北京:高等教育出版社,1988.

[4]赵瑶兴,孙祥玉．光谱解析与有机结构鉴定[M]．合肥:中国科学技术大学出版社,1992.

[5]朱明华．仪器分析[M].2版．北京:高等教育出版社,1993.

[6]梁晓天．核磁共振高分辨氢谱的解析和应用[M]．北京:科学出版社,1976.

[7]张友杰,李念平．有机波谱学教程[M]．武汉:华中师范大学出版社,1990.

[8]孟令芝,龚淑玲,何永炳．有机波谱分析[M].2版．武汉:武汉大学出版社,2003.

[9]李润卿,范国梁,渠荣遴．有机结构波谱分析[M].3版．天津:天津大学出版社,2005.

第五章　质谱

学习要求：

1. 了解质谱的基本原理与特点。
2. 熟悉各种离子源的基本原理、特点与适应性。
3. 掌握质谱中离子峰的类型及离子断裂机制。
4. 掌握分子离子峰判定的依据及分子离子与化合物结构的关系。
5. 掌握应用质谱进行有机化合物结构解析的方法。

第一节　质谱的基本原理

一、质谱仪及其工作原理

质谱(Mass Spectra,MS)为化合物分子经电子流轰击或其他手段打掉一个或多个电子形成正电荷离子,有些在电子流轰击下进一步裂解为较小的碎片离子,在电场和磁场的作用下,按质量大小排列而成的谱图。

应用质谱确定有机化合物结构始于 20 世纪 60 年代。质谱可以精确地测定有机化合物的相对分子质量,并可结合元素分析确定分子式,质谱的碎片数据在确定结构时也可提供有力的线索。因此,质谱可用来研究有机反应的反应机理,聚合物的裂解机理,有机物及中间体结构的分析,未知成分有机物的分析与鉴定等。近几年来,质谱与其他分离手段的联用,如 GS—MS,LC—MS 等,大大提高质谱的分析效能,使其成为结构分析中有力的工具。

质谱仪的种类很多,常用的质谱仪按照分离带电粒子的方法可以分为三种类型:单聚焦质谱仪、双聚焦质谱仪、四极矩质谱仪。单聚焦质谱仪对离子束仅用磁场分离。而双聚焦质谱仪对离子束先用静电场进行分离,再用磁场二次分离,所以双聚焦质谱仪的分辨率很高。四极矩质谱仪结构简单,可测相对分子质量范围小,但分辨率高,由于它可以快速扫描,常用在与凝胶色谱仪(GC)的联机上。图 5－1 为单聚焦质谱仪的构造图。

单聚焦质谱仪的结构可分为进样系统、电离室、加速室、分离管、接受器和记录装置。其工作原理为,首先将样品送入加热槽中,抽真空达 10^{-5} Pa,加热使样品气化,让样品蒸气进入电离室,也可以用探针将样品送入电离室。这两种方法分别称为加热进样法和直接进样法。样品分子在电离室中被高能电子流轰击,首先被打掉一个电子形成分子离子,部分分子离子在电子流

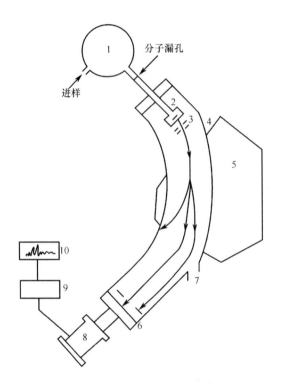

图 5 - 1 单聚焦质谱仪的构造简图

1—加热槽　2—电离室　3—加速极　4—分离管　5—磁场　6—收集器　7—抽真空

8—前级放大器　9—放大器　10—记录器

的轰击下,进一步裂解为较小的离子或中性碎片。样品分子也可能一次被打掉两个或者多个电子而生成多电荷离子,但概率很低。其中正电荷离子进入下一部分——加速室。加速室为一个高压静电场。正电荷离子在电场的作用下得到加速,然后进入分离管。

在加速室中,正离子获得的动能等于加速电压与离子电荷的乘积:

$$\frac{1}{2}mv^2 = eE \tag{5-1}$$

式中:m 为正电荷离子质量;E 为加速电压;e 为正电荷离子电荷;v 为正电荷离子得到的速度。

分离管为具有一定半径的圆形管道。在分离管的四周有均匀的磁场。在磁场的作用下,离子的运动由直线变为匀速圆周运动,此时,离子在圆周上任一点的向心力和离心力应相等,才能经收集器狭缝到达收集器,即:

$$\frac{mv^2}{R} = Hev \tag{5-2}$$

式中:R 为圆周半径;H 为磁场强度。

由式(5-1)、式(5-2)可得:

$$\frac{m}{e} = \frac{H^2R^2}{2E} \tag{5-3}$$

式中:m/e 为正离子的质量与电荷的比值,简称质荷比。

仪器一定,R 便固定。所以改变 E 或 H 可以只允许一种质荷比的离子通过收集狭缝进入监测系统,而其他质荷比的离子则碰撞在管壁内壁上,并被真空泵抽出仪器。这样,只要连续改变 E 或 H,便可使各离子依次按质荷比大小顺序先后到达收集器,最后被记录下来。

二、质谱的表示方法

(一)质谱图

质谱图是记录正离子质荷比及峰强度的谱图,多为条图。图 5-2 为甲苯质谱图。

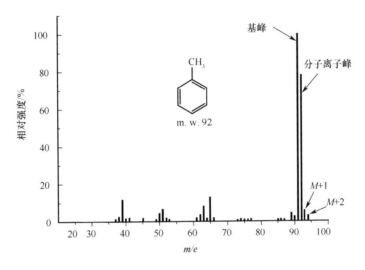

图 5-2 甲苯的质谱图

图中横坐标表示离子的质荷比。在绝大多数情况下分子离子及碎片离子只带一个正电荷。因此认为离子的质荷比便是该分子离子或碎片离子的质量数。纵坐标表示离子的强度,强度高则是峰高,实际上强度越高,离子越稳定,该类离子的数量越多,则离子流强度越大。离子的强度有绝对强度和相对强度两种不同的表示方法。绝对强度是指离子峰的高度占 m/e 大于 40 的各离子峰高度总和的百分数。相对强度是以最强峰做基峰,其强度定为100。其余各峰的高度占基峰高度的百分数即为相对强度。一般质谱图的强度多用相对强度表示。

(二)质谱表

质谱表是用表格的形式记录整理的质荷比和峰强度的一种方法。但比较少用,多用于文献中。质谱表不如质谱图直观,甲苯的质谱表见表 5-1。

表 5-1 甲苯的质谱表

m/e	38	39	45	50	51	62	63	65	91	92	93	94
相对强度/%	4.4	5.3	3.9	6.3	9.1	4.1	8.6	11	100	68	4.9	0.2

三、质谱仪的分辨率

质谱仪的分辨率是判断仪器性能优劣的重要指标。它是指质谱仪对两个相邻的质谱峰的分辨能力,常用 R 来表示。设两个相邻峰的质量分别为 m_1 和 m_2,两峰的质量差为 Δm,则:

$$R = \frac{m_1(\text{或 } m_2)}{\Delta m} \qquad (5-4)$$

一般认为,$R < 10^4$ 为低分辨质谱仪,$R > 10^4$ 为高分辨质谱仪。

四、质谱的测定

(一)进样

对于易挥发的样品,可采用加热进样法进样。对于难挥发但可采用加热及抽真空的方法使其气化的样品,或者对于难挥发但可通过化学处理制成易挥发的衍生物的样品,也可以采用加热进样法进样。加热进样法需样品量约为 1mg。如测量葡萄糖的质谱时,可将其变为三甲基硅醚的衍生物,便可采用加热法进行测定。对于不易挥发,且热稳定性差的样品,为了得到较完整的质谱信息,往往采用直接进样法,以便于与相应的离子化方法配合。

(二)离子化

每种离子化技术都有其适用范围和特点,因此在选择一种技术之前要考虑被分析物的类型和相对分子质量是否适用于该技术(图 5-3)。

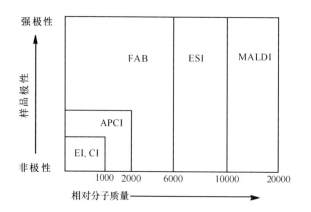

图 5-3 一般离子化技术的适用范围

常用的离子化方法包括电子轰击电离(EI)、化学电离(CI)、快原子轰击电离(FAB)、基质辅助激光解吸电离(MALDI)、场致电离(FI)、场解吸电离(FD)、大气压电离(API)、电喷雾(ESI)、大气压化学电离(APCI)等。大多数方法是先蒸发后电离,但也有例外,如电喷雾。

1. 电子轰击 电子轰击(Electron Impact,EI)是首先将样品在真空中加热至气相,然后用电子流轰击样品分子,使样品电离。我们可能会认为带负电荷电子轰击样品会使样品分子形成负电离子,但情况并非如此,因为电子移动速度太快而不能被分子捕获,而是轰击了样品分子后使样品分子失去了一个电子产生阳离子自由基(含有一个正电荷和一个未配对电子的离子)。丢失的电子是分子中最不稳定的化学键中电子,例如,一个占据最高分子轨道的电子,一般来说,在电子碰撞失去电子难易次序如下:孤对电子>π电子>δ电子。而分子失去电子而被离子化需要大约 7eV(675 kJ/mol)的能量,为了做到这一点,电子需要具有十倍的能量。电子剩余的动量传递给分子使分子离子裂解。在某些情况下,分子碎裂过多而使分子离子缺失。

2. 化学电离　化学电离(Chemical Ionization,CI)是通过离子与分子的反应而使样品离子化的。由于采用 CI 源离子化而得到的分子离子上的过剩能量要小于 EI 源。所以 CI 源离子化产生的分子离子较稳定,碎片离子则较少。采用 EI 和 CI 离子化方法的前提是样品必须处于气态,因此主要用于气相色谱—质谱联用仪,适用于易气化的有机物样品分析。而 CI 源所得到的分子离子较 EI 源稳定,但碎片离子要少,因此得到的结构信息较 EI 源要少。

3. 快原子轰击　快原子轰击(Fast Atom Bombardment,FAB)是将惰性气体原子(例如氙)经强电场加速后,轰击被分析溶液中的基质(最通常的是丙三醇、硫代甘油、硝基苄醇或三乙醇胺),一般氙原子的能量范围是 6～9keV(580～870 kJ mol^{-1})。轰击后,使能量从氙原子转移到基质,导致分子间键的断裂、样品解吸附(通常作为离子)到气相中。不同于 EI,FAB 可以用来产生带负电荷的离子。快速原子轰击广泛用于强极性分子的电离,一般产生[M +1]$^+$离子峰(对应[M+H]$^+$离子)及小碎片离子。

4. 基质辅助激光解析电离　基质辅助激光解析电离(Matrix Assisted Laser Desorption Ionization,MALDI)在原理上与 FAB 相似,但在 MALDI 中,能量则来自于激光光束。将被分析物质的溶液和某种基质的溶液相混合,蒸发去掉溶剂,于是被分析物质与基质成为共结晶体或者半结晶体。用一定波长的脉冲式激光进行照射,基质分子能有效地吸收激光的能量,使基质分子和试样获得能量投射到气相并电离。因此,MALDI 法可以使一些难于电离的试样电离,因此特别适用于一些生物大分子的场合(相对分子质量在 10 万这个级别),但一般仅作为飞行时间分析器的离子源使用。

5. 场致电离法　场致电离法(Field Ionization,FI)是通过高能电场使样品分子离子化,在高能电场的作用下,将样品分子中的电子吸到阳极上去,这样形成的分子离子的过剩能量较少,因此这种离子化法得到的分子离子较稳定,碎片离子较少。

6. 场解吸法　场解吸法(Field Desorption,FD)适宜于既不挥发且热稳定性差的样品,将样品在阳极表面沉积成膜,然后将之放入场离子化源中,电子将从样品分子中移向阳极,同时又由于同性相斥,分子离子便从阳极解吸下来而进入加速室。这种离子化法所得到的分子离子很稳定。

7. 大气压电离　大气压电离(Atmospheric Pressure Ionization,API)主要是应用于高效液相色谱(HPLC)和质谱联机时的电离方法,试样的离子化在处于大气压下的离子化室中进行。它包括电喷雾电离(Electrospray Ionization,ESI)和大气压化学电离(Atmospheric Pressure Chemical Ionization,APCI)。

8. 电喷雾(ESI)　电喷雾(ESI)是试样溶液从具有雾化气套管的毛细管端流出,并在雾化气(一般为氮气)的作用下分散成微滴。微滴在增大的过程中表面电荷密度逐渐增大,当增大到某个临界值时,离子就可以从表面蒸发出来。由于在电喷雾中使用的混合溶剂也常作为反相液相色谱的溶剂,因此电喷雾常与液相色谱结合形成液质联用(LC—MS)。

9. 大气压化学电离（APCI） 大气压化学电离（Atomspheric Pressure Chemical Ionization, APCI）的出现是一个相对新的发展方向, 同化学电离的过程相同, 但是在大气压下发生的电离, 因此与化学电离有非常相似的机制, 反应气（水）变成质子在样品中作为酸, 导致质子的增加形成的是$[M+H]^+$正离子。在负离子模式下, 气体试剂在样品中作为碱, 非质子化形成$[M-H]^-$负离子。一旦离子形成, 它们在电势差的作用下被送往质谱分析仪器入口。APCI 同样用于气相色谱—质谱分析体系。

因此, 在进行质谱鉴定时, 选择适宜的进样方法及离子化方法, 将有助于得到最佳的分析结果。

(三)质量分析器

质量分析器的作用是将离子源产生的离子按 m/e 顺序分开并列成谱。用于有机质谱仪的质量分析器有磁式双聚焦分析器、四级杆分析器、离子阱分析器、飞行时间分析器、回旋共振分析器等。

1. 双聚焦分析器 双聚焦分析器是在单聚焦分析器的基础上发展起来的。单聚焦分析器的主体是处在磁场中的扁形真空腔体。离子进入分析器后, 由于磁场的作用, 其运动轨道发生偏转改作圆周运动。单聚焦分析器结构简单、操作方便但其分辨率很低, 不能满足有机物分析要求。单聚焦质谱仪分辨率低的主要原因在于它不能克服离子初始能量分散对分辨率造成的影响。为了消除离子能量分散对分辨率的影响, 通常在扇形磁场前加一扇形电场, 质量相同而能量不同的离子经过静电场后会彼此分开。只要是质量相同的离子, 经过电场和磁场后可以会聚在一起。另外质量的离子会聚在另一点。改变离子加速电压可以实现质量扫描。这种由电场和磁场共同实现质量分离的分析器, 同时具有方向聚焦和能量聚焦作用, 称双聚焦质量分析器。双聚焦分析器的优点是分辨率高, 缺点是扫描速度慢, 操作、调整比较困难, 而且仪器造价也比较昂贵。

2. 四极杆分析器 因四极杆分析器由四根平行的棒状电极组成而得名。电极材料是镀金陶瓷或钼合金。离子束在与棒状电极平行的轴上聚焦, 相对两根电极间加有电压（$V_{dc}+V_{rf}$）, 另外两根电极间加有-（$V_{dc}+V_{rf}$）负电压, 其中 V_{dc} 为直流电压, V_{rf} 为射频电压。四个棒状电极形成一个四极电场。对于给定的直流和射频电压, 特定质荷比的离子在轴向稳定运动, 其他质荷比的离子则与电极碰撞湮灭。将 V_{dc} 和 V_{rf} 以固定的斜率变化, 可以实现质谱扫描功能。四极杆分析器对选择离子分析具有较高的灵敏度。

3. 飞行时间质量分析器 飞行时间质量分析器的核心部分是一个离子漂移管, 进行质量分析的原理是用一个脉冲将离子源中的离子瞬间引出, 经加速电压加速, 使它们具有相同的动能而进入漂移管, 质荷比最小的离子具有最快的速度因而首先到达检测器, 而质荷比最大的离子则最后到达检测器。飞行时间质谱是一种质量范围宽、扫描速度快、既不需电场也不需磁场的分析器, 但是存在分辨率低的缺点。

4. 傅里叶变换离子回旋共振分析器 傅里叶变换离子回旋共振分析器采用的是线性调频脉冲来激发离子, 即在很短的时间内进行快速频率扫描, 使很宽范围的质荷比的离子几乎同时受到激发。因而扫描速度和灵敏度比普通回旋共振分析器高得多。在一定强度的磁场中, 离子做圆周运动,离子运行轨道受共振变换电场限制。当变换电场频率和回旋频率相同时,离子稳定加速,运动轨道半径越来越大,动能也越来越大。当电场消失时,沿轨道飞行的离子在电极上产生交变电流。对信号频率进行分析可得出离子质量。将时间与相应的频谱利用计算机经过傅里叶变换形成质谱。其优点为分辨率很高,质荷比可以精确到千分之一道尔顿。

第二节 分子离子峰及化合物分子式的确定

一、分子离子峰及其形成

分子受到电子流轰击后,失去一个电子形成的离子即为分子离子,它在质谱图中产生的峰称为分子离子峰。分子离子峰的质荷比就是该分子的相对分子质量。分子离子峰可表示为 M^+,也可以简略的表示为 M。

有机化合物中各原子的价电子有形成 σ 键的 σ 电子,形成 π 键的 π 电子以及未共用电子对的 n 电子。这些电子在受电子流轰击后失去的难易不同。一般分子中含杂原子,如 O、N、S 等,其孤对电子即 n 电子最易被激发掉,其次是不饱和键的 π 电子,再次是碳碳相连的 σ 电子,最后是碳氢相连的 σ 电子。因而失去电子的难易次序为:

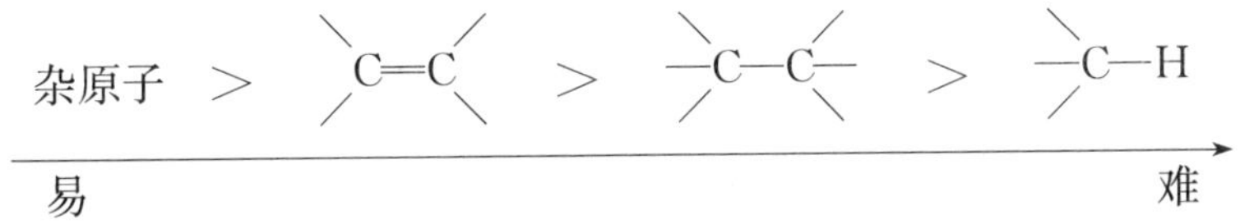

$$\text{杂原子} > \quad \diagdown C = C \diagup \quad > \quad -\overset{\diagup}{\underset{\diagdown}{C}}-\overset{\diagup}{\underset{\diagdown}{C}}- \quad > \quad -\overset{\diagup}{\underset{\diagdown}{C}}-H$$

易 ————————————————————————→ 难

了解这一次序有助于准确地标出化合物分子形成分子离子后正电荷的位置。但一般情况下也可将分子用方括号括起来,将电荷写在右上角,而不标明其电荷位置。

二、分子离子峰强度与分子结构的关系

分子离子峰的强度大小标志分子离子的稳定性。一般来说,相对强度超过 30% 的峰为强峰,小于 10% 的峰为弱峰。分子离子峰的强度与分子结构的关系如下:

(1)碳链越长,分子离子峰越弱。

(2)存在支链有利于分子离子裂解,分子离子峰越弱。

(3)饱和醇类及胺类化合物的分子离子峰弱。

(4)有共振结构的分子离子稳定,分子离子峰强。

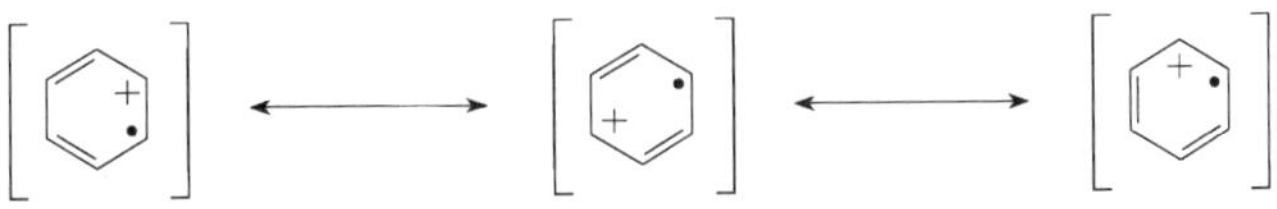

(5)环状化合物分子一般分子离子峰较强。

综上所述,分子离子在质谱中表现的稳定性大体上有如下次序:

芳香环＞共轭烯＞烯＞环状化合物＞羰基化合物＞醚＞酯＞胺＞高度分支的烃类。

三、分子离子峰的识别

从理论上说,分子离子应该是质谱中质荷比最高的一个离子。但实际上,质荷比最高的并不一定是分子离子。这是因为:

(1) 化合物易发生热分解,因而得不到分子离子。

(2) 分子离子极不稳定,都进一步裂解成碎片离子。

(3) 存在高分子量的杂质。

(4) 有同位素存在时,最大的峰不是分子离子峰。

(5) 分子离子有时捕获一个 H 出现 M+1 峰,捕获两个 H 出现 M+2 峰等。

为此必须对分子离子峰加以准确的判断,才能正确地确定化合物的相对分子质量。

识别分子离子峰可参考如下方法:

(一)质荷比的奇偶规律(或称为氮数规则)

只由 C、H、O 组成的化合物,其分子离子峰的 m/e 一定是偶数。在含氮的有机化合物中,氮原子的个数为奇数时,其分子离子峰的 m/e 一定为奇数;氮原子的个数为偶数时,其分子离子峰的 m/e 一定为偶数。

(二)M 与 M±1 峰的区别

分子离子在电离室中相互碰撞,有时可捕获一个 H 生成 M+1 离子,有时可失去一个 H 形成 M-1 离子。一般情况下,醚、酯、胺、酰胺、氨基酸酯、腈、胺醇等化合物易生成 M+1 峰,醛和醇等化合物易生成 M-1 峰。M+1 峰和 M-1 峰不遵守以上氮数规则。

(三)分子离子峰与碎片离子峰之间有一定的质量差

通常在分子离子峰的左侧 3~14 个质量单位处不应该有碎片离子峰出现。如果有其他峰在 3~14 个质量单位处,则该峰不是分子离子峰。

(四)利用同位素峰来判断

某些元素在自然界中存在着一定含量比例的同位素。我们把同位素在自然界中的相对含量称为丰度。常见的同位素丰度见表 5-2。

表 5-2 常见元素的相对同位素丰度

元素	丰 度					
碳	^{12}C	100	^{13}C	1.03		
氢	^{1}H	100	^{2}H	0.016		
氮	^{14}N	100	^{15}N	0.38		
氧	^{16}O	100	^{17}O	0.04	^{18}O	0.20
氟	^{19}F	100				
硅	^{28}Si	100	^{29}Si	5.10	^{30}Si	3.35
磷	^{31}P	100				
硫	^{32}S	100	^{33}S	0.78	^{34}S	4.40
氯	^{35}Cl	100			^{37}Cl	32.5
溴	^{79}Br	100			^{81}Br	98.0
碘	^{127}I	100				

从表 5-2 可见,^{35}Cl 与 ^{37}Cl 的丰度比为 3∶1,^{79}Br 与 ^{81}Br 的丰度比为 1∶1。所以在含有 Cl 及 Br 的有机化合物的质谱图上可以看到特征的二连峰。如果质量数为 M 的分子离子含有一个 Cl,就会出现强度为 3∶1 的 M 峰和 M+2 峰;若含有一个 Br,就会出现强度比为 1∶1 的 M 峰和 M+2 峰。此时,若在谱图上能出现分子离子峰的话,则质荷比最大的为同位素的分子离子峰,M 处的峰才是分子离子峰。

(五)通过实验方法的改进来判别分子离子峰

1. 制备适当的衍生物　将衍生物质谱与原化合物质谱进行比较,从相应的质量变化,确定原化合物的分子离子峰。

2. 考虑离子化的方法　对 EI 源,可逐步降低电子流能量,使裂解逐渐减小,碎片逐渐减少,相对强度增加的便是分子离子峰。若换成 CI 源、FI 源,尤其是 FD 源,可使分子离子峰出现或明显加强,见图 5-4。

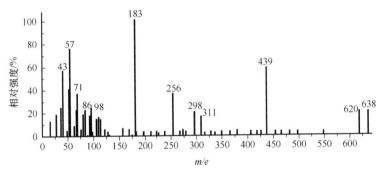

(a)电子轰击(EI源)离子化法

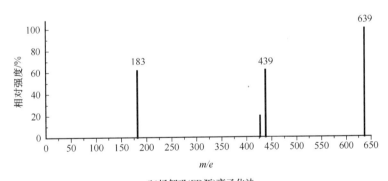

(b)场解吸(FD源)离子化法

图 5-4　甘油三月桂酸酯的质谱图

四、分子式的确定

(一)通过高分辨质谱仪进行推断

高分辨质谱仪可以精确确定有机物的相对分子质量,由于元素的相对原子质量都是相对 ^{12}C 而定的,因此都不是整数。如 ^{1}H=1.0078,^{14}N=14.0031,^{16}O=15.9949。由此可以通过相对分子质量精确计算值与仪器分析值对照,来推断分子式。如现有三个化合物:C_5H_6、C_4H_2O、$C_5H_2N_2$,在低分辨质谱仪中都在 $m/e=66$ 处出峰,在高分辨质谱仪上就可以加以区分:C_5H_6 在 66.0466 处出峰,C_4H_2O 与 $C_5H_2N_2$ 分别在 66.0105 和 66.0218 处出峰。

(二)通过同位素离子峰进行推断

准确地测定(M+1)/M,(M+2)/M 的百分比,查附录四贝农表来确定分子式。

实例 5-1　某一化合物,其 M,M+1,M+2 峰的相对强度为:

m/e	强度比
150(M)	100
151(M+1)	10.2
152(M+2)	0.88

试推断其分子式。

根据(M+2)/M=0.88%,对照表 5-2 可知分子中不含有 S 及卤素。因为 $^{34}S/^{32}S=4.40\%$,$^{37}Cl/^{35}Cl=32.5$,$^{81}Br/^{79}Br=98.0\%$。

在贝农表中,相对分子质量为 150 的分子式共有 29 个。其中(M+1)/M 的百分比在 9～11 之间的分子式有 7 个,即:

分　子　式	M+1	M+2
$C_7H_{10}N_2$	9.25	0.38
$C_8H_8NO_2$	9.23	0.78
$C_8H_{10}N_2O$	9.61	0.61
$C_8H_{12}N_3$	9.98	0.45
$C_9H_{10}O_2$	9.96	0.84
$C_9H_{12}NO$	10.34	0.86
$C_9H_{14}N_2$	10.71	0.25

根据氮数规则,表中 $C_8H_8NO_2$、$C_8H_{12}N_3$、$C_9H_{12}NO$ 三个化合物可立即排除。剩下的四个分子式中只有 $C_9H_{10}O_2$ 的 M+1 和 M+2 的相对强度比与实测值接近。所以该化合物的分子式是 $C_9H_{10}O_2$。

第三节　碎片离子峰及亚稳离子峰

碎片离子峰是由于分子离子进一步裂解产生的。碎片离子还可以进一步裂解为质荷比更小的碎片离子。所以在质谱图中分子离子峰只有一个,而碎片离子峰却有许多。

碎片离子峰的存在与否反映分子中是否含有易于裂解成该种碎片离子的基团,碎片离子峰相对强度的高低又标志该碎片离子的稳定性大小。了解和掌握碎片离子峰有助于准确推断分子结构,一方面可将碎片离子粗略地拼凑出分子的骨架结构,再用其他手段加以验证;另一方面可将已初步确定的分子结构,用碎片离子峰加以验证。因而掌握分子的裂解方式及其规律对正确判断分子结构很有必要。

一、裂解方式及其表示方法

(一)裂解方式

分子中一个键的开裂共有三种方式：

(1)均裂：一个 σ 键的两个电子开裂，每个碎片保留一个电子。

$$X—Y \longrightarrow X \cdot + Y \cdot$$

(2)异裂：一个 σ 键的两个电子开裂，两个电子都归属于一个碎片。

$$X—Y \longrightarrow X^+ + Y:$$

(3)半异裂：离子化的 σ 键的开裂。

$$X— \cdot Y \longrightarrow X^+ + Y \cdot$$

(二)裂解方式的表示方法

(1)要把正电荷的位置尽可能写清楚。正电荷一般都在杂原子上或在不饱和化合物的 π 键体系上，这样易于判断以后的开裂方向。

(2)正电荷位置不清楚时，可以用 $[\ ]^{\dot{+}}$、$[\ ]^+$ 或 $\lceil\ \rceil^+$、$\lceil\ \rceil^+$ 来表示。如：

$$[RCH_3]^{\dot{+}} \xrightarrow{-CH_3} [R]^{\dot{+}}$$

离子化的双键可表示为 $R\overset{\cdot}{C}H—\overset{+}{C}HR$ 或 $[RCH=CHR]^{\dot{+}}$。离子化的芳环可表示为：

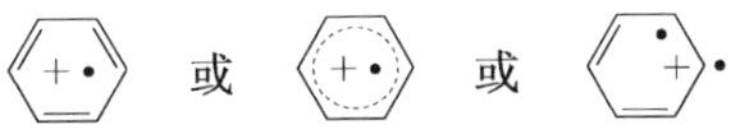

(3)$\searrow$ 和 $\rightharpoonup$ 分别表示两个电子的转移和一个电子的转移。如：

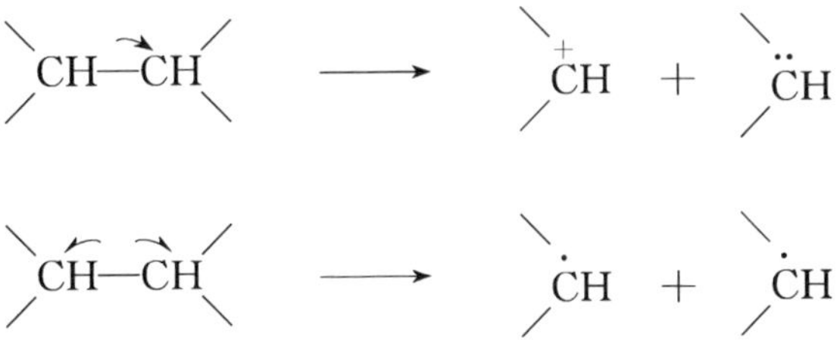

(4)α 开裂是指 α 键的开裂，即带有电荷的官能团与相连的 α 碳原子之间的开裂。如：

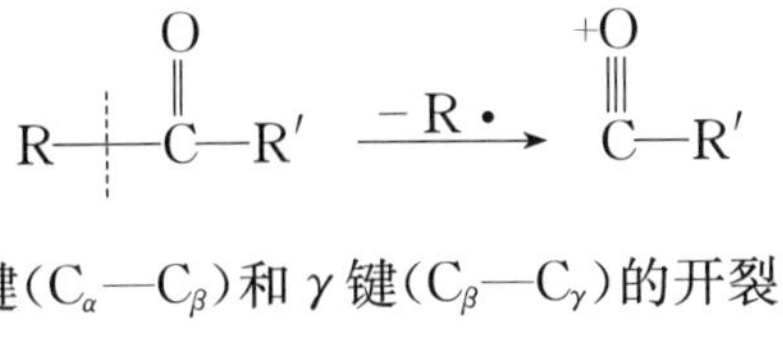

β 开裂和 γ 开裂各表示 β 键($C_\alpha—C_\beta$)和 γ 键($C_\beta—C_\gamma$)的开裂。如：

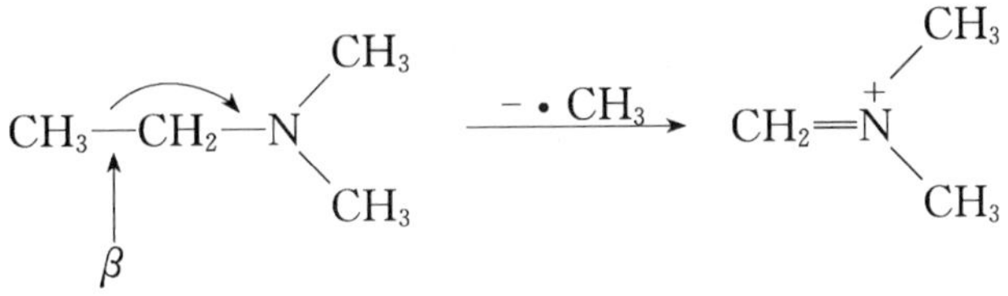

（5）离子中的电子数目和离子质量的关系。由 C、H 或 C、H、O 组成的离子,如果含有奇数个电子,其质量数为偶数。相反,如果含有偶数个电子,其质量数为奇数。如:

$$CH_3-\overset{\overset{+\cdot}{\underset{\|}{O}}}{C}-CH_3 \qquad\qquad CH_2=CH-\overset{+}{C}H_2$$

$$m/e=58 \qquad\qquad\qquad m/e=41$$

由 C、H、N 或者 C、H、O、N 组成的离子,如果含有偶数个 N 原子,则离子的电子数目和质量的关系与上述规律相同。但若含有奇数个 N 原子时,则离子的电子数目和离子质量的关系将与上述规律相反。即离子含有奇数个电子时,其质量也为奇数;离子含有偶数个电子时,其质量也为偶数。如:

$$CH_3-CH_2-\overset{+\cdot}{N}H(CH_3)_2 \qquad\qquad C_3H_7C\equiv\overset{+}{N}H$$

$$m/e=73 \qquad\qquad\qquad m/e=70$$

二、开裂类型及其规律

阳离子的开裂类型大体可以分为单纯开裂（简单开裂）、重排开裂、复杂开裂和双重重排开裂四种。

（一）单纯开裂（简单开裂）

它是指仅发生一个键的开裂,同时脱去一个自由基。

饱和直链烃的单纯开裂,首先半异裂生成一个自由基和一个正离子,随后脱去 28 个质量单位（$CH_2=CH_2$）,有时伴随失去一个 H_2 而成为链烯烃离子。

支链烷烃的单纯开裂易发生在分支处。生成离子的稳定性为 $R_3C^+ > R_2\overset{+}{C}H > R\overset{+}{C}H_2 > \overset{+}{C}H_3$。在分支处发生单纯开裂时,首先失去较大的质量的基团。

带侧链的饱和环烷烃发生单纯开裂时,易通过 α 键的半异裂失去侧链,正电荷留在环上。

烯烃类化合物发生简单开裂时易发生 β 开裂。生成具有烯丙基正碳离子的共振稳定结构。但也有少量发生 α 开裂,离子丰度很小。如:

$$CH_2=CH\overset{|}{\underset{\alpha}{}}CH_2\overset{|}{\underset{\beta}{}}CH_3 \qquad\qquad \underset{\alpha}{}CH_2\overset{|}{\underset{\beta}{}}CH_3$$

醇、胺、醚等有机物发生单纯开裂时主要发生 β 开裂,α 开裂的离子强度很小。

$$H-\overset{\overset{H}{|}}{\underset{\underset{H}{|}}{C}}-\overset{\overset{OH}{|}}{\underset{\underset{H}{|}}{\underset{\beta}{C}}}\overset{\alpha}{}CH_3 \qquad H-\overset{\overset{H}{|}}{\underset{\underset{H}{|}}{C}}-\overset{\overset{NR_2}{|}}{\underset{\underset{H}{|}}{\underset{\beta}{C}}}\overset{\alpha}{}CH_3 \qquad H-\overset{\overset{H}{|}}{\underset{\underset{H}{|}}{C}}-\overset{\overset{OR}{|}}{\underset{\underset{H}{|}}{\underset{\beta}{C}}}\overset{\alpha}{}CH_3$$

酸、醛、酮、酯易发生 α 开裂：

卤代烃的单纯开裂可发生在 α 位、β 位以及远处烃基上。

简单开裂的应用是相当广泛的。

(二)重排开裂

同时发生一个键以上的开裂，通常脱去一个中性分子，同时发生重排。一般一个 H 原子从一个原子转移到另一个原子上。

最常见的麦氏(Malafferty)重排。当化合物中含有 $\diagdown C{=}O$ 、 $\diagdown C{=}N$ 、 $\diagdown C{=}S$ 以及烯类、苯类化合物时可以发生麦氏重排反应。发生麦氏重排的条件为：具有双键；与双键相连的链上要有三个以上的碳原子，并且在 γ 碳原子上有 H 原子(H_γ)，发生重排时，通过六元环过渡态，H_γ 转移到杂原子上，同时 β 键发生裂解，产生一个中性分子和一个自由基阳离子。

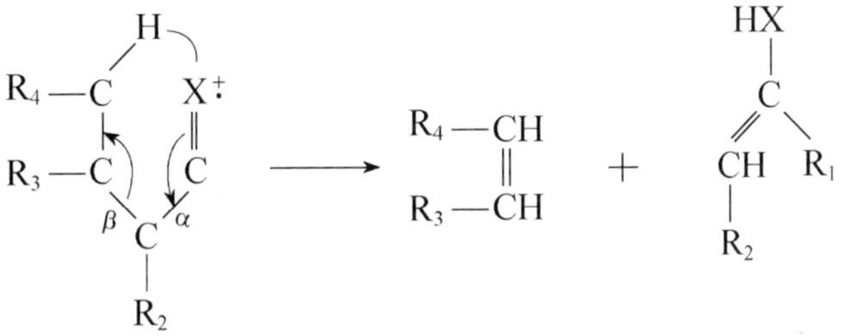

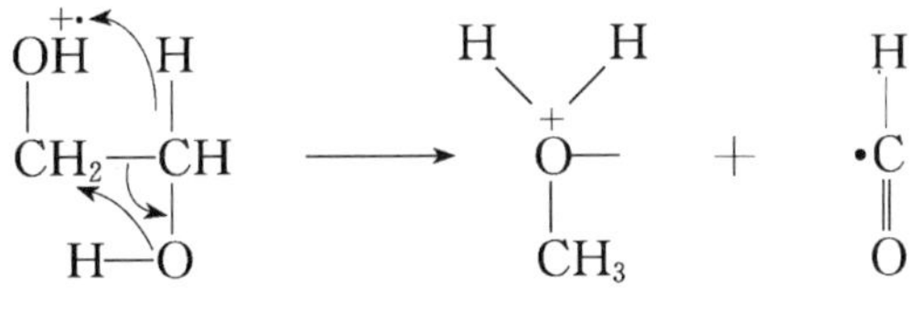

$$m/e=33$$

(三)复杂开裂

在含有脂环或芳环的离子中，发生一个以上的键开裂，并同时脱去中性分子和自由基。环醇、环卤烃、环烃胺、环酮、醚及胺类等化合物可以发生复杂开裂。

(四)双重重排开裂

同时发生几个键的断裂，并有两个 H 原子从脱去的碎片上移到新生成的碎片离子上。在质谱图上有时会出现比单纯开裂产生的离子多两个质量单位的离子峰，这就是因为发生了上述重排反应，脱去基团上有两个 H 原子转移到这个离子上的缘故。容易发生这类重排的化合物有：乙醇以上的酯和碳酸酯或相邻的两个碳原子上有适当的取代基的化合物。如二醇可以发生双重重排开裂，在 $m/e=33$ 处出现强峰。

$$m/e = 33$$

以上简单介绍了阳离子开裂的各种方式,有些有机化合物具有两个或两个以上的官能团,因此可以发生不同类型的开裂,选择哪一种开裂方式主要看产生阳离子的稳定性及所需能量的高低。所得阳离子越稳定,所需能量越低的开裂方式越容易发生。通常在解析质谱时常根据碎片的 m/e 判断开裂如何发生。

三、亚稳离子峰

在质谱图上有时会出现一些不同寻常的离子峰,这类峰的特点是丰度低、宽度大(有时能跨几个质量数),而且质荷比往往不是整数。这类离子峰称为亚稳离子峰。

前面介绍的分子离子和碎片离子都是在电离室中形成的,而亚稳离子是碎片离子脱离电离室后在飞行过程中发生开裂而生成的低质量离子。离子流从在电离室中形成到被检测器被检测到,所用的时间约 10×10^{-6} s。

从稳定性的观点出发,一般把离子流中的离子分为三类:

第一类:稳定离子,寿命 $\geqslant 100 \times 10^{-6}$ s,分子离子、碎片离子属于此类。

第二类:不稳定离子。寿命 $< 1 \times 10^{-6}$ s,即形成不到 1×10^{-6} s 即发生分解。

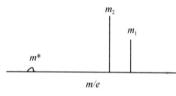

图 5-5 亚稳离子 m^* 示意图

第三类:亚稳离子。寿命在 $(1 \times 10^{-6}) \sim (10 \times 10^{-6})$ s,这种离子在没有到达检测器之前的飞行途中就可能发生再分裂。所以亚稳离子不是在电离室中形成的,而是在加速之后,在飞行途中裂解的。中途裂解的原因尚不明了。可能是自身不稳定,内能较高或相互发生碰撞等原因。

飞行途中发生裂解的母离子称为亚稳离子,由母离子发生裂解形成的为子离子,此过程称为亚稳跃迁。所以质谱图中记录的其实是子离子的质谱图,能量与它的母离子不同,尽管如此,人们还是称质谱图中记录到的为亚稳离子。

(一)亚稳离子峰的形成及表达方式

质量为 m_1 的离子,若在电离室中持续开裂,则生成质量为 m_2 的碎片,即 $m_1 \longrightarrow m_2^+$ 中性碎片(Δm)。这样的裂解发生在离子源中和发生在飞行途中两个 m_2 的能量是不同的。发生在离子源中,产生的 m_2 经过加速电压加速后,具有一定的动能。而在飞行途中产生的 m_2 比在离子源中产生的 m_2 的能量小,速度也小,因为有一部分动能被 Δm 带走了。所以质谱图中检测到的亚稳离子的 m/e 不是 m_2,而是比 m_2 小的数值为 m^*,由动能和轨道半径推导得到:

$$m^* = \frac{(m_2)^2}{m_1}$$

$$C_4H_9^+ \longrightarrow C_3H_5^+ + CH_4$$

$$m/e \qquad 57 \qquad\qquad 41$$

则其亚稳离子峰应出现在 $m/e=41^2/57=29.5$ 处。

(二)亚稳离子峰的应用

亚稳离子峰的识别,可以帮助人们判断 $m_1 \longrightarrow m_2$ 的开裂过程。有时也可以根据图中 m^* 找到 m_1 和 m_2。但由于并非所有的开裂过程都出现亚稳离子,因而没有亚稳离子出现,并不意味着开裂过程 $m_1 \longrightarrow m_2$ 不存在。

例如:$\underset{}{\bigcirc}\overset{O}{\underset{}{-C-CH_3}}$ 在乙酰苯的质谱图中存在 $m/e=120$ (100) $(C_6H_5COCH_3)^+$ 的峰;$m/e=105$ $(C_6H_5CO)^+$ 的峰;$m/e=77$ $(C_6H_5)^+$ 的峰和 $m/e=77$ 的离子$(C_6H_5)^+$ 的形成有两种可能:

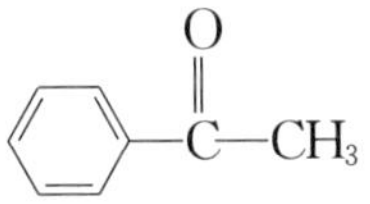

过程一:

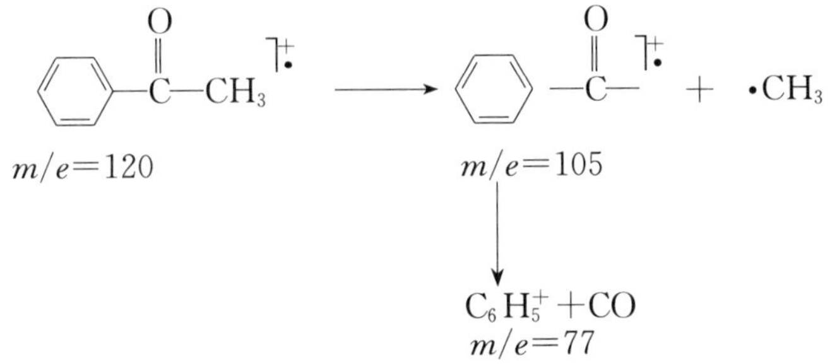

$$m/e=120 \longrightarrow m/e=105 + \cdot CH_3$$

$$\downarrow$$

$$C_6H_5^+ + CO$$
$$m/e=77$$

过程二:

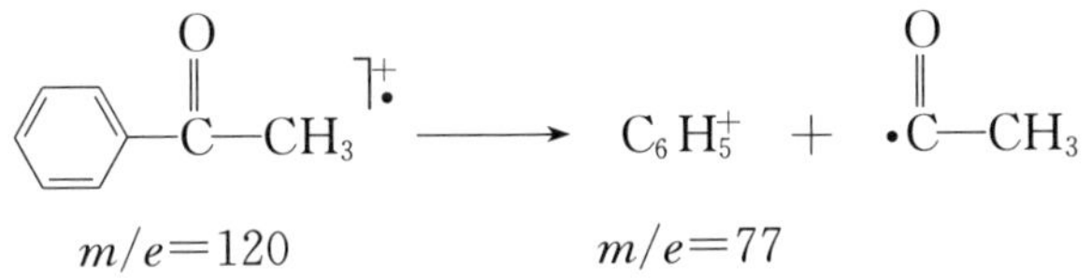

$$m/e=120 \longrightarrow C_6H_5^+ + \cdot C-CH_3$$
$$m/e=77$$

在质谱图上有亚稳离子 m^*,其 $m/e=56.47$。根据 $m^*=\dfrac{(m_2)^2}{m_1}=\dfrac{77^2}{105}$,而不等于 $\dfrac{77^2}{120}$,因此表明开裂按照过程一进行。

第四节　质谱解析

一、解析程序
当我们得到一张未知化合物的质谱图时,可按照以下程序进行解析。

(一)对分子离子进行解析
(1)确认分子离子峰,并注意其相对丰度。

(2)看 M^+ 是偶数还是奇数,含氮时则由氮数规则可推知氮原子个数。

(3)注意 M+1 和 M+2 与 M 的比例,看有无 Cl、Br 等同位素原子。

(4)根据离子的质荷比,推断可能的分子式。

(5)根据分子式计算不饱和度。

(二)对碎片离子进行解析
(1)找出主要碎片离子峰,记录其质荷比及相对丰度。

(2)从离子的质荷比看其分子脱掉何种碎片,以此推断可能的结构及开裂类型见附录二。

(3)根据 m/e 值看存在哪些重要离子见附录三。

(4)找出存在亚稳离子,利用 m^* 来确定 m_1 及 m_2,推断其开裂过程。

(5)由 m/e 值不同的碎片离子,判断开裂类型(注意 m/e 的奇偶)。

(三)列出部分结构单位

(四)认定结构

提出可能的结构式,并根据其他条件排除不可能的结构,认定可能的结构。

二、质谱例图与解析例

(一)例图

1. 壬烷及其异构体 由图 5-6～图 5-8 可见,在图 5-6 中,有一系列质量差为 14(CH_2)的峰。这是正构烷烃简单开裂而得的峰。

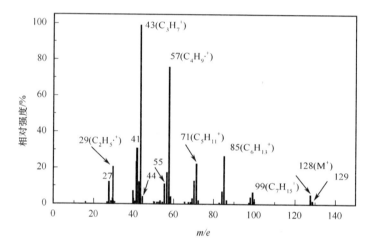

图 5-6 正壬烷的质谱图

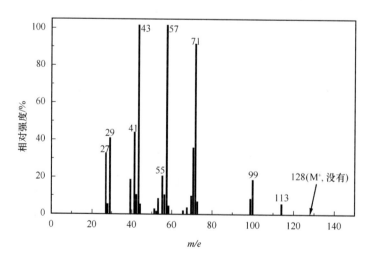

图 5-7 3,3-二甲基庚烷的质谱图

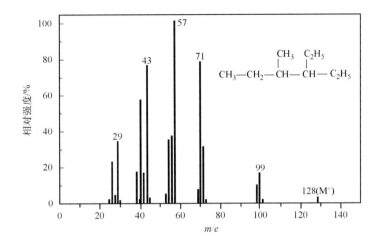

图 5-8　3-甲基 4-乙基己烷的质谱图

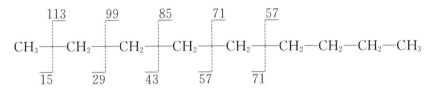

$C_3H_7^+$ ($m/e=43$)为基峰,随着 m/e 的增大,峰的相对强度减小。在图 5-7 中,$C_5H_{11}^+$ ($m/e=71$)和 $C_7H_{15}^+$ ($m/e=99$)的强度较图 5-6 中的大,这是由于该化合物的分子离子进一步裂解生成稳定的叔碳离子造成的。

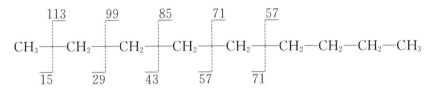

2. 环己烷与正己烷　由图 5-9 和图 5-10 可见,环己烷比正己烷差两个质量单位,由于环断裂为碎片离子时至少要打开两个键,比直链化合物打开一个键困难,因而环状化合物的分子离子比链状化合物相对稳定,从图中可见环己烷的分子离子峰强度大于正己烷。

3. 正葵烷和正十六烷　由图 5-11 和图 5-12,结合图 5-6、图 5-9 可知,随着直链烷烃链增长,分子离子更不稳定,易于裂解,表现为质谱图上分子离子峰相对强度降低。

4. 芳环化合物　由图 5-13～图 5-15 可知,含芳环的化合物的分子离子峰均较强。当环上无取代基时,如萘,其分子离子峰很强,且碎片很少。当带有取代基时,由于分子离子在支链处易发生 β 开裂,因而分子离子峰强度减弱。正丁基苯和异丁基苯的 β 开裂如下:

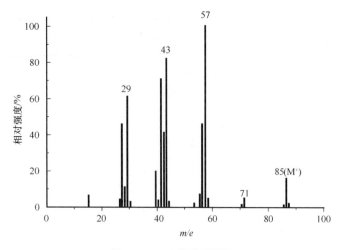

图 5‑9　正己烷的质谱图

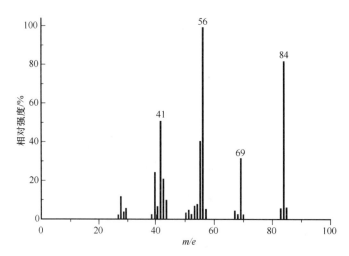

图 5‑10　环己烷的质谱图

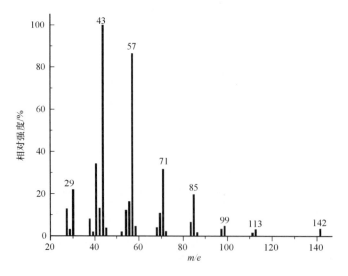

图 5‑11　正癸烷的质谱图

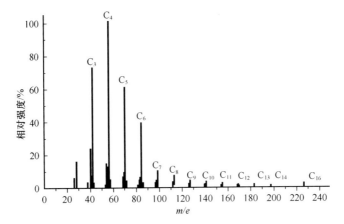

图 5-12　正十六烷的质谱图

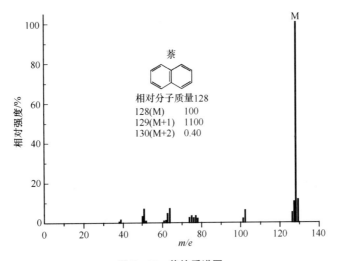

图 5-13　萘的质谱图

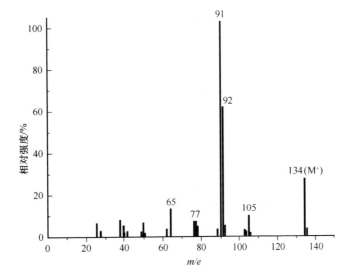

图 5-14　正丁基苯的质谱图

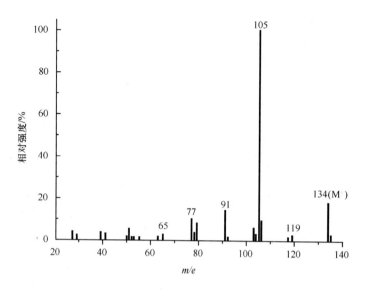

图 5-15　异丁基苯的质谱图

5. 醇类化合物　醇类化合物的分子离子易发生 β 开裂，且易失去一分子水或者甲基而发生重排，因此这类化合物的分子离子峰的相对强度较小，有时甚至没有。图 5-16～图 5-18 分别为正丁醇、2-甲基丁醇和 2-戊醇的质谱图。

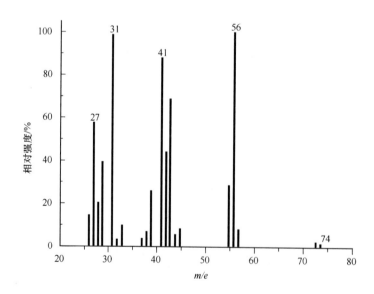

图 5-16　正丁醇的质谱图

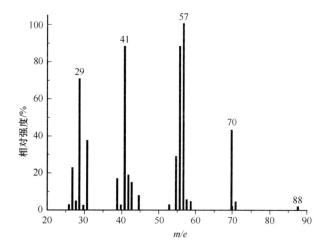

图 5 - 17　2 -甲基丁醇的质谱图

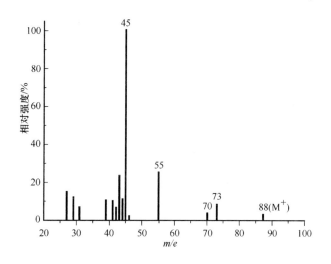

图 5 - 18　2 -戊醇的质谱图

正丁醇发生 β 开裂时，$CH_3—CH_2—CH_2\overset{43}{\underset{31}{\vert}}CH_2—OH$ 生成 m/e 为 31 和 43 的离子。

从分子离子(m/e 为 74)上脱去一个水分子，生成 m/e 为 56 的碎片离子，再脱去一个甲基，生成 m/e 为 41 的碎片离子。这样就可以找到图 5 - 16 中 m/e 为 31、41、43、56、74 这几个峰的归属。

同理，2 -甲基丁醇发生裂解时，可生成 m/e 为 31、57(β 开裂)、55($M^+ - H_2O - CH_3$)、70 ($M^+ - H_2O$)、88(M^+)等离子。2 -戊醇发生裂解时，可生成 m/e 为 15、43、45、73(β 开裂)、70 ($M^+ - H_2O$)、55($M^+ - H_2O - CH_3$)及 88(M^+)等离子。

图 5‑19 和图 5‑20 分别为环己醇和对甲基环己醇的质谱图。

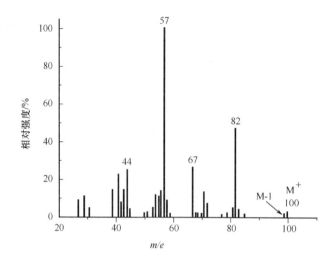

图 5‑19　环己醇的质谱图

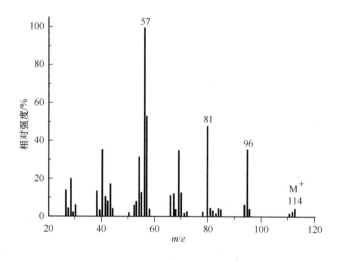

图 5‑20　对甲基环己醇的质谱图

对照图 5‑16～图 5‑18 可知,脂肪醇的分子离子峰较强,当环上带有侧链时,则分子离子峰减弱。

6. 醚类化合物　醚类化合物与醇类化合物相似,一般分子离子峰都较弱,见图 5‑21 和图 5‑22。这类化合物易发生 β 开裂。乙基异丁基醚 β 开裂表示如下:

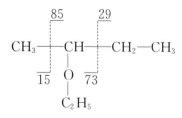

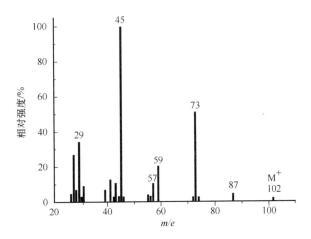

图 5‑21 乙基异丁基醚的质谱图

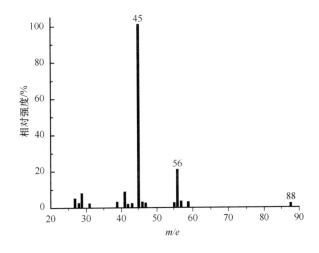

. 图 5‑22 甲基正丁醚

β 裂解产生的碎片离子发生重排反应：

$$\underset{73}{\overset{\displaystyle H}{\underset{CH_2-CH_2-\overset{+}{O}=CHCH_3}{|}}} \xrightarrow{-CH_2=CH_2} \underset{45}{\overset{+}{HO}=CHCH_3}$$

m/e 73   45

$$\underset{87}{\overset{\displaystyle H}{\underset{CH_2-CH_2-\overset{+}{O}=CHC_2H_5}{|}}} \xrightarrow{-CH_2=CH_2} \underset{59}{\overset{+}{HO}=CHC_2H_5}$$

m/e 87   59

甲基正丁基醚的 β 裂解如下：

$$CH_3OCH_2 \overset{43}{\underset{45}{\vert}} CH_2CH_2CH_3$$

而 $m/e = 56$ 是由分子离子发生重排产生的：

$$CH_3 \overset{+\cdot}{-O} \underset{\underset{H}{\vert}}{-CH_2 - CH - C_2H_5} \xrightarrow{-HOCH_3} CH_2 = CH - CH_2 - CH_3$$

m/e 88   56

7. 醛与酮   醛与酮类化合物易发生 α 开裂及麦氏重排开裂。图 5-23～图 5-25 分别为 4-辛酮、甲基异丁基甲酮和戊醛的质谱图。

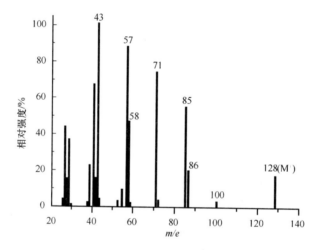

图 5-23   4-辛酮的质谱图

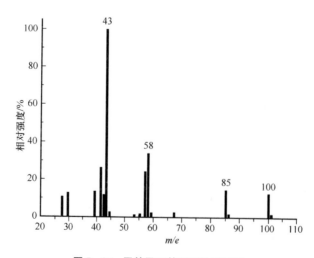

图 5-24   甲基异丁基甲酮的质谱图

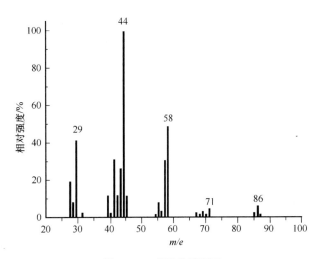

图 5-25 戊醛的质谱图

4-辛酮发生 α 开裂时，

$$CH_3-CH_2-CH_2 \underset{85}{\overset{43}{\vdots}} \overset{O}{\underset{\parallel}{C}} \underset{57}{\overset{71}{\vdots}} CH_2-CH_2-CH_2-CH_3$$

生成 m/e 为 43、57、71、85 的碎片离子。该化合物发生麦氏重排时，

生成 m/e 为 58、86、100 的碎片离子。

同理,甲基异丁基甲酮 $\left[\begin{array}{c} O \\ \parallel \\ CH_3CCH_2CH(CH_3)_2 \end{array} \right]$ 发生 α 开裂,可生成 m/e 为 15、43、57、85 的碎片离子,发生麦氏重排可生成 m/e 为 58 的碎片离子、戊醛发生 α 开裂时生成 m/e 为 29、57 的碎片离子,发生麦氏重排开裂时,生成 m/e 为 44 的碎片离子。m/e 为 58、71 的碎片离子是这样产生的:

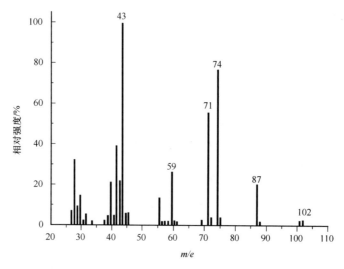

8. 酸和酯 这类化合物易发生单纯开裂,即在 α 位发生开裂。另外,也可以发生麦氏重排等开裂。图 5-26 和图 5-27 分别为正丁酸甲酯和正戊酸的质谱图。

图 5-26　正丁酸甲酯的质谱图

正丁酸甲酯发生简单开裂时,

生成 m/e 为 15、31、43、59、71、87 的碎片离子峰。其发生麦氏重排时,

生成 m/e 为 74 的碎片离子。

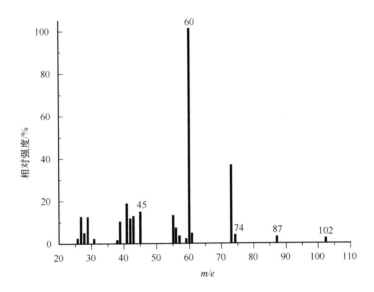

图 5‑27　正戊酸的质谱图

正戊酸发生简单开裂时，

$$
\begin{array}{c}
\overset{\displaystyle 15}{} \qquad\qquad\qquad \overset{\displaystyle 57}{\quad} \overset{\displaystyle O}{\parallel} \\
CH_3 \!-\! CH_2 \!-\! CH_2 \!-\! CH_2 \!-\! C \!-\! OH \\
\underset{\displaystyle 87}{} \qquad\qquad\qquad \underset{\displaystyle 45}{}
\end{array}
$$

正戊酸发生重排开裂时，

$$ \xrightarrow{\ -CH_2CH=CH_2\ } \qquad m/e=60 $$

$$ \xrightarrow{\ -CH_2=CH_2\ } \qquad m/e=74 $$

$m/e=102$

$m/e=102$

9. 含卤素化合物 卤代烷的 α、β 位及远处烃基均有可能开裂,图 5-28 为溴乙烷的质谱图。

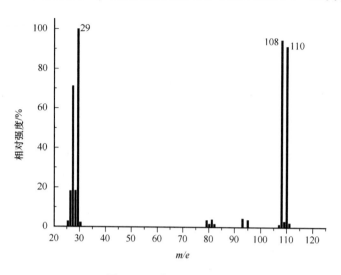

图 5-28 溴乙烷的质谱图

溴乙烷的开裂如下:

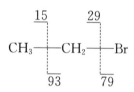

由图 5-28 可知,溴乙烷发生 α、β 开裂而得的含卤素的碎片离子的相对强度很小。m/e 为 108、110 分别是 $C_2H_5^{79}Br^{+}$ 和 $C_2H_5^{81}Br^{+}$,其强度比为 1:1。

(二)质谱解析例

实例 5-2 某化合物经测定分子中只含有 C、H、O 三种元素,红外在 3100～3700 cm^{-1} 间无吸收。其质谱图见图 5-29(图中未表示出亚稳离子峰在 33.8 和 56.5 处)。试推测其结构。

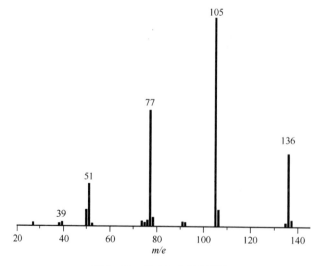

图 5-29 某未知物的质谱图

解:首先判断分子离子峰。由于只含有 C、H、O 三种元素,由 N 数规则可知 $m/e=136$ 对应的峰即为该化合物的分子离子峰。所以该化合物的相对分子质量为 136。查贝农表找出可能的四个分子式:(1) $C_9H_{12}O$,(2) $C_8H_8O_2$,(3) $C_7H_4O_3$,(4) $C_5H_{12}O_4$。分别计算它们的不饱和度:(1) $\Omega=4$,(2) $\Omega=5$,(3) $\Omega=6$,(2) $\Omega=0$。

检查碎片离子:$m/e=105$ 为基峰,查附录二,其可能为苯甲酰 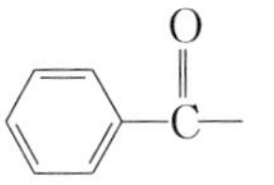 ($\Omega=5$)。$m/e=$ 39、50、51、77 为芳环的特征峰,进一步说明有苯环存在。

亚稳离子峰:$m^*=33.8$,其中 $51^2/77=33.8$,$m^*=56.5$,其中 $77^2/105=56.5$。亚稳离子的存在表明有如下的开裂过程:

$$C_6H_5CO\ \rceil^+ \xrightarrow{-CO} C_6H_5\ \rceil^+ \xrightarrow{-C_2H_2} C_4H_3\ \rceil^+$$
$$m/e=105 \qquad m/e=77 \qquad m/e=51$$

从以上分析可知:分子中确实含有 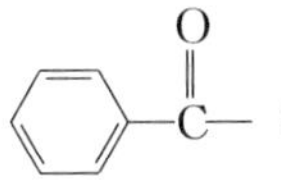 ($\Omega=5$),其中苯环上有 5 个 H,所以该化合物至少应有 5 个 H 原子,不饱和度 Ω 应不小于 5。

上述四个分子式中(1)、(4)的不饱和度不够,(3)的 H 原子数不够,因而只剩下可能的分子式(2)为 $C_8H_8O_2$。苯甲酰基为 C_7H_5O,因而剩余 CH_3O,其可能的结构有两种:$CH_3O—$ 和 CH_3OH。这表明该化合物有以下两种可能的结构:

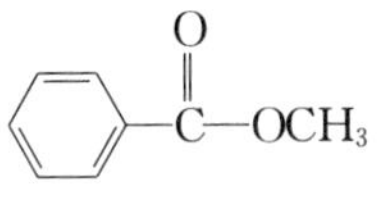

(a) 苯甲酸甲酯结构 C(=O)—OCH₃　(b) 苯甲酰甲醇结构 C(=O)—CH₂OH

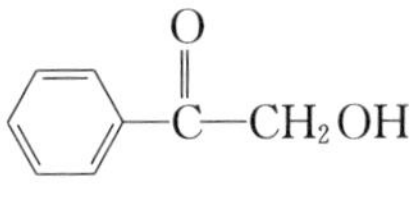

又因红外在 3100~3700 cm^{-1} 无吸收,故无羟基存在。所以可以确定为苯甲酸甲酯(a)。

思考题和习题

1. 某质谱仪分辨率为 10000。它能使 $m/e=200$、$m/e=500$、$m/e=800$、$m/e=1000$ 的离子各与多少质量单位的离子分开。

2. 在低分辨质谱中 m/e 为 28 的离子可能是 CO、N_2、CH_2N、C_2H_4 中的某一个。高分辨质谱仪测定为 28.0312,试问上述四种离子中的哪个最符合该数据?

3. 图 5-30 是 2-甲基丁醇($M=88$)的质谱图,试根据谱图确定—OH 的位置(提示:注意 $m/e=73,59$ 的峰)。

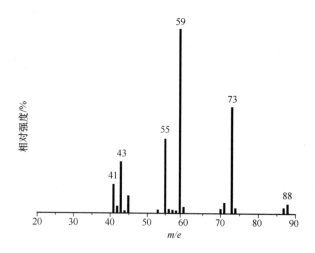

图 5-30 2-甲基丁醇的质谱图

4. 某化合物的分子离子峰已确认在 $m/e=151$ 处,试问其是否具有如下分子结构,为什么?

5. 图 5-31 所示的两个质谱图(a)和(b),哪个是 3-甲基-2-戊酮,哪个是 4-甲基-2-戊酮。

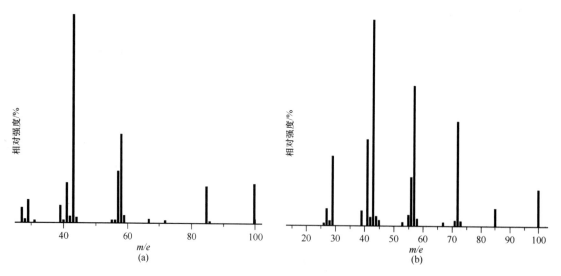

图 5-31 3-甲基-2-戊酮和 4-甲基-2-戊酮的质谱图

6. 胺类化合物 A、B、C,其分子式都是 $C_4H_{11}N$,$M=73$,指出以下三个谱图分别对应 A、B、C 哪种结构?

A: $CH_3CH_2CH_2CH_2NH_2$

B： CH₃—C—NH₂（中间碳上下各连 CH₃）

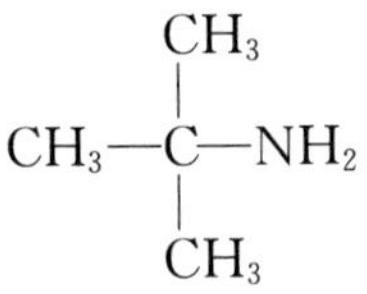

$$B:\ \ CH_3-\overset{\displaystyle CH_3}{\underset{\displaystyle CH_3}{C}}-NH_2$$

$$C:\ \ CH_3CH_2\overset{\displaystyle CH_3}{C}HNH_2$$

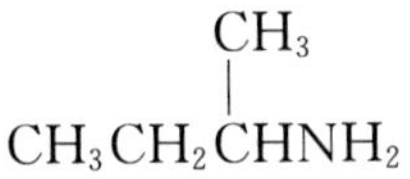

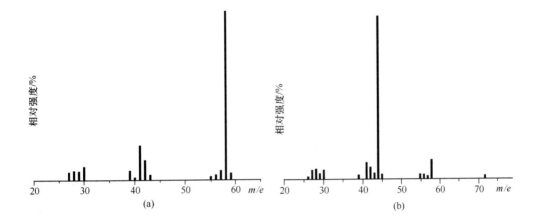

(a)　　　　　　　　　　(b)

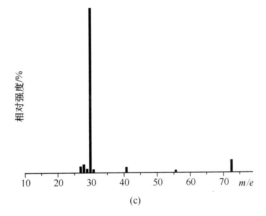

(c)

7. 试判断下列化合物质谱图上,有几种碎片离子峰? 何种丰度最高?

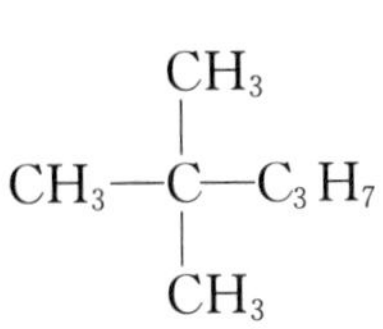

$$CH_3-\overset{\displaystyle CH_3}{\underset{\displaystyle CH_3}{C}}-C_3H_7$$

8. 某种化合物初步推测可能为甲基环戊烷或者乙基环丁烷。在质谱图上 $M=15$ 处显示一强峰,试解析该化合物的结构,并给出理由。

9. 解析以下烷烃质谱图,并推测该化合物的结构式。

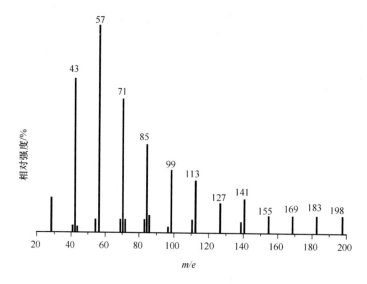

图 5 - 32   未知烷烃的质谱图

10. 某卤代烷的质谱图如下,试解析该化合物的结构。

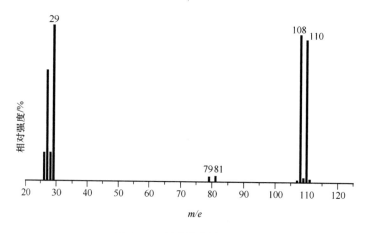

图 5 - 33   某卤代烷的质谱图

11. 某酯类化合物,其相对分子质量为 116,初步推断其可能的结构为 A、B 或 C,MS 上 $m/e=57$（100%）,$m/e=29$（57%）,$m/e=43$（27%）,试解析该化合物的结构,并给出理由。

A：$(CH_3)_2CHCOOC_2H_5$

B：$CH_3CH_2COOCH_2CH_2CH_3$

C：$CH_3CH_2CH_2CH_2COOCH_3$

12. 某酯的结构初步推测为 A 或 B,在质谱图上于 $m/e=74$（70%）处有一强峰,试确定其结构。

A：$CH_3CH_2CH_2COOCH_3$

B：$(CH_3)_2CHCOOCH_3$

13. 在氯丁烷质谱中出现 $m/e=56$ 的峰,试说明该峰产生的机理。

14. 在一个烃类的质谱图上看到 $m/e=57$ 与 $m/e=43$ 两个峰,在 $m/e=32.5$ 处又看到一个宽矮峰,试说明两峰间有何关系。

参考文献

[1]崔永芳. 实用有机物波谱分析[M]. 北京：中国纺织出版社，1994.

[2]和寿英，字敏，杨榆超. 有机化合物波谱分析[M]. 昆明：云南科技出版社，1998.

[3]朱为宏，杨雪艳，李晶. 有机波谱及性能分析[M]. 北京：化学工业出版社，2007.

[4]张华.《现代有机波谱分析》学习指导与综合练习[M]. 北京：化学工业出版社，2007.

第六章 综合解析

学习要求:

1. 了解综合解析的一般步骤。
2. 掌握综合解析的一般方法。

第一节 综合解析的概述

一、综合解析的初步知识

综合解析就是将与某化合物结构相关的各种测试结果汇总起来,进行综合分析,从而确定化合物结构的方法。

波谱各自能够提供大量结构信息和特点,致使波谱是当前鉴定有机物和测定其结构的常用方法。一般说来,除紫外光谱之外,红外光谱、核磁共振氢谱、质谱都能独立用于简单有机物的结构分析。但对于稍微复杂一些的实际问题,单凭一种谱学方法往往不能解决问题,而要综合运用这四种谱来互相补充、互相印证,才能得出正确结论。但是波谱综合解析的含意并非追求四谱俱全,而是以准确、简便和快速解决问题为目标,根据实际需要选择其中二谱、三谱或四谱的结合。

二、综合解析的一般步骤

波谱综合解析并无固定的步骤,下面介绍波谱综合解析的一般思路,仅供参考,在具体运用时应根据实际情况舍取。

(一)确定检品是否为纯物质

只有纯物质才能运用波谱分析的手段正确无误地确认其结构。但实际工作中遇到的样品往往不是纯物质,为确认其结构有必要在运用波谱分析之前对其进行判断以致分离或提纯。判断其是混合物还是单纯物质最常用的方法有薄层色谱法、测定物理常数等简便方法。当已知样品为混合物或纯度很低的单纯物质时,常用柱层析的方法将混合物分离提纯。少量样品可用制备色谱分离。有时亦可采用蒸馏、重结晶、溶剂抽提、低温浓缩、凝胶过滤等方法纯化,甚至可以根据情况灵活采用多种纯化法配合使用。

(二)确定相对分子质量

对于普通有机物确定相对分子质量最好的方法是 MS 法。如无条件时也可以采用冰点下降法或其他方法测定相对分子质量。高分子化合物常用凝胶色谱法(GPC)确定其平均相对分子质量及相对分子质量分布。

(三)确定分子式

常用确定分子式的方法是元素分析法。根据元素分析结果可以准确了解分子中所含元素的种类及其百分含量。再根据已知的相对分子质量即可方便地计算出各种元素的比例及分子式。除元素分析法外,有时亦可根据高分辨质谱仪提供的相对分子质量(精确到小数点后数位),然后根据附录四贝农表中所提供的可能的分子式将不符合已知条件的式子排除,就得到了所需的分子式。另外,还有运用 NMR 求出各种不同的 C、H 的数目,从而确定分子式的方法。

(四)计算不饱和度

根据分子式和不饱和度的计算公式可计算出分子的不饱和程度,这对进一步确定分子结构有重要参考价值。

(五)推断结构式

根据红外光谱(IR)可以判断被测化合物存在的官能团及不可能存在的官能团;根据[1]H-NMR 图谱可以确定化合物分子中含有几种不同化学环境的氢及其数量比;据[13]C-NMR 可确定分子含有几种不同化学环境的碳;根据质谱(MS)除确认其相对分子质量外,还可以通过碎片离子峰、同位素峰、亚稳离子峰等确认分子的开裂过程,验证分子结构。

(六)对可能结构进行"指认"或对照标准谱图,确定最终结果

对于比较复杂的化合物,第四步常会列出不止一个可能结构。因此,对每一种可能结构进行"指认",然后选择出最可能的结构是必不可少的一步。即使在推测过程中只列出一个可能的结构,进行核对以避免错误也是必要的。

所谓"指认"就是从分子结构出发,根据原理去推测各谱,并与实测的谱图进行对照。例如,利用[1]H 化学位移表或经验公式来推测每个可能结构中的碎裂方式及碎片离子的质荷比。通过"指认",排除明显不合理的结构。如果对各谱的"指认"均很满意,说明该结构是合理、正确的。

当推测出的可能结构有标准谱图可对照时,也可以用对照标准谱图的办法确定最终结果。当测定条件固定时,红外与核磁共振谱有相当好的重复性。若未知物谱与某一标准谱完全吻合,可以认为两者有相同的结构。同分异构体的质谱有时非常相似,因此单独使用质谱标准谱图时要注意。若有两种或两种以上的标准谱图用于对照,则结果相当可靠。

如果有几种可能结构与谱图均大致相符时,可以对几种可能结构中的某些碳原子或某些氢原子的 δ 值利用经验公式进行计算,由计算值与实验值的比较,得出最为合理的结论。

三、综合解析前的初步分析

在进行结构分析之前,首先要了解样品的来源,这样可以很快地将分析范围缩小。另外应尽量多了解一些试样的理化性质,这对结构分析很有帮助。综合解析的方法有着十分重要的应用。但掌握综合解析方法需通过对具体未知物的分析过程不断总结、积累,才能运用自如。

第二节 综合解析例题

实例 6-1 从给出的 MS 和 ^{1}H-NMR 谱图(图 6-1)推测未知物结构,其红外光谱上在 1730cm^{-1} 处有强吸收。

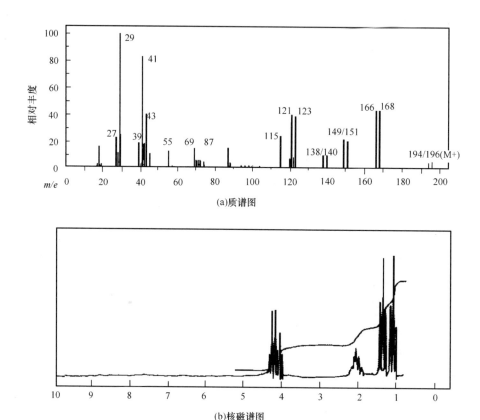

(a)质谱图

(b)核磁谱图

图 6-1 质谱图及核磁谱图

解:从质谱图确定相对分子质量为 194。由于 $m/e=194$,$m/e=196$ 的相对丰度几乎相等,说明分子中含一个 Br 原子,从红外图 1730cm^{-1} 的吸收峰可知分子中含羰基,即含一个氧原子,^{1}H-NMR谱中,从低场到高场积分曲线高度比为 3:2:3:3,H 原子数目为 11 或其整数倍,C 原子数目可用下式计算:

$$C 原子数目=(相对分子质量- H 原子数目\times1-杂原子量总和)\div12$$
$$=(194-11-16-79)\div12=7 余 4$$

不能整除,需用试探法调整。分析上述计算结果,余数 4 加 12 等于 16,因此可能另含一个氧原子。重新检查各谱,发现 H NMR 中,处于低场 4 附近的一簇峰裂分情况复杂,估计含有两种或更多种 H 原子,而 Br 原子存在不能造成两种 H 的化学位移在低场,羰基也不能使邻近 H

的化学位移移到 4 处,因此存在另一个氧原子的判断是合理的。质谱图中 $m/e=45$,$m/e=87$ 等碎片离子也说明有非羰基的氧存在。重新计算 C 原子数目。

$$C 原子数目 = (196 - 11 - 79 - 16 - 16) \div 12 \approx 6$$

故分子式为 $C_6H_{11}BrO_2$,不饱和度为 1。

由以上分析可知分子中含 Br、C=O、—O—;从氢谱的高场到低场分别有 CH_3(三重峰)、CH_3(三重峰)、CH_2(多重峰),仔细研究 δ_4 处的裂分峰情况,可以发现它由一个偏低场的四重峰和一个偏高场的三重峰重叠而成,一共有三个 H,其中四重峰所占的积分曲线略高,它为 —CH_2—(四重峰),另一个则为 CH(三重峰)。综上所述,分子中应有两个较大的结构单元 CH_3CH_2—和 CH_3CH_2CH—以及 Br、C=O、—O—三个官能团。前者的 CH_2 化学位移为 4.2 应与 O 相连;后者的 CH_2 左右均连接碳氢基团,它的化学位移只能归属到 -2,这样,可列出以下两种可能的结构:

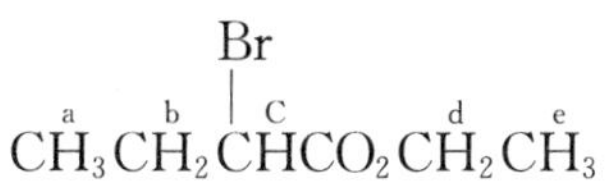

$$\overset{a}{CH_3}\overset{b}{CH_2}\overset{c}{CH}CO_2\overset{d}{CH_2}\overset{e}{CH_3}$$

$$\text{I}$$

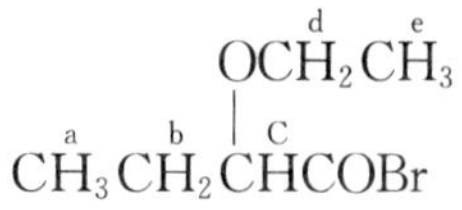

$$\overset{a}{CH_3}\overset{b}{CH_2}\overset{c}{CH}COBr$$

$$\text{II}$$

(结构 I 中含 Br;结构 II 中含 OCH_2CH_3)

先来看两种结构中,CH_2(d)的化学位移,理论计算表明结构 I 中 $\delta_d=4.1$,结构 II 中羰基 α-断裂很容易失去 Br 生成 $m/e=115$ 的离子,而实际上在高质量端有许多丰度可观的含 Br 碎片离子。因此,可以排除结构 II,而重点确认结构 I。根据理论计算,结构 I 中各种 H 的化学位移和自旋裂分情况如下:

$\delta_a=0.9$(三重峰) $\delta_b=1.3+0.6+0.2=2.1$(多重峰)

$\delta_c=0.23+0.47+2.33+1.55=4.58$(三重峰)

$\delta_d=4.1$(四重峰) $\delta_e=0.9+0.4=1.3$(三重峰)

除 δ_c 计算结果偏大之外,其余基本与谱图相符。

然后来看质谱主要碎裂方式和产物离子的质荷比。结构 I 的主要碎裂方式和碎片离子如下,它较好地解释了质谱中的重要离子。由此可以认为结构 I,即 α-溴代丁酸乙酯是该未知物的结构。

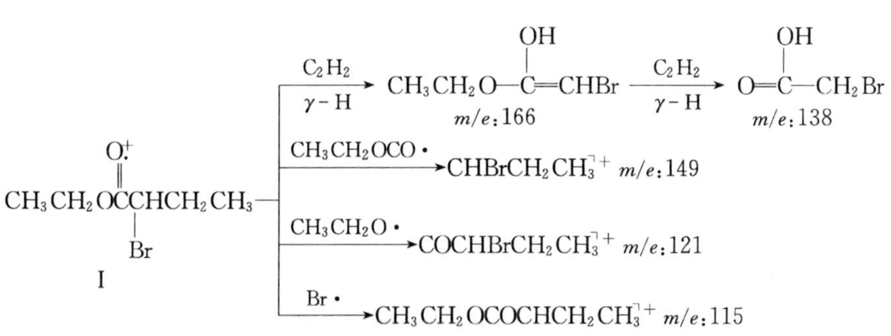

实例 6-2 图 6-2 是未知化合物的质谱、红外光谱、核磁共振氢谱、紫外光谱:乙醇溶剂中 $\lambda_{max}=220nm(lg\varepsilon=4.08)$,$\lambda_{max}=287nm(lg\varepsilon=4.36)$。根据这些光谱,推测其结构。

解:质谱上高质量端 m/e 为 146 的峰,从它与相邻低质量离子峰的关系可知它可能为分子

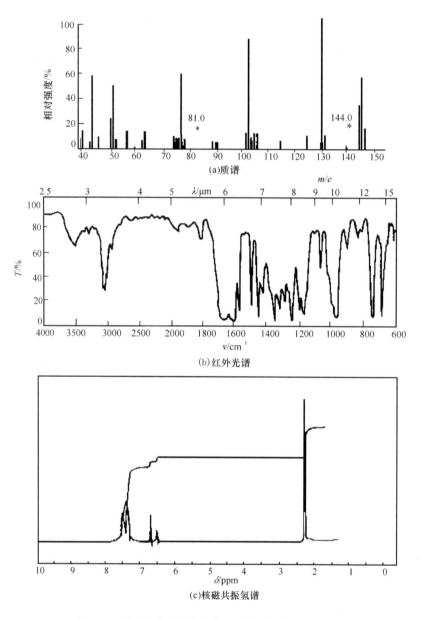

图6-2 某未知化合物的质谱、红外光谱、核磁共振氢谱

离子峰。m/e 为147 的(M+1)峰,相对于分子离子峰其强度为 10.81%,m/e 为 148 的(M+2)峰,强度为 0.73%。根据相对分子质量与同位素峰的相对强度从附录四贝农表中可查出分子式 $C_{10}H_{10}O$ 的(M+1)为 10.65%,(M+2)为 0.75%,与已知的谱图数据最为接近。从 $C_{10}H_{10}O$ 可以算出不饱和度为6,因此该未知物可能是芳香族化合物。

(1)红外光谱。3090cm^{-1} 处的中等强度的吸收带是 $\nu_{=CH}$,1600cm^{-1}、1575cm^{-1} 及 1495 cm^{-1} 处的较强吸收带是苯环的骨架振动 $\nu_{C=C}$,740cm^{-1} 和 690cm^{-1} 的较强带是苯环的外面 $\delta_{=CH}$,结合 2000~1660cm^{-1} 的 $\delta_{=CH}$ 倍频峰,表明该化合物是单取代苯。1670cm^{-1} 的强吸收带表明未知物结构中含有羰基,波数较低,可能是共轭羰基。3100~3000cm^{-1} 除苯环的 $\nu_{=CH}$ 以外,还有不

饱和碳氢伸缩振动吸收带。1620cm^{-1}吸收带可能是$\nu_{C=C}$，因与其他双键共轭,使吸收带向低波数移动。970cm^{-1}强吸收带为面外$\delta_{=CH}$,表明双键上有反式二取代。

(2)核磁共振氢谱。共有三组峰,自高场至低场为单峰、双峰和多重峰,谱线强度比3:1:6。高场$\delta_H=2.25$ppm归属于甲基质子,低场$\delta_H=7.5\sim7.2$ppm归属于苯环上的五个质子和一个烯键质子。$\delta_H=6.67$ppm、6.50ppm的双峰由谱线强度可知为一个质子的贡献,两峰间隔0.17ppm,而低场多重峰中$\delta_H=7.47$ppm、7.30ppm的两峰相隔也是0.17ppm,因此这四个峰形成AB型谱形。测量所用NMR波谱仪是100MHz的,所以裂距为17Hz,由此可推断双键上一定是反式二取代。

综合以上的分析,该未知物所含的结构单元有:苯环、$\begin{smallmatrix}H\\C=C\end{smallmatrix}$、

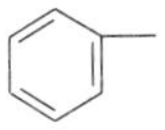

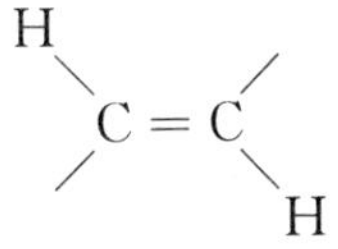

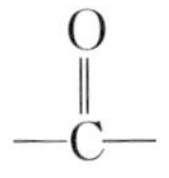

$-\overset{O}{\underset{\|}{C}}-$、$CH_3-$。

甲基不可能与一元取代苯连接,因为那样会使结构闭合。如果$-CH_3$与烯相连,那么甲基的δ_H应在1.9~1.6ppm,与氢谱不符,予以否定。$-CH_3$与羰基相连,甲基的δ_H应在2.6~2.1ppm,与氢谱($\delta_H=2.25$ppm)相符。

(3)紫外光谱。$\lambda_{max}=220$nm(lg$\epsilon=4.08$)为$\pi\rightarrow\pi^*$跃迁的K吸收带,表明分子结构中存在共轭双键;$\lambda_{max}=287$nm(lg$\epsilon=4.36$)为苯环的吸收带,表明苯环与双键有共轭关系。因此未知物的结构为:

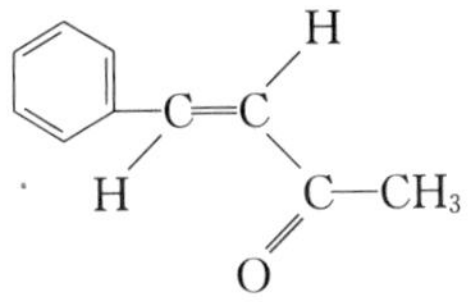

(4)质谱验证。亚稳离子$\mathbf{m}^*$是81.0,因$81.0\approx\dfrac{103^2}{131}$,证明了$m/e=131$的离子裂解为$m/e=103$的离子。质谱图上都有上述的碎片离子峰,因此结构式是正确的。

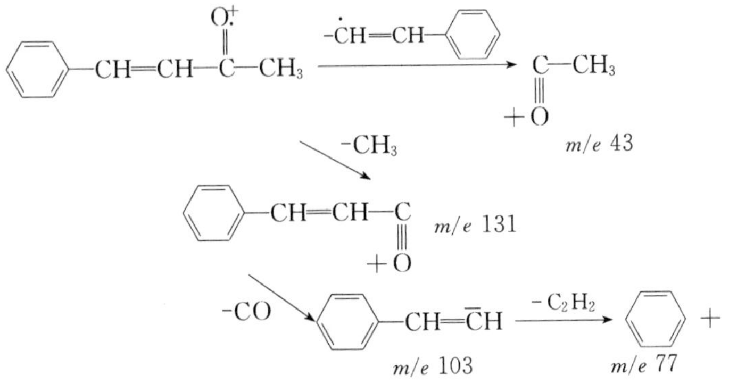

实例6-3 某化合物的IR、UV、MS以及^{1}H-NMR、^{13}C-NMR谱图如图6-3所示,试解析该化合物的结构。

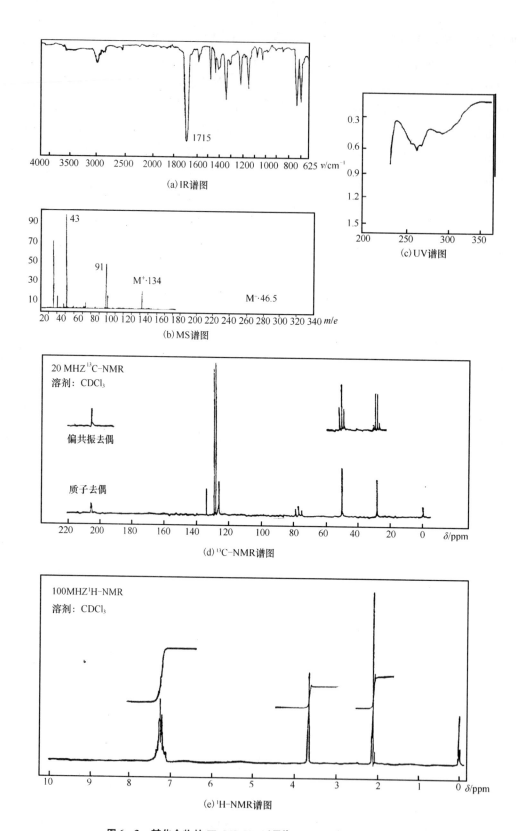

(a) IR谱图

(c) UV谱图

(b) MS谱图

(d) ^{13}C-NMR谱图

(e) ^{1}H-NMR谱图

图6-3 某化合物的 IR、MS、UV 以及 ^{13}C－NMR、^{1}H－NMR 谱图

解:根据 MS 谱图 M$^+$=134,所以该化合物相对分子质量为 134。根据 IR 在 1715 cm^{-1} 处有吸收,表示含有 C=O。^{1}H-NMR 可见有苯环氢,UV 亦表示有苯环结构。^{13}C-NMR 中物质共振峰可见有七组碳,由此可见,碳原子数≥7。查附录四贝农表中 M=134 的各种分子式,其中碳原子数≥7 的,又含有 C=O,并符合 NMR 的合理的可能的结构为 C$_9$H$_{10}$O。

从 ^{1}H-NMR 中可见有三组氢,除苯环氢外还有两组单峰,从而可见这两组氢应在 C=O 两侧,才不会分裂,据此判断,该化合物可能的结构为:

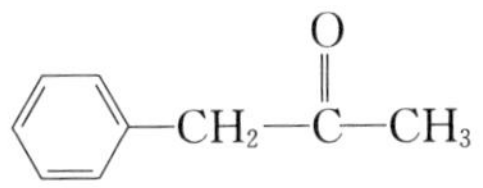

$$\text{苯环}-CH_2-\overset{O}{\underset{}{C}}-CH_3$$

用 MS 核对:

$$\text{苯环}\underset{}{\overset{91|}{-}}CH_2\underset{|43}{-}\overset{O}{\underset{}{C}}-CH_3$$

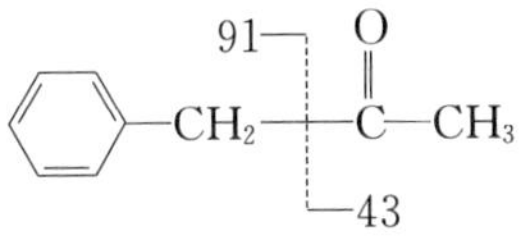

与质谱的碎片峰完全相符,证明所推断的上述结构正确无误。

实例 6-4　某化合物的波谱分析结果如图 6-4 所示,试解析该化合物结构。

解:该化合物质谱图表明 M$^+$=134,质谱计算机检索给出的分子式为 C$_9$H$_{10}$O。IR 在 1690cm^{-1} 处有吸收,表明该化合物含有羰基(C=O),在 1600 cm^{-1}、1580 cm^{-1} 处有吸收表示含有苯环,在 700 cm^{-1} 附近的两个吸收峰是单取代苯的特征吸收。UV 及 ^{1}H-NMR 谱图也表明含有芳环。

MS 中主要碎片峰为 m/e=77,其碎片结构为 C$_6$H$_5$—;最强的碎片离子峰 m/e=105,其可能的碎片结构为 苯环—C=O、苯环—CH$_2$—CH$_2$、苯环—CH—CH$_3$。已知相对分子质量为 134,134-105=29,m/e=29 的可能碎片为 C$_2$H$_5$、CHO。根据以上信息推断,可能的结构为醛或酮,如 苯环—C(=O)—C$_2$H$_5$ 、 苯环—CH$_2$—CH$_2$—CHO 、 苯环—CH(CHO)—CH—CH$_3$ 。从 ^{1}H-NMR 可见化合物有三组氢,即:

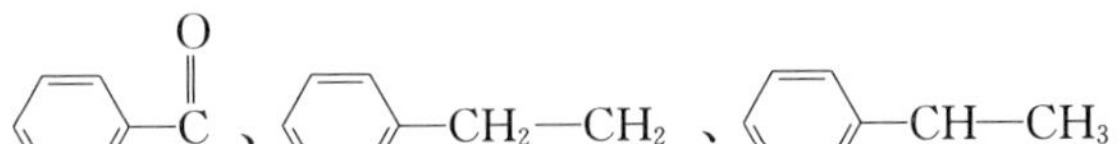

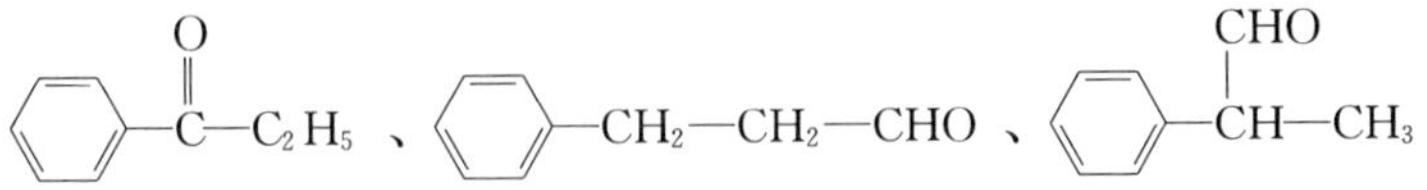

苯环氢:7.5ppm 和 8.0ppm 处为 C=O 相连的苯环氢

乙基氢:—CH$_2$CH$_3$

所以该化合物唯一可能的结构为:

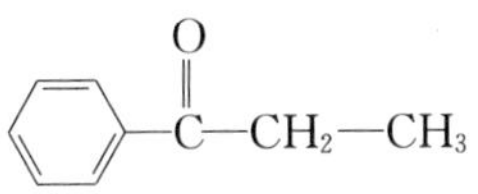

$$\text{苯环}-\overset{O}{\underset{}{C}}-CH_2-CH_3$$

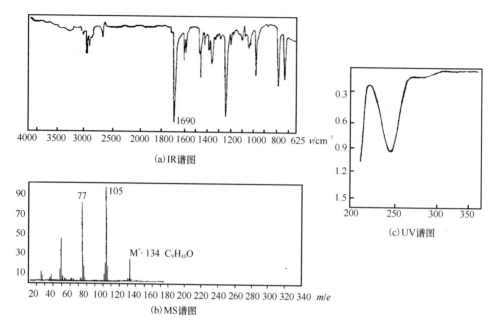

(a) IR谱图

1690

(c) UV谱图

(b) MS谱图

77　105

M⁺ 134 C₉H₁₀O

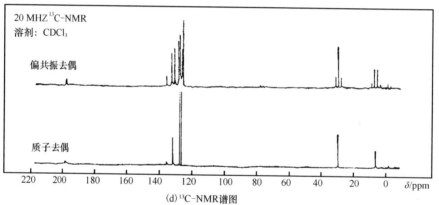

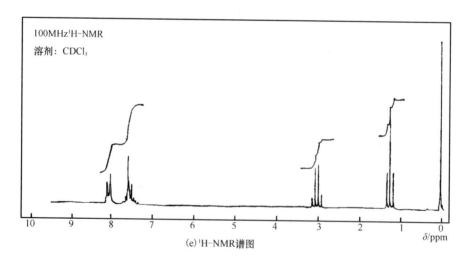

20 MHZ ¹³C-NMR
溶剂：CDCl₃

偏共振去偶

质子去偶

(d) ¹³C-NMR谱图

100MHz ¹H-NMR
溶剂：CDCl₃

(e) ¹H-NMR谱图

图 6-4　某化合物的 IR、MS、UV 以及 ¹³C-NMR、¹H-NMR 谱图

用 MS 核对:

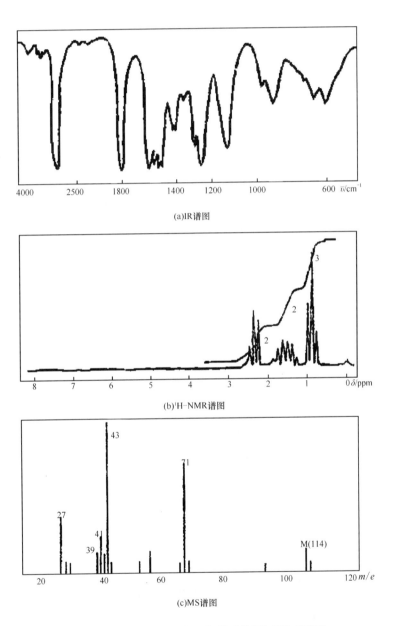

以上分析综合判断,该化合物为

实例 6-5 某无色液体化合物,其固定物理常数沸点:144℃,其 IR、^{1}H-NMR、MS 如图 6-5所示,试推测其结构。

紫外光谱数据:$\lambda_{max}=275nm$,$\varepsilon_{max}=12$。

(a)IR谱图

(b)^{1}H-NMR谱图

(c)MS谱图

图 6-5 未知物的红外光谱、核磁共振氢谱和质谱图

由计算机给出的质荷比及相对强度数据如下：27(40)，28(7.5)，29(8.5)，31(1)，39(18)，41(26)，42(10)，43(100)，70(1)，71(76)，72(3)，86(1)，99(2)，114(13)，115(1)，116(0.06)。

解：根据某化合物有固定的物理常数(沸点：144℃)，判断为纯物质。又据其质谱图 M=114 可知，该化合物相对分子质量为114。另外，从 IR、UV、^{1}H-NMR 谱图可见无芳香环结构。

据 MS 计算机数据表得：(M+1)/M=1/13=7.7%。(M+2)/M=0.06/13=0.46%。查附录四贝农表知，符合 M=114 且(M+1)/M 在 6.7%~8.4% 的分子式有七个，除去三个奇数氮原子的还剩四个。即：

$C_6H_{10}O_2$：M+1 6.72 M+2 0.59 $C_6H_{14}N_2$：M+1 7.47 M+2 0.24

$C_7H_{14}O$：M+1 7.83 M+2 0.47 $C_7H_2N_2$：M+1 8.36 M+2 0.31

其中(M+2)/M 与已知数据相近的只有 $C_7H_{14}O$。计算 $C_7H_{14}O$ 的不饱和度：

$$\Omega=7+1-14/2=1$$

根据 UV 光谱数据，在 275nm 处有弱峰说明无共轭体系，只有 $n \to \pi^*$ 跃迁，存在 n 电子发色团。IR 光谱可见 2950cm^{-1}(γ_{C-H}，CH_2，CH_3)，1709cm^{-1}($\gamma_{C=O}$，$\diagdown C=O \diagup$)。表明分子中唯一的氧原子以羰基形式存在，因而化合物应为醛或酮。不饱和度为1，表明分子中除 $\diagdown C=O \diagup$ 外无不饱和键或环。IR 在 2720~2700cm^{-1} 范围未见醛基 γ_{C-H}，所以该化合物只能是酮。

^{1}H-NMR 可知化合物有三组氢，其比例为 2：2：3，其中 δ=2.37ppm 处的三重峰与电负性较强的基团相连，本身具有两个氢，可能为 $-\overset{\overset{O}{\|}}{C}-CH_2-CH_2-$ 中与羰基邻近的碳原子上的两个氢。δ=1.57ppm 左右呈现多重峰，本身也具有两个氢，可能为中间的—CH_2—中间的氢。δ=0.86 处的三重峰说明邻近碳原子上有两个氢，本身的氢核数目为3，是端基的甲基氢。

上述分析可见化合物存在的碎片，其组成为 C_4H_7O。从分子式中去除碎片后剩余部分组成应为：$C_7H_{14}O-C_4H_7O=C_3H_7$，$C_3H_7$ 两种可能的结构，即正丙基和异丙基。其中 NMR 只有三组氢，只可能是对称结构，排除了 $CH_3-\overset{|}{CH}-CH_3$ 的可能。故该化合物结构为：

$CH_3-CH_2-CH_2-\overset{\overset{\|}{O}}{C}-CH_2-CH_2-CH_3$。用 MS 碎片峰进行核对：酮易发生 α 开裂，

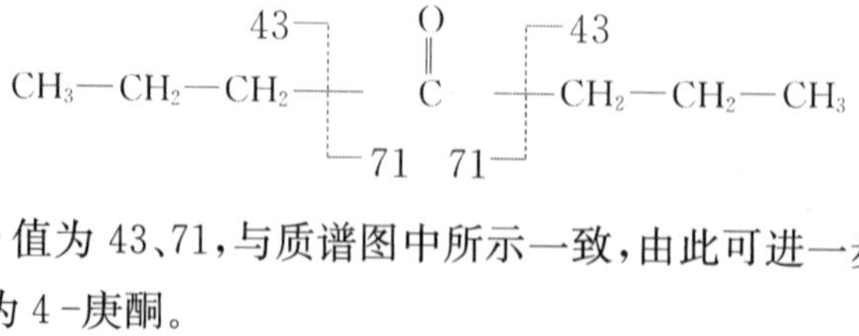

$$CH_3-CH_2-CH_2 \underset{71}{\overset{43}{|}} \overset{\overset{O}{\|}}{C} \underset{71}{\overset{43}{|}} CH_2-CH_2-CH_3$$

主要碎片峰的 m/e 值为 43、71，与质谱图中所示一致，由此可进一步确认所提出的结构是合理的，因此该化合物为 4-庚酮。

实例 6-6 一未知物沸点 219℃，元素分析表明：C%=78.6%，H%=8.3%。MS、IR、UV、^{1}H-NMR 谱图如图 6-6 所示，根据给出的谱图求其结构。

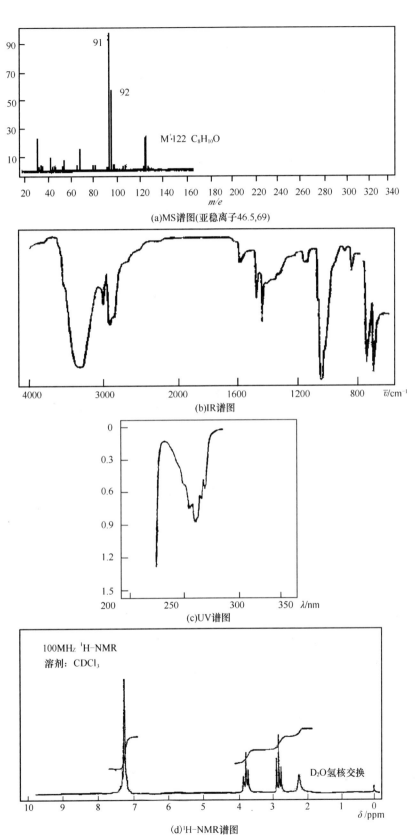

(a)MS谱图(亚稳离子46.5,69)

(b)IR谱图

(c)UV谱图

(d)¹H–NMR谱图

图6-6 未知物的谱图

解:从质谱图可知未知物的相对分子质量为122,元素分析结果计算分子式如下:

$$C:122×78.6\%×1/12=8$$

$$H:122×8.3\%×1/1=10$$

$$O:122×[(100-78.6-8.3)/100]×1/16=1$$

经计算可知未知物的分子式为 $C_8H_{10}O$。其不饱和度 $\Omega=8+1-10/2=4$。

UV 光谱 $\lambda_{max}=285nm$ 处有苯环状吸收峰,苯环不饱和度为 4,推测存在苯环结构。

IR 光谱,$3350cm^{-1}$ 处有强吸收峰,含氧原子,表示有羟基(—OH)的存在。另外在 $1710cm^{-1}$ 处无吸收,表示无 $\diagdown C\!=\!O$ 存在。从 ^1H-NMR 看有四种氢:

δ:7.2ppm 约 5 个氢(单峰)　δ:3.7ppm 约 2 个氢(三重峰)

δ:2.7ppm 约 2 个氢(三重峰)　δ:2.4ppm 约 1 个氢(宽峰)

化学位移为 7.2ppm 的峰来自苯环氢。红外光谱中 $1500\sim1600cm^{-1}$ 有吸收证实苯环存在。苯环上有 5 个氢可判断苯环是单取代。δ:3.7ppm 及 δ:2.7ppm 处吸收峰裂分及数目可初步推断存在—CH_2—CH_2—的结构。据苯环氢吸收峰呈单峰,可见苯环直接与饱和碳原子相连,即存在 ⬡—CH_2—CH_2— 的结构,减掉该结构有一羟基(—OH),δ:2.4ppm 处的宽峰恰为羟基氢的峰。所以推断该化合物为:

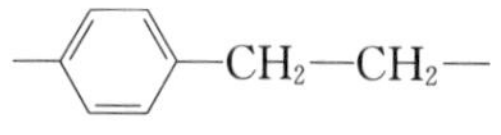

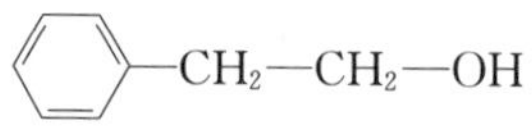

⬡—CH₂—CH₂—OH

用 MS 核对:

⬡—CH₂｜CH₂—OH

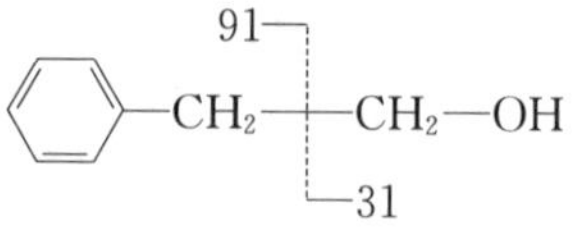

其质谱图中 $m/e=91$ 的强峰正是 ⬡—CH_2^+,$m/e=65$ 的峰为芳香环开裂的产物。再用亚稳离子峰核对:

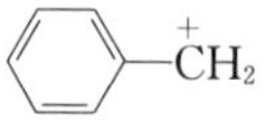

$91^2/122=68$　　$92^2/122=69.4$　　$65^2/91=46.4$

这与质谱图中给出的亚稳离子峰 69 和 46.5 符合,其中 $m/e=92$ 的峰为 91 质量结构的正离子捕获一个氢原子所致。由亚稳离子峰可以证实上述开裂方式的存在。由此证实该化合物为苯乙醇。

第三节　进口锦纶帘子线高速纺油剂(FDY)的剖析

一、初步分析

(一)处理

进口 FDY 油剂试样:为无色透明的液体,流动性好,温度低于 10℃ 时呈现稀浆状混浊(因为部分单体冷凝所致),温度升高时恢复澄清透明,存放稳定性好,不分层,略带醇味。

(二)溶解性

能溶于各种极性有机溶剂,微溶于水,1‰水溶液能较好的分散成带乳光的溶液(乳液),浓度越大,存放久了有部分析出,浊点低于室温。

(三)挥发分的测定

取洁净称量瓶,称重,再称取 5g 试样,置于 105℃烘箱烘 2h,取出干燥冷却,称重。结果见表 6-1。

$$有效物含量 = \frac{w_2 - w_0}{w_1 - w_0} \times 100\%$$

式中:w_0 为称量瓶重;w_1 为称量瓶+试样(烘前);w_2 为称量瓶+试样(烘后)

表 6-1 FDY 的挥发分测定(有效成分)

序号	w_0	w_1	w_2	有效物含量	颜色变化
1	44.8625	49.6962	49.3862	93.5%	无
2	47.2568	52.7238	52.3732	93.6%	无
3	39.7849	44.5132	44.2122	93.6%	无
4	39.4616	44.8388	44.4954	93.6%	无
平均				93.6%	

从表 6-1 的结果可知,FDY 的有效物含量 93.6%,挥发分 6.4%。

(四)离子型鉴定

亚甲基蓝—氯仿试验和硫氰酸钴试验表明 FDY 为非离子型,而且含聚氯乙烯型非离子表面活性剂,不含阴离子表面活性剂和阳离子表面活性剂。

(五)元素定性分析

(1)燃烧试验表明油剂组分含氧。

(2)灼烧试验表明 FDY 不含金属元素。

(3)钠熔试验表明 FDY 不含 S、X,未检出 N、P、Si。

(六)磷酸裂解试验

表明 FDY 中 EO,PO 都有。

(七)FDY 全组分红外光谱分析

FDY 全组分红外光谱分析如图 6-7 所示。

从图 6-7 可以看出:3500cm^{-1} 处有—OH 吸收;1600-1650cm^{-1} 处宽而小的峰为水峰;2850~1960cm^{-1} 处有很强的 C-H 的对称和反对称伸缩振动吸收峰;720cm^{-1} 处吸收表明有长链烷基存在;1740cm^{-1} 处有酯的 C$_2$O 的吸收,且不与其他基团共轭;在 1347cm^{-1}、1298cm^{-1}、1250cm^{-1} 和 1110cm^{-1} 处出现了脂肪酸聚氧乙烯酯的典型的系列峰,以及以 1110cm^{-1} 为对称的 950cm^{-1}、850cm^{-1} 特征峰;在 1370cm^{-1} 处出现了很强的 CH$_3$—的变形振动,说明 PO 基的存在。从以上各主要峰的分析结果看,FDY 主体成分可能是由脂肪酸的聚氧乙烯酯和 EO、PO 共聚醚三个组成。此外,在 1510cm^{-1} 处出现了比较明显的吸收,1600cm^{-1} 处也出现了吸收,说明 FDY

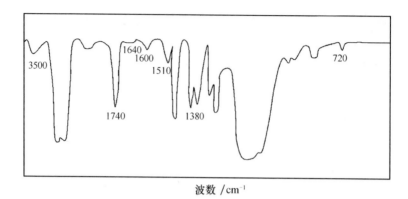

图 6 - 7　全组分的红外光谱

中含有带芳环的物质,但在其他区域还难以得到确认的取代情况,因此可以认为 FDY 中的芳香类物质一定不多。

(八)FDY 全组分的紫外光谱分析

FDY 全组分的紫外光谱分析见图 6 - 8。

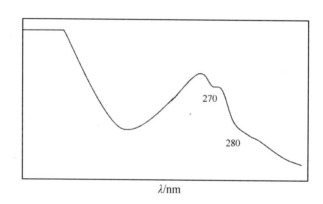

图 6 - 8　全组分的紫外光谱

从图 6 - 8 可见,FDY 在 222nm、278nm 和 285nm 处有紫外吸收,但仅从紫外还无法下结论,还需结合其他方法作进一步的分析。

(九)薄层色谱法对试样进行初步检验

各种展开剂均未能将试样完全分开成明晰的一些斑点,或虽能分开一系列斑点但拖尾严重,很难分辨。由此可知,该油剂中可能存在几种非离子表面活性剂的同系物。在几种具有较好分离能力的展开剂中出现拖尾现象,说明存在 EO 数大于 16 的同系物。

由以上的初步分析结果可知:

(1)FDY 的有效物含量为 93.6%,含挥发分(水)6.4%。

(2)FDY 为一非离子表面活性剂的复配体系,可能是脂肪酸聚氧乙烯酯和 EO、PO 共聚醚,加成数存在一定分布。

（3）FDY 含芳香环物质，量少，可能为某种添加剂。

二、FDY 的分离

（一）加样与洗脱

以被洗脱物的重量为纵坐标，对应的序号为横坐标，作出色谱分离重量分布图，见图 6-9。

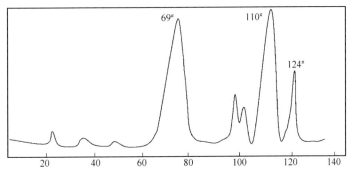

图 6-9　制备柱分离 FDY 的重量分布

洗脱物的重量分布情况为：$6^\# \sim 27^\#$ 3.5%；$28^\# \sim 47^\#$ 4.8%；$48^\# \sim 67^\#$ 4.1%；$68^\# \sim 97^\#$ 45.8%；$98^\# \sim 108^\#$ 12.3%；$109^\# \sim 120^\#$ 20.3%；$121^\# \sim 140^\#$ 9.1%。

（二）红外光谱分析

取质量分布图（图 6-9）中峰顶三点 $69^\#$、$110^\#$、$124^\#$ 进行 IR 光谱分析（图 6-10～图 6-12）

从图 6-10 可见，$69^\#$ 的 IR 与全组分的 IR 非常相似，除无芳环的特征吸收外，1375cm^{-1} 处

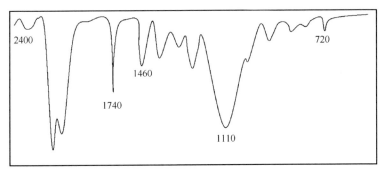

图 6-10　$69^\#$ 的 IR 谱图

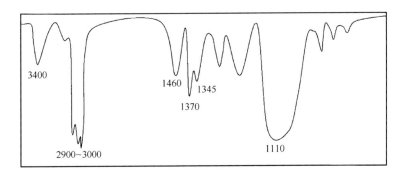

图 6-11　$110^\#$ 的 IR 谱图

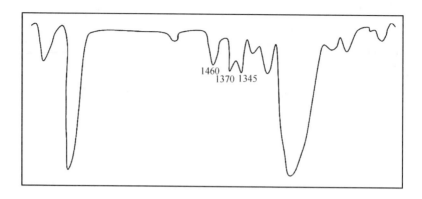

图 6-12 124# 的 IR 谱图

CH_3 的 C—H 变形振动的吸收缩为一肩峰。这是典型的饱和脂肪酸的聚氧乙烯酯,有 C=O 吸收($1740cm^{-1}$),有很强的 C—O 伸缩振动的醚键吸收($1150cm^{-1}$、$1300\sim1090cm^{-1}$),以及以它为对称的聚氧乙烯脂肪酸酯的典型 EO 吸收峰($1350cm^{-1}$、$1300cm^{-1}$、$1250cm^{-1}$ 和 $950cm^{-1}$、$850cm^{-1}$)。此外,由水的吸收峰 $1650cm^{-1}$ 很小,而 O—H 的吸收峰 $3400\sim3600cm^{-1}$ 较大,还存在 $1050\sim1040cm^{-1}$ 的肩峰,因此可以判断为聚氧乙烯脂肪酸的单酯。由 $720cm^{-1}$ 出现的显著的吸收峰可知脂肪酸部分具有长的碳链。

从图 6-11、图 6-12 可见:除都存在典型的吸收外,都有较强的—CH_3 的 C—H 变形振动吸收峰($1370cm^{-1}$),因此,110#、124# 都是 EO—PO 共聚醚。两者比较,110# 在 $1370cm^{-1}$ 较 $1345cm^{-1}$ 强得多,而 124# 在 $1370cm^{-1}$ 比 $1345cm^{-1}$ 弱些,从 $2970\sim2950cm^{-1}$ 的—CH_3 不对称伸缩振动吸收峰看,110# 比较突出,后者收缩成一肩峰,也说明 110# 烧杯中 PO 含量高于 124#,124# 中 EO 的比例很大。

(三)聚氧乙烯脂肪酸单酯的结构分析(69#)

图 6-13 中各峰的归属见表 6-2,具有较长烷基链的饱和脂肪酸聚氧乙烯单酯具有结构式:

$$CH_3(CH_2)_xCH_2CO(OCH_2CH_2)_nOH$$

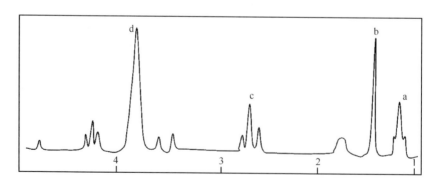

图 6-13 69# 的 ^1H-NMR

表 6 - 2   69#¹H - NMR 各峰归属

峰　号	化学位移(ppm)	相对强度	归　属
a	0.78~0.85	6.299	- CH₃
b	1.1~1.56	39.303	-(CH₂)ₓ
c	2.2~2.3	3.757	- CH₂ - COO
d	3.3~4.2	38.665	-(CH₂CH₂O)ₙ - H

在 NMR 谱中某一信号下的积分面积正比于样品分子中该种 H 原子的数目,可以计算出分子中各种类型 H 核的相对丰度。据此,依表 6 - 2 对 69# 样的分子结构进行测定。以—CH₂COO峰为基准,即确定 $\delta=2.2\sim2.3$ 处的相对峰度 3.757 相当于 2 个 H 原子,则:

$$x = \frac{39.303}{3.757} = 10.5$$

$$n = \frac{38.665 - 3.757 \div 2}{3.757 \times 2} = 4.9$$

检验—CH₃的 H 原子数= $6.299 \div (3.757 \div 2) = 3.4$,近似等于 3,因此有一个—CH₃,无支化。根据以上计算结果,69# 的结构式为:

$$\underset{a}{\underline{CH_3}}\;\underset{b}{\underline{(CH_2)_{10.5}}}\;\underset{c}{\underline{CH_2CO}}\;\underset{d}{\underline{(OCH_2CH_2)_{4.9}OH}}$$

由此可知,69# 组分的疏水基部分是平均碳数为 13.5 的脂肪酸同系物,而亲水基部分的 EO 加成数大约为 7.5。

(四) GC 法测疏水基脂肪酸

将 FDY 皂化,其中的酯键断裂成脂肪酸皂和聚乙二醇;然后将皂化样通过强碱性阴离子交换柱,再用 95%乙醇洗脱,脂肪酸皂留在柱内,再用 2mol/L HCl 的 95%乙醇溶液洗脱,蒸去乙醇,将得到的脂肪酸进行硫酸—甲酯化得脂肪酸甲酯,进行气相色谱测定。测定结果如图 6 - 14所示。

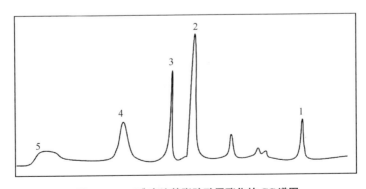

图 6 - 14   69# 亲油基脂肪酸甲酯化的 GC 谱图

通过在全等同的 GC 条件下用标准物对照保留时间定性的办法,得知峰 1、2、3、4、5 分别为 C₁₀、C₁₂、C₁₄、C₁₆、C₁₈ 的脂肪酸甲酯。所以,FDY 中脂肪酸聚氧乙烯酯的疏水部分——脂肪酸是具有偶数碳的天然产物,包括十脂肪酸、十二脂肪酸、十四脂肪酸、十六脂肪酸、十八脂肪酸。

积分各峰下的面积,利用面积的归一化法,测得脂肪酸的碳分布如表 6-3 所示:

表 6-3　FDY 亲油基碳数分布

碳分布/%					平均碳数	平均分子量
C_{10}	C_{12}	C_{14}	C_{16}	C_{18}	13.8	224.9
1.56	44.49	27.79	15.81	10.35		

由 GC 测得的平均碳数 13.8 与 NMR 的平均碳数 13.5 很接近,具有较好的一致性。由以上可知,69# 组分脂肪酸聚氧乙烯酯的疏水基是以十二酸为主(44.49%),同时含十四酸(27.79%),十六酸(15.81%),十八酸(10.35%)的天然脂肪酸,亲水基部分的加成数大约为 5。

(五)聚醚的结构分析

1. 色质联用(GC—MS)对聚醚结构的分析　110#、124# 相近,选 124# 进行分析。GC 有三个峰。MS 有三个峰。解析结果为丁醇为起始剂的 EO—PO 共聚醚

2. NMR 对聚醚平均结构的测定　同上,110#、124# 样品的性质类似,其 NMR 示意图如图 6-15所示:

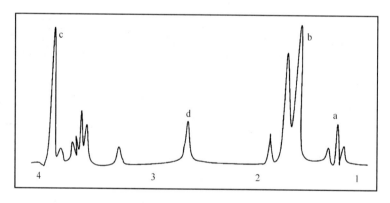

图 6-15　110#、124# 的 NMR 示意图

图中各峰的归属如表 6-4 所示,其分析结果为:

表 6-4　110# 与 124# NMR 峰的归属

峰　号	化学位移/ppm	归　属	相对强度	
			110#	124#
a	0.75~0.9	CH_3—	2.78	0.80
b	1.0~1.3	CH_3 和 OCH_2CH_2	29.89	7.48
c	3.0~4.0	$OCHCH_2$ 和 OCH_2CH_2	81.38	29.62
d	2.5~2.9	—OH		

三、FDY 剖析的结论

(1)FDY 中有效物含量为 93.6%，含水 6.4%。

(2)FDY 是一种非离子表面活性剂体系，其主要成分为脂肪酸聚氧乙烯酯和 EO、PO 的聚醚，两者所占比例接近。

(3)脂肪酸聚氧乙烯酯的亲油基为 $C_{10} \sim C_{18}$（$C_8 \sim C_{18}$）的正构偶碳脂肪酸，GC 测得各碳酸的分布与天然椰子油脂肪酸比较接近，其亲水部分 EO 数为 5。

(4)聚醚是以丁醚为起始剂的 EO、PO 无规共聚醚，其共聚的比例有几种，其中主要的两种 EO/PO 比例为 64：36 和 75：25。

思考题和习题

1. 某化合物只含有 C、H、O，元素分析结果含 C：66.7%，H：11.1%，其谱图如下所示，试推断其结构。

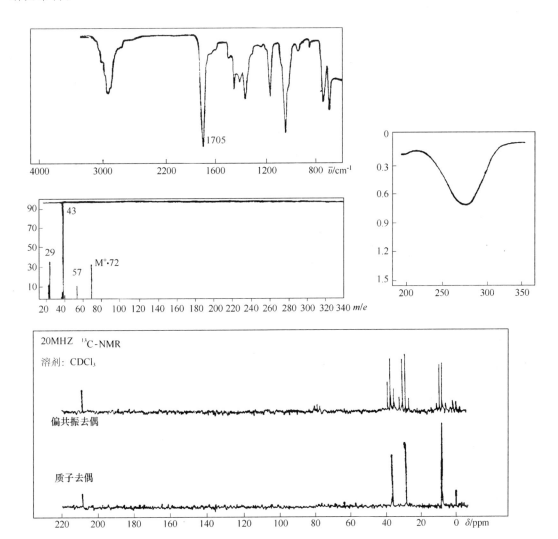

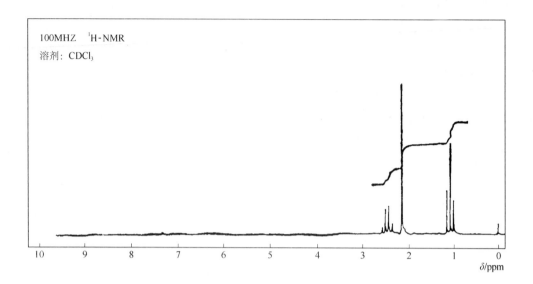

2. 某化合物沸点 207℃，元素分析结果 C％:71.7％,H％:7.9％,S％:20.8％,该化合物波谱分析结果如下所示,求其结构。

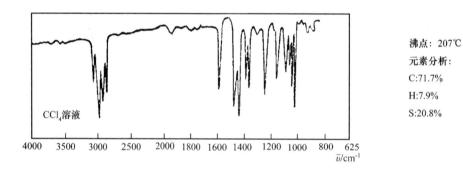

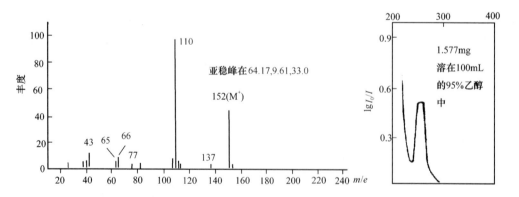

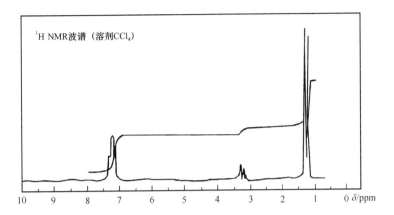

3. 某化合物 M$^+$＝102，M＋1 与 M 丰度比为 5.64，M＋2 与 M 丰度比为 0.53。其波谱分析结果如下所示，试确定该化合物的结构。

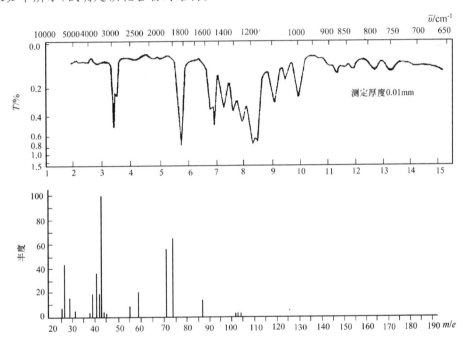

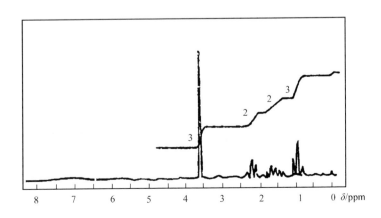

4. 某未知物沸点为 155℃,元素分析结果含 C:77.8%,含 H:7.5%,波谱分析结果如下所示,推断其结构。

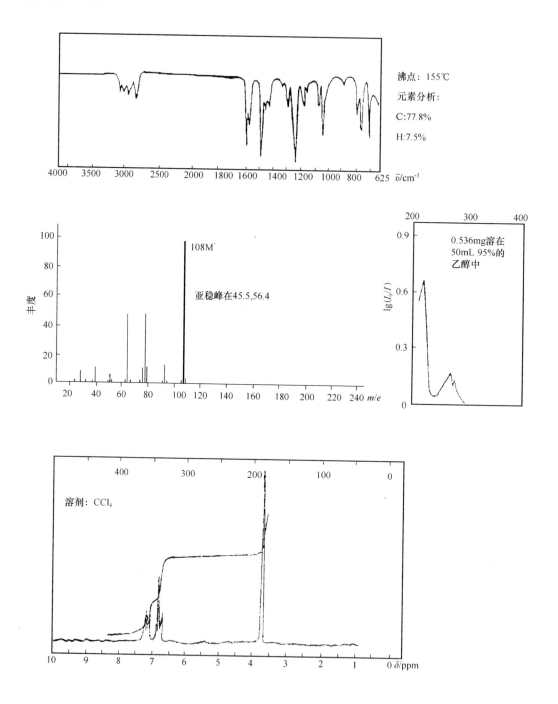

5. 某未知物为片状结晶,熔点 76℃,元素分析结果含 C:70.7%,H:6.0%,波谱分析结果如下所示,推断其结构。

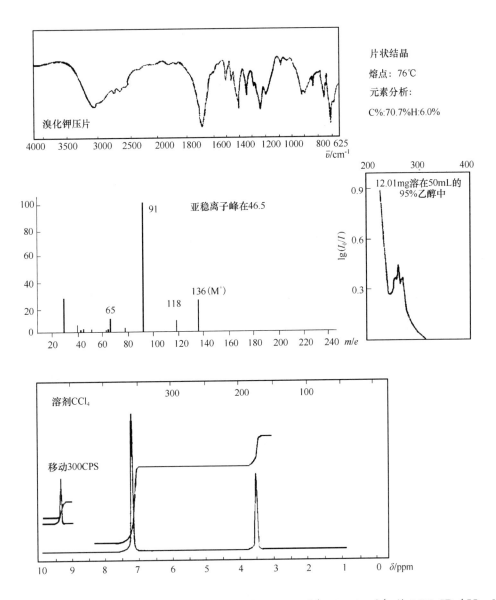

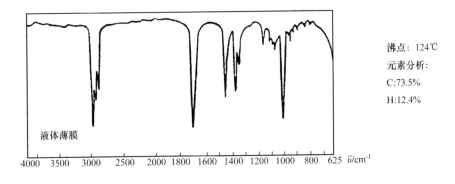

6. 某化合物沸点为 124℃,元素分析表明含 C:73.5%,H:12.4%,其 UV,IR,^{1}H-NMR 及 MS 图如下图,求其结构。

沸点：124℃
元素分析：
C:73.5%
H:12.4%

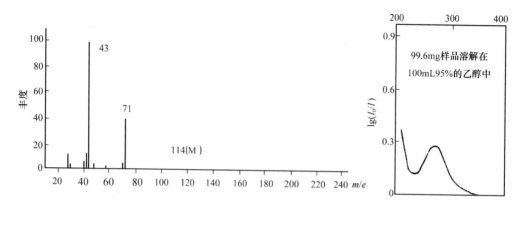

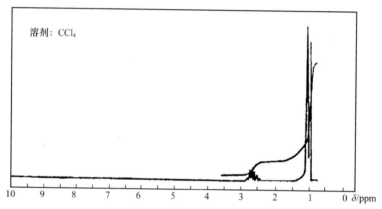

7. 某化合物紫外光谱在 200nm 以上没有吸收,元素分析数据 C:39.8%,H:7.3%,并含卤素。根据 IR、^{1}H – NMR,MS 解析化合物的结构,谱图如下所示。

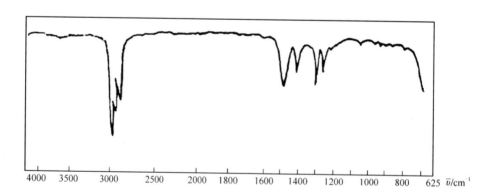

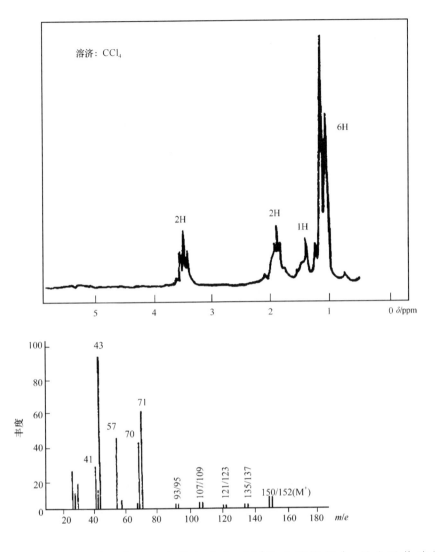

8. 某化合物含有卤素,其 UV 光谱表明在 95% 的乙醇溶剂中,最大吸收波长为 258nm ($\lg\varepsilon=2.6$),其 MS,IR,及 ^{1}H - NMR 测试结果如下所示,求其结构。

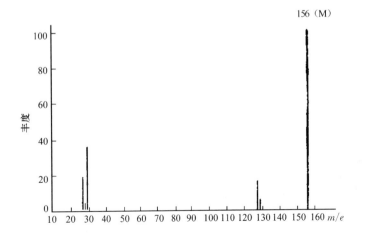

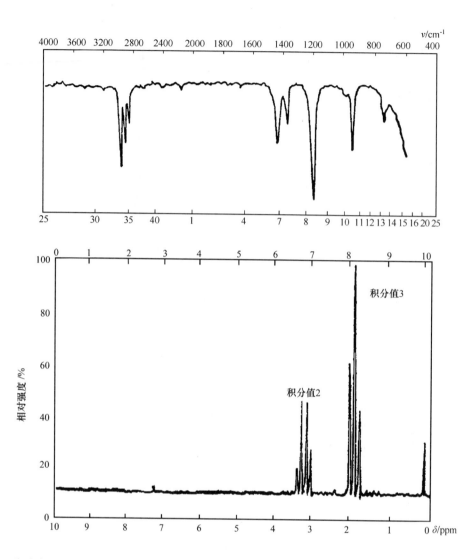

9. 某未知化合物的紫外光谱在205nm处可见$n \rightarrow \pi^*$跃迁的吸收峰,其质谱、红外及核磁共振结果如下图所示,试解析该化合物的结构。

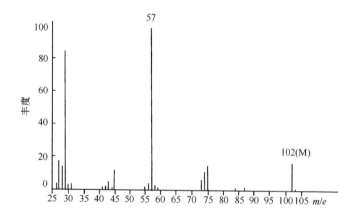

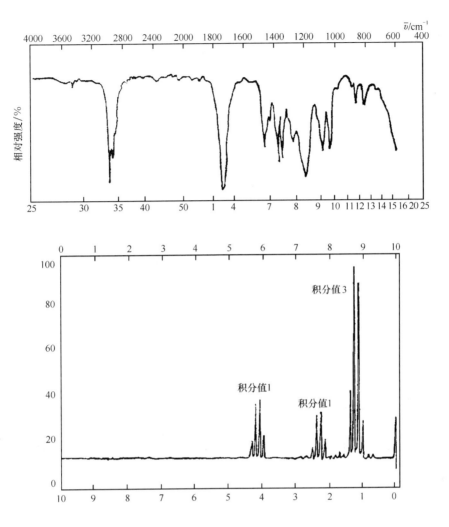

参考文献

[1]J. Bjorklund,P. Tollbäck,C. Hiärne. Influence of the injection technique and the column system on gas chromatographic determination of polybrominated diphenyl ethers，J. Chrom. A,2004, 1041, 201 - 210.

[2]钟山,冯子刚. 裂解毛细管柱气相色谱—傅里叶变换红外光谱的剖析应用[J]. 色谱,1995, 13(4):46 - 47.

[3]丁亚平,车自有,吴庆生,等. 气相色谱—红外光谱联用分离鉴定烷基磷酸酯类同分异构体[J]. 分析化学,2003, 31(8):1022.

[4]蔡锡兰,吴国萍,张大明,等. 傅里叶变换红外光谱和气相色谱—质谱法快速检测鼠药[J]. 分析化学,2003, 21(7): 836 - 839.

[5]赖碧清,郑晓航,韩银涛. 高效液相色谱—四极杆质谱联用测定饲料中三聚氰胺含量[J]. 饲料工业,2008, 29(4):47 - 48.

[6]张佩璇,李剑峰,韦亚兵,等. 氟代四氢小檗碱的波谱特征与结构解析[J]. 波谱学杂志 2006, 26(1):111 - 119.

[7]张秀菊,李占杰,蔡晓军. 聚丙烯中新型阻燃剂的综合解析[J]. 质谱学报,2002, 23(4):230 - 233.

[8]袁耀佐,张玫,杭太俊,等. 蒜氨酸精制品的纯化与结构确证[J]. 中国新药杂志,2008, 17(24):2125 - 2129.

第七章　实验

实验一　有机化合物的紫外—可见吸收光谱及溶剂效应

一、实验目的

1. 了解紫外—可见分光光度法的原理及应用范围。
2. 了解紫外—可见分光光度计的基本构造及设计原理。
3. 了解苯及衍生物的紫外吸收光谱及鉴定方法。
4. 观察溶剂对吸收光谱的影响。

二、实验原理

紫外—可见吸收光谱是由于分子中价电子的跃迁而产生的。这种吸收光谱取决于分子中价电子的分布和结合情况。分子内部的运动分为价电子运动、分子内原子在平衡位置附近的振动和分子绕其重心的转动。因此分子具有电子能级、振动能级和转动能级。通常电子能级间隔为 $1\sim20$ eV，这一能量恰好落在紫外与可见光区。每一个电子能级之间的跃迁，都伴随着分子的振动能级和转动能级的变化，因此，电子跃迁的吸收线就变成了内含分子振动和转动精细结构的较宽的谱带。

芳香族化合物的紫外光谱的特点是具有由 $\pi \rightarrow \pi^*$ 跃迁产生的三个特征吸收带。例如，苯在 184nm 附近有一个强吸收带，$\varepsilon=68000$；在 204nm 处有一较弱的吸收带，$\varepsilon=8800$；在 254nm 附近有一个弱吸收带，$\varepsilon=250$。当苯处在气态时，这个吸收带具有很好的精细结构。当苯环上带有取代基时，则强烈地影响苯的三个特征吸收带。

三、实验仪器与试剂

1. 仪器　UV - 1600 型紫外—可见分光光度计；比色管（带塞）：5mL 10 支，10mL 3 支；移液管：1mL 6 支，0.1mL 2 支。

2. 试剂　苯、乙醇、环己烷、正己烷、氯仿、丁酮，HCl（0.1mol/L），NaOH（0.1mol/L），苯的环己烷溶液（1∶250），甲苯的环己烷溶液（1∶250），苯酚的环己烷溶液（0.3 g/L），苯甲酸的环己烷溶液（0.8g/L），苯酚的水溶液（0.4g/L）。

四、实验步骤

1. 取代基对苯吸收光谱的影响 在五个 5mL 带塞比色管中,分别加入 0.5 mL 苯、甲苯、苯酚、苯甲酸的环己烷溶液,用环己烷溶液稀释至刻度,摇匀。用带盖的石英吸收池,环己烷作参比溶液,在紫外区进行波长扫描,得出四种溶液的吸收光谱。

2. 溶剂对紫外吸收光谱的影响 溶剂极性对 $n \rightarrow \pi^*$ 跃迁的影响:在 3mL 带塞比色管中,分别加入 0.02mL 丁酮,然后分别用水、乙醇、氯仿稀释至刻度,摇匀。用 1cm 石英吸收池,将各自的溶剂作参比溶液,在紫外区作波长扫描,得到三种溶液的紫外吸收光谱。

3. 溶液的酸碱性对苯酚吸收光谱的影响 在两个 5mL 带塞比色管中,各加入苯酚的水溶液 0.5mL,分别用 HCl 和 NaOH 溶液稀释至刻度,摇匀。用石英吸收池,以水作参比溶液,绘制两种溶液的紫外吸收光谱。

五、数据处理

(1)比较苯、甲苯、苯酚和苯甲酸的吸收光谱,计算各取代基使苯的最大吸收波长红移了多少纳米,并解释原因。

(2)比较溶剂和溶液酸碱性对吸收光谱的影响。

六、结果与讨论

依据实验过程中出现的现象和数据进行讨论。

七、思考题

(1)本实验中有哪些注意事项?

(2)为什么溶剂极性增大,$n \rightarrow \pi^*$ 跃迁产生的吸收带发生蓝移,而 $\pi \rightarrow \pi^*$ 跃迁产生的吸收带则发生红移?

实验二　紫外—可见分光光度法测定苯酚

一、实验目的

1. 了解紫外—可见分光光度计的结构、性能及使用方法。
2. 熟悉定性、定量测定的方法。

二、实验原理

紫外—可见分光光度法是研究分子吸收 190～1100nm 波长范围内的吸收光谱。紫外吸收光谱主要产生于分子价电子在电子能级间的跃迁,是研究物质电子光谱的分析方法。通过测定分子对紫外光的吸收,可以对大量的无机物和有机物进行定性和定量测定。

苯酚是一种剧毒物质,可以致癌,已经被列入有机染物的黑名单。但在一些药品、食品添加剂、消毒液等产品中均含有一定量的苯酚。如果其含量超标，就会产生很大的毒害作用。苯酚在紫外光区的最大吸收波长 $\lambda_{max} = 270$ nm。对苯酚溶液进行扫描时，在270nm处有较强的吸收峰。

定性分析时，可在相同的条件下，对标准样品和未知样品进行波长扫描，通过比较未知样品和标准样品的光谱图对未知样品进行鉴定。在没有标准样品的情况下，可根据标准谱图或有关的电子光谱数据表进行比较。

定量分析是在270 nm处测定不同浓度苯酚的标准样品的吸光值，并自动绘制标准曲线。再在相同的条件下测定未知样品的吸光度值，根据标准曲线可得出未知样中苯酚的含量。

三、实验仪器与试剂

1. 仪器　UV-1600型紫外—可见分光光度计；

容量瓶（1 000mL、250mL），比色管（50mL），吸量管（5mL、10mL）。

2. 试剂　苯酚储备液（1000μg/mL）：准确称取苯酚1.000g溶解于200mL蒸馏水中，溶解后定量转移到1000mL的容量瓶中；苯酚标准溶液（10μg/mL）。

四、实验步骤

1. 设置仪器参数

2. 波长扫描

(1)确定波长扫描参数：测量方式、扫描速度、波长范围、光度范围、换灯点等。

(2)放入参比液和样品。

(3)波长扫描。

3. 定性分析

4. 定量分析

(1)标准系列溶液的配制：在5支50 mL的比色管中，用吸量管分别加入0.5mL、2mL、5mL、10mL、20mL的10μg/mL的苯酚标准溶液，用蒸馏水定容至刻度，摇匀。

(2)确定定量分析参数：波长等。

5. 测量完毕，返回主页面，关机

五、数据处理

(1)定性分析：比较未知样品和标准样品的光谱图对未知样品进行鉴定。

(2)定量分析：根据标准曲线可得出未知样品中苯酚的含量。

六、结果与讨论

定性分析和定量分析的理论依据和方法。

七、思考题

(1)紫外—可见分光光度计的主要组成部件有哪些?

(2)试说明紫外—可见分光光度法的特点及适用范围。

实验三　红外光谱实验

一、实验目的

1. 学习有机化合物红外光谱测定的制样方法。

2. 学习 FTIR‑650 红外光谱仪的操作技术。

二、实验原理

由于分子吸收了红外线的能量,导致分子内振动能级的跃迁,从而产生相应的吸收信号——红外光谱(Infrared Spectroscopy,IR)。通过红外光谱可以判定各种有机化合物的官能团,如果结合对照标准红外光谱还可用于鉴定有机化合物的结构。

三、红外光谱法对试样的要求

红外光谱的试样可以是液体、固体或气体,一般应要求:

(1)试样应该是单一组分的纯物质,纯度应>98%或符合商业规格,才便于与纯物质的标准光谱进行对照。

(2)试样中不应含有游离水。水本身有红外吸收,会严重干扰样品谱,而且会侵蚀吸收池的盐窗。

(3)试样的浓度和测试厚度应选择适当,以使光谱图中的大多数吸收峰的透射比处于10%~80%的范围内。

四、制样的方法

1. 气体样品　气态样品可在玻璃气槽内进行测定,它的两端粘有红外透光的 NaCl 或 KBr 窗片,如图 7‑1所示。先将气槽抽真空,再将试样注入。

2. 液体和溶液试样

(1)液体池法。沸点较低,挥发性较大的试样,可注入封闭液体池中,液层厚度一般为0.01~1mm,样池如图 7‑2 所示。

(2)液膜法。沸点较高的试样,直接滴在两片盐片之间,形成液膜。

3. 固体试样

(1)压片法。将 1~2mg 试样与 200mg 纯 KBr 研细均匀,置于模具中,用(5×10^7)~$(10 \times$

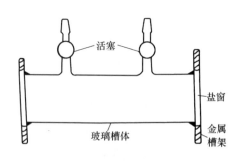

图 7‑1　气体槽结构示意图

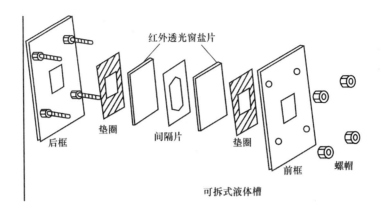

图 7-2 可拆式液体槽结构示意图

10^7)Pa 压力在油压机上压成透明薄片,即可用于测定。试样和 KBr 都应经干燥处理,研磨到粒度小于 $2\mu m$,以免散射光影响。

(2)石蜡糊法。将干燥处理后的试样研细,与液体石蜡或全氟代烃混合,调成糊状,夹在盐片中测定。

(3)薄膜法。主要用于高分子化合物的测定。可将它们直接加热熔融后涂制或压制成膜。也可将试样溶解在低沸点的易挥发溶剂中,涂在盐片上,待溶剂挥发后成膜测定。

五、实验用样品

苯乙酮,苏丹Ⅱ

六、实验注意事项

(1)待测样品及盐片均须充分干燥处理。

(2)为了防潮,宜在红外干燥灯下操作。

(3)测试完毕,应及时用丙酮擦洗样。干燥后,置入干燥器中备用。

预习:苯乙酮、苏丹Ⅱ的物理化学性质。

实验四 核磁共振波谱的测定

一、实验目的

1. 了解核磁共振的基本原理及核磁共振波谱仪的基本操作。

2. 了解核磁共振波谱样品的制备、测定方法及步骤。

3. 掌握一些典型化合物质子化学位移的测定方法及常用的实验手段。进一步巩固谱图解析知识。

二、实验原理

核磁共振谱仪可分为三大组成部分:磁体、探头和谱仪。

与其他波谱不同,NMR信号的产生和接收都需在磁场中进行。核磁共振谱仪要求磁体能产生强大、均匀和稳定的磁场。目前采用三类磁体:永久磁体、电磁体和超导磁体。永久磁体稳定、运转费用低,但产生的磁场强度低(一般是1.4T),而且不能在宽范围内调节。电磁铁的磁场强度上限约为2.50T,改变励磁电流可获得强度范围大的磁场,但需要很稳定的电源及恒温冷却系统,采用超导磁体,可获得非常强的磁场,其灵敏度和分辨率都大为提高,不过,为了形成超导磁体,需将Nb—Ti合金等材料做成的超导线圈浸在价格昂贵的液氦中。

探头是NMR谱仪的心脏,安装在磁体极靴间的空隙中,调节其位置使样品处于最佳匀场区内,压缩空气使样品进入探头和旋转。探头内安有变温装置,还有与谱仪主机相连的发射线圈和接收线圈,用于发射射频和接收核磁共振信号。在两磁极端处安装了扫描线圈和匀场线圈,用于在一定范围内改变磁场强度和补偿磁场的不均匀性。

NMR谱仪的工作方式有连续波(CW)工作方式和脉冲傅里叶(PFT)工作方式两种,CW工作方式是指用连续变化频率的射频或连续变化强度的磁场激发自旋系统。它的缺点是扫描时间较长,工作效率低。PFT谱仪采用射频脉冲激发,每次发射的脉冲频宽覆盖了所有欲观测核的范围,可使全部核同时发生共振,优点是可采用高次数信号累加,大大提高灵敏度和分辨率;快速效率高,并适用于研究动态过程。

磁矩不为零的原子核存在核自旋,在强的外磁场中,核自旋的能级将发生分裂,当外界发射一个电磁辐射时,位于低能级的原子核将吸收相当于能级差的电磁辐射而跃迁到高能级,产生核磁共振现象。而断开射频辐射后,高能级的核通过非辐射的途径回到低能级(弛豫),同时产生感应电动势,即自由感应衰减(FID),其特征为随时间而递减的点高度信号,再经过傅里叶变换后,得到强度随频率的变化曲线,即为核磁共振谱图。

根据NMR谱图中化学位移值、偶合常数值,谱峰的裂分数、谱峰面积等实验数据,运用一级近似$n+1$规律,进行简单图谱解析,可找出各谱峰所对应的官能团及它们相互的连接,结合给定的已知条件可推出样品的分子式。

傅里叶变换的核磁共振谱仪的组成见下图:

三、操作步骤

1. 样品配制(本实验样品均有实验室事先准备)

(1)0.1%乙基苯溶液,$CDCl_3$溶剂,TMS内标。

(2)1%乙醇溶液,$CDCl_3$溶剂,TMS内标。

(3)1%乙醇溶液+0.05mL D_2O,$CDCl_3$溶剂,TMS内标。

2. 开机、绘制谱图 操作步骤因仪器不同而不同,由指导老师现场示范指导

3. 谱图解析

(1)解析乙基苯的NMR谱,指出各吸收峰的归属,标明各质子的化学位移和自旋—自旋偶合常数。

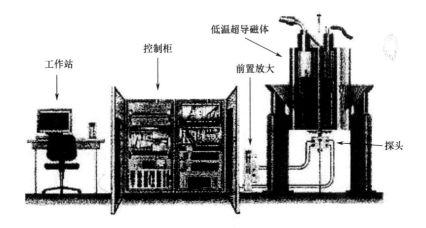

（2）解析乙醇的 NMR 谱，比较滴加 D_2O 后谱图的变化，解释变化原因。

（3）将以上结果写在实验报告上。

思考题

1. 化学位移是否随外加磁场而变化？为什么？

2. 在测得的氢谱中活泼氢的位置怎样确定？

附录

附录一　紫外—可见参考光谱

1. 烯烃和炔烃的紫外—可见光谱

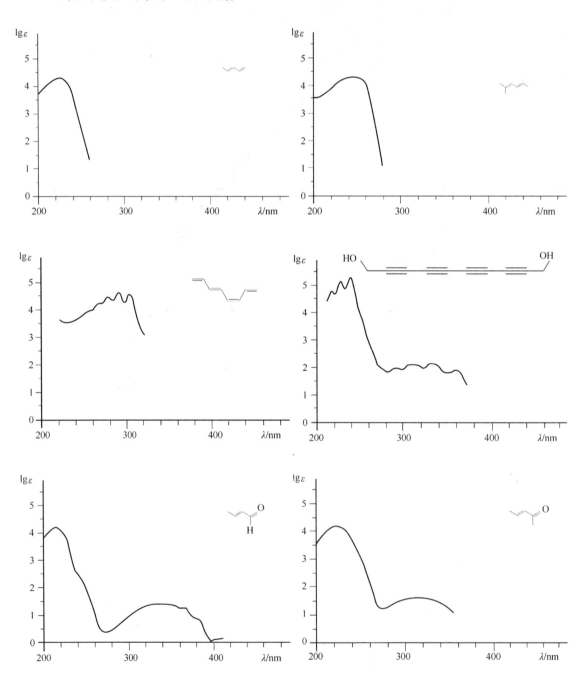

2. 芳香族化合物的紫外—可见光谱

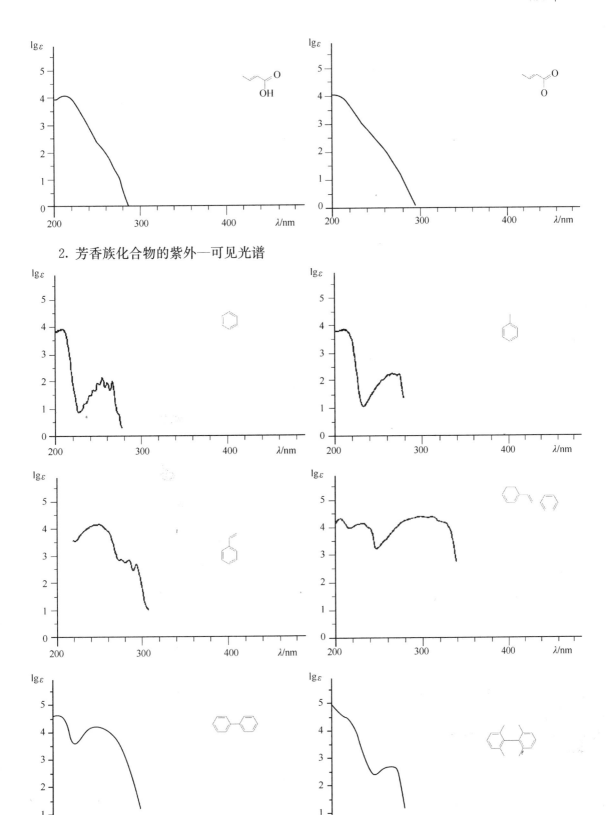

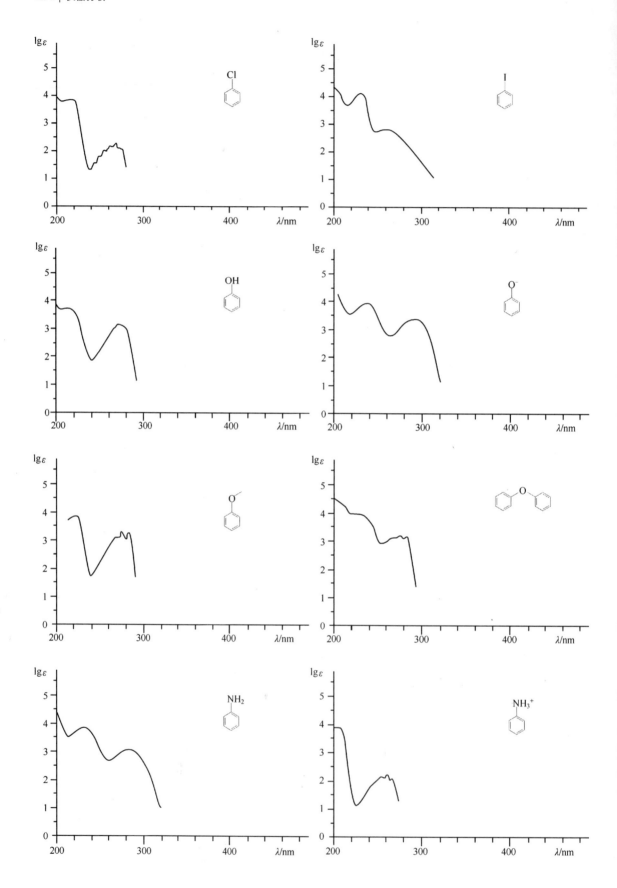

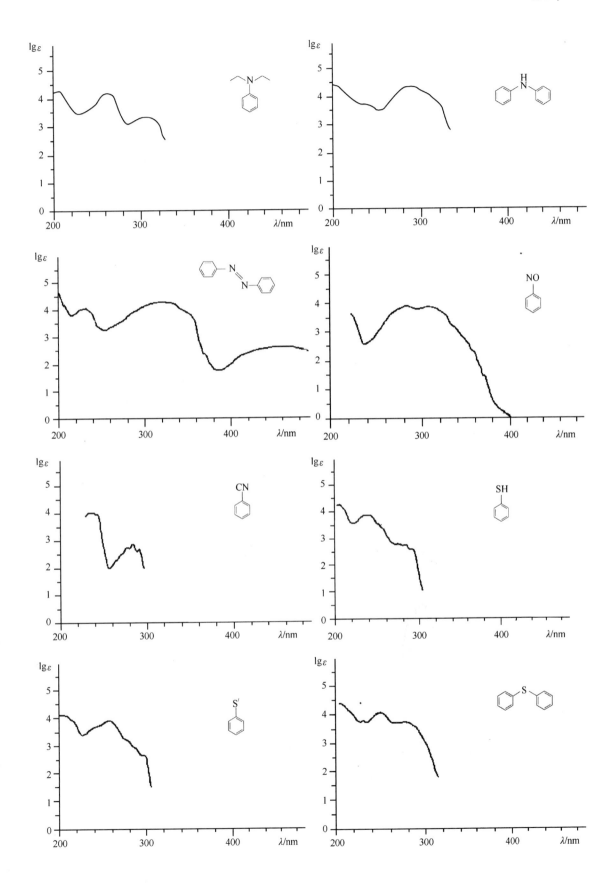

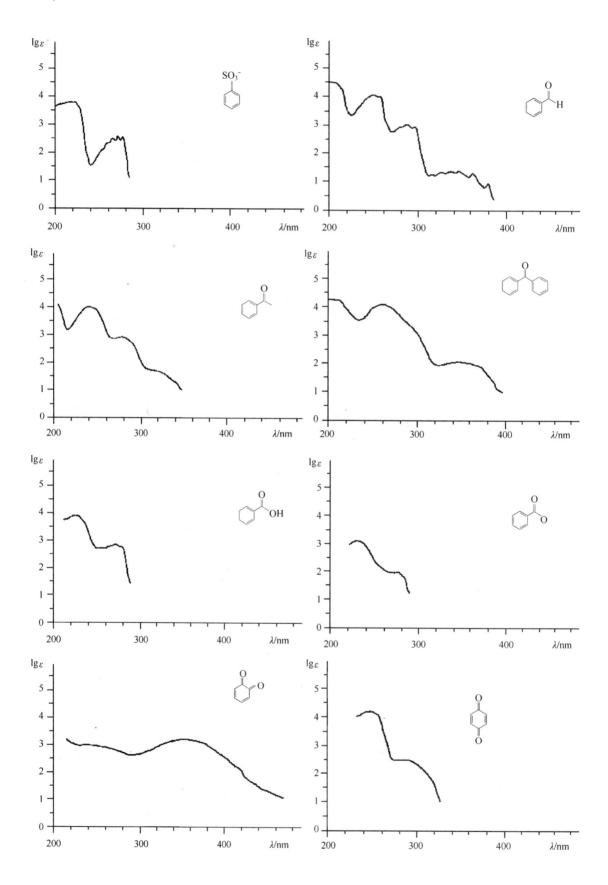

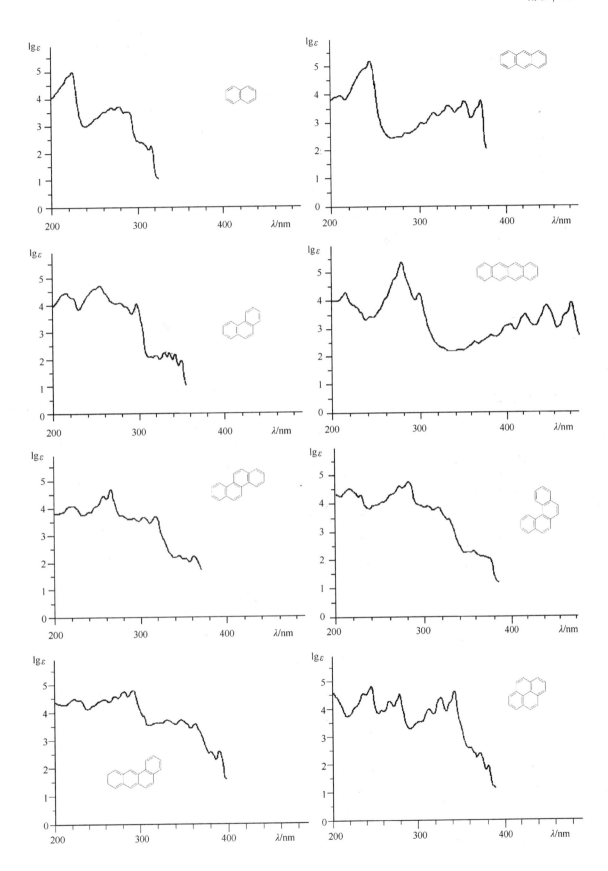

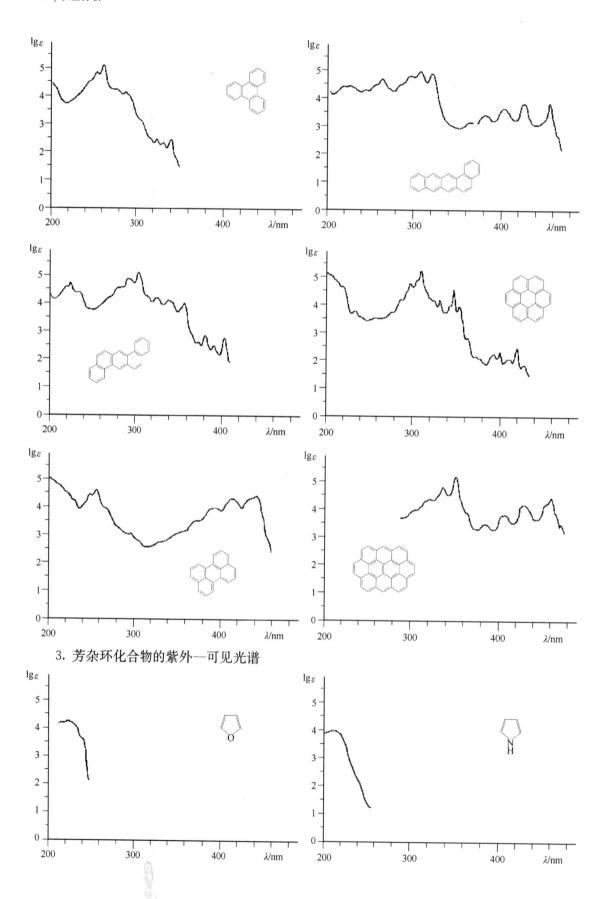

3. 芳杂环化合物的紫外—可见光谱

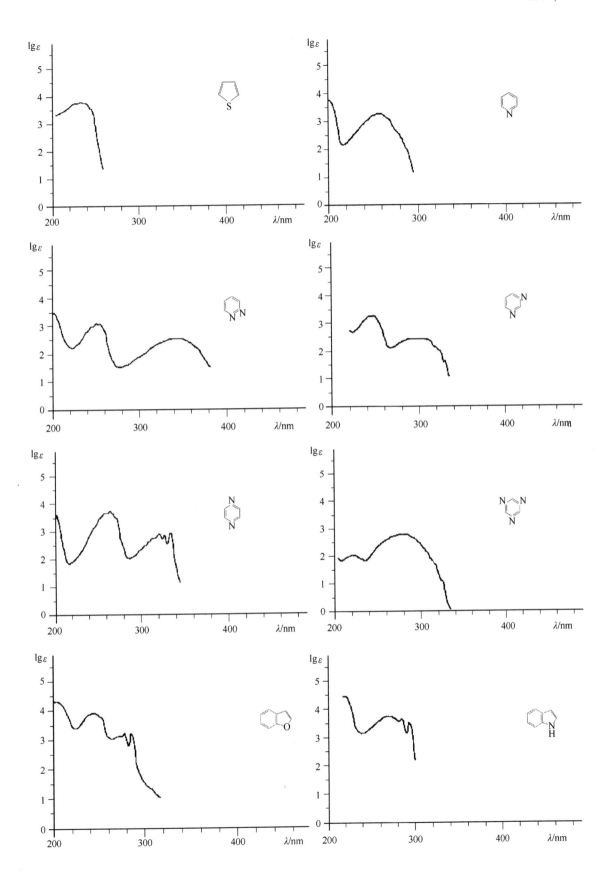

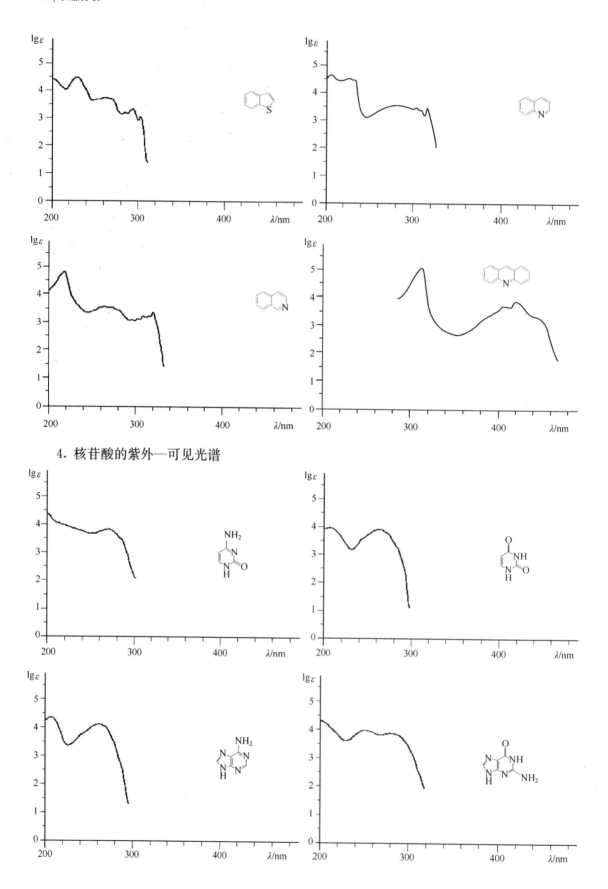

4. 核苷酸的紫外—可见光谱

5. 其他化合物的紫外—可见光谱

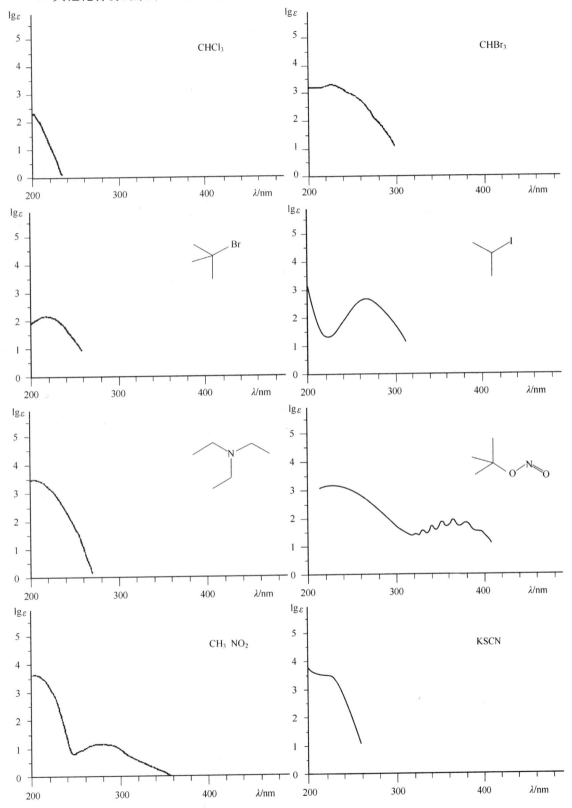

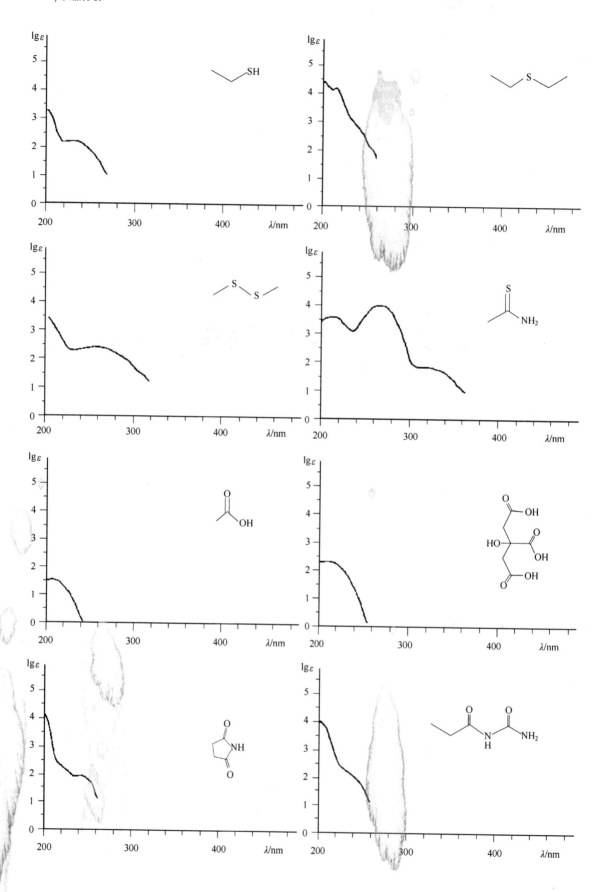

附录二 常见的碎片离子

m/e	离 子	m/e	离 子
14	CH_2	54	$CH_2CH_2C≡N$
15	CH_3	55	C_4H_7, $CH_2=CHC=O$
16	O	56	C_4H_8
17	OH	57	C_4H_9, $C_2H_5C=O$
18	H_2O, NH_4	58	CH_3CO-CH_2+H, $C_2H_5CHNH_2$, $(CH_3)_2NCH_2$, $C_2H_5NHCH_2$, C_2H_2S
19	F, H_3O		
26	$C≡N$	59	$(CH_3)_2COH$, $CH_2OC_2H_5$, $O=COCH_3$, NH_2COCH_2+H, CH_3OCHCH_3, CH_3CHCH_2OH
27	C_2H_3		
28	C_2H_4, CO, $N_2(air)$, $CH=NH$		
29	C_2H_5, CHO		
30	CH_2NH_2, NO	60	$CH_2COOH+H$, CH_2ONO
31	CH_2OH, OCH_3	61	$O=C-OCH_3+2H$, CH_2CH_2SH, CH_2SCH_3
32	$O_2(air)$		
33	SH, CH_2F	65	
34	H_2S	67	C_5H_7
35	Cl	68	$CH_2CH_2CH_2C≡N$
36	HCl	69	C_5H_9, CF_3, $CH_3CH=CHC=O$, $CH_2=C(CH_3)C=O$
39	C_3H_3		
40	$CH_2C≡N$, $Ar(air)$	70	C_5H_{10}
41	C_3H_5, $CH_2C≡N+H$, C_2H_2NH	71	C_5H_{11}, $C_3H_7C=O$
42	C_3H_6	72	$C_2H_5COCH_2+H$, $C_3H_7CHNH_2$, $(CH_3)_2N=C=O$, $C_2H_5NHCHCH_3$, and isomers
43	C_3H_7, $CH_3C=O$, C_2H_5N		
44	$CH_2CH=O+H$, CH_3CHNH_2, CO_2, $NH_2C=O$, $(CH_3)_2N$	73	Homologs of 59
45	CH_3CHOH, CH_2CH_2OH, CH_2OCH_3, $O=C-OH$, $CH_3CH-O+H$	74	CH_2COOCH_3+H
		75	$O=C-OC_2H_5+2H$, $CH_2SC_2H_5$, $(CH_3)_2CSH$, $(CH_3O)_2CH$
46	NO_2	77	C_6H_5
47	CH_2SH, CH_3S	78	C_6H_5+H
48	CH_3S+H	79	C_6H_5+2H, Br
49	CH_2Cl	80	, CH_3SS+H
51	CHF_2		
53	C_4H_5		

m/e	离　　子	m/e	离　　子
81	呋喃-CH_2，C_8H_9，甲基环己烯基	103	$O=C-OC_4H_9+2H$，$C_5H_{11}S$，$CH(OCH_2CH_3)_2$
82	$CH_2CH_2CH_2CH_2C\equiv N$，$CCl_2$，$C_6H_{10}$	104	$C_2H_5CHONO_2$
83	C_6H_{11}，$CHCl_2$，噻吩基	105	苯基-$C=O$，　苯基-CH_2CH_2，　苯基-$CHCH_3$
85	C_6H_{13}，$C_4H_9C=O$，$CClF_2$		
86	$C_3H_7COCH_2+H$，$C_4H_9CHNH_2$，and isomers	106	苯基-$NHCH_2$
87	C_3H_7COO，homologs of 73，$CH_2CH_2COOCH_3$	107	苯基-CH_2O，　甲基酚基(CH_2,OH)，　甲基酚基(CH_2,OH)
88	$CH_2COOC_2H_5+H$		
89	$O=C-OC_3H_7+2H$，苯基-C	108	苯基-CH_2O+H ＋ H，N-甲基吡啶基-$C=O$
90	CH_3CHONO_2，苯基-CH		
91	苯基-CH_2，　苯基-CH ＋ H，　苯基-C ＋$2H$,$(CH_2)_4Cl$，苯基-N	109	环己烯基-$C=O$
92	苯基-CH_2 ＋H，吡啶基-CH_2，甲基环己烯酮基	111	噻吩基-$C=O$
93	CH_2Br，邻羟基苯基(OH)，C_7H_9，吡啶基-$C=O$，苯氧基-O C_7H_9(ter-penes)	119	CF_3CF_2，　异丙苯基(CH_3,C,CH_3)，　甲基苯基-$CHCH_3$，甲基苯基-$C=O$
94	苯氧基-O ＋H，吡咯基-$C=O$(N,H)		
95	呋喃基-$C=O$	120	环己二烯酮基-$C=O$
96	$(CH_2)_5C\equiv N$	121	羟基苯基-$C=O$(OH)，甲氧基甲基苯基(OCH_3,CH_2)，$N=N-O$, NH C_9H_{13}(terpenes)
97	C_7H_{13}，噻吩基-CH_2		
98	呋喃基-CH_2O+H		
99	C_7H_{15}，$C_6H_{11}O$	123	氟苯基-$C=O$(F)
100	$C_4H_9COCH_2+H$，$C_5H_{11}CHNH_2$		
101	$O=C-OC_4H_9$	125	苯基-$S\rightarrow O$
102	$CH_2COOC_3H_7+H$	127	I

续表

m/e	离　子	m/e	离　子
131	C_3F_5，〔苯环〕—CH=CH—C=O	149	〔苯环-酸酐〕C$\overset{O}{O}$O+H
135	$(CH_2)_4Br$		
138	〔苯环〕$\overset{O}{CO}$OH +H	150	〔联苯〕
139	〔苯环-Cl〕C=O		

附录三　从分子离子脱去的常见碎片

失去质量	碎　片	失去质量	碎　片
1	H·	42	$CH_2=CHCH_3$，$CH_2=C=O$，CH_2—CH_2—CH_2
15	CH_3·		
17	HO·	43	C_3H_7·，$CH_3\overset{O}{C}$·，$CH_2=CH-O$·，〔CH_3· and $CH_2=CH_2$〕
18	H_2O		
19	F·		
20	HF	44	$CH_2=CHOH$，CO_2
26	$CH≡CH$，·$C≡N$	45	CH_3CHOH，CH_3CH_2O·
27	$CH_2=CH$·，$HC≡N$	46	〔H_2O and $CH_2=CH_2$〕，CH_3CH_2OH，·NO_2
28	$CH_2=CH_2$，CO，$H_2C=N$		
29	CH_3CH_2·，·CHO	47	CH_2S·
30	NH_2CH_2·，CH_2O，NO	48	CH_3SH
31	·OCH_3，·CH_2OH，$CHNH_2$	49	·CH_2Cl
32	CH_3OH	51	·CHF_2
33	HS·，（·CH_3 and H_2O）	54	$CH_2=CH-CH=CH_2$
34	H_2S	55	$CH_2=\overset{·}{C}HCHCH_3$
35	Cl·	56	$CH_2=CHCH_2CH_3$，$CH_3CH=CHCH_3$
36	HCl		
37	H_2Cl	57	C_4H_9·
40	$CH_3C≡CH$	58	·NCS
41	$CH_2=CHCH_2$·	59	$CH_3O\overset{O}{C}$·，$CH_3\overset{O}{C}NH_2$
		60	C_3H_7OH

失去质量	碎片	失去质量	碎片
61	$CH_3CH_2S\cdot$	73	$CH_3CH_2OC\cdot$ (含 C=O)
62	$[H_2S\ and\ CH_2{=}CH_2]$	74	C_4H_9OH
63	$\cdot CH_2CH_2Cl$	79	$Br\cdot$
68	$CH_2{=}C(CH_3){-}CH{=}CH_2$	80	HBr
69	$CF_3\cdot$	85	$\cdot CClF_2$
71	$C_5H_{11}\cdot$	122	C_6H_5COOH
		127	$I\cdot$
		128	HI

附录四　贝农表

	M+1	M+2		M+1	M+2		M+1	M+2
12			**24**			CH_2O	1.15	0.20
C	1.08		C_2	2.16	0.01	CH_4N	1.53	0.01
13			**25**			C_2H_6	2.26	0.01
CH	1.10		C_2H	2.18	0.01	**31**		
14			**26**			NOH	0.44	0.20
N	0.38		CN	1.46		N_2H_3	0.81	
CH_2	1.11		C_2H_2	2.19	0.01	CH_3O	1.17	0.20
15			**27**			CH_5N	1.54	
NH	0.40		CHN	1.48		**32**		
CH_3	1.13		C_2H_3	2.21	0.01	O_2	0.08	0.40
16			**28**			NOH_2	0.45	0.20
O	0.04	0.20	N_2	0.76		N_2H_4	0.83	
NH_2	0.41		CO	1.12	0.02	CH_4O	1.18	0.20
CH_4	1.15		CH_2N	1.49		**33**		
17			C_2H_4	2.23	0.01	NOH_3	0.47	0.20
OH	0.06	0.20	**29**			N_2H_5	0.84	
NH_3	0.43		N_2H	0.78		CH_5O	1.12	
CH_5	1.16		CHO	1.14	0.20	**34**		
18			CH_3N	1.51		N_2H_6	0.86	
H_2O	0.07	0.20	C_2H_5	2.24	0.01	**36**		
NH_4	0.45		**30**			C_3	3.24	0.04
19			NO	0.42	0.20	**37**		
H_3O	0.09	0.20	N_2H_2	0.79		C_3H	3.26	0.04

续表

	M+1	M+2		M+1	M+2		M+1	M+2
38			C_3H_8	3.37	0.04	**53**		
C_2N	2.54	0.02	**45**			C_2HN_2	2.94	0.03
C_3H_2	3.27	0.04	HN_2O	0.82	0.20	C_3HO	3.30	0.24
39			CHO_2	1.18	0.40	C_3H_3N	3.67	0.05
C_2HN	2.56	0.02	CH_3NO	1.55	0.21	C_4H_5	4.40	0.07
C_3H_3	3.29	0.04	CH_5N_2	1.92	0.01	**54**		
40			C_2H_5O	2.28	0.21	C_2NO	2.58	0.22
CN_2	1.84	0.01	C_2H_7N	2.66	0.02	$C_2H_2N_2$	2.96	0.03
C_2O	2.20	0.21	**46**			C_3H_2O	3.31	0.24
C_2H_2N	2.58	0.02	NO_2	0.46	0.40	C_3H_4N	3.69	0.05
C_3H_4	3.31	0.04	N_2H_2O	0.83	0.20	C_4H_6	4.42	0.07
41			CH_2O_2	1.19	0.40	**55**		
CHN_2	1.86		CH_4NO	1.57	0.21	C_2HNO	2.60	0.22
C_2HO	2.22	0.21	CH_6N_2	1.94	0.01	$C_2H_3N_2$	2.97	0.03
C_2H_3N	2.59	0.02	C_2H_6O	2.30	0.22	C_3H_3O	3.33	0.24
C_3H_5	3.32	0.04	C_2H_8N	2.66	0.02	C_3H_5N	3.70	0.05
42			**47**			C_4H_7	4.43	0.08
CNO	1.50	0.21	CH_3O_2	1.21	0.40	**56**		
CH_2N_2	1.88	0.01	CH_5NO	1.58	0.21	CH_2N_3	2.26	0.02
C_2H_2O	2.23	0.21	CH_7N_2	1.96	0.01	C_2O_2	2.24	0.41
C_2H_4N	2.61	0.02	C_2H_7O	2.31	0.22	C_2H_2NO	2.61	0.22
C_3H_6	3.34	0.04	**48**			$C_2H_4N_2$	2.99	0.03
43			CH_4O_2	1.22	0.40	C_3H_4O	3.35	0.24
$CHNO$	1.52	0.21	C_4	4.32	0.07	C_3H_6N	3.72	0.05
CH_3N_2	1.89	0.01	**49**			C_4H_8	4.45	0.08
C_2H_3O	2.25	0.21	CH_5O_2	1.24	0.40	**57**		
C_2H_5N	2.62	0.02	C_4H	4.34	0.07	CHN_2O	1.90	0.21
C_3H_7	3.35	0.04	**50**			CH_3N_3	2.27	0.02
44			C_4H_2	4.34	0.07	C_2HO_2	2.26	0.41
N_2O	0.80	0.20	**51**			C_2H_3NO	2.63	0.22
CO_2	1.16	0.40	C_4H_3	4.37	0.07	$C_2H_5N_2$	3.00	0.03
CH_2NO	1.53	0.21	**52**			C_3H_5O	3.36	0.24
CH_4N_2	1.91	0.01	C_2N_2	2.92	0.03	C_3H_7N	3.74	0.05
C_2H_4O	2.26	0.21	C_3H_2N	3.66	0.05	C_4H_9	4.47	0.08
C_2H_6N	2.64	0.02	C_4H_4	4.39	0.07			

	M+1	M+2		M+1	M+2		M+1	M+2
58			C_5H	5.42	0.12	**68**		
CNO_2	1.54	0.41	**62**			$C_2H_2N_3$	3.34	0.04
CH_2N_2O	1.92	0.21	CH_2O_3	1.23	0.60	C_3O_2	3.32	0.44
CH_4N_3	2.29	0.02	CH_4NO_2	1.60	0.41	C_3H_2NO	3.69	0.25
$C_2H_2O_2$	2.27	0.42	CH_6N_2O	1.98	0.21	$C_3H_4N_2$	4.07	0.06
C_2H_4NO	2.65	0.22	CH_8N_3	2.35	0.02	C_4H_4O	4.43	0.28
$C_2H_6N_2$	3.02	0.03	$C_2H_6O_2$	2.34	0.42	C_4H_6N	4.80	0.09
C_3H_6O	3.38	0.24	C_5H_2	5.44	0.12	C_5H_8	5.53	0.12
C_3H_8N	3.75	0.05	**63**			**69**		
C_4H_{10}	4.48	0.08	CH_3O_3	1.25	0.60	CNH_4	2.62	0.03
59			CH_5NO_2	1.62	0.41	C_2HN_2O	2.98	0.23
$CHNO_2$	1.56	0.41	C_4HN	4.72	0.09	$C_2H_3N_3$	3.35	0.04
CH_3N_2O	1.93	0.21	C_5H_3	5.45	0.12	C_3HO_2	3.34	0.44
CH_5N_3	2.31	0.02	**64**			C_3H_3NO	3.71	0.25
$C_2H_3O_2$	2.29	0.42	CH_4O_3	1.26	0.60	$C_3H_5N_2$	4.09	0.06
C_2H_5NO	2.66	0.22	C_4H_2N	4.74	0.09	C_4H_5O	4.44	0.28
$C_2H_7N_2$	3.04	0.03	C_5H_4	5.47	0.12	C_4H_7N	4.82	0.09
C_3H_7O	3.39	0.24	**65**			C_5H_9	5.55	0.12
C_3H_9N	3.77	0.05	C_3HN_2	4.02	0.06	**70**		
60			C_4HO	4.38	0.27	CH_2N_4	2.64	0.03
CH_2NO_2	1.57	0.41	C_4H_3N	4.75	0.09	C_2NO_2	2.62	0.42
CH_4N_2O	1.95	0.21	C_5H_5	5.48	0.12	$C_2H_2N_2O$	3.00	0.23
CH_6N_3	2.32	0.02	**66**			$C_2H_4N_3$	3.37	0.04
$C_2H_4O_2$	2.30	0.04	$C_3H_2N_2$	4.04	0.06	$C_3H_2O_2$	3.35	0.44
C_2H_6NO	2.68	0.22	C_4H_2O	4.39	0.27	C_3H_4NO	3.73	0.25
$C_2H_8N_2$	3.05	0.03	C_4H_4N	4.77	0.09	$C_3H_6N_2$	4.10	0.07
C_3H_8O	3.41	0.24	C_5H_6	5.50	0.12	C_4H_6O	4.46	0.28
61			**67**			C_4H_8N	4.83	0.09
CHO_3	1.21	0.60	C_2HN_3	3.32	0.04	C_5H_{10}	5.56	0.13
CH_3NO_2	1.59	0.41	C_3HNO	3.68	0.25	**71**		
CH_5N_2O	1.96	0.21	$C_3H_3N_2$	4.05	0.06	CHN_3O	2.28	0.22
CH_7N_3	2.34	0.02	C_4H_3O	4.41	0.27	CH_3N_4	2.65	0.03
$C_2H_5O_2$	2.32	0.42	C_4H_5N	4.78	0.09	C_2HNO_2	2.64	0.42
C_2H_7NO	2.69	0.22	C_5H_7	5.52	0.12	$C_2H_3N_2O$	3.01	0.23
C_3H_9O	3.43	0.24				$C_2H_5N_3$	3.39	0.04

	M+1	M+2		M+1	M+2		M+1	M+2
$C_3H_3O_2$	3.37	0.44	H_2N_4O	1.60	0.21	$CH_4N_2O_2$	1.99	0.41
C_3H_5NO	3.74	0.25	$CH_2N_2O_2$	1.95	0.41	CH_8N_4	2.73	0.03
$C_3H_7N_2$	4.12	0.07	CH_4N_3O	2.33	0.22	$C_2H_4O_3$	2.34	0.62
C_4H_7O	4.47	0.28	CH_6N_4	2.70	0.03	$C_2H_6NO_2$	2.72	0.43
C_4H_9N	4.85	0.09	$C_2H_2O_3$	2.31	0.62	$C_2H_8N_2O$	3.09	0.24
C_5H_{11}	5.58	0.13	$C_2H_4NO_2$	2.68	0.42	$C_3H_8O_2$	3.45	0.44
72			$C_2H_6N_2O$	3.06	0.23	C_4N_2	5.09	0.10
CH_2N_3O	2.30	0.22	$C_2H_8N_3$	3.43	0.05	C_5O	5.44	0.32
CH_4N_4	2.67	0.03	$C_3H_6O_2$	3.42	0.44	C_5H_2N	5.82	0.14
$C_2H_2NO_2$	2.65	0.42	C_3H_3NO	3.79	0.25	C_6H_4	6.55	0.18
$C_2H_4N_2O$	3.03	0.23	$C_3H_{10}N_2$	4.16	0.07	**77**		
$C_2H_6N_3$	3.40	0.44	$C_4H_{10}O$	4.52	0.28	HN_2O_3	0.90	0.60
$C_3H_4O_2$	3.38	0.44	C_5N	5.78	0.14	$H_3N_3O_2$	1.27	0.41
C_3H_6NO	3.76	0.25	C_6H_2	6.52	0.18	H_5N_4O	1.64	0.21
$C_3H_8N_2$	4.13	0.07	**75**			CHO_4	1.25	0.80
C_4H_8O	4.49	0.28	HN_3O_2	1.24	0.41	CH_3NO_3	1.63	0.61
$C_4H_{10}N$	4.86	0.09	H_3N_4O	1.61	0.21	$CH_5N_2O_2$	2.00	0.41
C_5H_{12}	5.60	0.13	$CHNO_3$	1.60	0.61	CH_7N_3O	2.38	0.22
73			$CH_3N_2O_2$	1.97	0.41	$C_2H_5O_3$	2.36	0.62
HN_4O	1.58	0.21	CH_5N_3O	2.34	0.22	$C_2H_7NO_2$	2.73	0.43
CHN_2O_2	1.94	0.41	CH_7N_4	2.72	0.03	C_4HN_2	5.10	0.11
CH_3N_3O	2.31	0.22	$C_2H_3O_3$	2.33	0.62	C_5HO	5.46	0.32
CH_5N_4	2.69	0.03	$C_2H_5NO_2$	2.70	0.43	C_5H_3N	5.83	0.14
C_2HO_3	2.29	0.62	$C_2H_7N_2O$	3.08	0.23	C_6H_5	6.56	0.18
$C_2H_3NO_2$	2.67	0.42	$C_2H_9N_3$	3.45	0.05	**78**		
$C_2H_5N_2O$	3.04	0.23	$C_3H_7O_2$	3.43	0.44	NO_4	0.54	0.80
$C_2H_7N_3$	3.42	0.04	C_3H_9NO	3.81	0.25	$H_2N_2O_3$	0.91	0.60
$C_3H_5O_2$	3.40	0.44	C_5HN	5.80	0.14	$H_4N_3O_2$	1.29	0.41
C_3H_7NO	3.77	0.25	C_6H_3	6.53	0.18	H_6N_4O	1.66	0.21
$C_3H_9N_2$	4.15	0.07	**76**			CH_2O_4	1.27	0.80
C_4H_9O	4.51	0.28	N_2O_3	0.88	0.60	CH_4NO_3	1.64	0.61
$C_4H_{11}N$	4.88	0.09	$H_2N_3O_2$	1.25	0.41	$CH_6N_2O_2$	2.02	0.41
C_6H	6.50	0.18	H_4N_4O	1.63	0.21	$C_2H_6O_3$	2.37	0.62
74			CO_4	1.24	0.80	C_3N_3	4.39	0.08
N_3O_2	1.22	0.41	CH_2NO_3	1.61	0.61	C_4NO	4.74	0.29

续表

	M+1	M+2		M+1	M+2		M+1	M+2
$C_4H_2N_2$	5.12	0.11	C_4H_3NO	4.79	0.29	$C_3H_2NO_2$	3.73	0.45
C_5H_2O	5.47	0.32	$C_4H_5N_2$	5.17	0.11	$C_3H_4N_2O$	4.11	0.27
C_5H_4N	5.49	0.14	C_5H_5O	5.52	0.32	$C_3H_6N_3$	4.48	0.81
C_6H_6	6.58	0.18	C_5H_7N	5.90	0.14	$C_4H_4O_2$	4.46	0.48
79			C_6H_9	6.63	0.18	C_4H_6NO	4.84	0.29
HNO_4	0.55	0.80	**82**			$C_4H_8N_2$	5.21	0.11
$H_3N_2O_3$	0.93	0.60	C_2N_3O	3.34	0.24	C_5H_8O	5.57	0.33
$H_5N_3O_2$	1.30	0.41	$C_2H_2N_4$	3.72	0.05	$C_5H_{10}N$	5.94	0.15
CH_3O_4	1.28	0.80	C_3NO_2	3.70	0.45	C_6H_{12}	6.68	0.19
CH_5NO_3	1.66	0.61	$C_3H_2N_2O$	4.08	0.36	C_7	7.56	0.25
C_3HN_3	4.40	0.08	$C_3H_4N_3$	4.45	0.08	**85**		
C_4HNO	4.76	0.29	$C_4H_2O_2$	4.43	0.48	CHN_4O	2.66	0.23
$C_4H_3N_2$	5.13	0.11	C_4H_4NO	4.81	0.29	$C_2HN_2O_2$	3.02	0.43
C_5H_3O	5.49	0.32	$C_4H_6N_2$	4.18	0.11	$C_2H_3N_3O$	3.39	0.24
C_5H_5N	5.86	0.14	C_5H_6O	5.54	0.32	$C_2H_5N_4$	3.77	0.06
C_6H_7	6.60	0.18	C_5H_8N	5.91	0.14	C_3HO_3	3.38	0.64
80			C_6H_{10}	6.64	0.19	$C_3H_3NO_2$	3.75	0.45
H_2NO_4	0.57	0.80	**83**			$C_3H_5N_2O$	4.12	0.27
$H_4N_2O_3$	0.94	0.60	C_2HN_3O	3.36	0.24	$C_3H_7N_3$	4.50	0.08
CH_4O_4	1.30	0.80	$C_2H_3N_4$	3.74	0.06	$C_4H_5O_2$	4.48	0.48
C_2N_4	3.69	0.05	C_3HNO_2	3.72	0.45	C_4H_7NO	4.85	0.29
C_3N_2O	4.04	0.26	$C_3H_3N_2O$	4.09	0.27	$C_4H_9N_2$	5.23	0.11
$C_3H_2N_3$	4.42	0.08	$C_3H_5N_3$	4.47	0.08	C_5H_9O	5.59	0.33
C_4O_2	4.40	0.47	$C_4H_3O_2$	4.45	0.48	$C_5H_{11}N$	5.96	0.15
C_4H_2NO	4.77	0.29	C_4H_5NO	4.82	0.29	C_6H_{13}	6.69	0.19
$C_4H_4N_2$	5.15	0.11	$C_4H_7N_2$	5.20	0.11	C_7H	7.58	0.25
C_5H_4O	5.51	0.32	C_5H_7O	5.55	0.33	**86**		
C_5H_6N	5.88	0.14	C_5H_9N	5.93	0.15	CN_3O_2	2.30	0.42
C_6H_8	6.61	0.18	C_6H_{11}	6.66	0.19	CH_2N_4O	2.68	0.23
81			**84**			C_2NO_3	2.66	0.62
H_3NO_4	0.59	0.80	CN_4O	2.65	0.23	$C_2H_2N_2O_2$	3.03	0.43
C_2HN_4	3.70	0.05	$C_2N_2O_2$	3.00	0.43	$C_2H_4N_3O$	3.41	0.24
C_3HN_2O	4.06	0.26	$C_2H_2N_3O$	3.38	0.24	$C_2H_6N_4$	3.78	0.06
$C_3H_3N_3$	4.43	0.08	$C_2H_4N_4$	3.75	0.06	$C_3H_2O_3$	3.39	0.64
C_4HO_2	4.42	0.48	C_3O_3	3.36	0.64	$C_3H_4NO_2$	3.77	0.45

	M+1	M+2		M+1	M+2		M+1	M+2
$C_3H_6N_2O$	4.14	0.27	$C_2H_4N_2O_2$	3.07	0.43	**90**		
$C_3H_8N_3$	4.51	0.08	$C_2H_6N_3O$	3.44	0.25	N_3O_3	1.26	0.61
$C_4H_6O_2$	4.50	0.48	$C_2H_8N_4$	3.82	0.06	$H_2N_4O_2$	1.64	0.41
C_4H_8NO	4.87	0.30	$C_3H_4O_3$	3.42	0.64	CNO_4	1.62	0.81
$C_4H_{10}N_2$	5.25	0.11	$C_3H_6NO_2$	3.80	0.45	$CH_2N_2O_3$	1.99	0.61
$C_5H_{10}O$	5.60	0.33	$C_3H_8N_2O$	4.17	0.27	$CH_4N_3O_2$	2.37	0.42
$C_5H_{12}N$	5.98	0.15	$C_3H_{10}N_3$	4.55	0.08	CH_6N_4O	2.74	0.23
C_6H_{14}	6.71	0.19	$C_4H_8O_2$	4.53	0.48	$C_2H_2O_4$	2.35	0.82
C_6N	6.87	0.20	$C_4H_{10}NO$	4.90	0.30	$C_2H_4NO_3$	2.72	0.63
C_7H_2	7.60	0.25	$C_4H_{12}N_2$	5.28	0.11	$C_2H_6N_2O_2$	3.10	0.44
87			$C_5H_{12}O$	5.63	0.33	$C_2H_8N_3O$	3.47	0.25
CHN_3O_2	2.32	0.42	C_5N_2	6.17	0.16	$C_2H_{10}N_4$	3.85	0.06
CH_3N_4O	2.69	0.23	C_6O	6.52	0.38	$C_3H_6O_3$	3.46	0.64
C_2HNO_3	2.68	0.62	C_6H_2N	6.90	0.20	$C_3H_8NO_2$	3.83	0.46
$C_2H_3N_2O_2$	3.05	0.43	C_7H_4	7.63	0.25	$C_3H_{10}N_2O$	4.20	0.27
$C_2H_5N_3O$	3.42	0.25	**89**			$C_4H_{10}O_2$	4.56	0.48
$C_2H_7N_4$	3.80	0.06	HN_4O_2	1.62	0.41	C_4N_3	5.47	0.12
$C_3H_3O_3$	3.41	0.64	CHN_2O_3	1.98	0.61	C_5NO	5.82	0.34
$C_3H_5NO_2$	3.78	0.45	$CH_3N_3O_2$	2.35	0.42	$C_5H_2N_2$	6.20	0.16
$C_3H_7N_2O$	4.16	0.27	CH_5N_4O	2.73	0.23	C_6H_2O	6.56	0.38
$C_3H_9N_3$	4.53	0.08	C_2HO_4	2.33	0.82	C_6H_4N	6.93	0.20
$C_4H_7O_2$	4.51	0.48	$C_2H_3NO_3$	2.71	0.63	C_7H_6	7.66	0.25
C_4H_9NO	4.89	0.30	$C_2H_5N_2O_2$	3.08	0.44	**91**		
$C_4H_{11}N_2$	5.26	0.11	$C_2H_7N_3O$	3.46	0.25	HN_3O_3	1.28	0.61
$C_5H_{11}O$	5.62	0.33	$C_2H_9N_4$	3.83	0.06	$H_3N_4O_2$	1.65	0.41
$C_5H_{13}N$	5.99	0.15	$C_3H_5O_3$	3.44	0.64	$CHNO_4$	1.63	0.81
C_6HN	6.88	0.20	$C_3H_7NO_2$	3.81	0.46	$CH_3N_2O_3$	2.01	0.61
C_7H_3	7.61	0.25	$C_3H_9N_2O$	4.19	0.27	$CH_5N_3O_2$	2.38	0.42
88			$C_3H_{11}N_3$	4.56	0.84	CH_7N_4O	2.76	0.23
N_4O_2	1.60	0.41	$C_4H_9O_2$	4.54	0.48	$C_2H_3O_4$	2.37	0.82
CN_2O_3	1.96	0.61	$C_4H_{11}NO$	4.92	0.30	$C_2H_5NO_3$	2.74	0.63
$CH_2N_3O_2$	2.34	0.42	C_5HN_2	6.18	0.16	$C_2H_7N_2O_2$	3.11	0.44
CH_4N_4O	2.71	0.23	C_6HO	6.54	0.38	$C_2H_9N_3O$	3.49	0.25
C_2O_4	2.32	0.82	C_6H_3N	6.91	0.20	$C_3H_7O_3$	3.47	0.64
$C_2H_2NO_3$	2.69	0.63	C_7H_5	7.64	0.25	$C_3H_9NO_2$	3.85	0.46

	M+1	M+2		M+1	M+2		M+1	M+2
C_4HN_3	5.48	0.12	$C_2H_7NO_3$	2.77	0.63	$C_4H_3N_2O$	5.17	0.31
C_5HNO	5.84	0.34	C_3HN_4	4.78	0.09	$C_4H_5N_3$	5.55	0.13
$C_5H_3N_2$	6.21	0.16	C_4HN_2O	5.14	0.31	$C_5H_3O_2$	5.53	0.52
C_6H_3O	6.57	0.38	$C_4H_3N_3$	5.51	0.13	C_5H_5NO	5.90	0.34
C_6H_5N	6.95	0.21	C_5HO_2	5.50	0.52	$C_5H_7N_2$	6.28	0.17
C_7H_7	7.68	0.25	C_5H_3NO	5.87	0.34	C_6H_7O	6.63	0.39
92			$C_5H_5N_2$	6.25	0.16	C_6H_9N	7.01	0.21
N_2O_4	9.19	0.80	C_6H_5O	6.60	0.38	C_7H_{11}	7.74	0.26
$H_2N_3O_3$	1.29	0.61	C_6H_7N	6.98	0.21	**96**		
$H_4N_4O_2$	1.67	0.41	C_7H_9	7.71	0.26	$H_4N_2O_4$	0.98	0.81
CH_2NO_4	1.67	0.81	**94**			C_2N_4O	3.73	0.26
$CH_4N_2O_3$	2.02	0.61	$H_2N_2O_4$	0.95	0.80	$C_3N_2O_2$	4.08	0.47
$CH_6N_3O_2$	2.40	0.42	$H_4N_3O_3$	1.33	0.61	$C_3H_2N_3O$	4.46	0.28
CH_8N_4O	2.77	0.23	$H_6N_4O_2$	1.70	0.41	$C_3H_4N_4$	4.83	0.10
$C_2H_4O_4$	2.38	0.82	CH_4NO_4	1.68	0.81	$C_4H_2NO_2$	4.81	0.49
$C_2H_6NO_3$	2.76	0.63	$CH_6N_2O_3$	2.06	0.62	$C_4H_4N_2O$	5.19	0.31
$C_2H_8N_2O_2$	3.13	0.44	$C_2H_6O_4$	2.41	0.82	$C_4H_6N_3$	5.56	0.13
$C_3H_8O_3$	3.49	0.64	C_3N_3O	4.43	0.28	$C_5H_4O_2$	5.55	0.53
C_3N_4	4.77	0.09	$C_3H_2N_4$	4.80	0.09	C_5H_6NO	5.92	0.35
C_4N_2O	5.12	0.31	C_4NO_2	4.78	0.49	$C_5H_8N_2$	6.29	0.17
$C_4H_2N_3$	5.50	0.13	$C_4H_2N_2O$	5.16	0.31	C_6H_8O	6.65	0.39
C_5O_2	5.48	0.52	$C_4H_4N_3$	5.53	0.13	$C_6H_{10}N$	7.03	0.21
C_5H_2NO	5.86	0.34	$C_5H_2O_2$	5.51	0.52	C_7H_{12}	7.76	0.26
$C_5H_4N_2$	6.23	0.16	C_5H_4NO	5.89	0.34	C_8	8.64	0.33
C_6H_4O	6.59	0.38	$C_5H_6N_2$	6.26	0.17	**97**		
C_6H_6N	6.96	0.21	C_6H_6O	6.62	0.38	C_2HN_4O	3.74	0.26
C_7H_8	7.69	0.25	C_6H_8N	6.99	0.21	$C_3HN_2O_2$	4.10	0.47
93			C_7H_{10}	7.72	0.26	$C_3H_3N_3O$	4.47	0.28
HN_2O_4	0.94	0.80	**95**			$C_3H_5N_4$	4.85	0.10
$H_3N_3O_3$	1.31	0.61	$H_3N_2O_4$	0.97	0.81	C_4HO_3	4.46	0.68
$H_5N_4O_2$	1.68	0.41	$H_5N_3O_3$	1.34	0.61	$C_4H_3NO_2$	4.83	0.49
CH_3NO_4	1.67	0.81	CH_5NO_4	1.70	0.81	$C_4H_5N_2O$	5.20	0.31
$CH_5N_2O_3$	2.04	0.61	C_3HN_3O	4.44	0.28	$C_4H_7N_3$	5.58	0.13
$CH_7N_3O_2$	2.42	0.42	$C_3H_3N_4$	4.82	0.10	$C_5H_5O_2$	5.56	0.53
$C_2H_5O_4$	2.40	0.82	C_4HNO_2	4.80	0.49	C_5H_7NO	5.94	0.35

	M+1	M+2		M+1	M+2		M+1	M+2
$C_5H_9N_2$	6.31	0.17	$C_5H_7O_2$	5.59	0.53	$C_2H_3N_3O_2$	3.43	0.45
C_6H_9O	6.67	0.39	C_5H_9NO	5.97	0.35	$C_2H_5N_4O$	3.81	0.26
$C_6H_{11}N$	7.04	0.21	$C_5H_{11}N_2$	6.34	0.17	C_3HO_4	3.41	0.84
C_7H_{13}	7.77	0.26	$C_6H_{11}O$	6.70	0.39	$C_3H_3NO_3$	3.79	0.65
C_8H	8.66	0.33	$C_6H_{13}N$	7.07	0.21	$C_3H_5N_2O_2$	4.16	0.47
98			C_7HN	7.96	0.28	$C_3H_7N_3O$	4.51	0.28
$C_2N_3O_2$	3.38	0.44	C_7H_{15}	7.80	0.26	$C_3H_9N_4$	4.91	0.10
$C_2H_2N_4O$	3.76	0.26	C_8H_3	8.69	0.33	$C_4H_5O_3$	4.52	0.68
C_3NO_3	3.74	0.65	**100**			$C_4H_7NO_2$	4.89	0.50
$C_3H_2N_2O_2$	4.11	0.47	CN_4O_2	2.68	0.43	$C_4H_9N_2O$	5.27	0.31
$C_3H_4N_3O$	4.49	0.28	$C_2N_2O_3$	3.04	0.63	$C_4H_{11}N_3$	5.64	0.13
$C_3H_6N_4$	4.86	0.10	$C_2H_2N_3O_2$	3.42	0.45	$C_5H_9O_2$	5.63	0.53
$C_4H_2O_3$	4.47	0.68	$C_2H_4N_4O$	3.79	0.26	$C_5H_{11}NO$	6.00	0.35
$C_4H_4NO_2$	4.85	0.49	C_3O_4	3.40	0.84	$C_5H_{13}N_2$	6.37	0.17
$C_4H_6N_2O$	5.22	0.31	$C_3H_2NO_3$	3.77	0.65	C_6HN_2	7.26	0.23
$C_4H_8N_3$	5.59	0.13	$C_3H_4N_2O_2$	4.15	0.47	$C_6H_{13}O$	6.73	0.39
$C_5H_6O_2$	5.58	0.53	$C_3H_6N_3O$	4.52	0.28	$C_6H_{15}N$	7.11	0.22
C_5H_8NO	5.95	0.35	$C_3H_8N_4$	4.90	0.10	C_7HO	7.62	0.45
$C_5H_{10}N_2$	6.33	0.17	$C_4H_4O_3$	4.50	0.68	C_7H_3N	7.99	0.28
$C_6H_{10}O$	6.68	0.39	$C_4H_6NO_2$	4.88	0.50	C_8H_5	8.73	0.33
$C_6H_{12}N$	7.06	0.21	$C_4H_8N_2O$	5.25	0.31	**102**		
C_7H_{14}	7.79	0.26	$C_4H_{10}N_3$	5.63	0.13	CN_3O_3	2.34	0.62
C_7N	7.95	0.27	$C_5H_8O_2$	5.61	0.53	$CH_2N_4O_2$	2.72	0.43
C_8H_2	8.68	0.33	$C_5H_{10}NO$	5.98	0.35	C_2NO_4	2.70	0.83
99			$C_5H_{12}N_2$	6.36	0.17	$C_2H_2N_2O_3$	3.07	0.64
$C_2HN_3O_2$	3.40	0.44	$C_6H_{12}O$	6.71	0.39	$C_2H_4N_3O_2$	3.45	0.45
$C_2H_3N_4O$	3.77	0.26	$C_6H_{14}N$	7.09	0.22	$C_2H_6N_4O$	3.82	0.26
C_3HNO_3	3.76	0.65	C_6N_2	7.25	0.23	$C_3H_2O_4$	3.43	0.84
$C_3H_3N_2O_2$	4.13	0.47	C_7H_{16}	7.82	0.26	$C_3H_4NO_3$	3.80	0.66
$C_3H_5N_3O$	4.51	0.28	C_7O	7.60	0.45	$C_3H_6N_2O_2$	4.18	0.47
$C_3H_7N_4$	4.88	0.10	C_7H_2N	7.98	0.28	$C_3H_8N_3O$	4.55	0.28
$C_4H_3O_3$	4.49	0.68	C_8H_4	8.71	0.33	$C_3H_{10}N_4$	4.93	0.10
$C_4H_5NO_2$	4.86	0.50	**101**			$C_4H_6O_3$	4.54	0.68
$C_4H_7N_2O$	5.24	0.31	CHN_4O_2	2.70	0.43	$C_4H_8NO_2$	4.91	0.50
$C_4H_9N_3$	5.61	0.13	$C_2HN_2O_3$	3.06	0.64	$C_4H_{10}N_2O$	5.28	0.32

	M+1	M+2		M+1	M+2		M+1	M+2
$C_4H_{12}N_3$	5.66	0.13	**104**			$C_3H_7NO_3$	3.85	0.66
$C_5H_{10}O_2$	5.64	0.53	CN_2O_4	2.00	0.81	$C_3H_9N_2O_2$	4.23	0.47
$C_5H_{12}NO$	6.02	0.35	$CH_2N_3O_3$	2.37	0.62	$C_3H_{11}N_3O$	4.60	0.29
$C_5H_{14}N_2$	6.39	0.17	$CH_4N_4O_2$	2.75	0.43	C_4HN_4	5.86	0.15
C_5N_3	6.55	0.18	$C_2H_2NO_4$	2.73	0.83	$C_4H_9O_3$	4.58	0.68
C_6NO	6.90	0.40	$C_2H_4N_2O_3$	3.11	0.64	$C_4H_{11}NO_2$	4.96	0.50
$C_6H_2N_2$	7.28	0.23	$C_2H_6N_3O_2$	3.48	0.45	C_5HN_2O	6.22	0.36
$C_6H_{14}O$	6.75	0.39	$C_2H_8N_4O$	3.85	0.26	$C_5H_3N_3$	6.60	0.19
C_7H_2O	7.64	0.45	$C_3H_4O_4$	3.46	0.84	C_6HO_2	6.58	0.58
C_7H_4N	8.01	0.28	$C_3H_6NO_3$	3.84	0.66	C_6H_3NO	6.95	0.41
C_8H_6	8.74	0.34	$C_3H_8N_2O_2$	4.21	0.47	$C_6H_5N_2$	7.33	0.23
103			$C_3H_{10}N_3O$	4.59	0.29	C_7H_5O	7.68	0.45
CHN_3O_3	2.36	0.62	$C_3H_{12}N_4$	4.96	0.10	C_7H_7N	8.06	0.28
$CH_3N_4O_2$	2.73	0.43	$C_4H_8O_3$	4.57	0.68	C_8H_9	8.79	0.34
C_2HNO_4	2.72	0.83	$C_4H_{10}NO_2$	4.94	0.50	**106**		
$C_2H_3N_2O_3$	3.09	0.64	$C_4H_{12}N_2O$	5.32	0.32	$CH_2N_2O_4$	2.03	0.82
$C_2H_5N_3O_2$	3.46	0.45	C_4N_4	5.85	0.14	$CH_4N_3O_3$	2.41	0.62
$C_2H_7N_4O$	3.84	0.26	C_5N_2O	6.20	0.36	$CH_6N_4O_2$	2.78	0.43
$C_3H_3O_4$	3.45	0.84	$C_5H_2N_3$	6.58	0.19	$C_2H_4NO_4$	2.76	0.83
$C_3H_5NO_3$	3.82	0.66	$C_5H_{12}O_2$	5.67	0.53	$C_2H_6N_2O_3$	3.14	0.64
$C_3H_7N_2O_2$	4.19	0.47	C_6O_2	6.56	0.58	$C_2H_8N_3O_2$	3.51	0.45
$C_3H_5N_3O$	4.57	0.29	C_6H_2NO	6.94	0.41	$C_2H_{10}N_4O$	3.89	0.26
$C_3H_{11}N_4$	4.94	0.10	$C_6H_4N_2$	7.31	0.23	$C_3H_6O_4$	3.49	0.85
$C_4H_7O_3$	4.55	0.68	C_7H_4O	7.67	0.45	$C_3H_8NO_3$	3.87	0.66
$C_4H_9NO_2$	4.93	0.50	C_7H_6N	8.04	0.28	$C_3H_{10}N_2O_2$	4.24	0.47
$C_4H_{11}N_2O$	5.30	0.32	C_8H_8	8.77	0.34	$C_4H_2N_4$	5.88	0.15
$C_4H_{13}N_3$	5.67	0.14	**105**			$C_4H_{10}O_3$	4.60	0.68
C_5HN_3	6.56	0.18	CHN_2O_4	2.02	0.81	C_4N_3O	5.51	0.33
$C_5H_{11}O_2$	5.66	0.53	$CH_3N_3O_3$	2.39	0.62	C_5NO_2	5.86	0.54
$C_5H_{13}NO$	6.03	0.35	$CH_5N_4O_2$	2.76	0.43	$C_5H_2N_2O$	6.24	0.36
C_6HNO	6.92	0.40	$C_2H_3NO_4$	2.75	0.83	$C_5H_4N_3$	6.61	0.19
$C_6H_3N_2$	7.29	0.23	$C_2H_5N_2O_3$	3.12	0.64	$C_6H_2O_2$	6.59	0.58
C_7H_3O	7.65	0.45	$C_2H_7N_3O_2$	3.50	0.45	C_6H_4NO	6.97	0.41
C_7H_5N	8.03	0.28	$C_2H_9N_4O$	3.87	0.26	$C_6H_6N_2$	7.34	0.23
C_8H_7	8.76	0.34	$C_3H_5O_4$	3.48	0.84	C_7H_6O	7.70	0.46

	M+1	M+2		M+1	M+2		M+1	M+2
C_7H_8N	8.07	0.28	$C_5H_6N_3$	6.64	0.19	$C_5H_2O_3$	5.55	0.73
C_8H_{10}	8.80	0.34	$C_6H_4O_2$	6.63	0.59	$C_5H_4NO_2$	5.93	0.55
107			C_6H_6NO	7.00	0.41	$C_5H_6N_2O$	6.30	0.37
$CH_3N_2O_4$	2.05	0.82	$C_6H_8N_2$	7.37	0.24	$C_5H_8N_3$	6.68	0.19
$CH_5N_3O_3$	2.42	0.62	C_7H_8O	7.73	0.46	$C_6H_6O_2$	6.66	0.59
$CH_7N_4O_2$	2.80	0.43	$C_7H_{10}N$	8.11	0.29	C_6H_8NO	7.03	0.41
$C_2H_5NO_4$	2.78	0.83	C_8H_{12}	8.84	0.34	$C_6H_{10}N_2$	7.41	0.24
$C_2H_7N_2O_3$	3.15	0.64	C_9	9.37	0.42	$C_7H_{10}O$	7.76	0.46
$C_2H_9N_3O_2$	3.53	0.45	**109**			$C_7H_{12}N$	8.14	0.29
$C_2H_7O_4$	3.51	0.85	$CH_5N_2O_4$	2.08	0.82	C_8H_{14}	8.87	0.35
$C_3H_9NO_3$	3.88	0.66	$CH_7N_3O_3$	2.45	0.62	C_8N	9.03	0.36
C_4HN_3O	5.52	0.33	$C_2H_7NO_4$	2.81	0.83	C_9H_2	9.76	0.42
$C_4H_3N_4$	5.90	0.15	C_3HN_4O	4.82	0.30	**111**		
C_5HNO_2	5.88	0.54	$C_4HN_2O_2$	5.18	0.51	$C_3HN_3O_2$	4.48	0.48
$C_5H_3N_2O$	6.25	0.37	$C_4H_3N_3O$	5.55	0.33	$C_3H_3N_4O$	4.86	0.30
$C_5H_5N_3$	6.63	0.19	$C_4H_5N_4$	5.93	0.15	C_4HNO_3	4.84	0.69
$C_6H_3O_2$	6.61	0.58	C_5HO_3	5.54	0.73	$C_4H_3N_2O_2$	5.21	0.51
C_6H_5NO	6.98	0.41	$C_5H_3NO_2$	5.91	0.55	$C_4H_5N_3O$	5.59	0.33
$C_6H_7N_2$	7.36	0.23	$C_5H_5N_2O$	6.29	0.37	$C_4H_7N_4$	5.96	0.15
C_7H_7O	7.72	0.46	$C_5H_7N_3$	6.66	0.19	$C_5H_3O_3$	5.57	0.73
C_7H_9N	8.09	0.29	$C_6H_5O_2$	6.64	0.59	$C_5H_5NO_2$	5.94	0.55
C_8H_{11}	8.82	0.34	C_6H_7NO	7.02	0.41	$C_5H_7N_2O$	6.32	0.37
108			$C_6H_9N_2$	7.39	0.24	$C_5H_9N_3$	6.69	0.19
$CH_4N_2O_4$	2.06	0.82	C_7H_9O	7.75	0.46	$C_6H_7O_2$	6.67	0.59
$CH_6N_3O_3$	2.44	0.62	$C_7H_{11}N$	8.12	0.29	C_6H_9NO	7.05	0.41
$CH_8N_4O_2$	2.81	0.43	C_8H_{13}	8.85	0.35	$C_6H_{11}N_2$	7.42	0.24
$C_2H_6NO_4$	2.80	0.83	C_9H	9.74	0.42	$C_7H_{11}O$	7.78	0.46
$C_2H_8N_2O_3$	3.17	0.64	**110**			$C_7H_{13}N$	8.15	0.29
$C_3H_8O_4$	3.53	0.85	$CH_6N_2O_4$	2.10	0.82	C_8H_{15}	8.88	0.35
$C_4N_2O_2$	5.16	0.51	$C_3N_3O_2$	4.46	0.48	C_8HN	9.04	0.36
$C_4H_2N_3O$	5.54	0.33	$C_3H_2N_4O$	4.84	0.30	C_9H_3	9.77	0.43
$C_4H_4N_4$	5.91	0.15	C_4NO_3	4.82	0.69	**112**		
C_5O_3	5.52	0.72	$C_4H_2N_2O_2$	5.20	0.51	$C_2N_4O_2$	3.77	0.46
$C_5H_2NO_2$	5.89	0.54	$C_4H_4N_3O$	5.57	0.33	$C_3N_2O_3$	4.12	0.67
$C_5H_4N_2O$	6.27	0.37	$C_4H_6N_4$	5.94	0.15	$C_3H_2N_3O_2$	4.50	0.48

	M+1	M+2		M+1	M+2		M+1	M+2
$C_3H_4N_4O$	4.87	0.30	$C_6H_{11}NO$	7.09	0.42	C_8H_4N	9.09	0.37
C_4O_4	4.48	0.88	$C_6H_{13}N_2$	7.45	0.24	C_9H_6	9.82	0.43
$C_4H_2NO_3$	4.85	0.70	$C_7H_{13}O$	7.81	0.46	**115**		
$C_4H_4N_2O_2$	5.23	0.51	$C_7H_{15}N$	8.19	0.29	$C_2HN_3O_3$	3.44	0.65
$C_4H_6N_3O$	5.60	0.33	C_7HN_2	8.34	0.31	$C_2H_3N_4O_2$	3.81	0.46
$C_4H_8N_4$	5.98	0.15	C_8H_{17}	8.92	0.35	C_3HNO_4	3.80	0.86
$C_5H_4O_3$	5.58	0.73	C_8HO	8.70	0.53	$C_3H_3N_2O_3$	4.17	0.67
$C_5H_6NO_2$	5.96	0.55	C_8H_3N	9.07	0.36	$C_3H_5N_3O_2$	4.54	0.48
$C_5H_8N_2O$	6.33	0.37	C_9H_5	9.81	0.43	$C_3H_7N_4O$	4.92	0.30
$C_5H_{10}N_3$	6.71	0.19	**114**			$C_4H_3O_4$	4.53	0.88
$C_6H_8O_2$	6.69	0.59	$C_2N_3O_3$	3.42	0.65	$C_4H_5NO_3$	4.90	0.70
$C_6H_{10}NO$	7.06	0.41	$C_2H_2N_4O_2$	3.80	0.46	$C_4H_7N_2O_2$	5.28	0.52
$C_6H_{12}N_2$	7.44	0.24	C_3NO_4	3.78	0.80	$C_4H_9N_3O$	5.65	0.33
$C_7H_{12}O$	7.80	0.46	$C_3H_2N_2O_3$	4.15	0.67	$C_4H_{11}N_4$	6.02	0.16
$C_7H_{14}N$	8.17	0.29	$C_3H_4N_3O_2$	4.53	0.48	$C_5H_7O_3$	5.63	0.73
C_7N_2	8.33	0.30	$C_3H_6N_4O$	4.90	0.30	$C_5H_9NO_2$	6.01	0.55
C_8O	8.68	0.53	$C_4H_2O_4$	4.51	0.88	$C_5H_{11}N_2O$	6.38	0.37
C_8H_{16}	8.90	0.35	$C_4H_4NO_3$	4.89	0.70	$C_5H_{13}N_3$	6.76	0.20
C_8H_2N	9.06	0.36	$C_4H_6N_2O_2$	5.26	0.51	$C_6H_{11}O_2$	6.74	0.59
C_9H_4	9.79	0.43	$C_4H_8N_3O$	5.63	0.33	$C_6H_{13}NO$	7.11	0.42
113			$C_4H_{10}N_4$	6.01	0.15	$C_6H_{15}N_2$	7.49	0.24
$C_2HN_4O_2$	3.78	0.46	$C_5H_6O_3$	5.62	0.73	C_6HN_3	7.64	0.25
$C_3HN_2O_3$	4.14	0.67	$C_5H_8NO_2$	5.99	0.55	$C_7H_{15}O$	7.84	0.47
$C_3H_3N_3O_2$	4.51	0.48	$C_5H_{10}N_2O$	6.37	0.37	C_7HNO	8.00	0.48
$C_3H_5N_4O$	4.89	0.30	$C_5H_{12}N_3$	6.74	0.20	$C_7H_{17}N$	8.22	0.30
C_4HO_4	4.49	0.88	$C_6H_{10}O_2$	6.72	0.59	$C_7H_3N_2$	8.38	0.31
$C_4H_3NO_3$	4.87	0.70	$C_6H_{12}NO$	7.10	0.42	C_8H_3O	8.73	0.53
$C_4H_5N_2O_2$	5.24	0.51	$C_6H_{14}N_2$	7.47	0.24	C_8H_5N	9.11	0.37
$C_4H_7N_3O$	5.62	0.33	C_6N_3	7.63	0.25	C_9H_7	9.84	0.43
$C_4H_9N_4$	5.99	0.16	$C_7H_{14}O$	7.83	0.47	**116**		
$C_5H_5O_3$	5.60	0.73	$C_7H_{16}N$	8.20	0.29	$C_2N_2O_4$	3.08	0.84
$C_5H_7NO_2$	5.97	0.55	$C_7H_2N_2$	8.36	0.31	$C_2H_2N_3O_3$	3.45	0.65
$C_5H_9N_2O$	6.35	0.37	C_7NO	7.98	0.48	$C_2H_4N_4O_2$	3.83	0.46
$C_5H_{11}N_3$	6.72	0.19	C_8H_{18}	8.93	0.35	$C_3H_2NO_4$	3.81	0.86
$C_6H_9O_2$	6.71	0.59	C_8H_2O	8.72	0.53	$C_3H_4N_2O_3$	4.19	0.67

	M+1	M+2		M+1	M+2		M+1	M+2
$C_3H_6N_3O_2$	4.56	0.49	$C_4H_{13}N_4$	6.06	0.16	C_6NO_2	6.94	0.61
$C_3H_8N_4O$	4.93	0.30	$C_5H_9O_3$	5.66	0.73	$C_6H_2N_2O$	7.32	0.43
$C_4H_4O_4$	4.54	0.88	$C_5H_{11}NO_2$	6.04	0.55	$C_6H_4N_3$	7.69	0.26
$C_4H_6NO_3$	4.92	0.70	$C_5H_{13}N_2O$	6.41	0.38	$C_7H_2O_2$	7.67	0.65
$C_4H_8N_2O_2$	5.29	0.52	$C_5H_{15}N_3$	6.79	0.20	C_7H_4NO	8.05	0.48
$C_4H_{10}N_3O$	5.67	0.34	C_5HN_4	6.98	0.21	$C_7H_6N_2$	8.42	0.31
$C_4H_{12}N_4$	6.04	0.16	$C_6H_{13}O_2$	6.77	0.60	C_8H_6O	8.78	0.54
$C_5H_8O_3$	5.65	0.73	$C_6H_{15}NO$	7.14	0.42	C_8H_8N	9.15	0.37
$C_5H_{10}NO_2$	6.02	0.55	C_6HN_2O	7.30	0.43	C_9H_{10}	9.89	0.44
$C_5H_{12}N_2O$	6.40	0.37	$C_6H_3N_3$	7.68	0.26	**119**		
$C_5H_{14}N_3$	6.77	0.20	C_7HO_2	7.66	0.65	$C_2H_3N_2O_4$	3.13	0.84
C_5N_4	6.93	0.21	C_7H_3NO	8.03	0.48	$C_2H_5N_3O_3$	3.50	0.65
$C_6H_{12}O_2$	6.75	0.59	$C_7H_5N_2$	8.41	0.31	$C_2H_7N_4O_2$	3.88	0.46
$C_6H_{14}NO$	7.13	0.42	C_8H_5O	8.76	0.54	$C_3H_5NO_4$	3.86	0.86
$C_6H_{16}N_2$	7.50	0.24	C_8H_7N	9.14	0.37	$C_3H_7N_2O_3$	4.23	0.67
$C_6H_2N_3$	7.66	0.26	C_9H_9	9.87	0.43	$C_3H_9N_3O_2$	4.61	0.49
$C_7H_{16}O$	7.86	0.47	**118**			$C_3H_{11}N_4O$	4.98	0.30
C_7O_2	7.64	0.65	$C_2H_2N_2O_4$	3.11	0.84	$C_4H_7O_4$	4.59	0.88
C_7H_2NO	8.02	0.48	$C_2H_4N_3O_3$	3.49	0.65	$C_4H_9NO_3$	4.97	0.70
$C_7H_4N_2$	8.39	0.31	$C_2H_6N_4O_2$	3.86	0.46	$C_4H_{11}N_2O_2$	5.34	0.52
C_8H_4O	8.75	0.54	$C_3H_4NO_4$	3.84	0.86	$C_4H_{13}N_3O$	5.71	0.34
C_8H_6N	9.12	0.37	$C_3H_6N_2O_3$	4.22	0.67	$C_5H_{11}O_3$	5.70	0.73
C_9H_8	9.85	0.43	$C_3H_8N_3O_2$	4.59	0.49	$C_5H_{13}NO_2$	6.07	0.56
117			$C_3H_{10}N_4O$	4.97	0.30	C_5HN_3O	6.60	0.39
$C_2HN_2O_4$	3.10	0.84	$C_4H_6O_4$	4.58	0.88	$C_5H_3N_4$	6.98	0.21
$C_2H_3N_3O_3$	3.47	0.65	$C_4H_8NO_3$	4.95	0.70	C_6HNO_2	6.96	0.61
$C_2H_5N_4O_2$	3.85	0.46	$C_4H_{10}N_2O_2$	5.32	0.52	$C_6H_3N_2O$	7.33	0.43
$C_3H_3NO_4$	3.83	0.86	$C_4H_{12}N_3O$	5.70	0.34	$C_6H_5N_3$	7.71	0.26
$C_3H_5N_2O_3$	4.20	0.67	$C_4H_{14}N_4$	6.07	0.16	$C_7H_3O_2$	7.69	0.66
$C_3H_7N_3O_2$	4.58	0.49	$C_5H_{10}O_3$	5.68	0.73	C_7H_5NO	8.06	0.48
$C_3H_9N_4O$	4.95	0.30	$C_5H_{12}NO_2$	6.05	0.55	$C_7H_7N_2$	8.44	0.31
$C_4H_5O_4$	4.56	0.88	$C_5H_{14}N_2O$	6.43	0.38	C_8H_7O	8.80	0.54
$C_4H_7NO_3$	4.93	0.70	C_5N_3O	6.59	0.39	C_8H_9N	9.17	0.37
$C_4H_9N_2O_2$	5.31	0.52	$C_5H_2N_4$	6.96	0.21	C_9H_{11}	9.90	0.44
$C_4H_{11}N_3O$	5.68	0.34	$C_6H_{14}O_2$	6.79	0.60			

	M+1	M+2		M+1	M+2		M+1	M+2
120			$C_4H_{11}NO_3$	5.00	0.70	$C_7H_{10}N_2$	8.49	0.32
$C_2H_4N_2O_4$	3.15	0.84	C_4HN_4O	5.90	0.35	$C_8H_{10}O$	8.84	0.54
$C_2H_6N_3O_3$	3.52	0.65	$C_5HN_2O_2$	6.26	0.57	$C_8H_{12}N$	9.22	0.38
$C_2H_8N_4O_2$	3.89	0.46	$C_5H_3N_3O$	6.63	0.39	C_9H_{14}	9.95	0.44
$C_3H_6NO_4$	3.88	0.86	$C_5H_5N_4$	7.01	0.21	C_9N	10.11	0.46
$C_3H_8N_2O_3$	4.25	0.67	C_6HO_3	6.62	0.79	$C_{10}H_2$	10.84	0.53
$C_3H_{10}N_3O_2$	4.62	0.49	$C_6H_3NO_2$	6.99	0.61	**123**		
$C_3H_{12}N_4O$	5.00	0.30	$C_6H_5N_2O$	7.37	0.44	$C_2H_7N_2O_4$	3.19	0.84
$C_4H_8O_4$	4.61	0.88	$C_6H_7N_3$	7.74	0.26	$C_2H_9N_3O_3$	3.57	0.65
$C_4H_{10}NO_3$	4.98	0.70	$C_7H_5O_2$	7.72	0.66	$C_3H_9NO_4$	3.92	0.86
$C_4H_{12}N_2O_2$	5.36	0.52	C_7H_7NO	8.10	0.49	$C_4HN_3O_2$	5.56	0.53
C_4N_4O	5.89	0.35	$C_7H_9N_2$	8.47	0.32	$C_4H_3N_4O$	5.94	0.35
$C_5H_{12}O_3$	5.71	0.74	C_8H_9O	8.83	0.54	C_5HNO_3	5.92	0.75
$C_5N_2O_2$	6.24	0.57	$C_8H_{11}N$	9.20	0.28	$C_5H_3N_2O_2$	6.29	0.57
$C_5H_2N_3O$	6.62	0.39	C_9H_{13}	9.93	0.44	$C_5H_5N_3O$	6.67	0.39
$C_5H_4N_4$	6.99	0.21	$C_{10}H$	10.82	0.53	$C_5H_7N_4$	7.04	0.22
C_6O_3	6.60	0.78	**122**			$C_6H_3O_3$	6.65	0.79
$C_6H_2NO_2$	6.98	0.61	$C_2H_6N_2O_4$	3.18	0.84	$C_6H_5NO_2$	7.02	0.61
$C_6H_4N_2O$	7.35	0.43	$C_2H_8N_3O_3$	3.55	0.65	$C_6H_7N_2O$	7.40	0.44
$C_6H_6N_3$	7.72	0.26	$C_2H_{10}N_4O_2$	3.93	0.46	$C_6H_9N_3$	7.77	0.26
$C_7H_4O_2$	7.71	0.66	$C_3H_8NO_4$	3.91	0.86	$C_7H_7O_2$	7.75	0.66
C_7H_6NO	8.08	0.49	$C_3H_{10}N_2O_3$	4.28	0.67	C_7H_9NO	8.13	0.49
$C_7H_8N_2$	8.46	0.32	$C_4H_{10}O_4$	4.64	0.89	$C_7H_{11}N_2$	8.50	0.32
C_8H_8O	8.81	0.54	$C_4N_3O_2$	5.54	0.53	$C_8H_{11}O$	8.86	0.55
$C_8H_{10}N$	9.19	0.37	$C_4H_2N_4O$	5.92	0.35	$C_8H_{13}N$	9.23	0.38
C_9H_{12}	9.92	0.44	C_5NO_3	5.90	0.75	C_9H_{15}	9.97	0.44
C_{10}	10.81	0.53	$C_5H_2N_2O_2$	6.28	0.57	C_9HN	10.12	0.46
121			$C_5H_4N_3O$	6.65	0.39	$C_{10}H_3$	10.85	0.53
$C_2H_5N_2O_4$	3.16	0.84	$C_5H_6N_4$	7.02	0.21	**124**		
$C_2H_7N_3O_3$	3.53	0.65	$C_6H_2O_3$	6.63	0.79	$C_2H_8N_2O_4$	3.21	0.84
$C_2H_9N_4O_2$	3.91	0.46	$C_6H_4NO_2$	7.01	0.61	$C_3H_4O_2$	4.85	0.50
$C_3H_7NO_4$	3.89	0.86	$C_6H_6N_2O$	7.38	0.44	$C_4N_2O_3$	5.20	0.71
$C_3H_9N_2O_3$	4.27	0.67	$C_6H_8N_3$	7.76	0.26	$C_4H_2N_3O_2$	5.58	0.53
$C_3H_{11}N_3O_2$	4.64	0.49	$C_7H_6O_2$	7.74	0.66	$C_4H_4N_4O$	5.95	0.35
$C_4H_9O_4$	4.62	0.89	C_7H_8NO	8.11	0.49	C_5O_4	5.56	0.93

	M+1	M+2		M+1	M+2		M+1	M+2
$C_5H_2NO_3$	5.93	0.75	$C_8H_{13}O$	8.89	0.55	**127**		
$C_5H_4N_2O_2$	6.31	0.57	$C_8H_{15}N$	9.27	0.38	$C_3HN_3O_3$	4.52	0.68
$C_5H_6N_3O$	6.68	0.39	C_8HN_2	9.42	0.40	$C_3H_3N_4O_2$	4.89	0.50
$C_5H_8N_4$	7.06	0.22	C_9H_{17}	10.00	0.45	C_4HNO_4	4.88	0.90
$C_6H_4O_3$	6.66	0.79	C_9HO	9.78	0.63	$C_4H_3N_2O_3$	5.25	0.71
$C_6H_6NO_2$	7.04	0.61	C_9H_3N	10.15	0.46	$C_4H_5N_3O_2$	5.62	0.53
$C_6H_8N_2O$	7.41	0.44	$C_{10}H_5$	10.89	0.53	$C_4H_7N_4O$	6.00	0.35
$C_6H_{10}N_3$	7.79	0.27	**126**			$C_5H_3O_4$	5.61	0.93
$C_7H_8O_2$	7.77	0.66	$C_3H_3O_3$	4.50	0.68	$C_5H_5NO_3$	5.98	0.75
$C_7H_{10}NO$	8.14	0.49	$C_3H_2N_4O_2$	4.88	0.50	$C_5H_7N_2O_2$	6.36	0.57
$C_7H_{12}N_2$	8.52	0.32	C_4NO_4	4.86	0.90	$C_5H_9N_3O$	6.73	0.40
$C_8H_{12}O$	8.88	0.55	$C_4H_2N_2O_3$	5.23	0.71	$C_5H_{11}N_4$	7.10	0.22
$C_8H_{14}N$	9.25	0.38	$C_4H_4N_3O_2$	5.61	0.53	$C_6H_7O_3$	6.71	0.79
C_8N_2	9.41	0.39	$C_4H_6N_4O$	5.98	0.35	$C_6H_9NO_2$	7.09	0.62
C_9H_{16}	9.98	0.45	$C_5H_2O_4$	5.59	0.93	$C_6H_{11}N_2O$	7.46	0.44
C_9O	9.76	0.62	$C_5H_4NO_3$	5.97	0.75	$C_6H_{13}N_3$	7.84	0.27
C_9H_2N	10.14	0.46	$C_5H_6N_2O_2$	6.34	0.57	$C_7H_{11}O_2$	7.82	0.67
$C_{10}H_4$	10.87	0.53	$C_5H_8N_3O$	6.71	0.35	$C_7H_{13}NO$	8.19	0.49
125			$C_5H_{10}N_4$	7.09	0.22	$C_7H_{15}N_2$	8.57	0.32
$C_3HN_4O_2$	4.86	0.50	$C_6H_6O_3$	6.70	0.79	C_7HN_3	8.72	0.34
$C_4HN_2O_3$	5.22	0.71	$C_6H_8NO_2$	7.07	0.62	$C_8H_{15}O$	8.92	0.55
$C_4H_3N_3O_2$	5.59	0.53	$C_6H_{10}N_2O$	7.45	0.44	C_8HNO	9.08	0.57
$C_4H_5N_4O$	5.97	0.35	$C_6H_{12}N_3$	7.82	0.27	$C_8H_{17}N$	9.30	0.38
C_5HO_4	5.58	0.93	$C_7H_{10}O_2$	7.80	0.66	$C_8H_3N_2$	9.46	0.40
$C_5H_3NO_3$	5.95	0.75	$C_7H_{12}NO$	8.18	0.49	C_9H_3O	9.81	0.63
$C_5H_5N_2O_2$	6.32	0.57	$C_7H_{14}N_2$	8.55	0.32	C_9H_5N	10.19	0.47
$C_5H_7N_3O$	6.70	0.39	C_7N_3	8.71	0.34	C_9H_{19}	10.03	0.45
$C_5H_9N_4$	7.07	0.22	$C_8H_{14}O$	8.91	0.55	$C_{10}H_7$	10.92	0.54
$C_6H_5O_3$	6.68	0.79	C_8NO	9.07	0.56	**128**		
$C_6H_7NO_2$	7.06	0.61	$C_8H_{16}N$	9.28	0.38	$C_3N_2O_4$	4.16	0.87
$C_6H_9N_2O$	7.43	0.44	$C_8H_2N_2$	9.44	0.40	$C_3H_2N_3O_3$	4.54	0.68
$C_6H_{11}N_3$	7.80	0.27	C_9H_{18}	10.01	0.45	$C_3H_4N_4O_2$	4.91	0.50
$C_7H_9O_2$	7.79	0.66	C_9H_2O	9.80	0.63	$C_4H_2NO_4$	4.89	0.90
$C_7H_{11}NO$	8.16	0.49	C_9H_4N	10.17	0.46	$C_4H_4N_2O_3$	5.27	0.72
$C_7H_{13}N_2$	8.54	0.32	$C_{10}H_6$	10.90	0.54	$C_4H_6N_3O_2$	5.64	0.53

续表

	M+1	M+2		M+1	M+2		M+1	M+2
$C_4H_8N_4O$	6.02	0.36	$C_5H_9N_2O_2$	6.39	0.57	$C_6H_{12}NO_2$	7.14	0.62
$C_5H_4O_4$	5.62	0.93	$C_5H_{11}N_3O$	6.76	0.40	$C_6H_{14}N_2O$	7.51	0.45
$C_5H_6NO_3$	6.00	0.75	$C_5H_{13}N_4$	7.14	0.22	C_6N_3O	7.67	0.46
$C_5H_8N_2O_2$	6.37	0.57	$C_6H_9O_3$	6.74	0.79	$C_6H_{16}N_3$	7.88	0.27
$C_5H_{10}N_3O$	6.75	0.40	$C_6H_{11}NO_2$	7.12	0.62	$C_6H_2N_4$	8.04	0.29
$C_5H_{12}N_4$	7.12	0.22	$C_6H_{13}N_2O$	7.49	0.44	$C_7H_{14}O_2$	7.87	0.67
$C_6H_8O_3$	6.73	0.79	$C_6H_{15}N_3$	7.87	0.27	C_7NO_2	8.02	0.68
$C_6H_{10}NO_2$	7.10	0.62	C_6HN_4	8.03	0.28	$C_7H_{16}NO$	8.24	0.50
$C_6H_{12}N_2O$	7.48	0.44	$C_7H_{13}O_2$	7.85	0.67	$C_7H_2N_2O$	8.40	0.51
$C_6H_{14}N_3$	7.85	0.27	$C_7H_{15}NO$	8.22	0.50	$C_7H_{18}N_2$	8.62	0.33
C_6N_4	8.01	0.28	C_7HN_2O	8.38	0.51	$C_7H_4N_3$	8.77	0.34
$C_7H_{12}O_2$	7.83	0.67	$C_7H_{17}N_2$	8.60	0.33	$C_8H_2O_2$	8.75	0.74
$C_7H_{14}NO$	8.21	0.50	$C_7H_3N_3$	8.76	0.34	$C_8H_{18}O$	8.97	0.56
$C_7H_{16}N_2$	8.58	0.33	C_8HO_2	8.74	0.74	C_8H_4NO	9.13	0.57
C_7N_2O	8.37	0.51	$C_8H_{17}O$	8.96	0.55	$C_8H_6N_2$	9.50	0.40
$C_7H_2N_3$	8.74	0.34	C_8H_3NO	9.11	0.57	C_9H_6O	9.86	0.63
$C_8H_{16}O$	8.94	0.65	$C_8H_{19}N$	9.33	0.39	C_9H_8N	10.23	0.47
C_8O_2	8.72	0.37	$C_8H_5N_2$	9.49	0.40	$C_{10}H_{10}$	10.97	0.54
$C_8H_{18}N$	9.31	0.39	C_9H_5O	9.84	0.63	**131**		
C_8H_2NO	9.10	0.57	C_9H_7N	10.22	0.47	$C_3H_3N_2O_4$	4.21	0.87
$C_8H_4N_2$	9.47	0.40	$C_{10}H_9$	10.95	0.54	$C_3H_5N_3O_3$	4.58	0.69
C_9H_{20}	10.05	0.45	**130**			$C_3H_7N_4O_2$	4.96	0.50
C_9H_4O	9.83	0.63	$C_3H_2N_2O_4$	4.19	0.87	$C_4H_5NO_4$	4.94	0.90
C_9H_6N	10.20	0.47	$C_3H_4N_3O_3$	4.57	0.69	$C_4H_7N_2O_3$	5.31	0.72
$C_{10}H_8$	10.93	0.54	$C_3H_6N_4O_2$	4.94	0.50	$C_4H_9N_3O_2$	5.69	0.54
129			$C_4H_4NO_4$	4.92	0.90	$C_4H_{11}N_4O$	6.06	0.36
$C_3HN_2O_4$	4.18	0.87	$C_4H_6N_2O_3$	5.30	0.72	$C_5H_7O_4$	5.67	0.93
$C_3H_3N_3O_3$	4.55	0.69	$C_4H_8N_3O_2$	5.67	0.54	$C_5H_9NO_3$	6.05	0.75
$C_3H_5N_4O_2$	4.93	0.50	$C_4H_{10}N_4O$	6.05	0.36	$C_5H_{11}N_2O_2$	6.42	0.58
$C_4H_3NO_4$	4.91	0.90	$C_5H_6O_4$	5.66	0.93	$C_5H_{13}N_3O$	6.79	0.40
$C_4H_5N_2O_3$	5.28	0.72	$C_5H_8NO_3$	6.03	0.75	$C_5H_{15}N_4$	7.17	0.22
$C_4H_7N_3O_2$	5.66	0.54	$C_5H_{10}N_2O_2$	6.40	0.58	$C_6H_{11}O_3$	6.78	0.80
$C_4H_9N_4O$	6.03	0.36	$C_5H_{12}N_3O$	6.78	0.40	$C_6H_{13}NO_2$	7.15	0.62
$C_5H_5O_4$	5.64	0.93	$C_5H_{14}N_4$	7.15	0.22	$C_6H_{15}N_2O$	7.53	0.45
$C_5H_7NO_3$	6.01	0.75	$C_6H_{10}O_3$	6.76	0.79	C_6HN_3O	7.68	0.46

	M+1	M+2		M+1	M+2		M+1	M+2
$C_6H_{17}N_3$	7.90	0.27	$C_7H_2NO_2$	8.06	0.68	C_9H_9O	9.91	0.64
$C_6H_3N_4$	8.06	0.29	$C_7H_4N_2O$	8.43	0.51	$C_9H_{11}N$	10.28	0.48
$C_7H_{15}O_2$	7.88	0.67	$C_7H_6N_3$	8.80	0.34	$C_{10}H_{13}$	11.01	0.55
C_7HNO_2	8.04	0.68	$C_8H_4O_2$	8.79	0.74	$C_{11}H$	11.90	0.64
$C_7H_3N_2O$	8.14	0.51	C_8H_6NO	9.16	0.57	**134**		
$C_7H_{17}NO$	8.26	0.50	$C_8H_8N_2$	9.54	0.41	$C_3H_6N_2O_4$	4.26	0.87
$C_7H_5N_3$	8.79	0.34	C_9H_8O	9.89	0.64	$C_3H_8N_3O_3$	4.63	0.69
$C_8H_3O_2$	8.77	0.74	$C_9H_{10}N$	10.27	0.47	$C_3H_{10}N_4O_2$	5.01	0.51
C_8H_5NO	9.15	0.57	$C_{10}H_{12}$	11.00	0.55	$C_4H_8NO_4$	4.99	0.90
$C_8H_7N_2$	9.52	0.41	C_{11}	11.89	0.64	$C_4H_{10}N_2O_3$	5.36	0.72
C_9H_7O	9.88	0.64	**133**			$C_4H_{12}N_3O_2$	5.74	0.54
C_9H_9N	10.25	0.47	$C_3H_5N_2O_4$	4.24	0.87	$C_4H_{14}N_4O$	6.11	0.36
$C_{10}H_{11}$	10.98	0.54	$C_3H_7N_3O_3$	4.62	0.69	$C_5H_{10}O_4$	5.72	0.94
132			$C_3H_9N_4O_2$	4.99	0.51	$C_5H_{12}NO_3$	6.09	0.76
$C_3H_4N_2O_4$	4.23	0.87	$C_4H_7NO_4$	4.97	0.90	$C_5H_{14}N_2O_2$	6.47	0.58
$C_3H_6N_3O_3$	4.60	0.69	$C_4H_9N_2O_3$	5.35	0.72	$C_5N_3O_2$	6.63	0.59
$C_3H_8N_4O_2$	4.97	0.50	$C_4H_{11}N_3O_2$	5.72	0.54	$C_5H_2N_4O$	7.00	0.41
$C_4H_6NO_4$	4.96	0.90	$C_4H_{13}N_4O$	6.10	0.36	$C_6H_{14}O_3$	6.83	0.80
$C_4H_8N_2O_3$	5.33	0.72	$C_5H_9O_4$	5.70	0.94	C_6NO_3	6.98	0.81
$C_4H_{10}N_3O_2$	5.70	0.54	$C_5H_{11}NO_3$	6.08	0.76	$C_6H_2N_2O_2$	7.36	0.64
$C_4H_{12}N_4O$	6.08	0.36	$C_5H_{13}N_2O_2$	6.45	0.58	$C_6H_4N_3O$	7.73	0.46
$C_5H_8O_4$	5.69	0.93	$C_5H_{15}N_3O$	6.83	0.40	$C_6H_6N_4$	8.11	0.29
$C_5H_{10}NO_3$	6.06	0.76	C_5HN_4O	6.98	0.41	$C_7H_2O_3$	7.71	0.86
$C_5H_{12}N_2O_2$	6.44	0.58	$C_6H_{13}O_3$	6.81	0.80	$C_7H_4NO_2$	8.09	0.69
$C_5H_{14}N_3O$	6.81	0.40	$C_6H_{15}NO_2$	7.18	0.62	$C_7H_6N_2O$	8.46	0.52
$C_5H_{16}N_4$	7.18	0.23	$C_6HN_2O_2$	7.34	0.63	$C_7H_8N_3$	8.84	0.35
C_5N_4O	6.97	0.41	$C_6H_3N_3O$	7.72	0.46	$C_8H_6O_2$	8.82	0.74
$C_6H_{12}O_3$	6.97	0.80	$C_6H_5N_4$	8.09	0.29	C_8H_8NO	9.19	0.58
$C_6H_{14}NO_2$	7.17	0.62	C_7HO_3	7.70	0.86	$C_8H_{10}N_2$	9.57	0.41
$C_6N_2O_2$	7.32	0.63	$C_7H_3NO_2$	8.07	0.69	$C_9H_{10}O$	9.92	0.64
$C_6H_{16}N_2O$	7.54	0.45	$C_7H_5N_2O$	8.45	0.51	$C_9H_{12}N$	10.30	0.48
$C_6H_2N_3O$	7.70	0.46	$C_7H_7N_3$	8.82	0.35	$C_{10}H_{14}$	11.03	0.55
$C_6H_4N_4$	8.07	0.29	$C_8H_5O_2$	8.80	0.74	$C_{10}N$	11.19	0.57
C_7O_3	7.68	0.86	C_8H_7NO	9.18	0.57	$C_{11}H_2$	11.92	0.65
$C_7H_{16}O_2$	7.90	0.67	$C_8H_9N_2$	9.55	0.41			

续表

	M+1	M+2		M+1	M+2		M+1	M+2
135			$C_5N_2O_3$	6.28	0.77	$C_7H_5O_3$	7.76	0.86
$C_3H_7N_2O_4$	4.27	0.87	$C_5H_2N_3O_2$	6.66	0.59	$C_7H_7NO_2$	8.14	0.69
$C_3H_9N_3O_3$	4.65	0.69	$C_5H_4N_4O$	7.03	0.42	$C_7H_9N_2O$	8.51	0.52
$C_3H_{11}N_4O_2$	5.02	0.51	C_6O_4	6.64	0.99	$C_7H_{11}N_3$	8.88	0.35
$C_4H_9NO_4$	5.00	0.90	$C_6H_2NO_3$	7.01	0.81	$C_8H_9O_2$	8.87	0.75
$C_4H_{11}N_2O_3$	5.38	0.72	$C_6H_4N_2O_2$	7.39	0.64	$C_8H_{11}NO$	9.24	0.58
$C_4H_{13}N_3O_2$	5.75	0.54	$C_6H_6N_3O$	7.76	0.46	$C_8H_{13}N_2$	9.62	0.41
$C_5H_{11}O_4$	5.74	0.94	$C_6H_8N_4$	8.14	0.29	$C_9H_{13}O$	9.97	0.65
$C_5H_{13}NO_3$	6.11	0.76	$C_7H_4O_3$	7.75	0.86	$C_9H_{15}N$	10.35	0.48
$C_5HN_3O_2$	6.64	0.59	$C_7H_6NO_2$	8.12	0.69	C_9HN_2	10.50	0.50
$C_5H_3N_4O$	7.02	0.41	$C_7H_8N_2O$	8.49	0.52	$C_{10}HO$	10.86	0.73
C_6HNO_3	7.00	0.81	$C_7H_{10}N_3$	8.87	0.35	$C_{10}H_{17}$	11.08	0.56
$C_6H_3N_2O_2$	7.37	0.64	$C_8H_8O_2$	8.85	0.75	$C_{10}H_3N$	11.24	0.57
$C_6H_5N_3O$	7.75	0.46	$C_8H_{10}NO$	9.23	0.58	$C_{11}H_5$	11.97	0.65
$C_6H_7N_4$	8.12	0.29	$C_8H_{12}N_2$	9.60	0.41	**138**		
$C_7H_3O_3$	7.73	0.86	$C_9H_{12}O$	9.96	0.64	$C_3H_{10}N_2O_4$	4.32	0.88
$C_7H_5NO_2$	8.10	0.69	$C_9H_{14}N$	10.33	0.48	$C_4N_3O_3$	5.58	0.73
$C_7H_7N_2O$	8.48	0.52	C_9N_2	10.49	0.50	$C_4H_2N_4O_2$	5.96	0.55
$C_7H_9N_3$	8.85	0.35	$C_{10}O$	10.85	0.73	C_5NO_4	5.94	0.95
$C_8H_7O_2$	8.84	0.74	$C_{10}H_{16}$	11.06	0.55	$C_5H_2N_2O_3$	6.32	0.77
C_8H_9NO	9.21	0.58	$C_{10}H_2N$	11.22	0.57	$C_5H_4N_3O_2$	6.69	0.59
$C_8H_{11}N_2$	9.58	0.41	$C_{11}H_4$	11.95	0.65	$C_5H_6N_4O$	7.06	0.42
$C_9H_{11}O$	9.94	0.64	**137**			$C_6H_2O_4$	6.67	0.99
$C_9H_{13}N$	10.31	0.48	$C_3H_9N_2O_4$	4.31	0.88	$C_6H_4NO_3$	7.05	0.81
$C_{10}H_{15}$	11.05	0.55	$C_3H_{11}N_3O_3$	4.68	0.69	$C_6H_6N_2O_2$	7.42	0.64
$C_{10}HN$	11.20	0.57	$C_4HN_4O_2$	5.94	0.55	$C_6H_8N_3O$	7.80	0.47
$C_{11}H_3$	11.93	0.65	$C_4H_{11}NO_4$	5.04	0.90	$C_6H_{10}N_4$	8.17	0.30
136			$C_5HN_2O_3$	6.30	0.77	$C_7H_6O_3$	7.78	0.86
$C_3H_8N_2O_4$	4.29	0.87	$C_5H_3N_3O_2$	6.67	0.59	$C_7H_8NO_2$	8.15	0.69
$C_3H_{10}N_3O_3$	4.66	0.69	$C_5H_5N_4O$	7.05	0.42	$C_7H_{10}N_2O$	8.53	0.52
$C_3H_{12}N_4O_2$	5.04	0.51	C_6HO_4	6.66	0.99	$C_7H_{12}N_3$	8.90	0.35
$C_4H_{10}NO_4$	5.02	0.90	$C_6H_3NO_3$	7.03	0.81	$C_8H_{10}O_2$	8.88	0.75
$C_4H_{12}N_2O_3$	5.39	0.72	$C_6H_5N_2O_2$	7.40	0.64	$C_8H_{12}NO$	9.26	0.58
$C_4N_4O_2$	5.93	0.55	$C_6H_7N_3O$	7.78	0.47	$C_8H_{14}N_2$	9.63	0.42
$C_5H_{12}O_4$	5.75	0.94	$C_6H_9N_4$	8.15	0.29	C_8N_3	9.79	0.43

	M+1	M+2		M+1	M+2		M+1	M+2
$C_9H_{14}O$	9.99	0.65	$C_{11}H_7$	12.00	0.66	$C_4H_3N_3O_3$	5.63	0.73
$C_9H_{16}N$	10.36	0.48	**140**			$C_4H_5N_4O_2$	6.01	0.56
C_9NO	10.15	0.66	$C_4N_2O_4$	5.24	0.91	$C_5H_3NO_4$	5.99	0.95
$C_9H_2N_2$	10.52	0.50	$C_4H_2N_3O_3$	5.62	0.73	$C_5H_5N_2O_3$	6.36	0.77
$C_{10}H_2O$	10.88	0.73	$C_4H_4N_4O_2$	5.99	0.55	$C_5H_7N_3O_2$	6.74	0.60
$C_{10}H_{18}$	11.09	0.56	$C_5H_2NO_4$	5.97	0.95	$C_5H_9N_4O$	7.11	0.42
$C_{10}H_4N$	11.25	0.57	$C_5H_4N_2O_3$	6.35	0.77	$C_6H_5O_4$	6.72	0.99
$C_{11}H_6$	11.98	0.65	$C_5H_6N_3O_2$	6.72	0.60	$C_6H_7NO_3$	7.09	0.82
139			$C_5H_8N_4O$	7.10	0.42	$C_6H_9N_2O_2$	7.47	0.64
$C_4H_3N_3O_3$	5.60	0.73	$C_6H_4O_4$	6.70	0.99	$C_6H_{11}N_3O$	7.84	0.47
$C_4H_3N_4O_2$	5.97	0.55	$C_6H_6NO_3$	7.08	0.82	$C_6H_{13}N_4$	8.22	0.30
C_5HNO_4	5.96	0.95	$C_6H_8N_2O_2$	7.45	0.64	$C_7H_9O_3$	7.83	0.87
$C_5H_3N_2O_3$	6.33	0.77	$C_6H_{10}N_3O$	7.83	0.47	$C_7H_{11}NO_2$	8.20	0.70
$C_5H_5N_3O_2$	6.71	0.59	$C_6H_{12}N_4$	8.20	0.30	$C_7H_{13}N_2O$	8.57	0.53
$C_5H_7N_4O$	7.08	0.42	$C_7H_8O_3$	7.81	0.87	$C_7H_{15}N_3$	8.95	0.36
$C_6H_3O_4$	6.69	0.99	$C_7H_{10}NO_2$	8.18	0.69	C_7HN_4	9.11	0.37
$C_6H_5NO_3$	7.06	0.82	$C_7H_{12}N_2O$	8.56	0.52	$C_8H_{13}O_2$	8.93	0.75
$C_6H_7N_2O_2$	7.44	0.64	$C_7H_{14}N_3$	8.93	0.36	$C_8H_{15}NO$	9.31	0.59
$C_6H_9N_3O$	7.81	0.47	C_7N_4	9.09	0.37	C_8HN_2O	9.46	0.60
$C_6H_{11}N_4$	8.19	0.30	$C_8H_{12}O_2$	8.92	0.75	$C_8H_{17}N_2$	9.68	0.42
$C_7H_7O_3$	7.79	0.86	$C_8H_{14}NO$	9.29	0.58	$C_8H_3N_3$	9.84	0.43
$C_7H_9NO_2$	8.17	0.69	C_8N_2O	9.45	0.60	C_9HO_2	9.82	0.83
$C_7H_{11}N_2O$	8.54	0.52	$C_8H_{16}N_2$	9.66	0.42	$C_9H_{17}O$	10.04	0.65
$C_7H_{13}N_3$	8.92	0.35	$C_8H_2N_3$	9.82	0.43	C_9H_3NO	10.19	0.67
$C_8H_{11}O_2$	8.90	0.75	C_9O_2	9.80	0.83	$C_9H_{19}N$	10.41	0.49
$C_8H_{13}NO$	9.27	0.58	$C_9H_{16}O$	10.02	0.65	$C_9H_5N_2$	10.57	0.50
$C_8H_{15}N_2$	9.65	0.42	C_9H_2NO	10.18	0.67	$C_{10}H_5O$	10.93	0.74
C_8HN_3	9.81	0.43	$C_9H_{18}N$	10.39	0.49	$C_{10}H_7N$	11.30	0.58
$C_9H_{15}O$	10.00	0.65	$C_9H_4N_2$	10.55	0.50	$C_{10}H_{21}$	11.14	0.56
$C_9H_{17}N$	10.38	0.49	$C_{10}H_{20}$	11.13	0.56	$C_{11}H_9$	12.03	0.66
C_9HNO	10.16	0.66	$C_{10}H_4O$	10.91	0.74	**142**		
$C_9H_3N_2$	10.54	0.50	$C_{10}H_6N$	11.28	0.58	$C_4H_2N_2O_4$	5.27	0.92
$C_{10}H_{19}$	11.11	0.56	$C_{11}H_8$	12.02	0.66	$C_4H_4N_3O_3$	5.65	0.74
$C_{10}H_2O$	10.89	0.74	**141**			$C_4H_6N_4O_2$	6.02	0.56
$C_{10}H_5N$	11.27	0.58	$C_4HN_2O_4$	5.26	0.92	$C_5H_4NO_4$	6.00	0.95

	M+1	M+2		M+1	M+2		M+1	M+2
$C_5H_6N_2O_3$	6.38	0.77	$C_5H_9N_3O_2$	6.77	0.60	$C_6H_8O_4$	6.77	1.00
$C_5H_8N_3O_2$	6.75	0.60	$C_5H_{11}N_4O$	7.14	0.42	$C_6H_{10}NO_3$	7.14	0.82
$C_5H_{10}N_4O$	7.13	0.42	$C_6H_7O_4$	6.75	0.99	$C_6H_{12}N_2O_2$	7.52	0.65
$C_6H_6O_4$	6.74	0.99	$C_6H_9NO_3$	7.13	0.82	$C_6H_{14}N_3O$	7.89	0.47
$C_6H_8NO_3$	7.11	0.82	$C_6H_{11}N_2O_2$	7.50	0.65	$C_6H_{16}N_4$	8.27	0.30
$C_6H_{10}N_2O_2$	7.48	0.64	$C_6H_{13}N_3O$	7.88	0.47	$C_7H_{12}O_3$	7.87	0.87
$C_6H_{12}N_3O$	7.86	0.47	$C_6H_{15}N_4$	8.25	0.30	$C_7H_{14}NO_2$	8.25	0.70
$C_6H_{14}N_4$	8.23	0.30	$C_7H_{11}O_3$	7.86	0.87	$C_7N_2O_2$	8.41	0.71
$C_7H_{10}O_3$	7.84	0.87	$C_7H_{13}NO_2$	8.23	0.70	$C_7H_{16}N_2O$	8.62	0.53
$C_7H_{12}NO_2$	8.22	0.70	$C_7H_{15}N_2O$	8.61	0.53	$C_7H_2N_3O$	8.78	0.54
$C_7H_{14}N_2O$	8.59	0.53	C_7HN_3O	8.76	0.54	$C_7H_{18}N_3$	9.00	0.36
$C_7H_{16}N_3$	8.96	0.36	$C_7H_{17}N_3$	8.98	0.36	$C_7H_4N_4$	9.15	0.38
C_7N_3O	8.75	0.54	$C_7H_3N_4$	9.14	0.37	C_8O_3	8.76	0.94
$C_7H_2N_4$	9.12	0.37	$C_8H_{15}O_2$	8.96	0.76	$C_8H_{16}O_2$	8.98	0.76
$C_8H_{14}O_2$	8.95	0.75	C_8HNO_2	9.12	0.77	$C_8H_2NO_2$	9.14	0.77
C_8NO_2	9.10	0.77	$C_8H_{17}NO$	9.34	0.59	$C_8H_{18}NO$	9.35	0.59
$C_8H_{16}NO$	9.32	0.59	$C_8H_3N_2O$	9.49	0.60	$C_8H_4N_2O$	9.51	0.60
$C_8H_2N_2O$	9.48	0.60	$C_8H_{19}N_2$	9.71	0.42	$C_8H_{20}N_2$	9.73	0.42
$C_8H_{18}N_2$	9.70	0.42	$C_8H_5N_3$	9.87	0.44	$C_8H_6N_3$	9.89	0.44
$C_8H_4N_3$	9.85	0.44	$C_9H_3O_2$	9.85	0.83	$C_9H_{20}O$	10.08	0.66
$C_9H_2O_2$	9.84	0.83	$C_9H_{19}O$	10.07	0.65	$C_9H_4O_2$	9.87	0.84
$C_9H_{18}O$	10.05	0.65	C_9H_5NO	10.23	0.67	C_9H_6NO	10.24	0.67
C_9H_4NO	10.21	0.67	$C_9H_{21}N$	10.44	0.49	$C_9H_8N_2$	10.62	0.51
$C_9H_{20}N$	10.43	0.49	$C_9H_7N_2$	10.60	0.51	$C_{10}H_8O$	10.97	0.74
$C_9H_6N_2$	10.58	0.51	$C_{10}H_7O$	10.96	0.74	$C_{10}H_{10}N$	11.35	0.58
$C_{10}H_6O$	10.94	0.74	$C_{10}H_9N$	11.33	0.58	$C_{11}H_{12}$	12.08	0.67
$C_{10}H_8N$	11.32	0.58	$C_{11}H_{11}$	12.06	0.66	C_{12}	12.97	0.77
$C_{10}H_{22}$	11.16	0.56	**144**			**145**		
$C_{11}H_{10}$	12.05	0.66	$C_4H_4N_2O_4$	5.31	0.92	$C_4H_5N_2O_4$	5.32	0.92
143			$C_4H_6N_3O_3$	5.68	0.74	$C_4H_7N_3O_3$	5.70	0.74
$C_4H_3N_2O_4$	5.29	0.92	$C_4H_8N_4O_2$	6.05	0.56	$C_4H_8N_4O_2$	6.07	0.56
$C_4H_5N_3O_3$	5.66	0.74	$C_5H_6NO_4$	6.04	0.95	$C_5H_7NO_4$	6.05	0.96
$C_4H_7N_4O_2$	6.04	0.56	$C_5H_8N_2O_3$	6.41	0.78	$C_5H_9N_2O_3$	6.43	0.78
$C_5H_5NO_4$	6.02	0.95	$C_5H_{10}N_3O_2$	6.79	0.60	$C_5H_{11}N_3O_2$	6.80	0.60
$C_5H_7N_2O_3$	6.40	0.78	$C_5H_{12}N_4O$	7.16	0.42	$C_5H_{13}N_4O$	7.18	0.43

	M+1	M+2		M+1	M+2		M+1	M+2
$C_6H_9O_4$	6.78	1.00	$C_6H_{12}NO_3$	7.17	0.82	$C_6H_{15}N_2O_2$	7.56	0.65
$C_6H_{11}NO_3$	7.16	0.82	$C_6H_{14}N_2O_2$	7.55	0.65	$C_6HN_3O_2$	7.72	0.66
$C_6H_{13}N_2O_2$	7.53	0.65	$C_6H_{16}N_3O$	7.92	0.48	$C_6H_{17}N_3O$	7.94	0.48
$C_6H_{15}N_3O$	7.91	0.48	$C_6H_2N_4O$	8.08	0.49	$C_6H_3N_4O$	8.10	0.49
C_6HN_4O	8.06	0.49	$C_6H_{18}N_4$	8.30	0.31	$C_7H_{15}O_3$	7.92	0.87
$C_6H_{17}N_4$	8.28	0.30	$C_7H_{14}O_3$	7.91	0.87	C_7HNO_3	8.08	0.89
$C_7H_{13}O_3$	7.89	0.87	C_7NO_3	8.06	0.88	$C_7H_{17}NO_2$	8.30	0.70
$C_7H_{15}NO_2$	8.26	0.70	$C_7H_{16}NO_2$	8.28	0.70	$C_7H_3N_2O_2$	8.45	0.72
$C_7HN_2O_2$	8.42	0.71	$C_7H_2N_2O_2$	8.44	0.71	$C_7H_5N_3O$	8.83	0.55
$C_7H_{17}N_2O$	8.64	0.53	$C_7H_{18}N_2O$	8.65	0.53	$C_7H_7N_4$	9.20	0.38
$C_7H_3N_3O$	8.80	0.54	$C_7H_4N_3O$	8.81	0.55	$C_8H_3O_3$	8.81	0.94
$C_7H_{19}N_3$	9.01	0.36	$C_7H_6N_4$	9.19	0.38	$C_8H_5NO_2$	9.18	0.78
$C_7H_5N_4$	9.17	0.38	$C_8H_2O_3$	8.79	0.94	$C_8H_7N_2O$	9.56	0.61
C_8HO_3	8.78	0.94	$C_8H_{18}O_2$	9.01	0.76	$C_8H_9N_3$	9.93	0.44
$C_8H_{17}O_2$	9.00	0.76	$C_8H_4NO_2$	9.17	0.77	$C_9H_7O_2$	9.92	0.84
$C_8H_3NO_2$	9.15	0.77	$C_8H_6N_2O$	9.54	0.61	C_9H_9NO	10.29	0.68
$C_8H_{19}NO$	9.37	0.59	$C_8H_8N_3$	9.92	0.44	$C_9H_{11}N_2$	10.66	0.51
$C_8H_5N_2O$	9.53	0.61	$C_9H_6O_2$	9.90	0.84	$C_{10}H_{11}O$	11.02	0.75
$C_8H_7N_3$	9.90	0.44	C_9H_8NO	10.27	0.67	$C_{10}H_{13}N$	11.40	0.59
$C_9H_5O_2$	9.88	0.84	$C_9H_{10}N_2$	10.65	0.51	$C_{11}H_{15}$	12.13	0.67
C_9H_7NO	10.26	0.67	$C_{10}H_{10}O$	11.01	0.75	$C_{11}HN$	12.28	0.69
$C_9H_9N_2$	10.63	0.51	$C_{10}H_{12}N$	11.38	0.59	$C_{12}H_3$	13.02	0.78
$C_{10}H_9O$	10.99	0.75	$C_{11}H_{14}$	12.11	0.67	**148**		
$C_{10}H_{11}N$	11.36	0.59	$C_{11}N$	12.27	0.69	$C_4H_8N_2O_4$	5.37	0.92
$C_{11}H_{13}$	12.09	0.67	$C_{12}H_2$	13.00	0.77	$C_4H_{10}N_3O_3$	5.74	0.74
$C_{12}H$	12.98	0.77	**147**			$C_4H_{12}N_4O_2$	6.12	0.56
146			$C_4H_7N_2O_4$	5.35	0.92	$C_5H_{10}NO_4$	6.10	0.96
$C_4H_6N_2O_4$	5.34	0.92	$C_4H_9N_3O_3$	5.73	0.74	$C_5H_{12}N_2O_3$	6.48	0.78
$C_4H_8N_3O_3$	5.71	0.74	$C_4H_{11}N_4O_2$	6.10	0.56	$C_5H_{14}N_3O_2$	6.85	0.60
$C_4H_{10}N_4O_2$	6.09	0.56	$C_5H_9NO_4$	6.08	0.96	$C_5H_{16}N_4O$	7.22	0.43
$C_5H_8NO_4$	6.07	0.96	$C_5H_{11}N_2O_3$	6.46	0.78	$C_5N_4O_2$	7.01	0.61
$C_5H_{10}N_2O_3$	6.44	0.78	$C_5H_{13}N_3O_2$	6.83	0.60	$C_6H_{12}O_4$	6.83	1.00
$C_5H_{12}N_3O_2$	6.82	0.60	$C_5H_{15}N_4O$	7.21	0.43	$C_6H_{14}NO_3$	7.21	0.83
$C_5H_{14}N_4O$	7.19	0.43	$C_6H_{11}O_4$	6.82	1.00	$C_6N_2O_3$	7.36	0.84
$C_6H_{10}O_4$	6.80	1.00	$C_6H_{13}NO_3$	7.19	0.82	$C_6H_{16}N_2O_2$	7.58	0.65

续表

	M+1	M+2		M+1	M+2		M+1	M+2
$C_6H_2N_3O_2$	7.74	0.66	C_7HO_4	7.74	1.06	$C_7H_8N_3O$	8.88	0.55
$C_6H_4N_4O$	8.11	0.49	$C_7H_3NO_3$	8.11	0.89	$C_7H_{10}N_4$	9.25	0.38
C_7O_4	7.72	1.06	$C_7H_5N_2O_2$	8.49	0.72	$C_8H_6O_3$	8.86	0.95
$C_7H_{16}O_3$	7.94	0.88	$C_7H_7N_3O$	8.86	0.55	$C_8H_5NO_2$	9.23	0.78
$C_7H_2NO_3$	8.09	0.89	$C_7H_9N_4$	9.23	0.38	$C_8H_{10}N_2O$	9.61	0.61
$C_7H_4N_2O_2$	8.47	0.72	$C_8H_5O_3$	8.84	0.95	$C_8H_{12}N_3$	9.98	0.45
$C_7H_6N_3O$	8.84	0.55	$C_8H_7NO_2$	9.22	0.78	$C_9H_{10}O_2$	9.96	0.84
$C_7H_8N_4$	9.22	0.38	$C_8H_9N_2O$	9.59	0.61	$C_9H_{12}NO$	10.34	0.68
$C_8H_4O_3$	8.83	0.94	$C_8H_{11}N_3$	9.97	0.45	$C_9H_{14}N_2$	10.71	0.52
$C_8H_6NO_2$	9.20	0.78	$C_9H_9O_2$	9.95	0.84	C_9N_3	10.87	0.54
$C_8H_8N_2O$	9.57	0.51	$C_9H_{11}NO$	10.32	0.68	$C_{10}H_{14}O$	11.07	0.75
$C_8H_{10}N_3$	9.95	0.45	$C_9H_{13}N_2$	10.70	0.52	$C_{10}NO$	11.23	0.77
$C_9H_8O_2$	9.93	0.84	$C_{10}H_{13}O$	11.05	0.75	$C_{10}H_{16}N$	11.44	0.60
$C_9H_{10}NO$	10.31	0.68	$C_{10}H_{15}N$	11.43	0.59	$C_{10}H_2N_2$	11.60	0.61
$C_9H_{12}N_2$	10.68	0.52	$C_{10}HN_2$	11.58	0.61	$C_{11}H_{18}$	12.17	0.68
$C_{10}H_{12}O$	11.04	0.75	$C_{11}H_{17}$	12.16	0.67	$C_{11}H_2O$	11.96	0.85
$C_{10}H_{14}N$	11.41	0.59	$C_{11}HO$	11.94	0.85	$C_{11}H_4N$	12.33	0.70
$C_{10}N_2$	11.57	0.61	$C_{11}H_3N$	12.32	0.69	$C_{12}H_6$	13.06	0.78
$C_{11}H_{16}$	12.14	0.67	$C_{12}H_5$	13.05	0.78	**151**		
$C_{11}O$	11.93	0.85	**150**			$C_4H_{11}N_2O_4$	5.42	0.92
$C_{11}H_2N$	12.30	0.69	$C_4H_{10}N_2O_4$	5.40	0.92	$C_4H_{13}N_3O_3$	5.79	0.74
$C_{12}H_4$	13.03	0.78	$C_4H_{12}N_3O_3$	5.78	0.74	$C_5HN_3O_3$	6.68	0.79
149			$C_4H_{14}N_4O_2$	6.15	0.56	$C_5H_3N_4O_2$	7.06	0.62
$C_4H_9N_2O_4$	5.39	0.92	$C_5H_{12}NO_4$	6.13	0.96	$C_5H_{13}NO_4$	6.15	0.96
$C_4H_{11}N_3O_3$	5.76	0.74	$C_5H_{14}N_2O_3$	6.51	0.78	C_6HNO_4	7.04	1.01
$C_4H_{13}N_4O_2$	6.13	0.56	$C_5H_3O_3$	6.66	0.79	$C_6H_3N_2O_3$	7.41	0.84
$C_5H_{11}NO_4$	6.12	0.96	$C_5H_2N_4O_2$	7.04	0.62	$C_6H_5N_3O_2$	7.79	0.67
$C_5H_{13}N_2O_3$	6.49	0.78	$C_6H_{14}O_4$	6.86	1.00	$C_6H_7N_4O$	8.16	0.50
$C_5H_{15}N_3O_2$	6.87	0.61	C_6NO_4	7.02	1.01	$C_7H_3O_4$	7.77	1.06
$C_5HN_4O_2$	7.02	0.62	$C_6H_2N_2O_3$	7.40	0.84	$C_7H_5NO_3$	8.14	0.89
$C_6H_{13}O_4$	6.85	1.00	$C_6H_4N_3O_2$	7.77	0.67	$C_7H_7N_2O_2$	8.52	0.72
$C_6H_{15}NO_3$	7.22	0.83	$C_6H_6N_4O$	8.14	0.49	$C_7H_9N_3O$	8.89	0.55
$C_6HN_2O_3$	7.38	0.84	$C_7H_2O_4$	7.75	1.06	$C_7H_{11}N_4$	9.27	0.39
$C_6H_3N_3O_2$	7.75	0.66	$C_7H_4NO_3$	8.13	0.89	$C_8H_7O_3$	8.87	0.95
$C_6H_5N_4O$	8.13	0.49	$C_7H_6N_2O_2$	8.50	0.72	$C_8H_9NO_2$	9.25	0.78

续表

	M+1	M+2		M+1	M+2		M+1	M+2
$C_8H_{11}N_2O$	9.62	0.62	$C_{10}H_2NO$	11.26	0.78	$C_{10}H_{19}N$	11.49	0.60
$C_8H_{13}N_3$	10.00	0.45	$C_{10}H_4N_2$	11.63	0.62	$C_{11}H_5O$	12.01	0.86
C_9HN_3	10.89	0.54	$C_{10}H_{16}O$	11.10	0.76	$C_{11}H_7N$	12.38	0.70
$C_9H_{11}O_2$	9.98	0.85	$C_{10}H_{18}N$	11.48	0.60	$C_{11}H_{21}$	12.22	0.68
$C_9H_{13}NO$	10.36	0.68	$C_{11}H_4O$	11.99	0.86	$C_{12}H_9$	13.11	0.79
$C_9H_{15}N_2$	10.73	0.52	$C_{11}H_6$	12.36	0.70	**154**		
$C_{10}HNO$	11.24	0.77	$C_{11}H_{20}$	12.21	0.68	$C_5H_2N_2O_4$	6.35	0.91
$C_{10}H_3N_2$	11.62	0.61	$C_{12}H_8$	13.10	0.79	$C_5H_4N_3O_3$	6.73	0.80
$C_{10}H_{15}O$	11.09	0.76	**153**			$C_5H_6N_4O_2$	7.10	0.62
$C_{10}H_{17}N$	11.46	0.60	$C_5HN_2O_4$	6.34	0.97	$C_6H_4NO_4$	7.09	1.02
$C_{11}H_3O$	11.97	0.85	$C_5H_3N_3O_3$	6.71	0.80	$C_6H_6N_2O_3$	7.46	0.84
$C_{11}H_5N$	12.35	0.70	$C_5H_5N_4O_2$	7.00	0.62	$C_6H_8N_3O_2$	7.83	0.67
$C_{11}H_{19}$	12.19	0.68	$C_6H_3NO_4$	7.07	1.02	$C_6H_{10}N_4O$	8.21	0.50
$C_{12}H_7$	13.08	0.79	$C_6H_5N_2O_3$	7.44	0.84	$C_7H_6O_4$	7.82	1.07
152			$C_6H_7N_3O_2$	7.82	0.67	$C_7H_8NO_3$	8.19	0.90
$C_4H_{12}N_2O_4$	5.43	0.92	$C_6H_9N_4O$	8.19	0.50	$C_7H_{10}N_2O_2$	8.57	0.73
$C_5H_2N_3O_3$	6.70	0.79	$C_7H_5O_4$	7.80	1.07	$C_7H_{12}N_3O$	8.94	0.56
$C_5H_4N_4O_2$	7.07	0.62	$C_7H_7NO_3$	8.18	0.89	$C_7H_{14}N_4$	9.31	0.39
$C_6H_2NO_4$	7.05	1.01	$C_7H_9N_2O_2$	8.55	0.72	$C_8H_2N_4$	10.20	0.47
$C_6H_4N_2O_3$	7.43	0.84	$C_7H_{11}N_3O$	8.92	0.56	$C_8H_{10}O_3$	8.92	0.95
$C_6H_6N_3O_2$	7.80	0.67	$C_7H_{13}N_4$	9.30	0.30	$C_8H_{12}NO_2$	9.30	0.79
$C_6H_8N_4O$	8.18	0.50	C_8HN_4	10.10	0.47	$C_8H_{14}N_2O$	9.67	0.62
$C_7H_4O_4$	7.79	1.06	$C_8H_9O_3$	8.91	0.95	$C_8H_{16}N_3$	10.05	0.46
$C_7H_6NO_3$	8.16	0.89	$C_8H_{11}NO_2$	9.28	0.78	$C_9H_2N_2O$	10.56	0.70
$C_7H_8N_2O_2$	8.53	0.72	$C_8H_{13}N_2O$	9.66	0.62	$C_9H_4N_3$	10.93	0.54
$C_7H_{10}N_3O$	8.91	0.55	$C_8H_{15}N_3$	10.03	0.45	$C_9H_{14}O_2$	10.03	0.85
$C_7H_{12}N_4$	9.28	0.39	C_9HN_2O	10.54	0.70	$C_9H_{16}NO$	10.40	0.69
$C_8H_8O_3$	8.89	0.95	$C_9H_3N_3$	10.92	0.54	$C_9H_{18}N_2$	10.78	0.53
$C_8H_{10}NO_2$	9.27	0.78	$C_9H_{13}O_2$	10.01	0.85	$C_{10}H_2O_2$	10.92	0.94
$C_8H_{12}N_2O$	9.64	0.62	$C_9H_{15}NO$	10.39	0.69	$C_{10}H_4NO$	11.29	0.78
$C_8H_{14}N_3$	10.01	0.45	$C_9H_{17}N_2$	10.76	0.52	$C_{10}H_6N_2$	11.67	0.62
$C_9H_2N_3$	10.90	0.54	$C_{10}HO_2$	10.90	0.94	$C_{10}H_{18}O$	11.13	0.76
$C_9H_{12}O_2$	10.00	0.85	$C_{10}H_3NO$	11.28	0.78	$C_{10}H_{20}N$	11.51	0.60
$C_9H_{14}NO$	10.37	0.68	$C_{10}H_5N_2$	11.65	0.62	$C_{11}H_6O$	12.02	0.86
$C_9H_{16}N_2$	10.74	0.52	$C_{10}H_{17}O$	11.12	0.76	$C_{11}H_8N$	12.40	0.70

续表

	M+1	M+2		M+1	M+2		M+1	M+2
$C_{11}H_{22}$	12.24	0.68	$C_{12}H_{11}$	13.14	0.79	**157**		
$C_{12}H_{10}$	13.13	0.79	**156**			$C_5H_5N_2O_4$	6.40	0.98
155			$C_5H_4N_2O_4$	6.39	0.98	$C_5H_7N_3O_3$	6.78	0.80
$C_5H_3N_2O_4$	6.37	0.97	$C_5H_6N_3O_3$	6.76	0.80	$C_5H_9N_4O_2$	7.15	0.62
$C_5H_5N_3O_3$	6.75	0.80	$C_5H_8N_4O_2$	7.14	0.62	$C_6H_7NO_4$	7.13	1.02
$C_5H_7N_4O_2$	7.12	0.62	$C_6H_6NO_4$	7.12	1.02	$C_6H_9N_2O_3$	7.51	0.85
$C_6H_5NO_4$	7.10	1.02	$C_6H_8N_2O_3$	7.49	0.85	$C_6H_{11}N_3O_2$	7.88	0.67
$C_6H_7N_2O_3$	7.48	0.84	$C_6H_{10}N_3O_2$	7.87	0.67	$C_6H_{13}N_4O$	8.26	0.50
$C_6H_9N_3O_2$	7.85	0.67	$C_6H_{12}N_4O$	8.24	0.50	C_7HN_4O	9.15	0.57
$C_6H_{11}N_4O$	8.23	0.50	$C_7H_8O_4$	7.85	1.07	$C_7H_9O_4$	7.87	1.07
$C_7H_7O_4$	7.83	1.07	$C_7H_{10}NO_3$	8.22	0.90	$C_7H_{11}NO_3$	8.24	0.90
$C_7H_9NO_3$	8.21	0.90	$C_7H_{12}N_2O_2$	8.60	0.73	$C_7H_{13}N_2O_2$	8.61	0.73
$C_7H_{11}N_2O_2$	8.58	0.73	$C_7H_{14}N_3O$	8.97	0.56	$C_7H_{15}N_3O$	8.99	0.56
$C_7H_{13}N_3O$	8.96	0.56	$C_7H_{16}N_4$	9.35	0.39	$C_7H_{17}N_4$	9.36	0.39
$C_7H_{15}N_4$	9.33	0.39	$C_8H_2N_3O$	9.86	0.64	$C_8HN_2O_2$	9.50	0.80
C_8HN_3O	9.84	0.64	$C_8H_4N_4$	10.24	0.47	$C_8H_3N_3O$	9.88	0.64
$C_8H_3N_4$	10.22	0.47	$C_8H_{12}O_3$	8.95	0.96	$C_8H_5N_4$	10.25	0.48
$C_8H_{11}O_3$	8.94	0.95	$C_8H_{14}NO_2$	9.33	0.79	$C_8H_{13}O_3$	8.97	0.96
$C_8H_{13}NO_2$	9.31	0.79	$C_8H_{16}N_2O$	9.70	0.62	$C_8H_{15}NO_2$	9.35	0.79
$C_8H_{15}N_2O$	9.69	0.62	$C_8H_{18}N_3$	10.08	0.46	$C_8H_{17}N_2O$	9.72	0.62
$C_8H_{17}N_3$	10.06	0.46	$C_9H_2NO_2$	10.22	0.87	$C_8H_{19}N_3$	10.09	0.46
C_9HNO_2	10.20	0.87	$C_9H_4N_2O$	10.59	0.71	C_9HO_3	9.86	1.03
$C_9H_3N_2O$	10.58	0.71	$C_9H_6N_3$	10.97	0.55	$C_9H_3NO_2$	10.23	0.87
$C_9H_5N_3$	10.95	0.54	$C_9H_{16}O_2$	10.06	0.85	$C_9H_5N_2O$	10.61	0.71
$C_9H_{15}O_2$	10.04	0.85	$C_9H_{18}NO$	10.43	0.69	$C_9H_7N_3$	10.98	0.55
$C_9H_{17}NO$	10.42	0.69	$C_9H_{20}N_2$	10.81	0.53	$C_9H_{17}O_2$	10.08	0.86
$C_9H_{19}N_2$	10.79	0.53	$C_{10}H_4O_2$	10.95	0.94	$C_9H_{19}NO$	10.45	0.69
$C_{10}H_3O_2$	10.93	0.94	$C_{10}H_6NO$	11.32	0.78	$C_9H_{21}N_2$	10.82	0.53
$C_{10}H_5NO$	11.31	0.78	$C_{10}H_8N_2$	11.70	0.62	$C_{10}H_5O_2$	10.96	0.94
$C_{10}H_7N_2$	11.68	0.62	$C_{10}H_{20}O$	11.17	0.77	$C_{10}H_7NO$	11.34	0.73
$C_{10}H_{19}O$	11.15	0.76	$C_{10}H_{22}N$	11.54	0.61	$C_{10}H_9N_2$	11.71	0.63
$C_{10}H_{21}N$	11.52	0.60	$C_{11}H_8O$	12.05	0.86	$C_{10}H_{21}O$	11.18	0.77
$C_{11}H_7O$	12.04	0.86	$C_{11}H_{10}N$	12.43	0.71	$C_{10}H_{23}N$	11.56	0.61
$C_{11}H_9N$	12.41	0.71	$C_{11}H_{24}$	12.27	0.69	$C_{11}H_9O$	12.07	0.86
$C_{11}H_{23}$	12.26	0.69	$C_{12}H_{12}$	13.16	0.80	$C_{11}H_{11}N$	12.44	0.71

	M+1	M+2		M+1	M+2		M+1	M+2
$C_{12}H_{13}$	13.18	0.80	$C_{11}H_{12}N$	12.46	0.71	$C_{11}H_{11}O$	12.10	0.87
$C_{13}H$	14.06	0.91	$C_{12}H_{14}$	13.19	0.80	$C_{11}H_{13}N$	12.48	0.71
158			$C_{13}H_2$	14.08	0.92	$C_{12}HN$	13.37	0.82
$C_5H_6N_2O_4$	6.42	0.98	**159**			$C_{12}H_{15}$	13.21	0.80
$C_5H_8N_3O_3$	6.79	0.80	$C_5H_7N_2O_4$	6.43	0.98	$C_{13}H_3$	14.10	0.92
$C_5H_{10}N_4O_2$	7.17	0.63	$C_5H_9N_3O_3$	6.81	0.80	**160**		
$C_6H_8NO_4$	7.15	1.02	$C_5H_{11}N_4O_2$	7.38	0.63	$C_5H_8N_2O_4$	6.45	0.98
$C_6H_{10}N_2O_3$	7.52	0.85	$C_6H_9NO_4$	7.17	1.02	$C_5H_{10}N_3O_3$	6.83	0.80
$C_6H_{12}N_3O_2$	7.90	0.68	$C_6H_{11}N_2O_3$	7.54	0.85	$C_5H_{12}N_4O_2$	7.20	0.63
$C_6H_{14}N_4O$	8.27	0.50	$C_6H_{13}N_3O_2$	7.91	0.68	$C_6H_{10}NO_4$	7.18	1.02
$C_7H_2N_4O$	9.16	0.58	$C_6H_{15}N_4O$	8.29	0.51	$C_6H_{12}N_2O_3$	7.56	0.85
$C_7H_{10}O_4$	7.88	1.07	$C_7HN_3O_2$	8.80	0.75	$C_6H_{14}N_3O_2$	7.93	0.68
$C_7H_{12}NO_3$	8.26	0.90	$C_7H_3N_4O$	9.18	0.58	$C_6H_{16}N_4O$	8.31	0.51
$C_7H_{14}N_2O_2$	8.63	0.73	$C_7H_{11}O_4$	7.90	1.07	$C_7H_2N_3O_2$	8.82	0.75
$C_7H_{16}N_3O$	9.00	0.56	$C_7H_{13}NO_3$	8.27	0.90	$C_7H_4N_4O$	9.19	0.58
$C_7H_{18}N_4$	9.38	0.40	$C_7H_{15}N_2O_2$	8.65	0.73	$C_7H_{12}O_4$	7.91	1.07
$C_8H_2N_2O_2$	9.52	0.81	$C_7H_{17}N_3O$	9.02	0.56	$C_7H_{14}NO_3$	8.29	0.90
$C_8H_4N_3O$	9.89	0.64	$C_7H_{19}N_4$	9.39	0.40	$C_7H_{16}N_2O_2$	8.66	0.73
$C_8H_6N_4$	10.27	0.48	C_8HNO_3	9.16	0.97	$C_7H_{18}N_3O$	9.04	0.57
$C_8H_{14}O_3$	8.99	0.96	$C_8H_3N_2O_2$	9.53	0.81	$C_7H_{20}N_4$	9.41	0.40
$C_8H_{16}NO_2$	9.36	0.79	$C_8H_5N_3O$	9.91	0.64	$C_8H_2NO_3$	9.18	0.97
$C_8H_{18}N_2O$	9.74	0.63	$C_8H_7N_4$	10.28	0.48	$C_8H_4N_2O_2$	9.55	0.81
$C_8H_{20}N_3$	10.11	0.46	$C_8H_{15}O_3$	9.00	0.96	$C_8H_6N_3O$	9.92	0.64
$C_9H_2O_3$	9.88	1.04	$C_8H_{17}NO_2$	9.38	0.79	$C_8H_8N_4$	10.30	0.48
$C_9H_4NO_2$	10.25	0.87	$C_8H_{19}N_2O$	9.75	0.63	$C_8H_{16}O_3$	9.02	0.96
$C_9H_6N_2O$	10.62	0.71	$C_8H_{21}N_3$	10.13	0.46	$C_8H_{18}NO_2$	9.39	0.79
$C_9H_8N_3$	11.00	0.55	$C_9H_3O_3$	9.89	1.04	$C_8H_{20}N_2O$	9.77	0.63
$C_9H_{18}O_2$	10.09	0.86	$C_9H_5NO_2$	10.27	0.87	$C_9H_4O_3$	9.91	1.04
$C_9H_{20}NO$	10.47	0.69	$C_9H_7N_2O$	10.64	0.71	$C_9H_6NO_2$	10.28	0.88
$C_9H_{22}N_2$	10.84	0.53	$C_9H_9N_3$	11.01	0.55	$C_9H_8N_2O$	10.66	0.71
$C_{10}H_6O_2$	10.98	0.95	$C_9H_{19}O_2$	10.11	0.86	$C_9H_{10}N_3$	11.03	0.55
$C_{10}H_8NO$	11.36	0.79	$C_9H_{21}NO$	10.48	0.70	$C_9H_{20}O_2$	10.12	0.86
$C_{10}H_{10}N_2$	11.73	0.63	$C_{10}H_7O_2$	11.00	0.95	$C_{10}H_8O_2$	11.01	0.95
$C_{10}H_{22}O$	11.20	0.77	$C_{10}H_9NO$	11.37	0.79	$C_{10}H_{10}NO$	11.39	0.79
$C_{11}H_{10}O$	12.09	0.87	$C_{10}H_{11}N_2$	11.75	0.63	$C_{10}H_{12}N_2$	11.76	0.63

	M+1	M+2		M+1	M+2		M+1	M+2
$C_{11}H_{12}O$	12.12	0.87	$C_{11}HN_2$	12.67	0.74	$C_{11}H_2N_2$	12.68	0.74
$C_{11}H_{14}N$	12.49	0.72	$C_{11}H_{13}O$	12.13	0.87	$C_{11}H_{14}O$	12.15	0.87
$C_{12}H_2N$	13.38	0.82	$C_{11}H_{15}N$	12.51	0.72	$C_{11}H_{16}N$	12.52	0.72
$C_{12}H_{16}$	13.22	0.80	$C_{12}HO$	13.02	0.98	$C_{12}H_2O$	13.04	0.98
$C_{13}H_4$	14.11	0.92	$C_{12}H_3N$	13.40	0.83	$C_{12}H_4N$	13.41	0.83
161			$C_{12}H_{17}$	13.24	0.81	$C_{12}H_{18}$	13.26	0.81
$C_5H_9N_2O_4$	6.47	0.98	$C_{13}H_5$	14.13	0.92	**163**		
$C_5H_{11}N_3O_3$	6.84	0.80	**162**					
$C_5H_{13}N_4O_2$	7.22	0.63	$C_5H_{10}N_2O_4$	6.48	0.98	$C_5H_{11}N_2O_4$	6.50	0.98
$C_6HN_4O_2$	8.10	0.69	$C_5H_{12}N_3O_3$	6.86	0.81	$C_5H_{13}N_3O_3$	6.87	0.81
$C_6H_{11}NO_4$	7.20	1.03	$C_5H_{14}N_4O_2$	7.23	0.63	$C_5H_{15}N_4O_2$	7.25	0.63
$C_6H_{13}N_2O_3$	7.57	0.85	$C_6H_2N_4O_2$	8.12	0.69	$C_6HN_3O_3$	7.76	0.87
$C_6H_{15}N_3O_2$	7.95	0.68	$C_6H_{12}NO_4$	7.21	1.03	$C_6H_3N_4O_2$	8.14	0.69
$C_6H_{17}N_4O$	8.32	0.51	$C_6H_{14}N_2O_3$	7.59	0.85	$C_6H_{13}NO_4$	7.23	1.03
$C_7HN_2O_3$	8.46	0.92	$C_6H_{16}N_3O_2$	7.96	0.68	$C_6H_{15}N_2O_3$	7.60	0.85
$C_7H_3N_3O_2$	8.84	0.75	$C_6H_{18}N_4O$	8.34	0.51	$C_6H_{17}N_3O_2$	7.98	0.68
$C_7H_5N_4O$	9.21	0.58	$C_7H_2N_2O_3$	8.48	0.92	C_7HNO_4	8.12	1.09
$C_7H_{13}O_4$	7.93	1.08	$C_7H_4N_3O_2$	8.85	0.75	$C_7H_3N_2O_3$	8.49	0.92
$C_7H_{15}NO_3$	8.30	0.90	$C_7H_6N_4O$	9.23	0.58	$C_7H_5N_3O_2$	8.87	0.75
$C_7H_{17}N_2O_2$	8.68	0.74	$C_7H_{14}O_4$	7.95	1.08	$C_7H_7N_4O$	9.24	0.58
$C_7H_{19}N_3O$	9.05	0.57	$C_7H_{16}NO_3$	8.32	0.91	$C_7H_{15}O_4$	7.96	1.08
C_8HO_4	8.82	1.14	$C_7H_{18}N_2O_2$	8.69	0.74	$C_7H_{17}NO_3$	8.34	0.91
$C_8H_3NO_3$	9.19	0.98	$C_8H_2O_4$	8.83	1.15	$C_8H_3O_4$	8.85	1.15
$C_8H_5N_2O_2$	9.57	0.81	$C_8H_4NO_3$	9.21	0.98	$C_8H_5NO_3$	9.22	0.98
$C_8H_7N_3O$	9.94	0.65	$C_8H_6N_2O_2$	9.58	0.81	$C_8H_7N_2O_2$	9.60	0.81
$C_8H_9N_4$	10.32	0.48	$C_8H_8N_3O$	9.96	0.65	$C_8H_9N_3O$	9.97	0.65
$C_8H_{17}O_3$	9.03	0.96	$C_8H_{10}N_4$	10.33	0.48	$C_8H_{11}N_4$	10.35	0.49
$C_8H_{19}NO_2$	9.41	0.80	$C_8H_{18}O_3$	9.05	0.96	$C_9H_7O_3$	9.96	1.04
$C_9H_5O_3$	9.92	1.04	$C_9H_6O_3$	9.94	1.04	$C_9H_9NO_2$	10.33	0.88
$C_9H_7NO_2$	10.30	0.88	$C_9H_8NO_2$	10.31	0.88	$C_9H_{11}N_2O$	10.70	0.72
$C_9H_9N_2O$	10.67	0.72	$C_9H_{10}N_2O$	10.69	0.72	$C_9H_{13}N_3$	11.08	0.56
$C_9H_{11}N_3$	11.05	0.56	$C_9H_{12}N_3$	11.06	0.56	$C_{10}HN_3$	11.97	0.66
$C_{10}H_9O_2$	11.03	0.95	$C_{10}H_{10}O_2$	11.04	0.95	$C_{10}H_{11}O_2$	11.06	0.95
$C_{10}H_{11}NO$	11.40	0.79	$C_{10}H_{12}NO$	11.42	0.79	$C_{10}H_{13}NO$	11.44	0.80
$C_{10}H_{13}N_2$	11.78	0.63	$C_{10}H_{14}N_2$	11.79	0.64	$C_{10}H_{15}N_2$	11.81	0.64

	M+1	M+2		M+1	M+2		M+1	M+2
$C_{11}HNO$	12.32	0.89	$C_{11}H_4N_2$	12.71	0.74	$C_{11}H_5N_2$	12.73	0.74
$C_{11}H_3N_2$	12.70	0.74	$C_{11}H_{16}O$	12.18	0.88	$C_{11}H_{17}O$	12.20	0.88
$C_{11}H_{15}O$	12.17	0.88	$C_{11}H_{18}N$	12.56	0.72	$C_{11}H_{19}N$	12.57	0.73
$C_{11}H_{17}N$	12.54	0.72	$C_{12}H_4O$	13.07	0.98	$C_{12}H_5O$	13.09	0.99
$C_{12}H_3O$	13.05	0.98	$C_{12}H_6N$	13.45	0.83	$C_{12}H_7N$	13.46	0.84
$C_{12}H_5N$	13.43	0.83	$C_{12}H_{20}$	13.29	0.81	$C_{12}H_{21}$	13.30	0.81
$C_{12}H_{19}$	13.27	0.81	$C_{13}H_8$	14.18	0.93	$C_{13}H_9$	14.19	0.93
$C_{13}H_7$	14.16	0.93	**165**			**166**		
164			$C_5H_{13}N_2O_4$	6.53	0.98	$C_5H_{14}N_2O_4$	6.65	0.99
$C_5H_{12}N_2O_4$	6.51	0.98	$C_5H_{15}N_3O_3$	6.91	0.81	$C_6H_2N_2O_4$	7.44	1.04
$C_5H_{14}N_3O_3$	6.89	0.81	$C_6HN_2O_4$	7.42	1.04	$C_6H_4N_3O_3$	7.81	0.87
$C_5H_{16}N_4O_2$	7.26	0.63	$C_6H_3N_3O_3$	7.79	0.87	$C_6H_6N_4O_2$	8.18	0.70
$C_6H_2N_3O_3$	7.78	0.87	$C_6H_5N_4O_2$	8.17	0.70	$C_7H_4NO_4$	8.17	1.09
$C_6H_4N_4O_2$	8.15	0.70	$C_6H_{15}NO_4$	7.26	1.03	$C_7H_6N_2O_3$	8.54	0.92
$C_6H_{14}NO_4$	7.25	1.03	$C_7H_3NO_4$	8.15	1.09	$C_7H_8N_3O_2$	8.92	0.76
$C_6H_{16}N_2O_3$	7.62	0.86	$C_7H_5N_2O_3$	8.52	0.92	$C_7H_{10}N_4O$	9.29	0.59
$C_7H_2NO_4$	8.13	1.09	$C_7H_7N_3O_2$	8.90	0.75	$C_8H_6O_4$	8.90	1.15
$C_7H_4N_2O_3$	8.51	0.92	$C_7H_9N_4O$	9.27	0.59	$C_8H_8NO_3$	9.27	0.98
$C_7H_6N_3O_2$	8.88	0.75	$C_8H_5O_4$	8.88	1.15	$C_8H_{10}N_2O_2$	9.65	0.82
$C_7H_6N_4O$	9.26	0.59	$C_8H_7NO_3$	9.26	0.98	$C_8H_{12}N_3O$	10.02	0.65
$C_7H_{16}O_4$	7.98	1.08	$C_8H_9N_2O_2$	9.63	0.82	$C_8H_{14}N_4$	10.40	0.49
$C_8H_4O_4$	8.87	1.15	$C_8H_{11}N_3O$	10.00	0.65	$C_9H_2N_4$	11.28	0.58
$C_8H_6NO_3$	9.24	0.98	$C_8H_{13}N_4$	10.38	0.49	$C_9H_{10}O_3$	10.00	1.05
$C_8H_8N_2O_2$	9.61	0.81	C_9HN_4	11.27	0.58	$C_9H_{12}NO_2$	10.38	0.89
$C_8H_{10}N_3O$	9.99	0.65	$C_9H_9O_3$	9.99	1.05	$C_9H_{14}N_2O$	10.75	0.72
$C_8H_{12}N_4$	10.36	0.49	$C_9H_{11}NO_2$	10.36	0.88	$C_9H_{16}N_3$	11.13	0.56
$C_9H_8O_3$	9.97	1.05	$C_9H_{13}N_2O$	10.74	0.72	$C_{10}H_2N_2O$	11.64	0.82
$C_9H_{10}NO_2$	10.35	0.88	$C_9H_{15}N_3$	11.11	0.56	$C_{10}H_4N_3$	12.01	0.66
$C_9H_{12}N_2O$	10.72	0.72	$C_{10}HN_2O$	11.62	0.82	$C_{10}H_{14}O_2$	11.11	0.96
$C_9H_{14}N_3$	11.09	0.56	$C_{10}H_3N_3$	12.00	0.66	$C_{10}H_{16}NO$	11.48	0.80
$C_{10}H_2N_3$	11.98	0.66	$C_{10}H_{13}O_2$	11.09	0.96	$C_{10}H_{18}N_2$	11.86	0.64
$C_{10}H_{12}O_2$	11.08	0.96	$C_{10}H_{15}NO$	11.47	0.80	$C_{11}H_2O_2$	12.00	1.06
$C_{10}H_{14}NO$	11.45	0.80	$C_{10}H_{17}N_2$	11.84	0.64	$C_{11}H_4NO$	12.37	0.90
$C_{10}H_{16}N_2$	11.83	0.64	$C_{11}HO_2$	11.98	1.05	$C_{11}H_6N_2$	12.75	0.75
$C_{11}H_2NO$	12.34	0.90	$C_{11}H_3NO$	12.36	0.90	$C_{11}H_{18}O$	12.21	0.88

	M+1	M+2		M+1	M+2		M+1	M+2
$C_{11}H_{20}N$	12.59	0.73	$C_{12}H_7O$	13.12	0.99	$C_{12}H_{10}N$	13.51	0.84
$C_{12}H_6O$	13.10	0.99	$C_{12}H_9N$	13.49	0.84	$C_{12}H_{24}$	13.35	0.82
$C_{12}H_8N$	13.48	0.84	$C_{12}H_{23}$	13.34	0.82	$C_{13}H_{12}$	14.24	0.94
$C_{12}H_{22}$	13.32	0.82	$C_{13}H_{11}$	14.22	0.94	**169**		
$C_{13}H_{10}$	14.21	0.93	**168**			$C_6H_5N_2O_4$	7.48	1.05
167			$C_6H_4N_2O_4$	7.47	1.04	$C_6H_7N_3O_3$	7.86	0.87
$C_6H_3N_2O_4$	7.45	1.04	$C_6H_6N_3O_3$	7.84	0.87	$C_6H_9N_4O_2$	8.23	0.70
$C_6H_5N_3O_3$	7.83	0.87	$C_6H_8N_4O_2$	8.22	0.70	$C_7H_7NO_4$	8.21	1.10
$C_6H_7N_4O_2$	8.20	0.70	$C_7H_6NO_4$	8.20	1.10	$C_7H_9N_2O_3$	8.59	0.93
$C_7H_5NO_4$	8.18	1.10	$C_7H_8N_2O_3$	8.57	0.93	$C_7H_{11}N_3O_2$	8.96	0.76
$C_7H_7N_2O_3$	8.56	0.93	$C_7H_{10}N_3O$	8.95	0.76	$C_7H_{13}N_4O$	9.34	0.59
$C_7H_9N_3O_2$	8.93	0.76	$C_7H_{12}N_4O$	9.32	0.59	C_8HN_4O	10.23	0.67
$C_7H_{11}N_4O$	9.31	0.59	$C_8H_8O_4$	8.93	1.15	$C_8H_9O_4$	8.95	1.16
$C_8H_7O_4$	8.91	1.15	$C_8H_{10}NO_3$	9.30	0.99	$C_8H_{11}NO_3$	9.32	0.99
$C_8H_9NO_3$	9.29	0.99	$C_8H_{12}N_2O_2$	9.68	0.82	$C_8H_{13}N_2O_2$	9.69	0.82
$C_8H_{11}N_2O_2$	9.66	0.82	$C_8H_{14}N_3O$	10.05	0.66	$C_8H_{15}N_3O$	10.07	0.66
$C_8H_{13}N_3O$	10.04	0.66	$C_8H_{16}N_4$	10.43	0.49	$C_8H_{17}N_4$	10.44	0.50
$C_8H_{15}N_4$	10.41	0.49	$C_9H_2N_3O$	10.94	0.74	$C_9HN_2O_2$	10.58	0.91
C_9HN_3O	10.93	0.74	$C_9H_4N_4$	11.32	0.58	$C_9H_3N_3O$	10.96	0.75
$C_9H_3N_4$	11.30	0.58	$C_9H_{12}O_3$	10.04	1.05	$C_9H_5N_4$	11.33	0.59
$C_9H_{11}O_3$	10.02	1.05	$C_9H_{14}NO_2$	10.41	0.89	$C_9H_{13}O_3$	10.05	1.05
$C_9H_{13}NO_2$	10.39	0.89	$C_9H_{16}N_2O$	10.78	0.73	$C_9H_{15}NO_2$	10.43	0.89
$C_9H_{15}N_2O$	10.77	0.73	$C_9H_{18}N_3$	11.16	0.57	$C_9H_{17}N_2O$	10.80	0.73
$C_9H_{17}N_3$	11.14	0.57	$C_{10}H_2NO_2$	11.30	0.98	$C_9H_{19}N_3$	11.17	0.57
$C_{10}HNO_2$	11.28	0.98	$C_{10}H_4N_2O$	11.67	0.82	$C_{10}HO_3$	10.94	1.14
$C_{10}H_3N_2O$	11.66	0.82	$C_{10}H_6N_3$	12.05	0.67	$C_{10}H_3NO_2$	11.31	0.98
$C_{10}H_5N_3$	12.03	0.66	$C_{10}H_{16}O_2$	11.14	0.96	$C_{10}H_5N_2O$	11.69	0.82
$C_{10}H_{15}O_2$	11.12	0.96	$C_{10}H_{18}NO$	11.52	0.80	$C_{10}H_7N_3$	12.06	0.67
$C_{10}H_{17}NO$	11.50	0.80	$C_{10}H_{20}N_2$	11.89	0.65	$C_{10}H_{17}O_2$	11.16	0.96
$C_{10}H_{19}N_2$	11.87	0.65	$C_{11}H_4O_2$	12.03	1.06	$C_{10}H_{19}NO$	11.53	0.81
$C_{11}H_3O_2$	12.01	1.06	$C_{11}H_6NO$	12.40	0.90	$C_{10}H_{21}N_2$	11.91	0.65
$C_{11}H_5NO$	12.39	0.90	$C_{11}H_8N_2$	12.78	0.75	$C_{11}H_5O_2$	12.05	1.06
$C_{11}H_7N_2$	12.76	0.75	$C_{11}H_{20}O$	12.25	0.89	$C_{11}H_7NO$	12.42	0.91
$C_{11}H_{19}O$	12.23	0.88	$C_{11}H_{22}N$	12.62	0.73	$C_{11}H_9N_2$	12.79	0.75
$C_{11}H_{21}N$	12.60	0.73	$C_{12}H_8O$	13.13	0.99	$C_{11}H_{21}O$	12.26	0.89

	M+1	M+2		M+1	M+2		M+1	M+2
$C_{11}H_{23}N$	12.64	0.73	$C_{11}H_8NO$	12.44	0.91	$C_{10}H_9N_3$	12.09	0.67
$C_{12}H_9O$	13.15	1.00	$C_{11}H_{10}N_2$	12.81	0.75	$C_{10}H_{19}O_2$	11.19	0.97
$C_{12}H_{11}N$	13.53	0.84	$C_{11}H_{22}O$	12.28	0.89	$C_{10}H_{21}NO$	11.56	0.81
$C_{12}H_{25}$	13.37	0.82	$C_{11}H_{24}N$	12.65	0.74	$C_{10}H_{23}N_2$	11.94	0.65
$C_{13}H_{13}$	14.26	0.94	$C_{12}H_{10}O$	13.17	1.00	$C_{11}H_7O_2$	12.08	1.07
$C_{14}H$	15.14	1.07	$C_{12}H_{12}N$	13.54	0.85	$C_{11}H_9NO$	12.45	0.91
170			$C_{12}H_{26}$	13.38	0.83	$C_{11}H_{11}N_2$	12.83	0.76
$C_6H_6N_2O_4$	7.50	1.05	$C_{13}H_{14}$	14.27	0.94	$C_{11}H_{23}O$	12.29	0.89
$C_6H_8N_3O_3$	7.87	0.87	$C_{14}H_2$	15.16	1.07	$C_{11}H_{25}N$	12.67	0.74
$C_6H_{10}N_4O_2$	8.25	0.70	**171**			$C_{12}H_{11}O$	13.18	1.00
$C_7H_8NO_4$	8.23	1.10	$C_6H_7N_2O_4$	7.52	1.05	$C_{12}H_{13}N$	13.56	0.85
$C_7H_{10}N_{23}$	8.60	0.93	$C_6H_9N_3O_3$	7.89	0.88	$C_{13}HN$	14.45	0.97
$C_7H_{12}N_3O_2$	8.98	0.76	$C_6H_{11}N_4O_2$	8.26	0.70	$C_{13}H_{15}$	14.29	0.94
$C_7H_{14}N_4O$	9.35	0.59	$C_7H_9NO_4$	8.25	1.10	$C_{14}H_3$	15.18	1.07
$C_8H_2N_4O$	10.24	0.68	$C_7H_{11}N_2O_3$	8.62	0.93	**172**		
$C_8H_{10}O_4$	8.96	1.16	$C_7H_{13}N_3O_2$	9.00	0.76	$C_6H_8N_2O_4$	7.53	1.05
$C_8H_{12}NO_3$	9.34	0.99	$C_7H_{15}N_4O$	9.37	0.60	$C_6H_{10}N_3O_3$	7.91	0.88
$C_8H_{14}N_2O_2$	9.71	0.82	$C_8HN_3O_2$	9.88	0.84	$C_6H_{12}N_4O_2$	8.28	0.71
$C_8H_{16}N_3O$	10.08	0.66	$C_8H_3N_4O$	0.26	0.68	$C_7H_{10}NO_4$	8.26	1.10
$C_8H_{18}N_4$	10.46	0.50	$C_8H_{11}O_4$	8.98	1.16	$C_7H_{12}N_2O_3$	8.64	0.93
$C_9H_2N_2O_2$	10.60	0.91	$C_8H_{13}NO_3$	9.35	0.99	$C_7H_{14}N_3O_2$	9.01	0.76
$C_9H_4N_3O$	10.97	0.75	$C_8H_{15}N_2O_2$	9.73	0.83	$C_7H_{16}N_4O$	9.39	0.60
$C_9H_6N_4$	11.35	0.59	$C_8H_{17}N_3O$	10.10	0.66	$C_8H_2N_2O_2$	9.90	0.84
$C_9H_{14}O_3$	10.07	1.06	$C_8H_{19}N_4$	10.48	0.50	$C_8H_4N_4O$	10.27	0.68
$C_9H_{16}NO_2$	10.44	0.89	C_9HNO_3	10.24	1.07	$C_8H_{12}O_4$	8.99	1.16
$C_9H_{18}N_2O$	10.82	0.73	$C_9H_3N_2O_2$	10.61	0.91	$C_8H_{14}NO_3$	9.37	0.99
$C_9H_{20}N_3$	11.19	0.57	$C_9H_5N_3O$	10.99	0.75	$C_8H_{16}N_2O_2$	9.74	0.83
$C_{10}H_2O_3$	10.96	1.14	$C_9H_7N_4$	11.36	0.59	$C_8H_{18}N_3O$	10.12	0.66
$C_{10}H_4NO_2$	11.33	0.98	$C_9H_{15}O_3$	10.08	1.06	$C_8H_{20}N_4$	10.49	0.50
$C_{10}H_6N_2O$	11.70	0.83	$C_9H_{17}NO_2$	10.46	0.89	$C_9H_2NO_3$	10.26	1.07
$C_{10}H_8N_3$	12.08	0.67	$C_9H_{19}N_2O$	10.83	0.73	$C_9H_4N_2O_2$	10.63	0.91
$C_{10}H_{18}O_2$	11.17	0.97	$C_9H_{21}N_3$	11.21	0.57	$C_9H_6N_3O$	11.01	0.75
$C_{10}H_{20}NO$	11.55	0.81	$C_{10}H_3O_3$	10.97	1.14	$C_9H_8N_4$	11.38	0.59
$C_{10}H_{22}N_2$	11.92	0.65	$C_{10}H_5NO_2$	11.35	0.99	$C_9H_{16}O_3$	11.10	1.06
$C_{11}H_6O_2$	12.06	1.06	$C_{10}H_7N_2O$	11.72	0.83	$C_9H_{18}NO_2$	10.47	0.90

	M+1	M+2		M+1	M+2		M+1	M+2
$C_9H_{20}N_2O$	10.85	0.73	C_9HO_4	9.90	1.24	$C_8H_4N_3O_2$	9.93	0.85
$C_9H_{22}N_3$	11.22	0.57	$C_9H_3NO_3$	10.27	1.08	$C_8H_6N_4O$	10.31	0.68
$C_{10}H_4O_3$	10.99	1.15	$C_9H_5N_2O_2$	10.65	0.91	$C_8H_{14}O_4$	9.03	1.16
$C_{10}H_6NO_2$	11.36	0.99	$C_9H_7N_3O$	11.02	0.75	$C_8H_{16}NO_3$	9.40	1.00
$C_{10}H_8N_2O$	11.74	0.83	$C_9H_9N_4$	11.40	0.59	$C_8H_{18}N_2O_2$	9.77	0.83
$C_{10}H_{10}N_3$	12.11	0.67	$C_9H_{17}O_3$	10.12	1.06	$C_8H_{20}N_3O$	10.15	0.67
$C_{10}H_{20}O_2$	11.20	0.97	$C_9H_{19}NO_2$	10.49	0.90	$C_8H_{22}N_4$	10.52	0.50
$C_{10}H_{22}NO$	11.58	0.81	$C_9H_{21}N_2O$	10.86	0.74	$C_9H_2O_4$	9.91	1.24
$C_{10}H_{24}N_2$	11.95	0.65	$C_9H_{23}N_3$	11.24	0.58	$C_9H_4NO_3$	10.29	1.08
$C_{11}H_8O_2$	12.09	1.07	$C_{10}H_5O_3$	11.00	1.15	$C_9H_6N_2O_2$	10.66	0.92
$C_{11}H_{10}NO$	12.47	0.91	$C_{10}H_7NO_2$	11.38	0.99	$C_9H_6N_2O_2$	10.66	0.92
$C_{11}H_{12}N_2$	12.84	0.76	$C_{10}H_9N_2O$	11.75	0.83	$C_9H_8N_3O$	11.04	0.75
$C_{11}H_{24}O$	12.31	0.89	$C_{10}H_{11}N_3$	12.13	0.67	$C_9H_{10}N_4$	11.41	0.60
$C_{12}H_{12}O$	13.20	1.00	$C_{10}H_{21}O_2$	11.22	0.97	$C_9H_{18}O_3$	10.13	1.06
$C_{12}H_{14}N$	13.57	0.85	$C_{10}H_{23}NO$	11.60	0.81	$C_9H_{20}NO_2$	10.51	0.90
$C_{13}H_2N$	14.46	0.97	$C_{11}H_9O_2$	12.11	1.07	$C_9H_{22}N_2O$	10.88	0.74
$C_{13}H_{16}$	14.30	0.95	$C_{11}H_{11}NO$	12.48	0.91	$C_{10}H_6O_3$	11.02	1.15
$C_{14}H_4$	15.19	1.07	$C_{11}H_{13}N_2$	12.86	0.76	$C_{10}H_8NO_2$	11.39	0.99
173			$C_{12}HN_2$	13.75	0.87	$C_{10}H_{10}N_2O$	11.77	0.83
$C_6H_9N_2O_4$	7.55	1.05	$C_{12}H_{13}O$	13.21	1.00	$C_{10}H_{12}N_3$	12.14	0.68
$C_6H_{11}N_3O_3$	7.92	0.88	$C_{12}H_{15}N$	13.59	0.85	$C_{10}H_{22}O_2$	11.24	0.97
$C_6H_{13}N_4O_2$	8.30	0.71	$C_{13}HO$	14.10	1.12	$C_{11}H_{10}O_2$	12.13	1.07
$C_7HN_4O_2$	9.18	0.78	$C_{13}H_3N$	14.48	0.97	$C_{11}H_{12}NO$	12.50	0.92
$C_7H_{11}NO_4$	8.28	1.10	$C_{13}H_{17}$	14.32	0.95	$C_{11}H_{14}N_2$	12.87	0.76
$C_7H_{13}N_2O_3$	8.65	0.93	$C_{14}H_5$	15.21	1.07	$C_{12}H_2N_2$	13.76	0.88
$C_7H_{15}N_3O_2$	9.03	0.77	**174**			$C_{12}H_{14}O$	13.23	1.01
$C_7H_{17}N_4O$	9.40	0.60	$C_6H_{10}N_2O_4$	7.56	1.05	$C_{12}H_{16}N$	13.61	0.85
$C_8HN_2O_3$	9.54	1.01	$C_6H_{12}N_2O_3$	7.94	0.88	$C_{13}H_2O$	14.12	1.12
$C_8H_3N_3O_2$	9.92	0.84	$C_6H_{14}N_4O_2$	8.31	0.71	$C_{13}H_4N$	14.49	0.97
$C_8H_5N_4O$	10.29	0.68	$C_7H_2N_4O_2$	9.20	0.78	$C_{13}H_{18}$	14.34	0.95
$C_8H_{13}O_4$	9.01	1.16	$C_7H_{12}NO_4$	8.29	1.10	$C_{14}H_6$	15.22	1.08
$C_8H_{15}NO_3$	9.38	0.99	$C_7H_{14}N_2O_3$	8.67	0.93	**175**		
$C_8H_{17}N_2O_2$	9.76	0.83	$C_7H_{16}N_3O_2$	9.04	0.77	$C_6H_{11}N_2O_4$	7.58	1.05
$C_8H_{19}N_3O$	10.13	0.66	$C_7H_{18}N_4O$	9.42	0.60	$C_6H_{13}N_3O_3$	7.95	0.88
$C_8H_{21}N_4$	10.51	0.50	$C_8H_2N_2O_3$	9.56	1.01	$C_6H_{15}N_4O_2$	8.33	0.71

	M+1	M+2		M+1	M+2		M+1	M+2
$C_7HN_3O_3$	8.84	0.95	$C_{13}H_{19}$	14.35	0.95	$C_{12}H_{16}O$	13.26	1.01
$C_7H_3N_4O_2$	9.22	0.78	$C_{14}H_7$	15.24	1.08	$C_{12}H_{18}N$	13.64	0.86
$C_7H_{13}NO_4$	8.31	1.11	**176**			$C_{13}H_4O$	14.15	1.13
$C_7H_{15}N_2O_3$	8.68	0.94	$C_6H_{12}N_2O_4$	7.60	1.05	$C_{13}H_6N$	14.53	0.98
$C_7H_{17}N_3O_2$	9.06	0.77	$C_6H_{14}N_3O_3$	7.97	0.88	$C_{13}H_{20}$	14.37	0.96
$C_7H_{19}N_4O$	9.43	0.60	$C_6H_{16}N_4O_2$	8.34	0.71	$C_{14}H_8$	15.26	1.08
C_8HNO_4	9.20	1.18	$C_7H_2N_3O_3$	8.86	0.95	**177**		
$C_8H_3N_2O_3$	9.57	1.01	$C_7H_4N_4O_2$	9.23	0.78	$C_6H_{13}N_2O_4$	7.61	1.06
$C_8H_5N_3O_2$	9.95	0.85	$C_7H_{14}NO_4$	8.33	1.11	$C_6H_{15}N_3O_3$	7.99	0.88
$C_8H_7N_4O$	10.32	0.68	$C_7H_{16}N_2O_3$	8.70	0.94	$C_6H_{17}N_4O_2$	8.36	0.71
$C_8H_{17}NO_3$	9.42	1.00	$C_7H_{18}N_3O_2$	9.08	0.77	$C_7HN_2O_4$	8.50	1.12
$C_8H_{19}N_2O_2$	9.79	0.83	$C_7H_{20}N_4O$	9.45	0.60	$C_7H_3N_3O_3$	8.87	0.95
$C_8H_{21}N_3O$	10.16	0.67	$C_8H_2NO_4$	9.22	1.18	$C_7H_5N_4O_2$	9.25	0.78
$C_8H_{15}O_4$	9.04	1.16	$C_8H_4N_2O_3$	9.59	1.01	$C_7H_{15}NO_4$	8.34	1.11
$C_9H_3O_4$	9.93	1.24	$C_8H_6N_3O_2$	9.96	0.85	$C_7H_{17}N_2O_3$	8.72	0.94
$C_9H_5NO_3$	10.30	1.08	$C_8H_8N_4O$	10.34	0.69	$C_7H_{19}N_3O_2$	9.09	0.77
$C_9H_7N_2O_2$	10.68	0.92	$C_8H_{16}O_4$	9.06	1.17	$C_8H_3NO_4$	9.23	1.18
$C_9H_9N_3O$	11.05	0.76	$C_8H_{18}NO_3$	9.43	1.00	$C_8H_5N_2O_3$	9.61	1.01
$C_9H_{11}N_4$	11.43	0.60	$C_8H_{20}N_2O_2$	9.81	0.83	$C_8H_7N_3O_2$	9.98	0.85
$C_9H_{19}O_3$	10.15	1.06	$C_9H_4O_4$	9.95	1.24	$C_8H_9N_4O$	10.35	0.69
$C_9H_{21}NO_2$	10.52	0.90	$C_9H_6NO_3$	10.32	1.08	$C_8H_{17}O_4$	9.07	1.17
$C_{10}H_7O_3$	11.04	1.15	$C_9H_8N_2O_2$	10.70	0.92	$C_8H_{19}NO_3$	9.45	1.00
$C_{10}H_9NO_2$	11.41	0.99	$C_9H_{10}N_3O$	11.07	0.76	$C_9H_5O_4$	9.96	1.25
$C_{10}H_{11}N_2O$	11.78	0.83	$C_9H_{12}N_4$	11.44	0.60	$C_9H_7NO_3$	10.34	1.08
$C_{10}H_{13}N_3$	12.16	0.68	$C_9H_{20}O_3$	10.16	1.07	$C_9H_9N_2O_2$	10.71	0.92
$C_{11}HN_3$	13.05	0.78	$C_{10}H_8O_3$	11.05	1.15	$C_9H_{11}N_3O$	11.09	0.76
$C_{11}H_{11}O_2$	12.14	1.07	$C_{10}H_{10}NO_2$	11.43	0.99	$C_9H_{13}N_4$	11.46	0.60
$C_{11}H_{13}NO$	12.52	0.92	$C_{10}H_{12}N_2O$	11.80	0.84	$C_{10}HN_4$	12.35	0.70
$C_{11}H_{15}N_2$	12.89	0.77	$C_{10}H_{14}N_3$	12.17	0.68	$C_{10}H_9O_3$	11.07	1.16
$C_{12}HNO$	13.40	1.03	$C_{11}H_2N_3$	13.06	0.79	$C_{10}H_{11}NO_2$	11.44	1.00
$C_{12}H_3N_2$	13.78	0.88	$C_{11}H_{12}O_2$	12.16	1.08	$C_{10}H_{13}N_2O$	11.82	0.84
$C_{12}H_{15}O$	13.25	1.01	$C_{11}H_{14}NO$	12.53	0.92	$C_{10}H_{15}N_3$	12.19	0.68
$C_{12}H_{17}N$	13.62	0.86	$C_{11}H_{16}N_2$	12.91	0.77	$C_{11}HN_2O$	12.71	0.94
$C_{13}H_3O$	14.14	1.12	$C_{12}H_2NO$	13.42	1.03	$C_{11}H_3N_3$	13.08	0.79
$C_{13}H_5N$	14.51	0.98	$C_{12}H_4N_2$	13.79	0.88	$C_{11}H_{13}O_2$	12.17	1.08

	M+1	M+2		M+1	M+2		M+1	M+2
$C_{11}H_{15}NO$	12.55	0.92	$C_{11}H_2N_2O$	12.72	0.94	$C_{10}H_{17}N_3$	12.22	0.69
$C_{11}H_{17}N_2$	12.92	0.77	$C_{11}H_4N_3$	13.10	0.79	$C_{11}HNO_2$	12.36	1.10
$C_{12}HO_2$	13.06	1.18	$C_{11}H_{14}O_2$	12.19	1.08	$C_{11}H_3N_2O$	12.74	0.95
$C_{12}H_3NO$	13.44	1.03	$C_{11}H_{16}NO$	12.56	0.92	$C_{11}H_5N_3$	13.11	0.79
$C_{12}H_5N_2$	13.81	0.88	$C_{11}H_{18}N_2$	12.94	0.77	$C_{11}H_{15}O_2$	12.21	1.08
$C_{12}H_{17}O$	13.28	1.01	$C_{12}H_2O_2$	13.08	1.19	$C_{11}H_{17}NO$	12.58	0.93
$C_{12}H_{19}N$	13.65	0.86	$C_{12}H_4NO$	13.45	1.03	$C_{11}H_{19}N_2$	12.95	0.77
$C_{13}H_5O$	14.17	1.13	$C_{12}H_6N_2$	13.83	0.88	$C_{12}H_3O_2$	13.09	1.19
$C_{13}H_7N$	14.54	0.98	$C_{12}H_{18}O$	13.29	1.01	$C_{12}H_5NO$	13.47	1.04
$C_{13}H_{21}$	14.38	0.96	$C_{12}H_{20}N$	13.67	0.86	$C_{12}H_7N_2$	13.84	0.89
$C_{14}H_9$	15.27	1.08	$C_{13}H_6O$	14.18	1.13	$C_{12}H_{19}O$	13.31	1.02
178			$C_{13}H_8N$	14.56	0.98	$C_{12}H_{21}N$	13.69	0.87
$C_6H_{14}N_2O_4$	7.63	1.06	$C_{13}H_{22}$	14.40	0.96	$C_{13}H_7O$	14.20	1.13
$C_6H_{16}N_3O_3$	8.00	0.86	$C_{14}H_{10}$	15.29	1.09	$C_{13}H_9N$	14.57	0.99
$C_6H_{18}N_4O_2$	8.38	0.71	**179**			$C_{13}H_{23}$	14.42	0.96
$C_7H_2N_2O_4$	8.52	1.12	$C_6H_{15}N_2O_4$	7.64	1.06	$C_{14}H_{11}$	15.30	1.09
$C_7H_4N_3O_3$	8.89	0.95	$C_6H_{17}N_3O_3$	8.02	0.89	**180**		
$C_7H_6N_4O_2$	9.26	0.79	$C_7H_3N_2O_4$	8.53	1.12	$C_6H_{16}N_2O_4$	7.66	1.06
$C_7H_{16}NO_4$	8.36	1.11	$C_7H_5N_3O_3$	8.91	0.95	$C_7H_4N_2O_4$	8.55	1.12
$C_7H_{18}N_2O_3$	8.73	0.94	$C_7H_7N_4O_2$	9.28	0.79	$C_7H_6N_3O_3$	8.92	0.96
$C_8H_4NO_4$	9.25	1.18	$C_7H_{17}NO_4$	8.37	1.11	$C_7H_8N_4O_2$	9.30	0.79
$C_8H_6N_2O_3$	9.62	1.02	$C_8H_5NO_4$	9.26	1.18	$C_8H_6NO_4$	9.28	1.18
$C_8H_8N_3O_2$	10.00	0.85	$C_8H_7N_2O_3$	9.64	1.02	$C_8H_8N_2O_3$	9.65	1.02
$C_8H_{10}N_4O$	10.37	0.69	$C_8H_9N_3O_2$	10.01	0.85	$C_8H_{10}N_3O_2$	10.03	0.85
$C_8H_{18}O_4$	9.09	1.17	$C_8H_{11}N_4O$	10.39	0.69	$C_8H_{12}N_4O$	10.40	0.69
$C_9H_6O_4$	9.98	1.25	$C_9H_7O_4$	9.99	1.25	$C_9H_8O_4$	10.01	1.25
$C_9H_8NO_3$	10.35	1.08	$C_9H_9NO_3$	10.37	1.09	$C_9H_{10}NO_3$	10.38	1.09
$C_9H_{10}N_2O_2$	10.73	0.92	$C_9H_{11}N_2O_2$	10.74	0.92	$C_9H_{12}N_2O_2$	10.76	0.93
$C_9H_{12}N_3O$	11.10	0.76	$C_9H_{13}N_3O$	11.12	0.76	$C_9H_{14}N_3O$	11.13	0.77
$C_9H_{14}N_4$	11.48	0.60	$C_9H_{15}N_4$	11.49	0.60	$C_9H_{16}N_4$	11.51	0.61
$C_{10}H_2N_4$	12.36	0.70	$C_{10}HN_3O$	12.01	0.86	$C_{10}H_2N_3O$	12.02	0.86
$C_{10}H_{10}O_3$	11.08	1.16	$C_{10}H_3N_4$	12.38	0.71	$C_{10}H_4N_4$	12.40	0.71
$C_{10}H_{12}NO_2$	11.46	1.00	$C_{10}H_{11}O_3$	11.10	1.16	$C_{10}H_{12}O_3$	11.12	1.16
$C_{10}H_{14}N_2O$	11.83	0.84	$C_{10}H_{13}NO_2$	11.47	1.00	$C_{10}H_{14}NO_2$	11.49	1.00
$C_{10}H_{16}N_3$	12.21	0.68	$C_{10}H_{15}N_2O$	11.85	0.84	$C_{10}H_{16}N_2O$	11.86	0.84

	M+1	M+2		M+1	M+2		M+1	M+2
$C_{10}H_{18}N_3$	12.24	0.69	$C_{10}H_{17}N_2O$	11.88	0.85	$C_{10}H_6N_4$	12.43	0.71
$C_{11}H_2NO_2$	12.38	1.10	$C_{10}H_{19}N_3$	12.25	0.69	$C_{10}H_{14}O_3$	11.15	1.16
$C_{11}H_4N_2O$	12.75	0.95	$C_{11}HO_3$	12.02	1.26	$C_{10}H_{16}NO_2$	11.52	1.01
$C_{11}H_6N_3$	13.13	0.80	$C_{11}H_3NO_2$	12.39	1.10	$C_{10}H_{18}N_2O$	11.90	0.85
$C_{11}H_{16}O_2$	12.22	1.08	$C_{11}H_5N_2O$	12.77	0.95	$C_{10}H_{20}N_3$	12.27	0.69
$C_{11}H_{18}NO$	12.60	0.93	$C_{11}H_7N_3$	13.14	0.80	$C_{11}H_2O_3$	12.04	1.26
$C_{11}H_{20}N_2$	12.97	0.78	$C_{11}H_{17}O_2$	12.24	1.09	$C_{11}H_4NO_2$	12.41	1.11
$C_{12}H_4O_2$	13.11	1.19	$C_{11}H_{19}NO$	12.61	0.93	$C_{11}H_6N_2O$	12.79	0.95
$C_{12}H_6NO$	13.48	1.04	$C_{11}H_{21}N_2$	12.99	0.78	$C_{11}H_8N_3$	13.16	0.80
$C_{12}H_8N_2$	13.86	0.89	$C_{12}H_5O_2$	13.13	1.19	$C_{11}H_{18}O_2$	12.25	1.09
$C_{12}H_{20}O$	13.33	1.02	$C_{12}H_7NO$	13.50	1.04	$C_{11}H_{20}NO$	12.63	0.93
$C_{12}H_{22}N$	13.70	0.87	$C_{12}H_9N_2$	13.87	0.89	$C_{11}H_{22}N_2$	13.00	0.78
$C_{13}H_8O$	14.22	1.13	$C_{12}H_{21}O$	13.34	1.02	$C_{12}H_6O_2$	13.14	1.19
$C_{13}H_{10}N$	14.59	0.99	$C_{12}H_{23}N$	13.72	0.87	$C_{12}H_8NO$	13.52	1.04
$C_{13}H_{24}$	14.43	0.97	$C_{13}H_9O$	14.23	1.14	$C_{12}H_{10}N_2$	13.89	0.89
$C_{14}H_{12}$	15.32	1.09	$C_{13}H_{11}N$	14.61	0.99	$C_{12}H_{22}O$	13.36	1.02
181			$C_{13}H_{25}$	14.45	0.97	$C_{12}H_{24}N$	13.73	0.87
$C_7H_5N_2O_4$	8.56	1.13	$C_{14}H_{13}$	15.34	1.09	$C_{13}H_{10}O$	14.25	1.14
$C_7H_7N_3O_3$	8.94	0.96	$C_{15}H$	16.23	1.23	$C_{13}H_{12}N$	14.62	0.99
$C_7H_9N_4O_2$	9.31	0.79	**182**			$C_{13}H_{26}$	14.46	0.97
$C_8H_7NO_4$	9.30	1.19	$C_7H_6N_2O_4$	8.58	1.13	$C_{14}H_{14}$	15.35	1.10
$C_8H_9N_2O_3$	9.67	1.02	$C_7H_8N_3O_3$	8.95	0.96	$C_{15}H_2$	16.24	1.21
$C_8H_{11}N_3O_2$	10.04	0.86	$C_7H_{10}N_4O_2$	9.33	0.79	**183**		
$C_8H_{13}N_4O$	10.42	0.69	$C_8H_8NO_4$	9.31	1.19	$C_7H_7N_2O_4$	8.60	1.13
C_9HN_4O	11.31	0.78	$C_8H_{10}N_2O_3$	9.69	1.02	$C_7H_9N_3O_3$	8.97	0.96
$C_9H_9O_4$	10.03	1.25	$C_8H_{12}N_3O_2$	10.06	0.86	$C_7H_{11}N_4O_2$	9.34	0.79
$C_9H_{11}NO_3$	10.40	1.09	$C_8H_{14}N_4O$	10.43	0.70	$C_8H_9NO_4$	9.33	1.19
$C_9H_{13}N_2O_2$	10.78	0.93	$C_9H_2N_4O$	11.32	0.79	$C_8H_{11}N_2O_3$	9.70	1.02
$C_9H_{15}N_3O$	11.15	0.77	$C_9H_{10}O_4$	10.04	1.25	$C_8H_{13}N_3O_2$	10.08	0.86
$C_9H_{17}N_4$	11.52	0.61	$C_9H_{12}NO_3$	10.42	1.09	$C_8H_{15}N_4O$	10.45	0.70
$C_{10}HN_2O_2$	11.66	1.02	$C_9H_{14}N_2O_2$	10.79	0.93	$C_9HN_3O_2$	10.96	0.95
$C_{10}H_3N_3O$	12.04	0.86	$C_9H_{16}N_3O$	11.17	0.77	$C_9H_3N_4O$	11.34	0.79
$C_{10}H_5N_4$	12.41	0.71	$C_9H_{18}N_4$	11.54	0.61	$C_9H_{11}O_4$	10.06	1.26
$C_{10}H_{13}O_3$	11.13	1.16	$C_{10}H_2N_2O_2$	11.68	1.02	$C_9H_{13}NO_3$	10.43	1.09
$C_{10}H_{15}NO_2$	11.51	1.00	$C_{10}H_4N_3O$	12.05	0.87	$C_9H_{15}N_2O_2$	10.81	0.93

	M+1	M+2		M+1	M+2		M+1	M+2
$C_9H_{17}N_3O$	11.18	0.77	$C_8H_{16}N_4O$	10.47	0.70	**185**		
$C_9H_{19}N_4$	11.56	0.61	$C_9H_2N_3O_2$	10.98	0.95	$C_7H_9N_2O_4$	8.63	1.13
$C_{10}HNO_3$	11.32	1.18	$C_9H_4N_4O$	11.35	0.79	$C_7H_{11}N_3O_3$	9.00	0.96
$C_{10}H_3N_2O_2$	11.70	1.03	$C_9H_{12}O_4$	10.07	1.26	$C_7H_{13}N_4O_2$	9.38	0.80
$C_{10}H_5N_3O$	12.07	0.87	$C_9H_{14}NO_3$	10.45	1.09	$C_8HN_4O_2$	10.27	0.88
$C_{10}H_7N_4$	12.44	0.71	$C_9H_{16}N_2O_2$	10.82	0.93	$C_8H_{11}NO_4$	9.36	1.19
$C_{10}H_{15}O_3$	11.16	1.17	$C_9H_{18}N_3O$	11.20	0.77	$C_8H_{13}N_2O_3$	9.73	1.03
$C_{10}H_{17}NO_2$	11.54	1.01	$C_9H_{20}N_4$	11.57	0.61	$C_8H_{15}N_3O_2$	10.11	0.86
$C_{10}H_{19}N_2O$	11.91	0.85	$C_{10}H_2NO_3$	11.34	1.18	$C_8H_{17}N_4O$	10.48	0.70
$C_{10}H_{21}N_3$	12.29	0.69	$C_{10}H_4N_2O_2$	11.71	1.03	$C_9HN_2O_3$	10.62	1.11
$C_{11}H_3O_3$	12.05	1.26	$C_{10}H_6N_3O$	12.09	0.87	$C_9H_2N_3O_2$	11.00	0.95
$C_{11}H_5NO_2$	12.43	1.11	$C_{10}H_8N_4$	12.46	0.71	$C_9H_5N_4O$	11.37	0.79
$C_{11}H_7N_2O$	12.80	0.95	$C_{10}H_{16}O_3$	11.18	1.17	$C_9H_{13}O_4$	10.09	1.26
$C_{11}H_9N_3$	13.18	0.80	$C_{10}H_{18}NO_2$	11.55	1.01	$C_9H_{15}NO_3$	10.46	1.10
$C_{11}H_{19}O_2$	12.27	1.09	$C_{10}H_{20}N_2O$	11.93	0.85	$C_9H_{17}N_2O_2$	10.84	0.93
$C_{11}H_{21}NO$	12.64	0.93	$C_{10}H_{22}N_3$	12.30	0.70	$C_9H_{19}N_3O$	11.21	0.77
$C_{11}H_{23}N_2$	13.02	0.78	$C_{11}H_4O_3$	12.07	1.27	$C_9H_{21}N_4$	11.59	0.62
$C_{12}H_7O_2$	13.16	1.20	$C_{11}H_6NO_2$	12.44	1.11	$C_{10}HO_4$	10.98	1.35
$C_{12}H_9NO$	13.53	1.05	$C_{11}H_8N_2O$	12.82	0.96	$C_{10}H_3NO_3$	11.35	1.19
$C_{12}H_{11}N_2$	13.91	0.90	$C_{11}H_{10}N_3$	13.19	0.80	$C_{10}H_5N_2O_2$	11.73	1.03
$C_{12}H_{23}O$	13.37	1.02	$C_{11}H_{20}O_2$	12.29	1.09	$C_{10}H_7N_3O$	12.10	0.87
$C_{12}H_{25}N$	13.75	0.87	$C_{11}H_{22}NO$	12.66	0.94	$C_{10}H_9N_4$	12.48	0.72
$C_{13}H_{11}O$	14.26	1.14	$C_{11}H_{24}N_2$	13.03	0.78	$C_{10}H_{17}O_3$	11.20	1.17
$C_{13}H_{13}N$	14.64	0.99	$C_{12}H_8O_2$	13.17	1.20	$C_{10}H_{19}NO_2$	11.57	1.01
$C_{13}H_{27}$	14.48	0.97	$C_{12}H_{10}NO$	13.55	1.05	$C_{10}H_{21}N_2O$	11.94	0.85
$C_{14}HN$	15.53	1.12	$C_{12}H_{12}N_2$	13.92	0.90	$C_{10}H_{23}N_3$	12.32	0.70
$C_{14}H_{15}$	15.37	1.10	$C_{12}H_{24}O$	13.39	1.03	$C_{11}H_5O_3$	12.08	1.27
$C_{15}H_3$	16.26	1.23	$C_{12}H_{26}N$	13.77	0.88	$C_{11}H_7NO_2$	12.46	1.11
184			$C_{13}H_{12}O$	14.28	1.14	$C_{11}H_9N_2O$	12.83	0.96
$C_7H_8N_2O_4$	8.61	1.13	$C_{13}H_{14}N$	14.65	1.00	$C_{11}H_{11}N_3$	13.21	0.81
$C_7H_{10}N_3O_3$	8.99	0.96	$C_{13}H_{28}$	14.50	0.97	$C_{11}H_{21}O_2$	12.30	1.09
$C_7H_{12}N_4O_2$	9.36	0.80	$C_{14}H_2N$	15.54	1.13	$C_{11}H_{23}NO$	12.68	0.94
$C_8H_{10}NO_4$	9.34	1.19	$C_{14}H_{16}$	15.38	1.10	$C_{11}H_{25}N_2$	13.05	0.79
$C_8H_{12}N_2O_3$	9.72	1.03	$C_{15}H_4$	16.27	1.24	$C_{12}H_9O_2$	13.19	1.20
$C_8H_{14}N_3O_2$	10.09	0.86				$C_{12}H_{11}NO$	13.56	1.05

	M+1	M+2		M+1	M+2		M+1	M+2
$C_{12}H_{13}N_2$	13.94	0.90	$C_{10}H_{24}N_3$	12.33	0.70	$C_9H_{19}N_2O_2$	10.87	0.94
$C_{12}H_{25}O$	13.41	1.03	$C_{11}H_6O_3$	12.10	1.27	$C_9H_{21}N_3O$	11.25	0.78
$C_{12}H_{27}N$	13.73	0.88	$C_{11}H_8NO_2$	12.47	1.11	$C_9H_{23}N_4$	11.62	0.62
$C_{13}HN_2$	14.83	1.02	$C_{11}H_{10}N_2O$	12.85	0.96	$C_{10}H_3O_4$	11.01	1.35
$C_{13}H_{13}O$	14.30	1.15	$C_{11}H_{12}N_3$	13.22	0.81	$C_{10}H_5NO_3$	11.39	1.19
$C_{13}H_{15}N$	14.67	1.00	$C_{11}H_{22}O_2$	12.32	1.10	$C_{10}H_7N_2O_2$	11.76	1.03
$C_{14}HO$	15.18	1.27	$C_{11}H_{24}NO$	12.69	0.94	$C_{10}H_9N_3O$	12.13	0.88
$C_{14}H_3N$	15.56	1.13	$C_{11}H_{26}N_2$	13.07	0.79	$C_{10}H_{11}N_4$	12.51	0.72
$C_{14}H_{17}$	15.40	1.10	$C_{12}H_{10}O_2$	13.21	1.20	$C_{10}H_{19}O_3$	11.23	1.17
$C_{15}H_5$	16.29	1.24	$C_{12}H_{12}NO$	13.58	1.05	$C_{10}H_{21}NO_2$	11.60	1.01
186			$C_{12}H_{14}N_2$	13.95	0.90	$C_{10}H_{23}N_2O$	11.98	0.86
$C_7H_{10}N_2O_4$	8.64	1.13	$C_{12}H_{26}O$	13.42	1.03	$C_{10}H_{25}N_3$	12.35	0.70
$C_7H_{12}N_3O_3$	9.02	0.97	$C_{13}H_2N_2$	14.84	1.02	$C_{11}H_7O_3$	12.12	1.27
$C_7H_{14}N_4O_2$	9.39	0.80	$C_{13}H_{14}O$	14.31	1.15	$C_{11}H_9NO_2$	12.49	1.12
$C_8H_2N_4O_2$	10.28	0.88	$C_{13}H_{16}N$	14.69	1.00	$C_{11}H_{11}N_2O$	12.87	0.96
$C_8H_{12}NO_4$	9.38	1.19	$C_{14}H_2O$	15.20	1.27	$C_{11}H_{13}N_3$	13.24	0.81
$C_8H_{14}N_2O_3$	9.75	1.03	$C_{14}H_4N$	15.57	1.13	$C_{11}H_{23}O_2$	12.33	1.10
$C_8H_{16}N_3O_2$	10.12	0.86	$C_{14}H_{18}$	15.42	1.11	$C_{11}H_{25}NO$	12.71	0.94
$C_8H_{18}N_4O$	10.50	0.70	$C_{15}H_6$	16.31	1.24	$C_{12}HN_3$	14.13	0.93
$C_9H_2N_2O_3$	10.64	1.11	**187**			$C_{12}H_{11}O_2$	13.22	1.20
$C_9H_4N_3O_2$	11.01	0.95	$C_7H_{11}N_2O_4$	8.66	1.13	$C_{12}H_{13}NO$	13.60	1.05
$C_9H_6N_4O$	11.39	0.79	$C_7H_{13}N_3O_3$	9.03	0.97	$C_{12}H_{15}N_2$	13.97	0.90
$C_9H_{14}O_4$	10.11	1.26	$C_7H_{15}N_4O_2$	9.41	0.80	$C_{13}HNO$	14.48	1.17
$C_9H_{16}NO_3$	10.46	1.10	$C_8HN_3O_3$	9.92	1.04	$C_{13}H_3N_2$	14.86	1.03
$C_9H_{18}N_2O_2$	10.86	0.94	$C_8H_3N_4O_2$	10.30	0.88	$C_{13}H_{15}O$	14.33	1.15
$C_9H_{20}N_3O$	11.23	0.78	$C_8H_{13}NO_4$	9.39	1.20	$C_{13}H_{17}N$	14.70	1.00
$C_9H_{22}N_4$	11.60	0.62	$C_8H_{15}N_2O_3$	9.77	1.03	$C_{14}H_3O$	15.22	1.28
$C_{10}H_2O_4$	10.99	1.35	$C_8H_{17}N_3O_2$	10.14	0.87	$C_{14}H_5N$	15.59	1.13
$C_{10}H_4NO_3$	11.37	1.19	$C_8H_{19}N_4O$	10.51	0.70	$C_{14}H_{19}$	15.43	1.11
$C_{10}H_6N_2O_2$	11.74	1.03	C_9HNO_4	10.28	1.28	$C_{15}H_7$	16.32	1.24
$C_{10}H_8N_3O$	12.12	0.87	$C_9H_3N_2O_3$	10.65	1.11	**188**		
$C_{10}H_{10}N_4$	12.49	0.72	$C_9H_5N_3O_2$	11.03	0.95	$C_7H_{12}N_2O_4$	8.68	1.14
$C_{10}H_{18}O_3$	11.21	1.17	$C_9H_7N_4O$	11.40	0.80	$C_7H_{14}N_3O_3$	9.05	0.97
$C_{10}H_{20}NO_2$	11.59	1.01	$C_9H_{15}O_4$	10.12	1.26	$C_7H_{16}N_4O_2$	9.42	0.80
$C_{10}H_{22}N_2O$	11.96	0.86	$C_9H_{17}NO_3$	10.50	1.10	$C_8H_2N_3O_3$	9.94	1.05

	M+1	M+2		M+1	M+2		M+1	M+2
$C_8H_4N_4O_2$	10. 31	0. 88	$C_{14}H_4O$	15. 23	1. 28	$C_{12}HN_2O$	13. 79	1. 08
$C_8H_{14}NO_4$	9. 41	1. 20	$C_{14}H_6N$	15. 61	1. 14	$C_{12}H_3N_3$	14. 16	0. 93
$C_8H_{16}N_2O_3$	9. 78	1. 03	$C_{14}H_{20}$	15. 45	1. 11	$C_{12}H_{13}O_2$	13. 25	1. 21
$C_8H_{18}N_3O_2$	10. 16	0. 87	$C_{15}H_8$	16. 34	1. 25	$C_{12}H_{15}NO$	13. 63	1. 06
$C_8H_{20}N_4O$	10. 53	0. 71	**189**			$C_{12}H_{17}N_2$	14. 00	0. 91
$C_9H_2NO_4$	10. 30	1. 28	$C_7H_{13}N_2O_4$	8. 69	1. 14	$C_{13}HO_2$	14. 14	1. 33
$C_9H_4N_2O_3$	10. 67	1. 12	$C_7H_{15}N_3O_3$	9. 07	0. 97	$C_{13}H_3NO$	14. 52	1. 18
$C_9H_6N_3O_2$	11. 04	0. 96	$C_7H_{17}N_4O_2$	9. 44	0. 80	$C_{13}H_5N_2$	14. 89	1. 03
$C_9H_8N_4O$	11. 42	0. 80	$C_8HN_2O_4$	9. 58	1. 21	$C_{13}H_{17}O$	14. 36	1. 16
$C_9H_{16}O_4$	10. 14	1. 26	$C_8H_3N_3O_3$	9. 95	1. 05	$C_{13}H_{19}N$	14. 73	1. 01
$C_9H_{18}NO_3$	10. 51	1. 10	$C_8H_5N_4O_2$	10. 33	0. 88	$C_{14}H_5O$	15. 25	1. 28
$C_9H_{20}N_2O_2$	10. 89	0. 94	$C_8H_{15}NO_4$	9. 42	1. 20	$C_{14}H_7N$	15. 62	1. 14
$C_9H_{22}N_3O$	11. 26	0. 78	$C_8H_{17}N_2O_3$	9. 80	1. 03	$C_{14}H_{21}$	15. 46	1. 11
$C_9H_{24}N_4$	11. 64	0. 62	$C_8H_{19}N_3O_2$	10. 17	0. 87	$C_{15}H_9$	16. 35	1. 25
$C_{10}H_4O_4$	11. 03	1. 35	$C_8H_{21}N_4O$	10. 55	0. 71	**190**		
$C_{10}H_6NO_3$	11. 40	1. 19	$C_9H_3NO_4$	10. 31	1. 28	$C_7H_{14}N_2O_4$	8. 71	1. 14
$C_{10}H_8N_2O_2$	11. 78	1. 03	$C_9H_5N_2O_3$	10. 69	1. 12	$C_7H_{16}N_3O_3$	9. 08	0. 97
$C_{10}H_{10}N_3O$	12. 15	0. 88	$C_9H_7N_3O_2$	11. 06	0. 96	$C_7H_{18}N_4O_2$	9. 46	0. 80
$C_{10}H_{12}N_4$	12. 52	0. 72	$C_9H_9N_4O$	11. 43	0. 80	$C_8H_2N_2O_4$	9. 60	1. 21
$C_{10}H_{20}O_3$	11. 24	1. 18	$C_9H_{17}O_4$	10. 15	1. 26	$C_8H_4N_3O_3$	9. 97	1. 05
$C_{10}H_{22}NO_2$	11. 62	1. 02	$C_9H_{19}NO_3$	10. 53	1. 10	$C_8H_6N_4O_2$	10. 35	0. 89
$C_{10}H_{24}N_2O$	11. 99	0. 86	$C_9H_{21}N_2O_2$	10. 90	0. 94	$C_8H_{16}NO_4$	9. 44	1. 20
$C_{11}H_8O_3$	12. 13	1. 27	$C_9H_{23}N_3O$	11. 28	0. 78	$C_8H_{18}N_2O_3$	9. 81	1. 03
$C_{11}H_{10}NO_2$	12. 51	1. 12	$C_{10}H_5O_4$	11. 04	1. 35	$C_8H_{20}N_3O_2$	10. 19	0. 87
$C_{11}H_{12}N_2O$	12. 88	0. 96	$C_{10}H_7NO_3$	11. 42	1. 19	$C_8H_{22}N_4O$	10. 56	0. 71
$C_{11}H_{14}N_3$	13. 26	0. 81	$C_{10}H_9N_2O_2$	11. 79	1. 04	$C_9H_4NO_4$	10. 33	1. 28
$C_{11}H_{24}O_2$	12. 35	1. 10	$C_{10}H_{11}N_3O$	12. 17	0. 88	$C_9H_6N_2O_3$	10. 70	1. 12
$C_{12}H_2N_3$	14. 14	0. 93	$C_{10}H_{13}N_4$	12. 54	0. 72	$C_9H_8N_3O_2$	11. 08	0. 96
$C_{12}H_{12}O_2$	13. 24	1. 21	$C_{10}H_{21}O_3$	11. 26	1. 18	$C_9H_{10}N_4O$	11. 45	0. 80
$C_{12}H_{14}NO$	13. 61	1. 06	$C_{10}H_{23}NO_2$	11. 63	1. 02	$C_9H_{18}O_4$	10. 17	1. 27
$C_{12}H_{16}N_2$	13. 99	0. 91	$C_{11}HN_4$	13. 43	0. 83	$C_9H_{20}NO_3$	10. 54	1. 10
$C_{13}H_2NO$	14. 50	1. 18	$C_{11}H_9O_3$	12. 15	1. 28	$C_9H_{22}N_2O_2$	10. 92	0. 94
$C_{13}H_4N_2$	14. 88	1. 03	$C_{11}H_{11}NO_2$	12. 52	1. 12	$C_{10}H_6O_4$	11. 06	1. 35
$C_{13}H_{16}O$	14. 34	1. 15	$C_{11}H_{13}N_2O$	12. 90	0. 97	$C_{10}H_8NO_3$	11. 43	1. 20
$C_{13}H_{18}N$	14. 72	1. 01	$C_{11}H_{15}N_3$	13. 27	0. 81	$C_{10}H_{10}N_2O_2$	11. 81	1. 03

	M+1	M+2		M+1	M+2		M+1	M+2
$C_{10}H_{12}N_3O$	12.18	0.88	$C_9H_{11}N_4O$	11.47	0.80	$C_8H_8N_4O_2$	10.38	0.89
$C_{10}H_{14}N_4$	12.56	0.73	$C_9H_{19}O_4$	10.19	1.27	$C_8H_{18}NO_4$	9.47	1.20
$C_{10}H_{22}O_3$	11.28	1.18	$C_9H_{21}NO_3$	10.56	1.11	$C_8H_{20}N_2O_3$	9.85	1.04
$C_{11}H_2N_4$	13.44	0.84	$C_{10}H_7O_4$	11.07	1.36	$C_9H_6NO_4$	10.36	1.29
$C_{11}H_{10}O_3$	12.16	1.28	$C_{10}H_9NO_3$	11.45	1.20	$C_9H_8N_2O_3$	10.73	1.12
$C_{11}H_{12}NO_2$	12.54	1.12	$C_{10}H_{11}N_2O_2$	11.82	1.04	$C_9H_{10}N_3O_2$	11.11	0.96
$C_{11}H_{14}N_2O$	12.91	0.97	$C_{10}H_{13}N_3O$	12.20	0.88	$C_9H_{12}N_4O$	11.48	0.80
$C_{11}H_{16}N_3$	13.29	0.82	$C_{10}H_{15}N_4$	12.57	0.73	$C_9H_{20}O_4$	10.20	1.27
$C_{12}H_2N_2O$	13.80	1.08	$C_{11}HN_3O$	13.09	0.99	$C_{10}H_8O_4$	11.09	1.36
$C_{12}H_4N_3$	14.18	0.93	$C_{11}H_3N_4$	13.46	0.84	$C_{10}H_{10}NO_3$	11.47	1.20
$C_{12}H_{14}O_2$	13.27	1.21	$C_{11}H_{11}O_3$	12.18	1.28	$C_{10}H_{12}N_2O_2$	11.84	1.04
$C_{12}H_{16}NO$	13.64	1.06	$C_{11}H_{13}NO_2$	12.55	1.12	$C_{10}H_{14}N_3O$	12.21	0.89
$C_{12}H_{18}N_2$	14.02	0.91	$C_{11}H_{15}N_2O$	12.98	0.97	$C_{10}H_{16}N_4$	12.59	0.73
$C_{13}H_2O_2$	14.16	1.33	$C_{11}H_{17}N_3$	13.30	0.82	$C_{11}H_2N_3O$	13.10	0.99
$C_{13}H_4NO$	14.53	1.18	$C_{12}HNO_2$	13.44	1.23	$C_{11}H_4N_4$	13.48	0.84
$C_{13}H_6N_2$	14.91	1.03	$C_{12}H_3N_2O$	13.82	1.08	$C_{11}H_{12}O_3$	12.20	1.28
$C_{13}H_{18}O$	14.38	1.16	$C_{12}H_5N_3$	14.19	0.93	$C_{11}H_{14}NO_2$	12.57	1.13
$C_{13}H_{20}N$	14.75	1.01	$C_{12}H_{15}O_2$	13.29	1.21	$C_{11}H_{16}N_2O$	12.95	0.97
$C_{14}H_6O$	15.26	1.28	$C_{12}H_{17}NO$	13.66	1.06	$C_{11}H_{18}N_3$	13.32	0.82
$C_{14}H_8N$	15.64	1.14	$C_{12}H_{19}N_2$	14.03	0.91	$C_{12}H_2NO_2$	13.46	1.24
$C_{14}H_{22}$	15.48	1.12	$C_{13}H_3O_2$	14.17	1.33	$C_{12}H_4N_2O$	13.83	1.09
$C_{15}H_{10}$	16.37	1.25	$C_{13}H_5NO$	14.55	1.18	$C_{12}H_6N_3$	14.21	0.94
191			$C_{13}H_7N_2$	14.92	1.04	$C_{12}H_{16}O_2$	13.30	1.22
$C_7H_{15}N_2O_4$	8.72	1.14	$C_{13}H_{19}O$	14.39	1.16	$C_{12}H_{18}NO$	13.68	1.06
$C_7H_{17}N_3O_3$	9.10	0.97	$C_{13}H_{21}N$	14.77	1.01	$C_{12}H_{20}N_2$	14.05	0.92
$C_7H_{19}N_4O_2$	9.47	0.81	$C_{14}H_7O$	15.28	1.29	$C_{13}H_4O_2$	14.19	1.33
$C_8H_3N_2O_4$	9.61	1.22	$C_{14}H_9N$	15.65	1.14	$C_{13}H_6NO$	14.56	1.18
$C_8H_5N_3O_3$	9.99	1.05	$C_{14}H_{23}$	15.50	1.12	$C_{13}H_8N_2$	14.94	1.04
$C_8H_7N_4O_2$	10.36	0.89	$C_{15}H_{11}$	16.39	1.25	$C_{13}H_{20}O$	14.41	1.16
$C_8H_{17}NO_4$	9.46	1.20	**192**			$C_{13}H_{22}N$	14.78	1.02
$C_8H_{19}N_2O_3$	9.83	1.04	$C_7H_{16}N_2O_4$	8.74	1.14	$C_{14}H_8O$	15.30	1.29
$C_8H_{21}N_3O_2$	10.20	0.87	$C_7H_{18}N_3O_3$	9.11	0.97	$C_{14}H_{10}N$	15.67	1.15
$C_9H_5NO_4$	10.34	1.28	$C_7H_{20}N_4O_2$	9.49	0.81	$C_{14}H_{24}$	15.51	1.12
$C_9H_7N_2O_3$	10.72	1.12	$C_8H_4N_2O_4$	9.63	1.22	$C_{15}H_{12}$	16.40	1.26
$C_9H_9N_3O_2$	11.09	0.96	$C_8H_6N_3O_3$	10.00	1.05			

续表

	M+1	M+2		M+1	M+2		M+1	M+2
193			$C_{13}H_{23}N$	14.80	1.02	$C_{13}H_6O_2$	14.22	1.34
$C_7H_{17}N_2O$	8.76	1.14	$C_{14}H_9O$	15.31	1.29	$C_{13}H_8NO$	14.60	1.19
$C_7H_{19}N_3O_3$	9.13	0.98	$C_{14}H_{11}N$	15.69	1.15	$C_{13}H_{10}N_2$	14.97	1.04
$C_8H_5N_2O_4$	9.64	1.22	$C_{14}H_{25}$	15.53	1.12	$C_{13}H_{22}O$	14.44	1.17
$C_8H_7N_3O_3$	10.02	1.05	$C_{15}H_{13}$	16.42	1.26	$C_{13}H_{24}N$	14.81	1.02
$C_8H_9N_4O_2$	10.39	0.88	$C_{16}H$	17.31	1.40	$C_{14}H_{10}O$	15.33	1.29
$C_8H_{19}NO_4$	9.49	1.20	**194**			$C_{14}H_{12}N$	15.70	1.15
$C_9H_7NO_4$	10.38	1.29	$C_7H_{18}N_2O_4$	8.77	1.14	$C_{14}H_{26}$	15.54	1.13
$C_9H_9N_2O_3$	10.75	1.13	$C_8H_6N_2O_4$	9.66	1.22	$C_{15}H_{14}$	16.43	1.26
$C_9H_{11}N_3O_2$	11.12	0.96	$C_8H_8N_3O_3$	10.03	1.06	$C_{16}H_2$	17.32	1.41
$C_9H_{13}N_4O$	11.50	0.81	$C_8H_{10}N_4O_2$	10.41	0.89	**195**		
$C_{10}HN_4O$	12.39	0.91	$C_9H_8NO_4$	10.39	1.29	$C_8H_7N_2O_4$	9.68	1.22
$C_{10}H_9O_4$	11.11	1.36	$C_9H_{10}N_2O_3$	10.77	1.13	$C_8H_9N_3O_3$	10.05	1.06
$C_{10}H_{11}NO_3$	11.48	1.20	$C_9H_{12}N_3O_2$	11.14	0.97	$C_8H_{11}N_4O_2$	10.43	0.89
$C_{10}H_{13}N_2O_2$	11.86	1.04	$C_9H_{14}N_4O$	11.51	0.81	$C_9H_9NO_4$	10.41	1.29
$C_{10}H_{15}N_3O$	12.23	0.89	$C_{10}H_2N_4O$	12.40	0.91	$C_9H_{11}N_2O_3$	10.78	1.13
$C_{10}H_{17}N_4$	12.60	0.73	$C_{10}H_{10}O_4$	11.12	1.36	$C_9H_{13}N_3O_2$	11.16	0.97
$C_{11}HN_2O_2$	12.74	1.15	$C_{10}H_{12}NO_3$	11.50	1.20	$C_9H_{15}N_4O$	11.53	0.81
$C_{11}H_3N_3O$	13.12	0.99	$C_{10}H_{14}N_2O_2$	11.87	1.05	$C_{10}HN_3O_2$	12.05	1.07
$C_{11}H_5N_4$	13.49	0.84	$C_{10}H_{16}N_3O$	12.25	0.89	$C_{10}H_3N_4O$	12.42	0.91
$C_{11}H_{13}O_3$	12.21	1.28	$C_{10}H_{18}N_4$	12.62	0.74	$C_{10}H_{11}O_4$	11.14	1.36
$C_{11}H_{15}NO_2$	12.59	1.13	$C_{11}H_2N_2O_2$	12.76	1.15	$C_{10}H_{13}NO_3$	11.51	1.21
$C_{11}H_{17}N_2O$	12.96	0.97	$C_{11}H_4N_3O$	13.13	1.00	$C_{10}H_{15}N_2O_2$	11.89	1.05
$C_{11}H_{19}N_3$	13.34	0.82	$C_{11}H_6N_4$	13.51	0.85	$C_{10}H_{17}N_3O$	12.26	0.89
$C_{12}HO_3$	13.10	1.39	$C_{11}H_{14}O_3$	12.23	1.28	$C_{10}H_{19}N_4$	12.64	0.74
$C_{12}H_3NO_2$	13.48	1.24	$C_{11}H_{16}NO_2$	12.60	1.13	$C_{11}HNO_3$	12.40	1.31
$C_{12}H_5N_2O$	13.85	1.09	$C_{11}H_{18}N_2O$	12.98	0.98	$C_{11}H_3N_2O_2$	12.78	1.15
$C_{12}H_7N_3$	14.22	0.94	$C_{11}H_{20}N_3$	13.35	0.82	$C_{11}H_5N_3O$	13.15	1.00
$C_{12}H_{17}O_2$	13.32	1.22	$C_{12}H_2O_3$	13.12	1.39	$C_{11}H_7N_4$	13.52	0.85
$C_{12}H_{19}NO$	13.69	1.07	$C_{12}H_4NO_2$	13.49	1.24	$C_{11}H_{15}O_3$	12.24	1.29
$C_{12}H_{21}N_2$	14.07	0.92	$C_{12}H_6N_2O$	13.87	1.09	$C_{11}H_{17}NO_2$	12.62	1.13
$C_{13}H_5O_2$	14.21	1.33	$C_{12}H_8N_3$	14.24	0.94	$C_{11}H_{19}N_2O$	12.99	0.98
$C_{13}H_7NO$	14.58	1.19	$C_{12}H_{18}O_2$	13.33	1.22	$C_{11}H_{21}N_3$	13.37	0.83
$C_{13}H_9N_2$	14.96	1.04	$C_{12}H_{20}NO$	13.71	1.07	$C_{12}H_3O_3$	13.13	1.39
$C_{13}H_{21}O$	14.42	1.16	$C_{12}H_{22}N_2$	14.08	0.92	$C_{12}H_5NO_2$	13.51	1.24

	M+1	M+2		M+1	M+2		M+1	M+2
$C_{12}H_7N_2O$	13.88	1.09	$C_{11}H_{16}O_3$	12.26	1.29	$C_{10}H_{15}NO_3$	11.55	1.21
$C_{12}H_9N_3$	14.26	0.94	$C_{11}H_{18}NO_2$	12.63	1.13	$C_{10}H_{17}N_2O_2$	11.92	1.05
$C_{12}H_{19}O_2$	13.35	1.22	$C_{11}H_{20}N_2O$	13.01	0.98	$C_{10}H_{19}N_3O$	12.29	0.90
$C_{12}H_{21}NO$	13.72	1.07	$C_{11}H_{22}N_3$	13.38	0.83	$C_{10}H_{21}N_4$	12.67	0.74
$C_{12}H_{23}N_2$	14.10	0.92	$C_{12}H_4O_3$	13.15	1.40	$C_{11}HO_4$	12.06	1.46
$C_{13}H_7O_2$	14.24	1.34	$C_{12}H_6NO_2$	13.52	1.24	$C_{11}H_3NO_3$	12.43	1.31
$C_{13}H_9NO$	14.61	1.19	$C_{12}H_8N_2O$	13.90	1.09	$C_{11}H_5N_2O_2$	12.81	1.16
$C_{13}H_{11}N_2$	14.99	1.05	$C_{12}H_{10}N_3$	14.27	0.95	$C_{11}H_7N_3O$	13.18	1.00
$C_{13}H_{23}O$	14.46	1.17	$C_{12}H_{20}O_2$	13.37	1.22	$C_{11}H_9N_4$	13.56	0.85
$C_{13}H_{25}N$	14.83	1.02	$C_{12}H_{22}NO$	13.74	1.07	$C_{11}H_{17}O_3$	12.28	1.29
$C_{14}H_{11}O$	15.34	1.30	$C_{12}H_{24}N_2$	14.11	0.92	$C_{11}H_{19}NO_2$	12.65	1.14
$C_{14}H_{13}N$	15.72	1.15	$C_{13}H_8O_2$	14.25	1.34	$C_{11}H_{21}N_2O$	13.03	0.98
$C_{14}H_{27}$	15.56	1.13	$C_{13}H_{10}NO$	14.63	1.19	$C_{11}H_{23}N_3$	13.40	0.83
$C_{15}HN$	16.61	1.29	$C_{13}H_{12}N_2$	15.00	1.05	$C_{12}H_5O_3$	13.16	1.40
$C_{15}H_{15}$	16.45	1.27	$C_{13}H_{24}O$	14.47	1.17	$C_{12}H_7NO_2$	13.54	1.25
$C_{16}H_3$	17.34	1.41	$C_{13}H_{26}N$	14.85	1.03	$C_{12}H_9N_2O$	13.91	1.10
196			$C_{14}H_{12}O$	15.36	1.30	$C_{12}H_{11}N_3$	14.29	0.95
$C_8H_8N_2O_4$	9.69	1.22	$C_{14}H_{14}N$	15.73	1.16	$C_{12}H_{21}O_2$	13.38	1.23
$C_8H_{10}N_3O_3$	10.07	1.06	$C_{14}H_{28}$	15.58	1.13	$C_{12}H_{23}NO$	13.76	1.08
$C_8H_{12}N_4O_2$	10.44	0.90	$C_{15}H_2N$	16.62	1.29	$C_{12}H_{25}N_2$	14.13	0.93
$C_9H_{10}NO_4$	10.42	1.29	$C_{15}H_{16}$	16.47	1.27	$C_{13}H_9O_2$	14.27	1.34
$C_9H_{12}N_2O_3$	10.80	1.13	$C_{16}H_4$	17.35	1.41	$C_{13}H_{11}NO$	14.64	1.20
$C_9H_{14}N_3O_2$	11.17	0.97	**197**			$C_{13}H_{13}N_2$	15.02	1.05
$C_9H_{16}N_4O$	11.55	0.81	$C_8H_9N_2O_4$	9.71	1.23	$C_{13}H_{25}O$	14.49	1.17
$C_{10}H_2N_3O_2$	12.06	1.07	$C_8H_{11}N_3O_3$	10.08	1.06	$C_{13}H_{27}N$	14.86	1.03
$C_{10}H_4N_4O$	12.44	0.91	$C_8H_{13}N_4O_2$	10.46	0.90	$C_{14}HN_2$	15.91	1.18
$C_{10}H_{12}O_4$	11.15	1.37	$C_9HN_4O_2$	11.35	0.99	$C_{14}H_{13}O$	15.38	1.30
$C_{10}H_{14}NO_3$	11.53	1.21	$C_9H_{11}NO_4$	10.44	1.29	$C_{14}H_{15}N$	15.75	1.16
$C_{10}H_{16}N_2O_2$	11.90	1.05	$C_9H_{13}N_2O_3$	10.81	1.13	$C_{14}H_{29}$	15.59	1.13
$C_{10}H_{18}N_3O$	12.28	0.89	$C_9H_{15}N_3O_2$	11.19	0.97	$C_{15}HO$	16.26	1.44
$C_{10}H_{20}N_4$	12.65	0.74	$C_9H_{17}N_4O$	11.56	0.81	$C_{15}H_3N$	16.64	1.30
$C_{11}H_2NO_3$	12.42	1.31	$C_{10}HN_2O_3$	11.70	1.23	$C_{15}H_{17}$	16.48	1.27
$C_{11}H_4N_2O_2$	12.79	1.15	$C_{10}H_3N_3O_2$	12.08	1.07	$C_{16}H_5$	17.37	1.42
$C_{11}H_6N_3O$	13.17	1.00	$C_{10}H_5N_4O$	12.45	0.91	**198**		
$C_{11}H_8N_4$	13.54	0.85	$C_{10}H_{13}O_4$	11.17	1.37	$C_8H_{10}N_2O_4$	9.72	1.23

	M+1	M+2		M+1	M+2		M+1	M+2
$C_8H_{12}N_3O_3$	10.10	1.06	$C_{13}H_{28}N$	14.88	1.03	$C_{11}H_{23}N_2O$	13.06	0.99
$C_8H_{14}N_4O$	10.47	0.90	$C_{14}H_2N_2$	15.92	1.18	$C_{11}H_{25}N_3$	13.43	0.84
$C_9H_2N_4O_2$	11.36	0.99	$C_{14}H_{14}O$	15.39	1.30	$C_{12}H_7O_3$	13.20	1.40
$C_9H_{12}NO_4$	10.46	1.30	$C_{14}H_{16}N$	15.77	1.16	$C_{12}H_9NO_2$	13.57	1.25
$C_9H_{14}N_2O_3$	10.83	1.13	$C_{14}H_{30}$	15.61	1.14	$C_{12}H_{11}N_2O$	13.95	1.10
$C_9H_{16}N_3O_2$	11.20	0.97	$C_{15}H_2O$	16.28	1.44	$C_{12}H_{13}N_3$	14.32	0.95
$C_9H_{18}N_4O$	11.58	0.82	$C_{15}H_4N$	16.65	1.30	$C_{12}H_{23}O_2$	13.41	1.23
$C_{10}H_2N_2O_3$	11.72	1.23	$C_{15}H_{18}$	16.50	1.27	$C_{12}H_{25}NO$	13.79	1.08
$C_{10}H_4N_3O_2$	12.09	1.07	$C_{16}H_6$	17.39	1.42	$C_{12}H_{27}N_2$	14.16	0.93
$C_{10}H_6N_4O$	12.47	0.92	**199**			$C_{13}HN_3$	15.21	1.08
$C_{10}H_{14}O_4$	11.19	1.37	$C_8H_{11}N_2O_4$	9.74	1.23	$C_{13}H_{11}O_2$	14.30	1.35
$C_{10}H_{16}NO_3$	11.56	1.21	$C_8H_{13}N_3O_3$	10.11	1.06	$C_{13}H_{13}NO$	14.68	1.20
$C_{10}H_{18}N_2O_2$	11.94	1.05	$C_8H_{15}N_4O_2$	10.49	0.90	$C_{13}H_{15}N_2$	15.05	1.06
$C_{10}H_{20}N_3O$	12.31	0.90	$C_9HN_3O_3$	11.00	1.15	$C_{13}H_{27}O$	14.52	1.18
$C_{10}H_{22}N_4$	12.68	0.74	$C_9H_3N_4O_2$	11.38	0.99	$C_{13}H_{29}N$	14.89	1.03
$C_{11}H_2O_4$	12.08	1.47	$C_9H_{13}NO_4$	10.47	1.30	$C_{14}HNO$	15.57	1.33
$C_{11}H_4NO_3$	12.45	1.31	$C_9H_{15}N_2O_3$	10.85	1.14	$C_{14}H_3N_2$	15.94	1.19
$C_{11}H_6N_2O_2$	12.82	1.16	$C_9H_{17}N_3O_2$	11.22	0.98	$C_{14}H_{15}O$	15.41	1.31
$C_{11}H_8N_3O$	13.20	1.01	$C_9H_{19}N_4O$	11.59	0.82	$C_{14}H_{17}N$	15.78	1.16
$C_{11}H_{10}N_4$	13.57	0.85	$C_{10}HNO_4$	11.36	1.39	$C_{15}H_3O$	16.30	1.44
$C_{11}H_{18}O_3$	12.29	1.29	$C_{10}H_3N_2O_3$	11.73	1.23	$C_{15}H_5N$	16.67	1.30
$C_{11}H_{20}NO_2$	12.67	1.14	$C_{10}H_5N_3O_2$	12.11	1.07	$C_{15}H_{19}$	16.51	1.28
$C_{11}H_{22}N_2O$	13.04	0.99	$C_{10}H_7N_4O$	12.48	0.92	$C_{16}H_7$	17.40	1.42
$C_{11}H_{24}N_3$	13.42	0.83	$C_{10}H_{15}O_4$	11.20	1.37	**200**		
$C_{12}H_6O_3$	13.18	1.40	$C_{10}H_{17}NO_3$	11.58	1.21	$C_8H_{12}N_2O_4$	9.76	1.23
$C_{12}H_8NO_2$	13.56	1.25	$C_{10}H_{19}N_2O_2$	11.95	1.01	$C_8H_{14}N_3O_3$	10.13	1.07
$C_{12}H_{10}N_2O$	13.93	1.10	$C_{10}H_{21}N_3O$	12.33	0.90	$C_8H_{16}N_4O_2$	10.51	0.90
$C_{12}H_{12}N_3$	14.30	0.95	$C_{10}H_{23}N_4$	12.70	0.75	$C_9H_2N_3O_3$	11.02	1.15
$C_{12}H_{22}O_2$	13.40	1.23	$C_{11}H_3O_4$	12.09	1.47	$C_9H_4N_4O_2$	11.39	0.99
$C_{12}H_{24}NO$	13.77	1.08	$C_{11}H_5NO_3$	12.47	1.31	$C_9H_{14}NO_4$	10.49	1.30
$C_{12}H_{26}N_2$	14.15	0.93	$C_{11}H_7N_2O_2$	12.84	1.16	$C_9H_{16}N_2O_3$	10.86	1.14
$C_{13}H_{10}O_2$	14.29	1.35	$C_{11}H_9N_3O$	13.21	1.01	$C_9H_{18}N_3O_2$	11.24	0.98
$C_{13}H_{12}NO$	14.66	1.20	$C_{11}H_{11}N_4$	13.59	0.86	$C_9H_{20}N_4O$	11.61	0.82
$C_{13}H_{14}N_2$	15.04	1.05	$C_{11}H_{19}O_3$	12.31	1.29	$C_{10}H_2NO_4$	11.38	1.39
$C_{13}H_{26}O$	14.50	1.18	$C_{11}H_{21}NO_2$	12.68	1.14	$C_{10}H_4N_2O_3$	11.75	1.23

续表

	M+1	M+2		M+1	M+2		M+1	M+2
$C_{10}H_6N_3O_2$	12.13	1.08	$C_{16}H_8$	17.42	1.42	$C_{12}H_{25}O_2$	13.45	1.23
$C_{10}H_8N_4O$	12.50	0.92	**201**			$C_{12}H_{27}NO$	13.82	1.08
$C_{10}H_{16}O_4$	11.22	1.37	$C_8H_{13}N_2O_4$	9.77	1.23	$C_{13}HN_2O$	14.87	1.23
$C_{10}H_{18}NO_3$	11.59	1.21	$C_8H_{15}N_3O_3$	10.15	1.07	$C_{13}H_3N_3$	15.24	1.08
$C_{10}H_{20}N_2O_2$	11.97	1.06	$C_8H_{17}N_4O_2$	10.52	0.90	$C_{13}H_{13}O_2$	14.33	1.35
$C_{10}H_{22}N_3O$	12.34	0.90	$C_9HN_2O_4$	10.66	1.32	$C_{13}H_{15}NO$	14.71	1.21
$C_{10}H_{24}N_4$	12.72	0.75	$C_9H_3N_3O_3$	11.04	1.16	$C_{13}H_{17}N_2$	15.08	1.06
$C_{11}H_4O_4$	12.11	1.47	$C_9H_5N_4O_2$	11.41	1.00	$C_{14}HO_2$	15.22	1.48
$C_{11}H_6NO_3$	12.48	1.32	$C_9H_{15}NO_4$	10.50	1.30	$C_{14}H_3NO$	15.60	1.33
$C_{11}H_8N_2O_2$	12.86	1.16	$C_9H_{17}N_2O_3$	10.88	1.14	$C_{14}H_5N_2$	15.97	1.19
$C_{11}H_{10}N_3O$	13.23	1.01	$C_9H_{19}N_3O_2$	11.25	0.98	$C_{14}H_{17}O$	15.44	1.31
$C_{11}H_{12}N_4$	13.60	0.86	$C_9H_{21}N_4O$	11.63	0.82	$C_{14}H_{18}N$	15.81	1.17
$C_{11}H_{20}O_3$	12.32	1.30	$C_{10}H_3NO_4$	11.39	1.39	$C_{15}H_5O$	16.33	1.45
$C_{11}H_{22}NO_2$	12.70	1.14	$C_{10}H_5N_2O_3$	11.77	1.23	$C_{15}H_7N$	16.70	1.31
$C_{11}H_{24}N_2O$	13.07	0.99	$C_{10}H_7N_3O_2$	12.14	1.08	$C_{15}H_{21}$	16.55	1.28
$C_{11}H_{26}N_3$	13.45	0.84	$C_{10}H_9N_4O$	12.52	0.92	$C_{16}H_9$	17.43	1.43
$C_{12}H_8O_3$	13.21	1.40	$C_{10}H_{17}O_4$	11.23	1.37	**202**		
$C_{12}H_{10}NO_2$	13.59	1.25	$C_{10}H_{19}NO_3$	11.61	1.22	$C_8H_{14}N_2O_4$	9.79	1.23
$C_{12}H_{12}N_2O$	13.96	1.10	$C_{10}H_{21}N_2O_2$	11.98	1.06	$C_8H_{16}N_3O_3$	10.16	1.07
$C_{12}H_{14}N_3$	13.34	0.96	$C_{10}H_{23}N_3O$	12.36	0.90	$C_8H_{18}N_4O_2$	10.54	0.91
$C_{12}H_{24}O_2$	13.43	1.23	$C_{10}H_{25}N_4$	12.73	0.75	$C_9H_2N_2O_4$	10.68	1.32
$C_{12}H_{26}NO$	13.80	1.08	$C_{11}H_5O_4$	12.12	1.47	$C_9H_4N_3O_3$	11.05	1.16
$C_{12}H_{28}N_2$	14.18	0.93	$C_{11}H_7NO_3$	12.50	1.32	$C_9H_6N_4O_2$	11.43	1.00
$C_{13}H_2N_3$	15.22	1.08	$C_{11}H_9N_2O_2$	12.87	1.16	$C_9H_{16}NO_4$	10.52	1.30
$C_{13}H_{12}O_2$	14.32	1.35	$C_{11}H_{11}N_3O$	13.25	1.01	$C_9H_{18}N_2O_3$	10.89	1.14
$C_{13}H_{14}NO$	14.69	1.20	$C_{11}H_{13}N_4$	13.62	0.86	$C_9H_{20}N_3O_2$	11.27	0.98
$C_{13}H_{16}N_2$	15.07	1.06	$C_{11}H_{21}O$	12.34	1.30	$C_9H_{22}N_4O$	11.64	0.82
$C_{13}H_{28}O$	14.54	1.18	$C_{11}H_{23}NO_2$	12.71	1.14	$C_{10}H_4NO_4$	11.41	1.39
$C_{14}H_2NO$	15.58	1.33	$C_{11}H_{25}N_2O$	13.09	0.99	$C_{10}H_6N_2O_3$	11.78	1.24
$C_{14}H_4N_2$	15.96	1.19	$C_{11}H_{27}N_3$	13.46	0.84	$C_{10}H_8N_3O_2$	12.16	1.08
$C_{14}H_{16}O$	15.42	1.31	$C_{12}HN_4$	14.51	0.98	$C_{10}H_{10}N_4O$	12.53	0.92
$C_{14}H_{18}N$	15.80	1.17	$C_{12}H_9O_3$	13.23	1.41	$C_{10}H_{18}O_4$	11.25	1.38
$C_{15}H_4O$	16.31	1.44	$C_{12}H_{11}NO_2$	13.60	1.26	$C_{10}H_{20}NO_3$	11.63	1.22
$C_{15}H_6N$	16.69	1.30	$C_{12}H_{13}N_2O$	13.98	1.11	$C_{10}H_{22}N_2O_2$	12.00	1.06
$C_{15}H_{20}$	16.53	1.28	$C_{12}H_{15}N_3$	14.35	0.96	$C_{10}H_{24}N_3O$	12.37	0.91

	M+1	M+2		M+1	M+2		M+1	M+2
$C_{10}H_{26}N_4$	12.75	0.75	$C_9H_7N_4O_2$	11.44	1.00	$C_{14}H_{19}O$	15.47	1.32
$C_{11}H_6O_4$	12.14	1.47	$C_9H_{17}NO_4$	10.54	1.30	$C_{14}H_{21}N$	15.85	1.17
$C_{11}H_8NO_3$	12.51	1.32	$C_9H_{19}N_2O_3$	10.91	1.14	$C_{15}H_7O$	16.36	1.45
$C_{11}H_{10}N_2O_2$	12.89	1.17	$C_9H_{21}N_3O_2$	11.28	0.98	$C_{15}H_9N$	16.73	1.31
$C_{11}H_{12}N_3O$	13.26	1.01	$C_9H_{23}N_4O$	11.66	0.82	$C_{15}H_{23}$	16.58	1.29
$C_{11}H_{14}N_4$	13.64	0.86	$C_{10}H_5NO_4$	11.42	1.40	$C_{16}H_{11}$	17.47	1.43
$C_{11}H_{22}O_3$	12.36	1.30	$C_{10}H_7N_2O_3$	11.80	1.24	**204**		
$C_{11}H_{24}NO_2$	12.73	1.15	$C_{10}H_9N_3O_2$	12.17	1.08	$C_8H_{16}N_2O_4$	9.82	1.24
$C_{11}H_{26}N_2O$	13.11	0.99	$C_{10}H_{11}N_4O$	12.55	0.93	$C_8H_{18}N_3O_3$	10.19	1.07
$C_{12}H_2N_4$	14.53	0.98	$C_{10}H_{19}O_4$	11.27	1.38	$C_8H_{20}N_4O_2$	10.57	0.91
$C_{12}H_{10}O_3$	13.25	1.41	$C_{10}H_{21}NO_3$	11.64	1.22	$C_9H_4N_2O_4$	10.71	1.32
$C_{12}H_{12}NO_2$	13.62	1.26	$C_{10}H_{23}N_2O_2$	12.02	1.06	$C_9H_6N_3O_3$	11.08	1.16
$C_{12}H_{14}N_2O$	13.99	1.11	$C_{10}H_{25}N_3O$	12.39	0.91	$C_9H_8N_4O_2$	11.46	1.00
$C_{12}H_{16}N_3$	14.37	0.96	$C_{11}H_7O_4$	12.16	1.48	$C_9H_{18}NO_4$	10.55	1.31
$C_{12}H_{26}O_2$	13.46	1.24	$C_{11}H_9NO_3$	12.53	1.32	$C_9H_{20}N_2O_3$	10.93	1.14
$C_{13}H_2N_2O$	14.88	1.23	$C_{11}H_{11}N_2O_2$	12.90	1.17	$C_9H_{22}N_3O_2$	11.30	0.98
$C_{13}H_4N_3$	15.26	1.09	$C_{11}H_{13}N_3O$	13.28	1.02	$C_9H_{24}N_4O$	11.67	0.83
$C_{13}H_{14}O_2$	14.35	1.35	$C_{11}H_{15}N_4$	13.65	0.86	$C_{10}H_6NO_4$	11.44	1.40
$C_{13}H_{16}NO$	14.72	1.21	$C_{11}H_{23}O_3$	12.37	1.30	$C_{10}H_8N_2O_3$	11.81	1.24
$C_{13}H_{18}N_2$	15.10	1.06	$C_{11}H_{25}NO_2$	12.75	1.15	$C_{10}H_{10}N_3O_2$	12.19	1.08
$C_{14}H_2O_2$	15.24	1.48	$C_{12}HN_3O$	14.17	1.13	$C_{10}H_{12}N_4O$	12.56	0.93
$C_{14}H_4NO$	15.61	1.34	$C_{12}H_3N_4$	14.54	0.98	$C_{10}H_{20}O_4$	11.28	1.38
$C_{14}H_6N_2$	15.99	1.19	$C_{12}H_{11}O_3$	13.26	1.41	$C_{10}H_{22}NO_3$	11.66	1.22
$C_{14}H_{18}O$	15.46	1.31	$C_{12}H_{13}NO_2$	13.64	1.26	$C_{10}H_{24}N_2O_2$	12.03	1.06
$C_{14}H_{20}N$	15.83	1.17	$C_{12}H_{15}N_2O$	14.01	1.11	$C_{11}H_8O_4$	12.17	1.48
$C_{15}H_6O$	16.34	1.45	$C_{12}H_{17}N_3$	14.38	0.96	$C_{11}H_{10}NO_3$	12.55	1.32
$C_{15}H_8N$	16.72	1.31	$C_{13}HNO_2$	14.52	1.38	$C_{11}H_{12}N_2O_2$	12.92	1.17
$C_{15}H_{22}$	16.56	1.28	$C_{13}H_3N_2O$	14.90	1.23	$C_{11}H_{14}N_3O$	13.29	1.02
$C_{16}H_{10}$	17.45	1.43	$C_{13}H_5N_3$	15.27	1.09	$C_{11}H_{16}N_4$	13.67	0.87
203			$C_{13}H_{15}O_2$	14.37	1.36	$C_{11}H_{24}O_3$	12.39	1.30
$C_8H_{15}N_2O_4$	9.80	1.23	$C_{13}H_{17}NO$	14.74	1.21	$C_{12}H_2N_3O$	14.18	1.13
$C_8H_{17}N_3O_3$	10.18	1.07	$C_{13}H_{19}N_2$	15.12	1.06	$C_{12}H_4N_4$	14.56	0.99
$C_8H_{19}N_4O_2$	10.55	0.91	$C_{14}H_3O_2$	15.26	1.48	$C_{12}H_{12}O_3$	13.28	1.41
$C_9H_3N_2O_4$	10.69	1.32	$C_{14}H_5NO$	15.63	1.34	$C_{12}H_{14}NO_2$	13.65	1.26
$C_9H_5N_3O_3$	11.07	1.16	$C_{14}H_7N_2$	16.00	1.20	$C_{12}H_{16}N_2O$	14.03	1.11

续表

	M+1	M+2		M+1	M+2		M+1	M+2
$C_{12}H_{18}N_3$	14.40	0.96	$C_{11}H_{13}N_2O_2$	12.94	1.17	$C_9H_{22}N_2O_3$	10.96	1.15
$C_{13}H_2NO_2$	14.54	1.38	$C_{11}H_{15}N_3O$	13.31	1.02	$C_{10}H_8NO_4$	11.47	1.40
$C_{13}H_4N_2O$	14.91	1.24	$C_{11}H_{17}N_4$	13.68	0.87	$C_{10}H_{10}N_2O_3$	11.85	1.24
$C_{13}H_6N_3$	15.29	1.09	$C_{12}HN_2O_2$	13.82	1.29	$C_{10}H_{12}N_3O_2$	12.22	1.09
$C_{13}H_{16}O_2$	14.38	1.36	$C_{12}H_3N_3O$	14.20	1.14	$C_{10}H_{14}N_4O$	12.60	0.93
$C_{13}H_{18}NO$	14.76	1.21	$C_{12}H_5N_4$	14.57	0.99	$C_{10}H_{22}O_4$	11.31	1.38
$C_{13}H_{20}N_2$	15.13	1.07	$C_{12}H_{13}O_3$	13.29	1.41	$C_{11}H_2N_4O$	13.48	1.04
$C_{14}H_4O_2$	15.27	1.49	$C_{12}H_{15}NO_2$	13.67	1.26	$C_{11}H_{10}O_4$	12.20	1.48
$C_{14}H_6NO$	16.65	1.34	$C_{12}H_{17}N_2O$	14.04	1.11	$C_{11}H_{12}NO_3$	12.58	1.33
$C_{14}H_8N_2$	16.02	1.20	$C_{12}H_{19}N_3$	14.42	0.97	$C_{11}H_{14}N_2O_2$	12.59	1.17
$C_{14}H_{20}O$	15.49	1.32	$C_{13}HO_3$	14.18	1.53	$C_{11}H_{16}N_3O$	13.33	1.02
$C_{14}H_{22}N$	15.86	1.18	$C_{13}H_3NO_2$	14.56	1.38	$C_{11}H_{18}N_4$	13.70	0.87
$C_{15}H_8O$	16.38	1.45	$C_{13}H_5N_2O$	14.93	1.24	$C_{12}H_2N_2O_2$	13.84	1.29
$C_{15}H_{10}N$	16.75	1.31	$C_{13}H_7N_3$	15.30	1.09	$C_{12}H_4N_3O$	14.22	1.14
$C_{15}H_{24}$	16.59	1.29	$C_{13}H_{17}O_2$	14.40	1.36	$C_{12}H_6N_4$	14.59	0.99
$C_{16}H_{12}$	17.48	1.43	$C_{13}H_{19}NO$	14.47	1.21	$C_{12}H_{14}O_3$	13.31	1.42
205			$C_{13}H_{21}N_2$	15.15	1.07	$C_{12}H_{16}NO_2$	13.68	1.27
$C_8H_{17}N_2O_4$	9.84	1.24	$C_{14}H_5O_2$	15.29	1.49	$C_{12}H_{18}N_2O$	14.06	1.12
$C_8H_{19}N_3O_3$	10.21	1.07	$C_{14}H_7NO$	15.66	1.34	$C_{12}H_{20}N_3$	14.43	0.97
$C_8H_{21}N_4O_2$	10.59	0.91	$C_{14}H_9N_2$	16.04	1.20	$C_{13}H_2O_3$	14.20	1.53
$C_9H_5N_2O_4$	10.73	1.32	$C_{14}H_{21}O$	15.50	1.32	$C_{13}H_4NO_2$	14.57	1.39
$C_9H_7N_3O_3$	11.10	1.16	$C_{14}H_{23}N$	15.88	1.18	$C_{13}H_6N_2O$	14.95	1.24
$C_9H_9N_4O_2$	11.47	1.00	$C_{15}H_9O$	16.39	1.46	$C_{13}H_8N_3$	15.32	1.10
$C_9H_{19}NO_4$	10.57	1.31	$C_{15}H_{11}N$	16.77	1.32	$C_{13}H_{18}O_2$	14.41	1.38
$C_9H_{21}N_2O_3$	10.94	1.15	$C_{15}H_{25}$	16.61	1.29	$C_{13}H_{20}NO$	14.79	1.22
$C_9H_{23}N_3O_2$	11.32	0.99	$C_{16}H_{13}$	17.50	1.44	$C_{13}H_{22}N_2$	15.16	1.07
$C_{10}H_7NO_4$	11.46	1.40	$C_{17}H$	18.39	1.59	$C_{14}H_6O_2$	15.30	1.49
$C_{10}H_9N_2O_3$	11.83	1.24	**206**			$C_{14}H_8NO$	15.68	1.35
$C_{10}H_{11}N_3O_2$	12.21	1.09	$C_8H_{18}N_2O_4$	9.85	1.24	$C_{14}H_{10}N_2$	16.05	1.21
$C_{10}H_{13}N_4O$	12.58	0.93	$C_8H_{20}N_3O_3$	10.23	1.08	$C_{14}H_{22}O$	15.52	1.32
$C_{10}H_{21}O_4$	11.30	1.38	$C_8H_{22}N_4O_2$	10.60	0.91	$C_{14}H_{24}N$	15.89	1.18
$C_{10}H_{23}NO_3$	11.67	1.22	$C_9H_6N_2O_4$	10.74	1.32	$C_{15}H_{10}O$	16.41	1.46
$C_{11}HN_4O$	13.47	1.04	$C_9H_8N_3O_3$	11.12	1.16	$C_{15}H_{12}N$	16.78	1.32
$C_{11}H_9O_4$	12.19	1.48	$C_9H_{10}N_4O_2$	11.49	1.01	$C_{15}H_{25}$	16.63	1.29
$C_{11}H_{11}NO_3$	12.56	1.33	$C_9H_{20}NO_4$	10.58	1.31	$C_{16}H_{14}$	17.51	1.44

	M+1	M+2		M+1	M+2		M+1	M+2
$C_{17}H_2$	18.40	1.59	$C_{14}H_9NO$	15.69	1.35	$C_{13}H_6NO_2$	14.60	1.39
207			$C_{14}H_{11}N_2$	16.07	1.21	$C_{13}H_8N_2O$	14.98	1.24
$C_8H_{19}N_2O_4$	9.87	1.24	$C_{14}H_{23}O$	15.54	1.33	$C_{13}H_{10}N_3$	15.35	1.10
$C_8H_{21}N_3O_3$	10.24	1.08	$C_{14}H_{25}N$	15.91	1.18	$C_{13}H_{20}O_2$	14.45	1.37
$C_9H_7N_2O_4$	10.76	1.33	$C_{15}H_{11}O$	16.42	1.46	$C_{13}H_{22}NO$	14.82	1.22
$C_9H_9N_3O_3$	11.13	1.17	$C_{15}H_{13}N$	16.80	1.32	$C_{13}H_{24}N_2$	15.20	1.08
$C_9H_{11}N_4O_2$	11.51	1.01	$C_{15}H_{27}$	16.64	1.30	$C_{14}H_8O_2$	15.34	1.50
$C_9H_{21}NO_4$	10.60	1.31	$C_{16}HN$	17.69	1.47	$C_{14}H_{10}NO$	15.71	1.35
$C_{10}H_9NO_4$	11.49	1.40	$C_{16}H_{15}$	17.53	1.44	$C_{14}H_{12}N_2$	16.08	1.21
$C_{10}H_{11}N_2O_3$	11.86	1.25	$C_{17}H_3$	18.42	1.60	$C_{14}H_{24}O$	15.55	1.33
$C_{10}H_{13}N_3O_2$	12.24	1.09	**208**			$C_{14}H_{26}N$	15.93	1.19
$C_{11}H_{15}N_4O$	12.61	0.83	$C_8H_{20}N_2O_4$	9.88	1.24	$C_{15}H_{12}O$	16.44	1.46
$C_{11}HN_3O_2$	13.13	1.20	$C_9H_8N_2O_4$	10.77	1.33	$C_{15}H_{14}N$	16.81	1.33
$C_{11}H_3N_4O$	13.50	1.04	$C_9H_{10}N_3O_3$	11.15	1.17	$C_{15}H_{28}$	16.66	1.30
$C_{11}H_{11}O_4$	12.22	1.48	$C_9H_{12}N_4O_2$	11.52	1.01	$C_{16}H_2N$	17.70	1.47
$C_{11}H_{13}NO_3$	12.59	1.33	$C_{10}H_{10}NO_4$	11.50	1.40	$C_{16}H_{16}$	17.55	1.45
$C_{11}H_{15}N_2O_2$	12.97	1.18	$C_{10}H_{12}N_2O_3$	11.88	1.25	$C_{17}H_4$	18.43	1.60
$C_{11}H_{17}N_3O$	13.34	1.02	$C_{10}H_{14}N_3O_2$	12.25	1.09	**209**		
$C_{11}H_{19}N_4$	13.72	0.87	$C_{10}H_{16}N_4O$	12.63	0.94	$C_9H_9N_2O_4$	10.79	1.33
$C_{12}HNO_3$	13.48	1.44	$C_{11}H_2N_3O_2$	13.14	1.20	$C_9H_{11}N_3O_3$	11.16	1.17
$C_{12}H_3N_2O_2$	13.86	1.29	$C_{11}H_4N_4O$	13.52	1.05	$C_9H_{13}N_4O_2$	11.54	1.01
$C_{12}H_5N_3O$	14.23	1.14	$C_{11}H_{12}O_4$	12.24	1.49	$C_{10}HN_4O_2$	12.43	1.11
$C_{12}H_7N_4$	14.61	0.99	$C_{11}H_{14}NO_3$	12.61	1.33	$C_{10}H_{11}NO_4$	11.52	1.41
$C_{12}H_{15}O_3$	13.33	1.42	$C_{11}H_{16}N_2O_2$	12.98	1.18	$C_{10}H_{13}N_2O_3$	11.89	1.25
$C_{12}H_{17}NO_2$	13.70	1.27	$C_{11}H_{18}N_3O$	13.38	1.03	$C_{10}H_{15}N_2O_2$	12.27	1.09
$C_{12}H_{19}N_2O$	14.07	1.12	$C_{11}H_{20}N_4$	13.73	0.88	$C_{10}H_{17}N_4O$	12.64	0.94
$C_{12}H_{21}N_3$	14.45	0.97	$C_{12}H_2NO_3$	13.50	1.44	$C_{11}HN_2O_3$	12.78	1.35
$C_{13}H_3O_3$	14.21	1.54	$C_{12}H_4N_2O_2$	13.87	1.29	$C_{11}H_3N_3O_2$	13.16	1.20
$C_{13}H_5NO_2$	14.59	1.39	$C_{12}H_6N_3O$	14.25	1.14	$C_{11}H_5N_4O$	13.53	1.05
$C_{13}H_7N_2O$	14.96	1.24	$C_{12}H_8N_4$	14.62	1.00	$C_{11}H_{13}O_4$	12.25	1.49
$C_{13}H_9N_3$	15.34	1.10	$C_{12}H_{16}O_3$	13.34	1.42	$C_{11}H_{15}NO_3$	12.63	1.33
$C_{13}H_{19}O_2$	14.43	1.37	$C_{12}H_{18}NO_2$	13.72	1.27	$C_{11}H_{17}N_2O_2$	13.00	1.18
$C_{13}H_{21}NO$	14.80	1.22	$C_{12}H_{20}N_2O$	14.09	1.12	$C_{11}H_{19}N_3O$	13.37	1.03
$C_{13}H_{23}N_2$	15.18	1.07	$C_{12}H_{22}N_3$	14.46	0.97	$C_{11}H_{21}N_4$	13.75	0.88
$C_{14}H_7O_2$	15.32	1.49	$C_{13}H_4O_3$	14.23	1.54	$C_{12}HO_4$	13.14	1.60

	M+1	M+2		M+1	M+2		M+1	M+2
$C_{12}H_3NO_3$	13.51	1.44	$C_{10}H_{16}N_3O_2$	12.29	1.09	$C_{16}H_2O$	17.36	1.61
$C_{12}H_5N_2O_2$	13.89	1.29	$C_{10}H_{18}N_4O$	12.66	0.94	$C_{16}H_4N$	17.74	1.48
$C_{12}H_7N_3O$	14.26	1.15	$C_{11}H_2N_2O_3$	12.80	1.35	$C_{16}H_{18}$	17.58	1.45
$C_{12}H_9N_4$	14.64	1.00	$C_{11}H_4N_3O_2$	13.17	1.20	$C_{17}H_6$	18.47	1.61
$C_{12}H_{17}O_3$	13.36	1.42	$C_{11}H_6N_4O$	13.55	1.05	**211**		
$C_{12}H_{19}NO_2$	13.73	1.27	$C_{11}H_{14}O_4$	12.27	1.49	$C_9H_{11}N_2O_4$	10.82	1.33
$C_{12}H_{21}N_2O$	14.11	1.12	$C_{11}H_{16}NO_3$	12.64	1.34	$C_9H_{13}N_3O_3$	11.20	1.17
$C_{12}H_{23}N_3$	14.48	0.98	$C_{11}H_{18}N_2O_2$	13.02	1.18	$C_9H_{15}N_4O_2$	11.57	1.01
$C_{12}H_5O_3$	14.25	1.54	$C_{11}H_{20}N_3O_1$	13.39	1.03	$C_{10}HN_3O_3$	12.08	1.27
$C_{13}H_7NO_2$	14.62	1.39	$C_{11}H_{22}N_4$	13.76	0.88	$C_{10}H_3N_4O_2$	12.46	1.12
$C_{13}H_9N_2O$	14.99	1.25	$C_{12}H_2O_4$	13.16	1.60	$C_{10}H_{13}NO_4$	11.55	1.41
$C_{13}H_{11}N_3$	15.37	1.10	$C_{12}H_4NO_3$	13.53	1.45	$C_{10}H_{15}N_2O_3$	11.93	1.25
$C_{13}H_{21}O_2$	14.46	1.37	$C_{12}H_5N_2O_2$	13.90	1.30	$C_{10}H_{17}N_3O_2$	12.30	1.10
$C_{13}H_{23}NO$	14.84	1.22	$C_{12}H_8N_3O$	14.28	1.15	$C_{10}H_{19}N_4O$	12.68	0.94
$C_{13}H_{25}N_2$	15.21	1.08	$C_{12}H_{10}N_4$	14.65	1.00	$C_{11}HNO_4$	12.44	1.51
$C_{14}H_9O_2$	15.35	1.50	$C_{12}H_{18}O_3$	13.37	1.43	$C_{11}H_3N_2O_3$	12.82	1.36
$C_{14}H_{11}NO$	15.73	1.35	$C_{12}H_{20}NO_2$	13.75	1.28	$C_{11}H_5N_3O_2$	13.19	1.20
$C_{14}H_{13}N_2$	16.10	1.21	$C_{12}H_{22}N_2O$	14.12	1.13	$C_{11}H_7N_4O$	13.56	1.05
$C_1H_{25}O$	15.57	1.33	$C_{12}H_{24}N_3$	14.50	0.98	$C_{11}H_{15}O_4$	12.28	1.49
$C_{14}H_{27}N$	15.94	1.19	$C_{13}H_6O_3$	14.26	1.54	$C_{11}H_{17}NO_3$	12.66	1.34
$C_{15}HN_2$	16.99	1.35	$C_{13}H_8NO_2$	14.64	1.40	$C_{11}H_{19}N_2O_2$	13.03	1.18
$C_{15}H_{13}O$	16.46	1.47	$C_{13}H_{10}N_2O$	15.01	1.25	$C_{11}H_{21}N_3O$	13.41	1.03
$C_{15}H_{15}N$	16.83	1.33	$C_{13}H_{12}N_3$	15.38	1.11	$C_{11}H_{23}N_4$	13.78	0.88
$C_{15}H_{29}$	16.67	1.30	$C_{13}H_{22}O_2$	14.48	1.37	$C_{12}H_3O_4$	13.17	1.60
$C_{16}HO$	17.35	1.61	$C_{13}H_{24}NO$	14.85	1.23	$C_{12}H_5NO_3$	13.55	1.45
$C_{16}H_3N$	17.72	1.48	$C_{13}H_{26}N_2$	15.23	1.08	$C_{12}H_7N_2O_2$	13.92	1.30
$C_{16}H_{17}$	17.56	1.45	$C_{14}H_{10}O_2$	15.37	1.50	$C_{12}H_9N_3O$	14.30	1.15
$C_{17}H_5$	18.45	1.60	$C_{14}H_{12}NO$	15.74	1.36	$C_{12}H_{11}N_4$	14.67	1.60
210			$C_{14}H_{14}N_2$	16.12	1.22	$C_{12}H_{19}O_3$	13.39	1.43
$C_9H_{10}N_2O_4$	10.81	1.33	$C_{14}H_{26}O$	15.58	1.33	$C_{12}H_{21}NO_2$	13.76	1.28
$C_9H_{12}N_3O_3$	11.18	1.17	$C_{14}H_{28}N$	15.96	1.19	$C_{12}H_{23}N_2O$	14.14	1.13
$C_9H_{14}N_4O_2$	11.55	1.01	$C_{15}H_2N_2$	17.00	1.36	$C_{12}H_{25}N_3$	14.51	0.98
$C_{10}H_2N_4O_2$	12.44	1.11	$C_{15}H_{14}O$	16.47	1.47	$C_{13}H_7O_3$	14.28	1.54
$C_{10}H_{12}NO_4$	11.54	1.41	$C_{15}H_{16}N$	16.85	1.33	$C_{13}H_9NO_2$	14.65	1.40
$C_{10}H_{14}N_2O_3$	11.91	1.25	$C_{15}H_{30}$	16.69	1.31	$C_{13}H_{11}N_2O$	15.03	1.25

续表

	M+1	M+2		M+1	M+2		M+1	M+2
$C_{13}H_{13}N_3$	15.40	1.11	$C_{11}H_{20}N_2O_2$	13.05	1.19	**213**		
$C_{13}H_{23}O_2$	14.49	1.38	$C_{11}H_{22}N_3O$	13.42	1.03	$C_9H_3N_2O_4$	10.86	1.34
$C_{13}H_{25}NO$	14.87	1.23	$C_{11}H_{24}N_4$	13.80	0.88	$C_9H_{15}N_3O_3$	11.23	1.18
$C_{13}H_{27}N_2$	15.24	1.08	$C_{12}H_4O_4$	13.19	1.60	$C_9H_{17}N_4O_2$	11.60	1.02
$C_{14}HN_3$	16.29	1.24	$C_{12}H_6NO_3$	13.56	1.45	$C_{10}HN_2O_4$	11.74	1.43
$C_{14}H_{11}O_2$	15.38	1.50	$C_{12}H_8N_2O_2$	13.94	1.30	$C_{10}H_3N_3O_2$	12.12	1.27
$C_{14}H_{13}NO$	15.76	1.36	$C_{12}H_{10}N_3O$	14.31	1.15	$C_{10}H_5N_4O_2$	12.40	1.12
$C_{14}H_{15}N_2$	16.13	1.22	$C_{12}H_{12}N_4$	14.69	1.01	$C_{10}H_{15}NO_4$	11.58	1.41
$C_{14}H_{27}O$	15.60	1.34	$C_{12}H_{20}O_3$	13.41	1.43	$C_{10}H_{17}N_2O_3$	11.96	1.26
$C_{14}H_{29}N$	15.97	1.19	$C_{12}H_{22}NO_2$	13.78	1.28	$C_{10}H_{19}N_3O_2$	12.33	1.10
$C_{15}HNO$	16.65	1.50	$C_{12}H_{24}N_2O$	14.15	1.13	$C_{10}H_{21}N_4O$	12.71	0.95
$C_{15}H_3N_2$	17.02	1.36	$C_{12}H_{26}N_3$	14.53	0.98	$C_{11}H_3NO_4$	12.47	1.51
$C_{15}H_{15}O$	16.49	1.47	$C_{13}H_8O_3$	14.29	1.55	$C_{11}H_5N_2O_3$	12.85	1.36
$C_{15}H_{17}N$	16.86	1.33	$C_{13}H_{10}NO_2$	14.67	1.40	$C_{11}H_7N_3O_2$	13.22	1.21
$C_{15}H_{31}$	16.71	1.31	$C_{13}H_{12}N_2O$	15.04	1.25	$C_{11}H_9N_4O$	13.60	1.06
$C_{16}H_3O$	17.38	1.62	$C_{13}H_{14}N_3$	15.42	1.11	$C_{11}H_{17}O_4$	12.32	1.50
$C_{16}H_5N$	17.75	1.48	$C_{13}H_{24}O_2$	14.51	1.38	$C_{11}H_{19}NO_3$	12.69	1.34
$C_{16}H_{19}$	17.59	1.45	$C_{13}H_{26}NO$	14.88	1.23	$C_{11}H_{21}N_2O_2$	13.06	1.29
$C_{17}H_7$	18.48	1.61	$C_{13}H_{28}N_2$	15.26	1.09	$C_{11}H_{23}N_3O$	13.44	1.04
212			$C_{14}H_2N_3$	16.31	1.25	$C_{11}H_{25}N_4$	13.81	0.89
$C_9H_{12}N_2O_4$	10.84	1.34	$C_{14}H_{12}O_2$	15.40	1.50	$C_{12}H_5O_4$	13.20	1.60
$C_9H_{14}N_3O_3$	11.21	1.18	$C_{14}H_{14}NO$	15.77	1.36	$C_{12}H_7NO_3$	13.58	1.45
$C_9H_{16}N_4O_2$	11.59	1.02	$C_{14}H_{16}N_2$	16.15	1.22	$C_{12}H_9N_2O_2$	13.95	1.30
$C_{10}H_2N_3O_3$	12.10	1.27	$C_{14}H_{28}O$	15.62	1.34	$C_{12}H_{11}N_3O$	14.33	1.15
$C_{10}H_4N_4O_2$	12.47	1.12	$C_{14}H_{30}N$	15.99	1.20	$C_{12}H_{13}N_4$	14.70	1.01
$C_{10}H_{14}NO_4$	11.57	1.41	$C_{15}H_2NO$	16.66	1.50	$C_{12}H_{21}O_3$	13.42	1.43
$C_{10}H_{16}N_2O_3$	11.94	1.25	$C_{15}H_4N_2$	17.04	1.36	$C_{12}H_{23}NO_2$	13.80	1.28
$C_{10}H_{18}N_3O_2$	12.32	1.10	$C_{15}H_{16}O$	16.50	1.47	$C_{12}H_{25}N_2O$	14.17	1.13
$C_{10}H_{20}N_4O$	12.69	0.94	$C_{15}H_{18}N$	16.88	1.34	$C_{12}H_{27}N_3$	14.54	0.99
$C_{11}H_2NO_4$	12.46	1.51	$C_{15}H_{32}$	16.72	1.31	$C_{13}HN_4$	15.59	1.14
$C_{11}H_4N_2O_3$	12.83	1.36	$C_{16}H_4O$	17.39	1.62	$C_{13}H_9O_3$	14.31	1.55
$C_{11}H_6N_3O_2$	13.21	1.21	$C_{16}H_6N$	17.77	1.48	$C_{13}H_{11}NO_2$	14.68	1.40
$C_{11}H_8N_4O$	13.58	1.06	$C_{16}H_{20}$	17.61	1.46	$C_{13}H_{13}N_2O$	15.06	1.26
$C_{11}H_{16}O_4$	12.30	1.49	$C_{17}H_8$	18.50	1.61	$C_{13}H_{15}N_3$	15.43	1.11
$C_{11}H_{18}NO_3$	12.67	1.34				$C_{13}H_{25}O_2$	14.53	1.38

续表

	M+1	M+2		M+1	M+2		M+1	M+2
$C_{13}H_{27}NO$	14.90	1.23	$C_{11}H_{22}N_2O_2$	13.08	1.19	**215**		
$C_{13}H_{29}N_2$	15.28	1.09	$C_{11}H_{24}N_3O$	13.45	1.04	$C_9H_{15}N_2O_4$	10.89	1.34
$C_{14}HN_2O$	15.95	1.39	$C_{11}H_{26}N_4$	13.83	0.89	$C_9H_{17}N_3O_3$	11.26	1.18
$C_{14}H_3N_3$	16.32	1.25	$C_{12}H_6O_4$	13.22	1.61	$C_9H_{19}N_4O_2$	11.63	1.02
$C_{14}H_{13}O_2$	15.42	1.51	$C_{12}H_8NO_3$	13.59	1.45	$C_{10}H_3N_2O_4$	11.77	1.44
$C_{14}H_{15}NO$	15.79	1.36	$C_{12}H_{10}N_2O_2$	13.97	1.31	$C_{10}H_5N_3O_3$	12.15	1.28
$C_{14}H_{17}N_2$	16.16	1.22	$C_{12}H_{12}N_3O$	14.34	1.16	$C_{10}H_7N_4O_2$	12.52	1.12
$C_{14}H_{29}O$	15.63	1.34	$C_{12}H_{14}N_4$	14.72	1.01	$C_{10}H_{17}NO_4$	11.62	1.42
$C_{14}H_{31}N$	16.01	1.20	$C_{12}H_{22}O_3$	13.44	1.43	$C_{10}H_{19}N_2O_3$	11.99	1.26
$C_{15}HO_2$	16.30	1.64	$C_{12}H_{24}NO_2$	13.81	1.26	$C_{10}H_{21}N_3O_2$	12.37	1.10
$C_{15}H_3NO$	16.68	1.50	$C_{12}H_{26}N_2O$	14.19	1.14	$C_{10}H_{23}N_4O$	12.74	0.95
$C_{15}H_5N_2$	17.05	1.36	$C_{12}H_{28}N_3$	14.56	1.98	$C_{11}H_5NO_4$	12.50	1.52
$C_{15}H_{17}O$	16.52	1.48	$C_{13}H_2N_4$	15.61	1.2	$C_{11}H_7N_2O_3$	12.88	1.37
$C_{15}H_{19}N$	16.90	1.34	$C_{13}H_{10}O_3$	14.33	1.55	$C_{11}H_9N_3O_2$	13.25	1.21
$C_{16}H_5O$	17.41	1.62	$C_{13}H_{12}NO_2$	14.70	1.40	$C_{11}H_{11}N_4O$	13.63	1.06
$C_{16}H_7N$	17.78	1.49	$C_{13}H_{14}N_2O$	15.07	1.26	$C_{11}H_{19}O_4$	12.35	1.50
$C_{16}H_{21}$	17.63	1.46	$C_{13}H_{15}N_3$	15.45	1.12	$C_{11}H_{21}NO_3$	12.72	1.35
$C_{17}H_9$	18.51	1.61	$C_{13}H_{26}O_2$	14.54	1.38	$C_{11}H_{23}N_2O_2$	13.10	1.19
214			$C_{13}H_{28}NO$	14.92	1.24	$C_{11}H_{25}N_3O$	13.47	1.04
$C_9H_{14}N_2O_4$	10.87	1.34	$C_{13}H_{30}N_2$	15.29	1.09	$C_{11}H_{27}N_4$	13.84	0.89
$C_9H_{16}N_3O_3$	11.24	1.18	$C_{14}H_2N_2O$	15.96	1.39	$C_{12}H_7O_4$	13.24	1.61
$C_9H_{18}N_4O_2$	11.62	1.02	$C_{14}H_4N_3$	16.34	1.25	$C_{12}H_9NO_3$	13.61	1.46
$C_{10}H_2N_2O_4$	11.76	1.43	$C_{14}H_{14}O_2$	15.43	1.51	$C_{12}H_{11}N_2O_2$	13.98	1.31
$C_{10}H_4N_3O_3$	12.13	1.28	$C_{14}H_{16}NO$	15.81	1.37	$C_{12}H_{13}N_3O$	14.36	1.16
$C_{10}H_6N_4O_2$	12.51	1.12	$C_{14}H_{18}N_2$	16.18	1.23	$C_{12}H_{15}N_4$	14.73	1.01
$C_{10}H_{16}NO_4$	11.60	1.42	$C_{14}H_{30}O$	15.65	1.34	$C_{12}H_{23}O_3$	13.45	1.44
$C_{10}H_{18}N_2O_3$	11.97	1.26	$C_{15}H_2O_2$	16.32	1.64	$C_{12}H_{25}NO_2$	13.83	1.29
$C_{10}H_{20}N_3O_2$	12.35	1.10	$C_{15}H_4NO$	16.69	1.51	$C_{12}H_{27}N_2O$	14.20	1.14
$C_{10}H_{22}N_4O$	12.72	0.95	$C_{15}H_6N_2$	17.07	1.37	$C_{12}H_{29}N_3$	14.58	0.99
$C_{11}H_4NO_4$	12.49	1.52	$C_{15}H_{18}O$	16.54	1.48	$C_{13}HN_3O$	15.25	1.28
$C_{11}H_6N_2O_3$	12.86	1.36	$C_{15}H_{20}N$	16.91	1.34	$C_{13}H_3N_4$	15.62	1.14
$C_{11}H_8N_3O_2$	13.24	1.21	$C_{16}H_6O$	17.43	1.63	$C_{13}H_{11}O_3$	14.34	1.55
$C_{11}H_{10}N_4O$	13.61	1.06	$C_{16}H_8N$	17.80	1.49	$C_{13}H_{13}NO_2$	14.72	1.41
$C_{11}H_{18}O_4$	12.33	1.50	$C_{16}H_{22}$	17.64	1.46	$C_{13}H_{15}N_2O$	15.09	1.26
$C_{11}H_{20}NO_3$	12.71	1.34	$C_{17}H_{10}$	18.53	1.62	$C_{13}H_{17}N_3$	15.46	1.12

	M+1	M+2		M+1	M+2		M+1	M+2
$C_{13}H_{27}O_2$	14.56	1.38	$C_{11}H_{26}N_3O$	13.49	1.04	$C_9H_{21}N_4O_2$	11.67	1.03
$C_{13}H_{29}NO$	14.93	1.24	$C_{11}H_{28}N_4$	13.86	0.89	$C_{10}H_5N_2O_4$	11.31	1.44
$C_{14}HNO_2$	15.60	1.54	$C_{12}H_8O_4$	13.25	1.61	$C_{10}H_7N_3O_3$	12.18	1.28
$C_{14}H_3N_2O$	15.98	1.39	$C_{12}H_{10}NO_3$	13.63	1.46	$C_{10}H_9N_4O_2$	12.55	1.13
$C_{14}H_5N_3$	16.35	1.25	$C_{12}H_{12}N_2O_2$	14.00	1.31	$C_{10}H_{13}NO_4$	11.65	1.42
$C_{14}H_{15}O_2$	15.45	1.51	$C_{12}H_{14}N_3O$	14.38	1.16	$C_{10}H_{21}N_2O_3$	12.02	1.26
$C_{14}H_{17}NO$	15.82	1.37	$C_{12}H_{16}N_4$	14.75	1.01	$C_{10}H_{23}N_3O_2$	12.40	1.11
$C_{14}H_{19}N_2$	16.20	1.23	$C_{12}H_{24}O_3$	13.47	1.44	$C_{10}H_{25}N_4O$	12.77	0.95
$C_{15}H_3O_2$	16.34	1.65	$C_{12}H_{26}NO_2$	13.84	1.29	$C_{11}H_7NO_4$	12.54	1.52
$C_{15}H_5NO$	16.71	1.51	$C_{12}H_{28}N_2O$	14.22	1.14	$C_{11}H_9N_2O_3$	12.91	1.37
$C_{15}H_7N_2$	17.08	1.37	$C_{13}H_2N_3O$	15.26	1.29	$C_{11}H_{11}N_3O_2$	13.29	1.22
$C_{15}H_{19}O$	16.55	1.48	$C_{13}H_4N_4$	15.64	1.14	$C_{11}H_{13}N_4O$	13.66	1.07
$C_{15}H_{21}N$	16.93	1.34	$C_{13}H_{12}O_3$	14.36	1.56	$C_{11}H_{21}O_4$	12.38	1.50
$C_{16}H_7O$	17.44	1.63	$C_{13}H_{14}NO_2$	14.73	1.41	$C_{11}H_{23}NO_3$	12.75	1.35
$C_{16}H_9N$	17.82	1.49	$C_{13}H_{16}N_2O$	15.11	1.26	$C_{11}H_{25}N_2O_2$	13.13	1.20
$C_{16}H_{23}$	17.66	1.47	$C_{13}H_{18}N_3$	15.48	1.12	$C_{11}H_{27}N_3O$	13.50	1.05
$C_{17}H_{11}$	18.55	1.62	$C_{13}H_{28}O_2$	14.57	1.39	$C_{12}HN_4O$	14.55	1.19
216			$C_{14}H_2NO_2$	15.62	1.54	$C_{12}H_9O_4$	13.27	1.61
$C_9H_{16}N_2O_4$	10.90	1.34	$C_{14}H_4N_2O$	15.99	1.40	$C_{12}H_{11}NO_3$	13.64	1.46
$C_9H_{18}N_3O_3$	11.28	1.18	$C_{14}H_6N_3$	16.37	1.26	$C_{12}H_{13}N_2O_2$	14.02	1.31
$C_9H_{20}N_4O_2$	11.65	1.02	$C_{14}H_{16}O_2$	15.46	1.51	$C_{12}H_{15}N_3O$	14.39	1.16
$C_{10}H_4N_2O_4$	11.79	1.44	$C_{14}H_{18}NO$	15.84	1.37	$C_{12}H_{17}N_4$	14.77	1.02
$C_{10}H_6N_3O_3$	12.16	1.28	$C_{14}H_{20}N_2$	16.21	1.23	$C_{12}H_{25}O_3$	13.49	1.44
$C_{10}H_8N_4O_2$	12.54	1.13	$C_{15}H_4O_2$	16.35	1.65	$C_{12}H_{27}NO_2$	13.86	1.29
$C_{10}H_{18}NO_4$	11.63	1.42	$C_{15}H_6NO$	16.73	1.51	$C_{13}HN_2O_2$	14.91	1.43
$C_{10}H_{20}N_2O_3$	12.01	1.26	$C_{15}H_8N_2$	17.10	1.37	$C_{13}H_3N_3O$	15.28	1.29
$C_{10}H_{22}N_3O_2$	12.38	1.11	$C_{15}H_{20}O$	16.57	1.49	$C_{13}H_5N_4$	15.65	1.15
$C_{10}H_{24}N_4O$	12.76	0.95	$C_{15}H_{22}N$	16.94	1.35	$C_{13}H_{13}O_3$	14.37	1.56
$C_{11}H_6NO_4$	12.52	1.52	$C_{16}H_8O$	17.46	1.63	$C_{13}H_{15}NO_2$	14.75	1.41
$C_{11}H_8N_2O_3$	12.90	1.37	$C_{16}H_{10}N$	17.83	1.50	$C_{13}H_{17}N_2O$	15.12	1.27
$C_{11}H_{10}N_3O_2$	13.27	1.21	$C_{16}H_{24}$	17.67	1.47	$C_{13}H_{19}N_3$	15.50	1.12
$C_{11}H_{12}N_4O$	13.64	1.06	$C_{17}H_{12}$	18.56	1.62	$C_{14}HO_3$	15.26	1.68
$C_{11}H_{20}O_4$	12.36	1.50	**217**			$C_{14}H_3NO_2$	15.64	1.54
$C_{11}H_{22}NO_3$	12.74	1.35	$C_9H_{17}N_2O_4$	10.92	1.34	$C_{14}H_5N_2O$	16.01	1.40
$C_{11}H_{24}N_2O_2$	13.11	1.19	$C_9H_{19}N_3O_3$	11.29	1.18	$C_{14}H_7N_3$	16.39	1.26

续表

	M+1	M+2		M+1	M+2		M+1	M+2
$C_{14}H_{17}O_2$	15.48	1.52	$C_{12}H_{16}N_3O$	14.41	1.17	$C_{10}H_{23}N_2O_3$	12.05	1.27
$C_{14}H_{19}NO$	15.58	1.37	$C_{12}H_{18}N_4$	14.78	1.02	$C_{10}H_{25}N_3O_2$	12.43	1.11
$C_{14}H_{21}N_2$	16.23	1.23	$C_{12}H_{26}O_3$	13.50	1.44	$C_{11}H_9NO_4$	12.57	1.53
$C_{15}H_5O_2$	16.37	1.65	$C_{13}H_2N_2O_2$	14.92	1.44	$C_{11}H_{11}N_2O_3$	12.94	1.37
$C_{15}H_7NO$	16.74	1.51	$C_{13}H_4N_3O$	15.30	1.29	$C_{11}H_{13}N_3O_2$	13.32	1.22
$C_{15}H_9N_2$	17.12	1.38	$C_{13}H_6N_4$	15.67	1.15	$C_{11}H_{15}N_4O$	13.69	1.07
$C_{15}H_{21}O$	16.58	1.49	$C_{13}H_{14}O_3$	14.39	1.56	$C_{11}H_{23}O_4$	12.41	1.51
$C_{15}H_{23}N$	16.96	1.35	$C_{13}H_{16}NO_2$	14.76	1.41	$C_{11}H_{25}NO_3$	12.79	1.35
$C_{16}H_9O$	17.47	1.63	$C_{13}H_{18}N_2O$	15.14	1.27	$C_{12}HN_3O_2$	14.21	1.34
$C_{16}H_{11}N$	17.85	1.50	$C_{13}H_{20}N_3$	15.51	1.13	$C_{12}H_3N_4O$	14.58	1.19
$C_{16}H_{25}$	17.69	1.47	$C_{14}H_2O_3$	15.28	1.69	$C_{12}H_{11}O_4$	13.30	1.62
$C_{17}H_{13}$	18.58	1.63	$C_{14}H_4NO_2$	15.65	1.54	$C_{12}H_{12}NO_3$	13.67	1.47
$C_{18}H$	19.47	1.79	$C_{14}H_6N_2O$	16.03	1.40	$C_{12}H_{15}N_2O_2$	14.05	1.32
218			$C_{14}H_6N_3$	16.40	1.26	$C_{12}H_{17}N_3O$	14.42	1.17
$C_9H_{18}N_2O_4$	10.93	1.35	$C_{14}H_{18}O_2$	15.50	1.52	$C_{12}H_{19}N_4$	14.80	1.02
$C_9H_{20}N_3O_3$	11.31	1.19	$C_{14}H_{20}NO$	15.87	1.38	$C_{13}HNO_3$	14.56	1.59
$C_9H_{22}N_4O_2$	11.68	1.03	$C_{14}H_{22}N_2$	16.24	1.24	$C_{13}H_3N_2O_2$	14.94	1.44
$C_{10}H_6N_2O_4$	11.32	1.44	$C_{15}H_6O_2$	16.38	1.66	$C_{13}H_5N_3O$	15.31	1.29
$C_{10}H_8N_3O_3$	12.20	1.28	$C_{15}H_8NO$	16.76	1.52	$C_{13}H_7N_4$	15.69	1.15
$C_{10}H_{10}N_4O_2$	12.57	1.13	$C_{15}H_{10}N_2$	17.13	1.38	$C_{13}H_{15}O_3$	14.41	1.56
$C_{10}H_{20}NO_4$	11.66	1.42	$C_{15}H_{22}O$	16.60	1.49	$C_{13}H_{17}NO_2$	14.78	1.42
$C_{10}H_{22}N_2O_3$	12.04	1.27	$C_{15}H_{24}N$	16.98	1.35	$C_{13}H_{19}N_2O$	15.15	1.27
$C_{10}H_{24}N_3O_2$	12.41	1.11	$C_{16}H_{10}O$	17.49	1.64	$C_{13}H_{21}N_3$	15.53	1.13
$C_{10}H_{26}N_4O$	12.79	0.96	$C_{16}H_{12}N$	17.86	1.50	$C_{14}H_3O_3$	15.29	1.69
$C_{11}H_8NO_4$	12.55	1.52	$C_{16}H_{26}$	17.71	1.47	$C_{14}H_5NO_2$	15.67	1.55
$C_{11}H_{10}N_2O_3$	12.93	1.37	$C_{17}H_{14}$	18.59	1.63	$C_{14}H_7N_2O$	16.04	1.40
$C_{11}H_{12}N_3O_2$	13.30	1.22	$C_{18}H_2$	19.48	1.79	$C_{14}H_9N_3$	16.42	1.26
$C_{11}H_{14}N_4O$	13.68	1.07	**219**			$C_{14}H_{19}O_2$	15.51	1.52
$C_{11}H_{22}O_4$	12.40	1.51	$C_9H_{19}N_2O_4$	10.95	1.35	$C_{14}H_{21}NO$	15.89	1.38
$C_{11}H_{24}NO_3$	12.77	1.35	$C_9H_{21}N_3O_3$	11.32	1.19	$C_{14}H_{23}N_2$	16.26	1.24
$C_{11}H_{28}N_2O_2$	13.14	1.20	$C_9H_{23}N_4O_2$	11.70	1.03	$C_{15}H_7O_2$	16.40	1.66
$C_{12}H_2N_4O$	14.56	1.19	$C_{10}H_7N_2O_4$	11.84	1.44	$C_{15}H_9NO$	16.77	1.52
$C_{12}H_{10}O_4$	13.28	1.61	$C_{10}H_9N_3O_3$	12.21	1.29	$C_{15}H_{11}N_2$	17.15	1.38
$C_{12}H_{12}NO_3$	13.66	1.46	$C_{10}H_{11}N_4O_2$	12.59	1.13	$C_{15}H_{23}O$	16.62	1.49
$C_{12}H_{14}N_2O_2$	14.03	1.31	$C_{10}H_{21}NO_4$	11.68	1.42	$C_{15}H_{25}N$	16.99	1.36

	M+1	M+2		M+1	M+2		M+1	M+2
$C_{16}H_{11}O$	17.51	1.64	$C_{14}H_4O_3$	15.31	1.69	$C_{12}H_{17}N_2O_2$	14.08	1.32
$C_{16}H_{13}N$	17.88	1.50	$C_{14}H_6NO_2$	15.68	1.55	$C_{12}H_{19}N_3O$	14.46	1.17
$C_{16}H_{27}$	17.72	1.48	$C_{14}H_8N_2O$	16.06	1.41	$C_{12}H_{21}N_4$	14.83	1.03
$C_{17}HN$	18.77	1.66	$C_{14}H_{10}N_3$	16.43	1.27	$C_{13}HO_4$	14.22	1.74
$C_{17}H_{15}$	18.61	1.63	$C_{14}H_{20}O_2$	15.53	1.52	$C_{13}H_3NO_3$	14.60	1.59
$C_{18}H_3$	19.50	1.80	$C_{14}H_{22}NO$	15.90	1.38	$C_{13}H_5N_2O_2$	14.97	1.44
220			$C_{14}H_{24}N_2$	16.28	1.20	$C_{13}H_7N_3O$	15.34	1.30
$C_9H_{20}N_2O_4$	10.97	1.35	$C_{15}H_8O_2$	16.42	1.66	$C_{13}H_9N_4$	15.72	1.16
$C_9H_{22}N_3O_3$	11.34	1.19	$C_{15}H_{10}NO$	16.79	1.52	$C_{13}H_{17}O_3$	14.44	1.57
$C_9H_{24}N_4O_2$	11.71	1.03	$C_{15}H_{12}N_2$	17.16	1.38	$C_{13}H_{19}NO_2$	14.81	1.42
$C_{10}H_8N_2O_4$	11.85	1.44	$C_{15}H_{24}O$	16.63	1.50	$C_{13}H_{21}N_2O$	15.19	1.28
$C_{10}H_{10}N_3O_3$	12.23	1.29	$C_{15}H_{26}N$	17.01	1.36	$C_{13}H_{23}N_3$	15.56	1.13
$C_{10}H_{12}N_4O_2$	12.60	1.13	$C_{16}H_{12}O$	17.52	1.64	$C_{14}H_5O_3$	15.33	1.69
$C_{10}H_{22}NO_4$	11.70	1.43	$C_{16}H_{14}N$	17.90	1.51	$C_{14}H_7NO_2$	15.70	1.55
$C_{10}H_{24}N_2O_3$	12.07	1.27	$C_{16}H_{28}$	17.74	1.48	$C_{14}H_9N_2O$	16.07	1.41
$C_{11}H_{10}NO_4$	12.58	1.53	$C_{17}H_2N$	18.78	1.66	$C_{13}H_{11}N_3$	16.45	1.27
$C_{11}H_{12}N_2O_3$	12.96	1.38	$C_{17}H_{16}$	18.63	1.64	$C_{14}H_{21}O_2$	15.54	1.53
$C_{11}H_{14}N_3O_2$	13.33	1.22	$C_{18}H_4$	19.52	1.80	$C_{14}H_{23}NO$	15.92	1.38
$C_{11}H_{16}N_4O$	13.71	1.07	**221**			$C_{14}H_{25}N_2$	16.29	1.24
$C_{11}H_{24}O_4$	12.43	1.51	$C_9H_{21}N_2O_4$	10.98	1.35	$C_{15}H_9O_2$	16.43	1.66
$C_{12}H_2N_3O_2$	14.22	1.34	$C_9H_{23}N_3O_3$	11.36	1.19	$C_{15}H_{11}NO$	16.81	1.52
$C_{12}H_4N_4O$	14.60	1.19	$C_{10}H_9N_2O_4$	11.87	1.45	$C_{15}H_{13}N_2$	17.18	1.39
$C_{12}H_{12}O_4$	13.32	1.62	$C_{10}H_{11}N_3O_3$	12.24	1.29	$C_{15}H_{25}O$	16.65	1.50
$C_{12}H_{14}NO_3$	13.69	1.47	$C_{10}H_{13}N_4O_2$	12.62	1.14	$C_{15}H_{27}N$	17.02	1.36
$C_{12}H_{16}N_2O_2$	14.06	1.32	$C_{10}H_{23}NO_4$	11.71	1.43	$C_{16}HN_2$	18.07	1.54
$C_{12}H_{18}N_3O$	14.44	1.17	$C_{11}HN_4O_2$	13.51	1.25	$C_{16}H_{13}O$	17.54	1.64
$C_{12}H_{20}N_4$	14.81	1.02	$C_{11}H_{11}NO_4$	12.60	1.53	$C_{16}H_{15}N$	17.91	1.51
$C_{13}H_2NO_3$	14.58	1.59	$C_{11}H_{13}N_2O_3$	12.98	1.38	$C_{16}H_{29}$	17.75	1.48
$C_{13}H_4N_2O_2$	14.95	1.44	$C_{11}H_{15}N_3O_2$	13.35	1.23	$C_{17}HO$	18.43	1.80
$C_{13}H_6N_3O$	15.33	1.30	$C_{11}H_{17}N_4O$	13.72	1.08	$C_{17}H_3N$	18.80	1.67
$C_{13}H_8N_4$	15.70	1.15	$C_{12}HN_2O_3$	13.86	1.49	$C_{17}H_{17}$	18.64	1.64
$C_{13}H_{16}O_3$	14.42	1.57	$C_{12}H_3N_3O_2$	14.24	1.34	$C_{18}H_5$	19.53	1.80
$C_{13}H_{18}NO_2$	14.80	1.42	$C_{12}H_5N_4O$	14.61	1.20	**222**		
$C_{13}H_{20}N_2O$	15.17	1.27	$C_{12}H_{13}O_4$	13.33	1.62	$C_9H_{22}N_2O_4$	11.00	1.35
$C_{13}H_{22}N_3$	15.54	1.13	$C_{12}H_{15}NO_3$	13.71	1.47	$C_{10}H_{10}N_2O_4$	11.89	1.45

	M+1	M+2		M+1	M+2		M+1	M+2
$C_{10}H_{12}N_3O_3$	12.26	1.29	$C_{16}H_2N_2$	18.09	1.54	$C_{14}H_7O_3$	15.36	1.70
$C_{10}H_{14}N_4O_2$	12.63	1.14	$C_{16}H_{14}O$	17.55	1.65	$C_{14}H_9NO_2$	15.73	1.56
$C_{11}H_2N_4O_2$	13.52	1.25	$C_{16}H_{16}N$	17.93	1.51	$C_{14}H_{11}N_2O$	16.11	1.41
$C_{11}H_{14}N_2O_3$	12.99	1.38	$C_{16}H_{30}$	17.77	1.49	$C_{14}H_{13}N_3$	16.48	1.27
$C_{11}H_{16}N_3O_2$	13.37	1.23	$C_{17}H_2O$	18.44	1.80	$C_{14}H_{23}O_2$	15.58	1.53
$C_{11}H_{18}N_4O$	13.74	1.08	$C_{17}H_4N$	18.82	1.67	$C_{14}H_{25}NO$	15.95	1.39
$C_{12}H_2N_2O_3$	13.88	1.49	$C_{17}H_{18}$	18.66	1.64	$C_{14}H_{27}N_2$	16.32	1.25
$C_{12}H_4N_3O_2$	14.25	1.34	$C_{18}H_6$	19.55	1.81	$C_{15}HN_3$	17.37	1.42
$C_{12}H_6N_4O$	14.63	1.20	**223**			$C_{15}H_{11}O_2$	16.46	1.67
$C_{12}H_{14}O_4$	13.35	1.62	$C_{10}H_{11}N_2O_4$	11.90	1.45	$C_{15}H_{13}NO$	16.84	1.53
$C_{12}H_{16}NO_3$	13.72	1.47	$C_{10}H_{13}N_3O_3$	12.28	1.29	$C_{15}H_{15}N_2$	17.21	1.39
$C_{12}H_{18}N_2O_2$	14.10	1.32	$C_{10}H_{15}N_4O_2$	12.65	1.14	$C_{15}H_{27}O$	16.68	1.50
$C_{12}H_{20}N_3O$	14.47	1.18	$C_{11}HN_3O_3$	13.16	1.40	$C_{15}H_{29}N$	17.06	1.37
$C_{12}H_{22}N_4$	14.85	1.03	$C_{11}H_3N_4O_2$	13.54	1.25	$C_{16}HNO$	17.73	1.68
$C_{13}H_2O_4$	14.24	1.74	$C_{11}H_{13}NO_4$	12.63	1.53	$C_{16}H_3N_2$	18.10	1.54
$C_{13}H_4NO_3$	14.61	1.59	$C_{11}H_{15}N_2O_3$	13.01	1.38	$C_{16}H_{15}O$	17.57	1.65
$C_{13}H_6N_2O_2$	14.99	1.45	$C_{11}H_{17}N_3O_2$	13.38	1.23	$C_{16}H_{17}N$	17.94	1.52
$C_{13}H_8N_3O$	15.36	1.30	$C_{11}H_{19}N_4O$	13.76	1.08	$C_{16}H_{31}$	17.79	1.49
$C_{13}H_{10}N_4$	15.73	1.16	$C_{12}HNO_4$	13.52	1.65	$C_{17}H_3O$	18.46	1.80
$C_{13}H_{18}O_3$	14.45	1.57	$C_{12}H_3N_2O_3$	13.90	1.50	$C_{17}H_5N$	18.83	1.67
$C_{13}H_{20}NO_2$	14.83	1.42	$C_{12}H_5N_3O_2$	14.27	1.35	$C_{17}H_{19}$	18.67	1.64
$C_{13}H_{22}N_2O$	15.20	1.28	$C_{12}H_7N_4O$	14.64	1.20	$C_{18}H_7$	19.56	1.81
$C_{13}H_{24}N_3$	15.58	1.14	$C_{12}H_{15}O_4$	13.36	1.62	**224**		
$C_{14}H_6O_3$	15.34	1.70	$C_{12}H_{17}NO_3$	13.74	1.47	$C_{10}H_{12}N_2O_4$	11.92	1.45
$C_{14}H_8NO_2$	15.72	1.55	$C_{12}H_{19}N_2O_2$	14.11	1.33	$C_{10}H_{14}N_3O_3$	12.29	1.30
$C_{14}H_{10}N_2O$	16.09	1.41	$C_{12}H_{21}N_3O$	14.49	1.18	$C_{10}H_{16}N_4O_2$	12.67	1.14
$C_{14}H_{12}N_3$	16.47	1.27	$C_{12}H_{23}N_4$	14.86	1.03	$C_{11}H_2N_3O_3$	13.18	1.40
$C_{14}H_{22}O_2$	15.56	1.53	$C_{13}H_3O_4$	14.25	1.74	$C_{11}H_4N_4O_2$	13.56	1.25
$C_{14}H_{24}NO$	15.93	1.39	$C_{13}H_5NO_3$	14.63	1.59	$C_{11}H_{14}NO_4$	12.65	1.54
$C_{14}H_{26}N_2$	16.31	1.25	$C_{13}H_7N_2O_2$	15.00	1.45	$C_{11}H_{16}N_2O_3$	13.02	1.38
$C_{15}H_{10}O_2$	16.45	1.67	$C_{13}H_{11}N_4$	15.75	1.16	$C_{11}H_{18}N_3O_2$	13.40	1.23
$C_{15}H_{12}NO$	16.82	1.53	$C_{13}H_{19}O_3$	14.47	1.57	$C_{11}H_{20}N_4O$	13.77	1.08
$C_{15}H_{14}N_2$	17.20	1.39	$C_{13}H_{21}NO_2$	14.84	1.43	$C_{12}H_2NO_4$	13.54	1.65
$C_{15}H_{26}O$	16.66	1.50	$C_{13}H_{23}N_2O$	15.22	1.28	$C_{12}H_4N_2O_3$	13.91	1.50
$C_{15}H_{28}N$	17.04	1.36	$C_{13}H_{25}N_3$	15.59	1.14	$C_{12}H_6N_3O_2$	14.29	1.35

	M+1	M+2		M+1	M+2		M+1	M+2
$C_{12}H_8N_4O$	14.66	1.20	$C_{17}H_{20}$	18.69	1.65	$C_{14}H_{15}N_3$	16.51	1.28
$C_{12}H_{16}O_4$	13.38	1.63	$C_{18}H_8$	19.58	1.81	$C_{14}H_{25}O_2$	15.61	1.54
$C_{12}H_{18}NO_3$	13.75	1.48	**225**			$C_{14}H_{27}NO$	15.98	1.39
$C_{12}H_{20}N_2O_2$	14.13	1.33	$C_{10}H_{13}N_2O_4$	11.93	1.45	$C_{14}H_{29}N_2$	16.36	1.25
$C_{12}H_{22}N_3O$	14.50	1.13	$C_{10}H_{15}N_3O_3$	12.31	1.30	$C_{15}HN_2O$	17.03	1.56
$C_{12}H_{24}N_4$	14.88	1.03	$C_{10}H_{17}N_4O_2$	12.68	1.14	$C_{15}H_3N_3$	17.40	1.42
$C_{13}H_4O_4$	14.27	1.74	$C_{11}HN_2O_4$	12.82	1.56	$C_{15}H_{13}O_2$	16.50	1.67
$C_{13}H_6NO_3$	14.64	1.60	$C_{11}H_3N_3O_3$	13.20	1.41	$C_{15}H_{15}NO$	16.87	1.54
$C_{13}H_8N_2O_2$	15.02	1.45	$C_{11}H_5N_4O_2$	13.57	1.25	$C_{15}H_{17}N_2$	17.24	1.40
$C_{13}H_{10}N_3O$	15.39	1.31	$C_{11}H_{15}NO_4$	12.66	1.54	$C_{15}H_{29}O$	16.71	1.51
$C_{13}H_{12}N_4$	15.77	1.16	$C_{11}H_{17}N_2O_3$	13.04	1.39	$C_{15}H_{31}N$	17.09	1.37
$C_{13}H_{20}O_3$	14.49	1.57	$C_{11}H_{19}N_3O_2$	13.41	1.23	$C_{16}HO_2$	17.38	1.82
$C_{13}H_{22}NO_2$	14.86	1.43	$C_{11}H_{21}N_4O$	13.79	1.08	$C_{16}H_3NO$	17.76	1.68
$C_{13}H_{24}N_2O$	15.23	1.28	$C_{12}H_3NO_4$	13.55	1.65	$C_{16}H_5N_2$	18.13	1.55
$C_{13}H_{26}N_3$	15.61	1.14	$C_{12}H_5N_2O_3$	13.93	1.50	$C_{16}H_{17}O$	17.60	1.66
$C_{14}H_8O_3$	15.37	1.70	$C_{12}H_7N_3O_2$	14.30	1.35	$C_{16}H_{19}N$	17.93	1.52
$C_{14}H_{10}NO_2$	15.75	1.56	$C_{12}H_9N_4O$	14.68	1.20	$C_{16}H_{33}$	17.82	1.49
$C_{14}H_{12}N_2O$	16.12	1.42	$C_{12}H_{17}O_4$	13.40	1.63	$C_{17}H_5O$	18.49	1.81
$C_{14}H_{14}N_3$	16.50	1.28	$C_{12}H_{19}NO_3$	13.77	1.48	$C_{17}H_7N$	18.86	1.68
$C_{14}H_{24}O_2$	15.59	1.53	$C_{12}H_{21}N_2O_2$	14.14	1.33	$C_{17}H_{21}$	18.71	1.65
$C_{14}H_{26}NO$	15.97	1.39	$C_{12}H_{23}N_3O$	14.52	1.18	$C_{18}H_9$	19.60	1.81
$C_{14}H_{28}N_2$	16.34	1.25	$C_{12}H_{25}N_4$	14.89	1.04	**226**		
$C_{15}H_2N_3$	17.39	1.42	$C_{13}H_5O_4$	14.28	1.75	$C_{10}H_{14}N_2O_4$	11.95	1.46
$C_{15}H_{12}O_2$	16.48	1.67	$C_{13}H_7NO_3$	14.66	1.60	$C_{10}H_{16}N_3O_3$	12.32	1.30
$C_{15}H_{14}NO$	16.85	1.53	$C_{13}H_9N_2O_2$	15.03	1.45	$C_{10}H_{18}N_4O_2$	12.70	1.15
$C_{15}H_{16}N_2$	17.23	1.40	$C_{13}H_{11}N_3O$	15.41	1.31	$C_{11}H_2N_2O_4$	12.84	1.56
$C_{15}H_{28}O$	16.70	1.51	$C_{13}H_{13}N_4$	15.78	1.17	$C_{11}H_4N_3O_3$	13.21	1.41
$C_{15}H_{30}N$	17.07	1.37	$C_{13}H_{21}O_3$	14.50	1.58	$C_{11}H_6N_4O_2$	13.59	1.26
$C_{16}H_2NO$	17.74	1.68	$C_{13}H_{23}NO_2$	14.88	1.43	$C_{11}H_{16}NO_4$	12.68	1.54
$C_{16}H_4N_2$	18.12	1.55	$C_{13}H_{25}N_2O$	15.25	1.29	$C_{11}H_{18}N_2O_3$	13.06	1.39
$C_{16}H_{16}O$	17.59	1.65	$C_{13}H_{27}N_3$	15.62	1.14	$C_{11}H_{20}N_3O_2$	13.43	1.24
$C_{16}H_{18}N$	17.96	1.52	$C_{14}HN_4$	16.67	1.30	$C_{11}H_{22}N_4O$	13.80	1.09
$C_{16}H_{32}$	17.80	1.49	$C_{14}H_9O_3$	15.39	1.70	$C_{12}H_4NO_4$	13.57	1.65
$C_{17}H_4O$	18.47	1.81	$C_{14}H_{11}NO_2$	15.76	1.56	$C_{12}H_6N_2O_3$	13.94	1.50
$C_{17}H_6N$	18.85	1.68	$C_{14}H_{13}N_2O$	16.14	1.42	$C_{12}H_8N_3O_2$	14.32	1.35

	M+1	M+2		M+1	M+2		M+1	M+2
$C_{12}H_{10}N_4O$	14.69	1.21	$C_{16}H_{34}$	17.83	1.50	$C_{14}H_3N_4$	16.70	1.31
$C_{12}H_{18}O_4$	13.41	1.63	$C_{17}H_6O$	18.51	1.81	$C_{14}H_{11}O_3$	15.42	1.71
$C_{12}H_{20}NO_3$	13.79	1.48	$C_{17}H_8N$	18.88	1.68	$C_{14}H_{13}NO_2$	15.80	1.57
$C_{12}H_{22}N_2O_2$	14.16	1.33	$C_{17}H_{22}$	18.72	1.65	$C_{14}H_{15}N_2O$	16.17	1.42
$C_{12}H_{24}N_3O$	14.54	1.18	$C_{18}H_{10}$	19.61	1.82	$C_{14}H_{17}N_3$	16.55	1.28
$C_{12}H_{26}N_4$	14.91	1.04	**227**			$C_{14}H_{27}O_2$	15.64	1.54
$C_{13}H_6O_4$	14.30	1.75	$C_{10}H_{15}N_2O_4$	11.97	1.46	$C_{14}H_{29}NO$	16.01	1.40
$C_{13}H_8NO_3$	14.68	1.60	$C_{10}H_{17}N_3O_3$	12.34	1.30	$C_{14}H_{31}N_2$	16.39	1.26
$C_{13}H_{10}N_2O_2$	15.05	1.46	$C_{10}H_{19}N_4O_2$	12.71	1.15	$C_{15}HNO_2$	16.69	1.70
$C_{13}H_{12}N_3O$	15.42	1.31	$C_{11}H_3N_2O_4$	12.85	1.56	$C_{15}H_3N_2O$	17.06	1.57
$C_{13}H_{14}N_4$	15.80	1.17	$C_{11}H_5N_3O_3$	13.23	1.41	$C_{15}H_5N_3$	17.43	1.43
$C_{13}H_{22}O_3$	14.52	1.58	$C_{11}H_7N_4O_2$	13.60	1.26	$C_{15}H_{15}O_2$	16.53	1.68
$C_{13}H_{24}NO_2$	14.89	1.43	$C_{11}H_{17}NO_4$	12.70	1.54	$C_{15}H_{17}NO$	16.90	1.54
$C_{13}H_{26}N_2O$	15.27	1.29	$C_{11}H_{19}N_2O_3$	13.07	1.39	$C_{15}H_{19}N_2$	17.28	1.40
$C_{13}H_{28}N_3$	15.64	1.15	$C_{11}H_{21}N_3O_2$	13.45	1.24	$C_{15}H_{31}O$	16.74	1.51
$C_{14}H_2N_4$	16.69	1.31	$C_{11}H_{23}N_4O$	13.82	1.09	$C_{15}H_{33}N$	17.12	1.38
$C_{14}H_{10}O_3$	15.41	1.71	$C_{12}H_5NO_4$	13.59	1.65	$C_{16}H_3O_2$	17.42	1.82
$C_{14}H_{12}NO_2$	15.78	1.56	$C_{12}H_7N_2O_3$	13.96	1.50	$C_{16}H_5NO$	17.79	1.69
$C_{14}H_{14}N_2O$	16.15	1.42	$C_{12}H_9N_3O_2$	14.33	1.36	$C_{16}H_7N_2$	18.17	1.55
$C_{14}H_{16}N_3$	16.53	1.28	$C_{12}H_{11}N_4O$	14.71	1.21	$C_{16}H_{19}O$	17.63	1.66
$C_{14}H_{26}O_2$	15.62	1.54	$C_{12}H_{19}O_4$	13.43	1.63	$C_{16}H_{21}N$	18.01	1.53
$C_{14}H_{28}NO$	16.00	1.40	$C_{12}H_{21}NO_3$	13.80	1.48	$C_{17}H_7O$	18.52	1.82
$C_{14}H_{30}N_2$	16.37	1.26	$C_{12}H_{23}N_2O_2$	14.18	1.33	$C_{17}H_9N$	18.90	1.69
$C_{15}H_2N_2O$	17.04	1.56	$C_{12}H_{25}N_3O$	14.55	1.19	$C_{17}H_{23}$	18.74	1.66
$C_{15}H_4N_3$	17.42	1.43	$C_{12}H_{27}N_4$	14.93	1.04	$C_{18}H_{11}$	19.63	1.82
$C_{15}H_{14}O_2$	16.51	1.68	$C_{13}H_7O_4$	14.32	1.75	**228**		
$C_{15}H_{16}NO$	16.89	1.54	$C_{13}H_9NO_3$	14.69	1.60	$C_{10}H_{16}N_2O_4$	11.98	1.46
$C_{15}H_{18}N_2$	17.26	1.40	$C_{13}H_{11}N_2O_2$	15.07	1.46	$C_{10}H_{18}N_3O_3$	12.36	1.30
$C_{15}H_{30}O$	16.73	1.51	$C_{13}H_{13}N_3O$	15.44	1.31	$C_{10}H_{20}N_4O_2$	12.73	1.15
$C_{15}H_{32}N$	17.14	1.37	$C_{13}H_{15}N_4$	15.81	1.17	$C_{11}H_4N_2O_4$	12.87	1.56
$C_{16}H_2O_2$	17.40	1.82	$C_{13}H_{23}O_3$	14.53	1.58	$C_{11}H_6N_3O_3$	13.24	1.41
$C_{16}H_4NO$	17.77	1.69	$C_{13}H_{25}NO_2$	14.91	1.44	$C_{11}H_8N_4O_2$	13.62	1.26
$C_{16}H_6N_2$	18.15	1.55	$C_{13}H_{27}N_2O$	15.28	1.29	$C_{11}H_{18}NO_4$	12.71	1.55
$C_{16}H_{18}O$	17.62	1.66	$C_{13}H_{29}N_3$	15.66	1.15	$C_{11}H_{20}N_2O_3$	13.09	1.39
$C_{16}H_{20}N$	17.99	1.52	$C_{14}HN_3O$	16.33	1.45	$C_{11}H_{22}N_3O_2$	13.46	1.24

	M+1	M+2		M+1	M+2		M+1	M+2
$C_{11}H_{24}N_4O$	13.84	1.09	$C_{16}H_4O_2$	17.43	1.83	$C_{13}H_{25}O_3$	14.57	1.59
$C_{12}H_6NO_4$	13.60	1.66	$C_{16}H_6NO$	17.81	1.69	$C_{13}H_{27}NO_2$	14.94	1.44
$C_{12}H_8N_2O_3$	13.98	1.51	$C_{16}H_8N_2$	18.18	1.56	$C_{13}H_{29}N_2O$	15.31	1.30
$C_{12}H_{10}N_3O_2$	14.35	1.36	$C_{16}H_{20}O$	17.65	1.66	$C_{13}H_{31}N_3$	15.69	1.15
$C_{12}H_{12}N_4O$	14.72	1.21	$C_{16}H_{22}N$	18.02	1.53	$C_{14}HN_2O_2$	15.99	1.60
$C_{12}H_{20}O_4$	13.44	1.64	$C_{17}H_8O$	18.54	1.82	$C_{14}H_3N_3O$	16.36	1.45
$C_{12}H_{22}NO_3$	13.82	1.49	$C_{17}H_{10}N$	18.91	1.69	$C_{14}H_5N_4$	16.73	1.32
$C_{12}H_{24}N_2O_2$	14.19	1.34	$C_{17}H_{24}$	18.75	1.66	$C_{14}H_{13}O_3$	15.45	1.71
$C_{12}H_{26}N_3O$	14.57	1.19	$C_{18}H_{12}$	19.64	1.82	$C_{14}H_{15}NO$	15.83	1.57
$C_{12}H_{28}N_4$	14.94	1.04	**229**			$C_{14}H_{17}N_2O$	16.20	1.43
$C_{13}H_8O_4$	14.33	1.75	$C_{10}H_{17}N_2O_4$	12.00	1.46	$C_{14}H_{19}N_3$	16.58	1.29
$C_{13}H_{10}NO_3$	14.71	1.61	$C_{10}H_{19}N_3O_3$	12.37	1.31	$C_{14}H_{29}O_2$	15.67	1.55
$C_{13}H_{12}N_2O_2$	15.08	1.46	$C_{10}H_{21}N_4O_2$	12.75	1.15	$C_{14}H_{31}NO$	16.05	1.41
$C_{13}H_{14}N_3O$	15.46	1.32	$C_{11}H_5N_2O_4$	12.89	1.57	$C_{15}HO_3$	16.34	1.85
$C_{13}H_{16}N_4$	15.83	1.17	$C_{11}H_7N_3O_3$	13.26	1.41	$C_{15}H_3N_1O_2$	16.72	1.71
$C_{13}H_{24}O_3$	14.55	1.58	$C_{11}H_9N_4O_2$	13.64	1.26	$C_{15}H_5N_2O$	17.09	1.57
$C_{13}H_{26}NO_2$	14.92	1.44	$C_{11}H_{19}NO_4$	12.73	1.55	$C_{15}H_7N_3$	17.47	1.44
$C_{13}H_{28}N_2O$	15.30	1.29	$C_{11}H_{21}N_2O_3$	13.10	1.39	$C_{15}H_{17}O_2$	16.56	1.68
$C_{13}H_{30}N_3$	15.67	1.15	$C_{11}H_{23}N_3O_2$	13.48	1.24	$C_{15}H_{19}NO$	16.93	1.55
$C_{14}H_2N_3O$	16.34	1.45	$C_{11}H_{25}N_4O$	13.85	1.09	$C_{15}H_{21}N_2$	17.31	1.41
$C_{14}H_4N_4$	16.72	1.31	$C_{12}H_7NO_4$	13.62	1.66	$C_{16}H_5O_2$	17.45	1.83
$C_{14}H_{12}O_3$	15.44	1.71	$C_{12}H_9N_2O_3$	13.99	1.51	$C_{16}H_7NO$	17.82	1.69
$C_{14}H_{14}NO_2$	15.81	1.57	$C_{12}H_{11}N_3O_2$	14.37	1.36	$C_{16}H_9N_2$	18.20	1.56
$C_{14}H_{16}N_2O$	16.19	1.43	$C_{12}H_{13}N_4O$	14.74	1.21	$C_{16}H_{21}O$	17.67	1.67
$C_{14}H_{18}N_3$	16.56	1.29	$C_{12}H_{21}O_4$	13.46	1.64	$C_{16}H_{23}N$	18.04	1.53
$C_{14}H_{28}O_2$	15.66	1.54	$C_{12}H_{23}NO_3$	13.83	1.49	$C_{17}H_9O$	18.55	1.82
$C_{14}H_{30}NO$	16.03	1.40	$C_{12}H_{25}N_2O_2$	14.21	1.34	$C_{17}H_{11}N$	18.93	1.69
$C_{14}H_{32}N_2$	16.40	1.26	$C_{12}H_{27}N_3O$	14.58	1.19	$C_{17}H_{25}$	18.77	1.66
$C_{15}H_2NO_2$	16.70	1.71	$C_{12}H_{29}N_4$	14.96	1.05	$C_{18}H_{13}$	19.66	1.33
$C_{15}H_4N_2O$	17.08	1.57	$C_{13}HN_4O$	15.63	1.34	$C_{19}H$	20.55	2.00
$C_{15}H_6N_3$	17.45	1.43	$C_{13}H_9O_4$	14.35	1.76	**230**		
$C_{15}H_{16}O_2$	16.54	1.68	$C_{13}H_{11}NO_3$	14.72	1.61	$C_{10}H_{18}N_2O_4$	12.01	1.46
$C_{15}H_{18}NO$	16.92	1.54	$C_{13}H_{12}N_2O_2$	15.10	1.46	$C_{10}H_{20}N_3O_3$	12.39	1.31
$C_{15}H_{20}N_2$	17.29	1.41	$C_{13}H_{15}N_3O$	15.47	1.32	$C_{10}H_{22}N_4O_2$	12.76	1.15
$C_{15}H_{32}O$	16.76	1.52	$C_{13}H_{17}N_4$	15.85	1.18	$C_{11}H_6N_2O_4$	12.90	1.57

续表

	M+1	M+2		M+1	M+2		M+1	M+2
$C_{11}H_8N_3O_3$	13.28	1.42	$C_{15}H_8N_3$	17.48	1.44	$C_{13}H_{11}O_4$	14.38	1.76
$C_{11}H_{10}N_4O_2$	13.65	1.27	$C_{15}H_{18}O_2$	16.58	1.69	$C_{13}H_{13}NO_3$	14.76	1.61
$C_{11}H_{20}NO_4$	12.74	1.55	$C_{15}H_{20}NO$	16.95	1.55	$C_{13}H_{15}N_2O_2$	15.13	1.47
$C_{11}H_{22}N_2O_3$	13.12	1.40	$C_{15}H_{22}N_2$	17.32	1.41	$C_{13}H_{17}N_3O$	15.50	1.32
$C_{11}H_{24}N_3O_2$	13.49	1.24	$C_{16}H_6O_2$	17.46	1.83	$C_{13}H_{19}N_4$	15.88	1.18
$C_{11}H_{26}N_4O$	13.87	1.00	$C_{16}H_8ON$	17.84	1.70	$C_{13}H_{27}O_3$	14.60	1.59
$C_{12}H_8NO_4$	13.63	1.66	$C_{16}H_{10}N_2$	18.21	1.56	$C_{13}H_{29}NO_2$	14.97	1.45
$C_{12}H_{10}N_2O_3$	14.01	1.51	$C_{16}H_{22}O$	17.68	1.67	$C_{14}HNO_3$	15.64	1.74
$C_{12}H_{12}N_3O_2$	14.38	1.36	$C_{16}H_{24}N$	18.06	1.54	$C_{14}H_3N_2O_2$	16.02	1.60
$C_{12}H_{14}N_4O$	14.76	1.22	$C_{17}H_{10}O$	18.57	1.83	$C_{14}H_5N_3O$	16.39	1.46
$C_{12}H_{22}O_4$	13.48	1.64	$C_{17}H_{12}N$	18.94	1.69	$C_{14}H_7N_4$	16.77	1.32
$C_{12}H_{24}NO_3$	13.85	1.49	$C_{17}H_{26}$	18.79	1.67	$C_{14}H_{15}O_3$	15.49	1.72
$C_{12}H_{26}N_2O_2$	14.22	1.34	$C_{18}H_{14}$	19.68	1.83	$C_{14}H_{17}NO_2$	15.86	1.58
$C_{12}H_{28}N_3O$	14.60	1.19	$C_{19}H_2$	20.56	2.00	$C_{14}H_{19}N_2O$	16.23	1.44
$C_{12}H_{30}N_4$	14.97	1.05	**231**			$C_{14}H_{21}N_3$	16.61	1.30
$C_{13}H_2N_4O$	15.65	1.35	$C_{10}H_{19}N_2O_4$	12.03	1.47	$C_{15}H_3O_3$	16.37	1.86
$C_{13}H_{10}O_4$	14.36	1.76	$C_{10}H_{21}N_3O_3$	12.40	1.31	$C_{15}H_5NO_2$	16.75	1.72
$C_{13}H_{12}NO_3$	14.74	1.61	$C_{10}H_{23}N_4O_2$	12.78	1.16	$C_{15}H_7N_2O$	17.12	1.58
$C_{13}H_{14}N_2O_2$	15.11	1.47	$C_{11}H_7N_2O_4$	12.92	1.57	$C_{15}H_9N_3$	17.50	1.44
$C_{13}H_{16}N_3O$	15.49	1.32	$C_{11}H_9N_3O_3$	13.29	1.42	$C_{15}H_{19}O_2$	16.59	1.69
$C_{13}H_{18}N_4$	15.86	1.18	$C_{11}H_{11}N_4O_2$	13.67	1.27	$C_{15}H_{21}NO$	16.97	1.55
$C_{13}H_{26}O_3$	14.58	1.59	$C_{11}H_{21}NO_4$	12.76	1.55	$C_{15}H_{23}N_2$	17.34	1.42
$C_{13}H_{28}NO_2$	14.96	1.44	$C_{11}H_{23}N_2O_3$	13.14	1.40	$C_{16}H_7O_2$	17.48	1.84
$C_{13}H_{30}N_2O$	15.33	1.30	$C_{11}H_{25}N_3O_2$	13.51	1.25	$C_{16}H_9NO$	17.85	1.70
$C_{14}H_2N_2O_2$	16.00	1.60	$C_{11}H_{27}N_4O$	13.88	1.10	$C_{16}H_{11}N_2$	18.23	1.57
$C_{14}H_4N_3O$	16.38	1.46	$C_{12}H_9NO_4$	13.65	1.66	$C_{16}H_{23}O$	17.70	1.68
$C_{14}H_6N_4$	16.75	1.32	$C_{12}H_{11}N_2O_3$	14.02	1.51	$C_{16}H_{25}N$	18.07	1.54
$C_{14}H_{14}O_3$	15.47	1.72	$C_{12}H_{13}N_3O_2$	14.40	1.37	$C_{17}H_{11}O$	18.59	1.83
$C_{14}H_{16}NO_2$	15.84	1.57	$C_{12}H_{15}N_4O$	14.77	1.22	$C_{17}H_{13}N$	18.96	1.70
$C_{14}H_{18}N_2O$	16.22	1.43	$C_{12}H_{23}O_4$	13.49	1.64	$C_{17}H_{27}$	18.80	1.67
$C_{14}H_{20}N_3$	16.59	1.29	$C_{12}H_{25}NO_3$	13.87	1.49	$C_{18}HN$	19.85	1.86
$C_{14}H_{30}O_2$	15.69	1.55	$C_{12}H_{27}N_2O_2$	14.24	1.34	$C_{18}H_{15}$	19.69	1.83
$C_{15}H_2O_3$	16.36	1.85	$C_{12}H_{29}N_3O$	14.62	1.20	$C_{19}H_3$	20.58	2.01
$C_{15}H_4NO_2$	16.73	1.71	$C_{13}HN_3O_2$	15.29	1.49	**232**		
$C_{15}H_6N_2O$	17.11	1.57	$C_{13}H_3N_4O$	15.66	1.35	$C_{10}H_{20}N_2O_4$	12.05	1.47

	M+1	M+2		M+1	M+2		M+1	M+2
$C_{10}H_{22}N_3O_3$	12.42	1.31	$C_{15}H_{10}N_3$	17.51	1.44	$C_{13}H_{13}O_4$	14.41	1.76
$C_{10}H_{24}N_4O_2$	12.79	1.16	$C_{15}H_{20}O_2$	16.61	1.69	$C_{13}H_{15}NO_3$	14.79	1.62
$C_{11}H_8N_2O_4$	12.93	1.57	$C_{15}H_{22}NO$	16.98	1.55	$C_{13}H_{17}N_2O_2$	15.16	1.47
$C_{11}H_{10}N_3O_3$	13.31	1.42	$C_{15}H_{24}N_2$	17.36	1.42	$C_{13}H_{19}N_3O$	15.54	1.33
$C_{11}H_{12}N_4O_2$	13.68	1.27	$C_{16}H_8O_2$	17.50	1.84	$C_{13}H_{21}N_4$	15.91	1.19
$C_{11}H_{22}NO_4$	12.78	1.55	$C_{16}H_{10}NO$	17.87	1.70	$C_{14}HO_4$	15.30	1.89
$C_{11}H_{24}N_2O_3$	13.15	1.40	$C_{16}H_{12}N_2$	18.25	1.57	$C_{14}H_3NO_3$	15.68	1.75
$C_{11}H_{26}N_3O_2$	13.53	1.25	$C_{16}H_{24}O$	17.71	1.68	$C_{14}H_5N_2O_2$	16.05	1.61
$C_{11}H_{28}N_4O$	13.90	1.10	$C_{16}H_{26}N$	18.09	1.54	$C_{14}H_7N_3O$	16.42	1.47
$C_{12}H_{10}NO_4$	13.67	1.66	$C_{17}H_{12}O$	18.60	1.83	$C_{14}H_9N_4$	16.80	1.33
$C_{12}H_{12}N_2O$	14.04	1.52	$C_{17}H_{14}N$	18.98	1.70	$C_{14}H_{17}O_3$	15.52	1.72
$C_{12}H_{14}N_3O_2$	14.41	1.37	$C_{17}H_{28}$	18.82	1.67	$C_{14}H_{19}NO_2$	15.89	1.58
$C_{12}H_{16}N_4O$	14.79	1.22	$C_{18}H_2N$	19.86	1.87	$C_{14}H_{21}N_2O$	16.27	1.44
$C_{12}H_{24}O_4$	13.51	1.64	$C_{18}H_{16}$	19.71	1.84	$C_{14}H_{23}N_3$	16.64	1.30
$C_{12}H_{26}NO_3$	13.88	1.49	$C_{19}H_4$	20.60	2.01	$C_{15}H_5O_3$	16.41	1.66
$C_{12}H_{28}N_2O_2$	14.26	1.35	**233**			$C_{15}H_7NO_2$	16.78	1.72
$C_{13}H_2N_3O_2$	15.30	1.49	$C_{10}H_{21}N_2O_4$	12.06	1.47	$C_{15}H_9N_2O$	17.16	1.58
$C_{13}H_4N_4O$	15.68	1.35	$C_{10}H_{23}N_3O_3$	12.44	1.31	$C_{15}H_{11}N_3$	17.53	1.45
$C_{13}H_{12}O_4$	14.40	1.76	$C_{10}H_{25}N_4O_2$	12.81	1.16	$C_{15}H_{21}O_2$	16.62	1.70
$C_{13}H_{14}NO_3$	14.77	1.62	$C_{11}H_9N_2O_4$	12.95	1.57	$C_{15}H_{23}NO$	17.00	1.56
$C_{13}H_{16}N_2O_2$	15.15	1.47	$C_{11}H_{11}N_3O_3$	13.32	1.42	$C_{15}H_{25}N_2$	17.37	1.42
$C_{13}H_{18}N_3O$	15.52	1.33	$C_{11}H_{13}N_4O_2$	13.70	1.27	$C_{16}H_9O_2$	17.51	1.84
$C_{13}H_{20}N_4$	15.89	1.18	$C_{11}H_{23}NO_4$	12.79	1.56	$C_{16}H_{11}NO$	17.89	1.71
$C_{13}H_{28}O_3$	14.61	1.59	$C_{11}H_{25}N_2O_3$	13.17	1.40	$C_{16}H_{13}N_2$	18.26	1.57
$C_{14}H_2NO_3$	15.66	1.75	$C_{11}H_{27}N_3O_2$	13.54	1.25	$C_{16}H_{25}O$	17.73	1.68
$C_{14}H_4N_2O_2$	16.03	1.60	$C_{12}HN_4O_2$	14.59	1.39	$C_{16}H_{27}N$	18.10	1.54
$C_{14}H_8N_3O$	16.41	1.46	$C_{12}H_{11}NO_4$	13.68	1.67	$C_{17}HN_2$	19.15	1.73
$C_{14}H_8N_4$	16.78	1.32	$C_{12}H_{13}N_2O_3$	14.06	1.52	$C_{17}H_{13}O$	19.62	1.83
$C_{14}H_{16}O_3$	15.50	1.72	$C_{12}H_{15}N_3O_2$	14.43	1.57	$C_{17}H_{15}N$	18.99	1.70
$C_{14}H_{18}NO_2$	15.88	1.58	$C_{12}H_{17}N_4O$	14.80	1.22	$C_{17}H_{29}$	18.83	1.67
$C_{14}H_{20}N_2O$	16.25	1.44	$C_{12}H_{25}O_4$	13.52	1.65	$C_{18}HO$	19.51	2.00
$C_{14}H_{22}N_3$	16.63	1.30	$C_{12}H_{27}NO_3$	13.90	1.50	$C_{18}H_3N$	19.88	1.87
$C_{15}H_4O_3$	16.39	1.86	$C_{13}HN_2O_3$	14.94	1.64	$C_{18}H_{17}$	19.72	1.84
$C_{15}H_6NO_2$	16.77	1.72	$C_{13}H_3N_3O_2$	15.32	1.50	$C_{19}H_5$	20.61	2.01
$C_{15}H_8N_2O$	17.14	1.58	$C_{13}H_5N_4O$	15.69	1.55			

	M+1	M+2		M+1	M+2		M+1	M+2
234			$C_{15}H_{12}N_3$	17.55	1.45	$C_{13}H_{17}NO_3$	14.82	1.62
$C_{10}H_{22}N_2O_4$	12.08	1.47	$C_{15}H_{22}O_2$	16.64	1.70	$C_{13}H_{19}N_2O_2$	15.19	1.48
$C_{10}H_{24}N_3O_3$	12.45	1.32	$C_{15}H_{24}NO$	17.01	1.56	$C_{13}H_{21}N_3O$	15.57	1.33
$C_{10}H_{26}N_4O_2$	12.83	1.16	$C_{15}H_{26}N_2$	17.39	1.42	$C_{13}H_{23}N_4$	15.94	1.19
$C_{11}H_{10}N_2O_4$	12.97	1.58	$C_{16}H_{10}O_2$	17.53	1.84	$C_{14}H_3O_4$	15.33	1.90
$C_{11}H_{12}N_3O_3$	13.34	1.42	$C_{16}H_{12}NO$	17.90	1.71	$C_{14}H_5NO_3$	15.71	1.75
$C_{11}H_{14}N_4O_2$	13.72	1.27	$C_{16}H_{14}N_2$	18.28	1.58	$C_{14}H_7N_2O_2$	16.08	1.61
$C_{11}H_{24}NO_4$	12.81	1.56	$C_{16}H_{26}O$	17.75	1.68	$C_{14}H_9N_3O$	16.46	1.47
$C_{11}H_{26}N_2O_3$	13.18	1.40	$C_{16}H_{28}N$	18.12	1.55	$C_{14}H_{11}N_4$	16.83	1.33
$C_{12}H_2N_4O_2$	14.60	1.39	$C_{17}H_2N_2$	19.17	1.74	$C_{14}H_{19}O_3$	15.55	1.73
$C_{12}H_{12}NO_4$	13.70	1.67	$C_{17}H_{14}O$	18.63	1.84	$C_{14}H_{21}NO_2$	15.92	1.59
$C_{12}H_{14}N_2O_3$	14.07	1.52	$C_{17}H_{16}N$	19.01	1.71	$C_{14}H_{23}N_2O$	16.30	1.45
$C_{12}H_{16}N_3O_2$	14.45	1.37	$C_{17}H_{30}$	18.85	1.68	$C_{14}H_{25}N_3$	16.67	1.31
$C_{12}H_{18}N_4O$	14.82	1.23	$C_{18}H_2O$	19.52	2.00	$C_{15}H_7O_3$	16.44	1.86
$C_{12}H_{26}O_4$	13.54	1.65	$C_{18}H_4N$	19.90	1.87	$C_{15}H_9NO_2$	16.81	1.73
$C_{13}H_2N_2O_3$	14.96	1.64	$C_{18}H_{18}$	19.74	1.84	$C_{15}H_{11}N_2O$	17.19	1.59
$C_{13}H_4N_3O_2$	15.33	1.50	$C_{19}H_6$	20.63	2.02	$C_{15}H_{13}N_3$	17.56	1.44
$C_{13}H_6N_4O$	15.71	1.36	**235**			$C_{15}H_{23}O_2$	16.66	1.70
$C_{13}H_{14}O_4$	14.43	1.77	$C_{10}H_{23}N_2O_4$	12.09	1.47	$C_{15}H_{25}NO$	17.03	1.56
$C_{13}H_{16}NO_3$	14.80	1.62	$C_{10}H_{25}N_3O_3$	12.47	1.32	$C_{15}H_{27}N_2$	17.40	1.43
$C_{13}H_{18}N_2O_2$	15.18	1.48	$C_{11}H_{11}N_2O_4$	12.98	1.58	$C_{16}HN_3$	18.45	1.61
$C_{13}H_{20}N_3O$	15.55	1.33	$C_{11}H_{13}N_3O_3$	13.36	1.43	$C_{16}H_{11}O_2$	17.54	1.85
$C_{13}H_{22}N_4$	15.93	1.19	$C_{11}H_{15}N_4O_2$	13.73	1.28	$C_{16}H_{13}NO$	17.92	1.71
$C_{14}H_2O_4$	15.32	1.89	$C_{11}H_{25}NO_4$	12.82	1.56	$C_{16}H_{15}N_2$	18.29	1.58
$C_{14}H_4NO_3$	15.69	1.75	$C_{12}HN_3O_3$	14.25	1.54	$C_{16}H_{27}O$	17.76	1.68
$C_{14}H_6N_2O_2$	16.07	1.61	$C_{12}H_3N_4O_2$	14.62	1.40	$C_{16}H_{29}N$	18.14	1.55
$C_{14}H_8N_3O$	16.44	1.47	$C_{12}H_{13}NO_4$	13.71	1.67	$C_{17}HNO$	18.81	1.87
$C_{14}H_{10}N_4$	16.81	1.33	$C_{12}H_{15}N_2O_3$	14.09	1.52	$C_{17}H_3N_2$	19.18	1.74
$C_{14}H_{18}O_3$	15.53	1.73	$C_{12}H_{17}N_3O_2$	14.46	1.37	$C_{17}H_{15}O$	18.65	1.84
$C_{14}H_{20}NO_2$	15.91	1.58	$C_{12}H_{19}N_4O$	14.84	1.23	$C_{17}H_{17}N$	19.02	1.71
$C_{14}H_{22}N_2O$	16.28	1.44	$C_{13}HNO_4$	14.60	1.79	$C_{17}H_{31}$	18.87	1.68
$C_{14}H_{24}N_3$	16.66	1.30	$C_{13}H_3N_2O_3$	14.98	1.65	$C_{18}H_3O$	19.54	2.00
$C_{15}H_6O_3$	16.42	1.86	$C_{13}H_5N_3O_2$	15.35	1.50	$C_{18}H_5N$	19.91	1.88
$C_{15}H_3NO_2$	16.80	1.72	$C_{13}H_7N_4O$	15.73	1.36	$C_{18}H_{19}$	19.76	1.85
$C_{15}H_{10}N_2O$	17.17	1.59	$C_{13}H_{15}O_4$	14.44	1.77	$C_{19}H_7$	20.64	2.02

	M+1	M+2		M+1	M+2		M+1	M+2
236			$C_{15}H_{28}N_2$	17.42	1.43	$C_{13}H_{25}N_4$	15.97	1.20
$C_{10}H_{24}N_2O_4$	12.11	1.48	$C_{16}H_2N_3$	18.47	1.61	$C_{14}H_5O_4$	15.37	1.90
$C_{11}H_{12}N_2O_4$	13.00	1.58	$C_{16}H_{12}O_2$	17.56	1.85	$C_{14}H_7NO_3$	15.74	1.76
$C_{11}H_{14}N_3O_3$	13.37	1.43	$C_{16}H_{14}NO$	17.93	1.71	$C_{14}H_9N_2O_2$	16.11	1.62
$C_{11}H_{16}N_4O_2$	13.75	1.28	$C_{16}H_{16}N_2$	18.31	1.58	$C_{14}H_{11}N_3O$	16.49	1.48
$C_{12}H_2N_3O_3$	14.26	1.55	$C_{16}H_{28}O$	17.78	1.69	$C_{14}H_3N_4$	16.86	1.34
$C_{12}H_4N_4O_2$	14.64	1.40	$C_{16}H_{30}N$	18.15	1.55	$C_{14}H_{21}O_3$	15.58	1.73
$C_{12}H_{14}NO_4$	13.73	1.67	$C_{17}H_2NO$	18.82	1.87	$C_{14}H_{23}NO_2$	15.96	1.59
$C_{12}H_{16}N_2O_3$	14.10	1.52	$C_{17}H_4N_2$	19.20	1.74	$C_{14}H_{25}N_2O$	16.33	1.45
$C_{12}H_{18}N_3O_2$	14.48	1.38	$C_{17}H_{16}O$	18.67	1.84	$C_{14}H_{27}N_3$	16.71	1.31
$C_{12}H_{20}N_4O$	14.85	1.23	$C_{17}H_{18}N$	19.04	1.71	$C_{15}HN_4$	17.75	1.49
$C_{13}H_2NO_4$	14.62	1.79	$C_{17}H_{32}$	18.88	1.68	$C_{15}H_9O_3$	16.47	1.87
$C_{13}H_4N_2O_3$	14.99	1.65	$C_{18}H_4O$	19.55	2.01	$C_{15}H_{11}NO_2$	16.85	1.73
$C_{13}H_6N_3O_2$	15.37	1.50	$C_{18}H_6N$	19.93	1.88	$C_{15}H_{13}N_2O$	17.22	1.59
$C_{13}H_8N_4O$	15.74	1.36	$C_{18}H_{20}$	19.77	1.85	$C_{15}H_{15}N_3$	17.59	1.46
$C_{13}H_{16}O_4$	14.46	1.77	$C_{19}H_8$	20.66	2.02	$C_{15}H_{25}O_2$	16.69	1.71
$C_{13}H_{18}NO_3$	14.84	1.63	**237**			$C_{15}H_{27}NO$	17.06	1.57
$C_{13}H_{20}N_2O_2$	15.21	1.48	$C_{11}H_{13}N_2O_4$	13.01	1.58	$C_{15}H_{29}N_2$	17.44	1.43
$C_{13}H_{22}N_3O$	15.58	1.34	$C_{11}H_{15}N_3O_3$	13.39	1.43	$C_{16}HN_2O$	18.11	1.75
$C_{13}H_{24}N_4$	15.96	1.19	$C_{11}H_{17}N_4O_2$	13.76	1.28	$C_{16}H_3N_3$	18.48	1.61
$C_{14}H_4O_4$	15.35	1.90	$C_{12}HN_2O_4$	13.90	1.70	$C_{16}H_{13}O_2$	17.58	1.85
$C_{14}H_6NO_3$	15.72	1.76	$C_{12}H_3N_3O_3$	19.28	1.55	$C_{16}H_{15}NO$	17.95	1.72
$C_{14}H_8N_2O_2$	16.10	1.61	$C_{12}H_5N_4O_2$	14.65	1.40	$C_{16}H_{17}N_2$	18.33	1.58
$C_{14}H_{10}N_3O$	16.47	1.47	$C_{12}H_{15}NO_4$	13.75	1.68	$C_{16}H_{29}O$	17.79	1.69
$C_{14}H_{12}N_4$	16.85	1.33	$C_{12}H_{17}N_2O_3$	14.12	1.53	$C_{16}H_{31}N$	18.17	1.56
$C_{14}H_{20}O_3$	15.57	1.73	$C_{12}H_{19}N_3O_2$	14.49	1.38	$C_{17}HO_2$	18.46	2.01
$C_{14}H_{22}NO_2$	15.94	1.59	$C_{12}H_{21}N_4O$	14.87	0.23	$C_{17}H_3NO$	18.84	1.88
$C_{14}H_{24}N_2O$	16.31	1.45	$C_{13}H_3NO_4$	14.63	1.80	$C_{17}H_5N_2$	19.21	1.75
$C_{14}H_{26}N_3$	16.69	1.31	$C_{13}H_5N_2O_3$	15.01	1.65	$C_{17}H_{17}O$	18.68	1.85
$C_{15}H_8O_3$	16.45	1.87	$C_{13}H_7N_3O_2$	15.38	1.51	$C_{17}H_{19}N$	19.06	1.72
$C_{15}H_{10}NO_2$	16.83	1.73	$C_{13}H_9N_4O$	15.76	1.36	$C_{17}H_{33}$	18.90	1.69
$C_{15}H_{12}N_2O$	17.20	1.59	$C_{13}H_{17}O_4$	14.48	1.77	$C_{18}H_5O$	19.57	2.01
$C_{15}H_{14}N_3$	17.58	1.46	$C_{13}H_{19}NO_3$	14.35	1.63	$C_{18}H_7N$	19.94	1.88
$C_{15}H_{24}O_2$	16.67	1.70	$C_{13}H_{21}N_2O_2$	15.23	1.48	$C_{18}H_{21}$	19.79	1.85
$C_{15}H_{26}NO$	17.05	1.56	$C_{13}H_{23}N_3O$	15.60	1.34	$C_{19}H_9$	20.68	2.03

	M+1	M+2		M+1	M+2		M+1	M+2
238			$C_{15}H_{28}NO$	17.08	1.57	$C_{13}H_{21}NO_3$	14.88	1.63
$C_{11}H_{14}N_2O_4$	13.03	1.59	$C_{15}H_{30}N_2$	17.45	1.43	$C_{12}H_{23}N_2O_2$	15.26	1.49
$C_{11}H_{16}N_3O_3$	13.40	1.43	$C_{16}H_2N_2O$	18.12	1.75	$C_{13}H_{25}N_3O$	15.63	1.34
$C_{11}H_{18}N_4O_2$	13.78	1.28	$C_{16}H_4N_3$	18.50	1.62	$C_{13}H_{27}N_4$	16.01	1.20
$C_{12}H_2N_2O_4$	13.92	1.70	$C_{16}H_{14}O_2$	17.59	1.85	$C_{14}H_7O_4$	15.40	1.91
$C_{12}H_4N_3O_3$	14.29	1.55	$C_{16}H_{18}NO$	17.97	1.72	$C_{14}H_9NO_3$	15.77	1.76
$C_{12}H_5N_4O_2$	14.67	1.40	$C_{16}H_{18}N_2$	18.34	1.59	$C_{14}H_{11}N_2O_2$	16.15	1.62
$C_{12}H_{16}NO_4$	13.76	1.68	$C_{16}H_{30}O$	17.81	1.69	$C_{14}H_{13}N_3O$	16.52	1.48
$C_{12}H_{18}N_2O_3$	14.14	1.53	$C_{16}H_{32}N$	18.18	1.56	$C_{14}H_{15}N_4$	16.89	1.34
$C_{12}H_{20}N_3O_2$	14.51	1.38	$C_{17}H_2O_2$	18.48	2.01	$C_{14}H_{23}O_3$	15.61	1.74
$C_{12}H_{22}N_4O$	14.88	1.24	$C_{17}H_4NO$	18.86	1.88	$C_{14}H_{25}NO_2$	15.99	1.60
$C_{13}H_4NO_4$	14.65	1.80	$C_{17}H_8N_2$	19.23	1.75	$C_{14}H_{27}N_2O$	16.36	1.46
$C_{13}H_6N_2O_3$	15.02	1.65	$C_{17}H_{18}O$	18.70	1.85	$C_{14}H_{29}N_3$	16.74	1.32
$C_{13}H_8N_3O_2$	15.40	1.51	$C_{17}H_{20}N$	19.07	1.72	$C_{15}HN_3O$	17.41	1.63
$C_{13}H_{10}N_4O$	15.77	1.37	$C_{17}H_{34}$	18.91	1.69	$C_{15}H_3N_4$	17.78	1.49
$C_{13}H_{18}O_4$	14.49	1.78	$C_{18}H_6O$	19.59	2.01	$C_{15}H_{11}O_3$	16.50	1.88
$C_{13}H_{20}NO_3$	14.87	1.63	$C_{18}H_8N$	19.96	1.89	$C_{15}H_{13}NO_2$	16.88	1.74
$C_{13}H_{22}N_2O_2$	15.24	1.49	$C_{18}H_{22}$	19.80	1.86	$C_{15}H_{15}N_2O$	17.25	1.60
$C_{13}H_{24}N_3O$	15.62	1.34	$C_{19}H_{10}$	20.69	2.03	$C_{15}H_{17}N_3$	17.63	1.46
$C_{13}H_{26}N_4$	15.99	1.20	**239**			$C_{15}H_{27}O_2$	16.72	1.71
$C_{14}H_6O_4$	15.38	1.90	$C_{11}H_{15}N_2O_4$	13.05	1.59	$C_{15}H_{29}NO$	17.09	1.57
$C_{14}H_8NO_3$	15.76	1.76	$C_{11}H_{17}N_3O_3$	13.42	1.44	$C_{15}H_{31}N_2$	17.47	1.44
$C_{14}H_{10}N_2O_2$	16.13	1.62	$C_{11}H_{19}N_4O_2$	13.80	1.29	$C_{16}HNO_2$	17.77	1.88
$C_{14}H_{12}N_3O$	16.50	1.48	$C_{12}H_3N_2O_4$	13.93	1.70	$C_{16}H_3N_2O$	18.14	1.75
$C_{14}H_{14}N_4$	16.88	1.34	$C_{12}H_5N_3O_3$	14.31	1.55	$C_{16}H_5N_3$	18.51	1.62
$C_{14}H_{22}O_3$	15.60	1.74	$C_{12}H_7N_4O_2$	14.68	1.41	$C_{16}H_{15}O_2$	17.61	1.86
$C_{14}H_{24}NO_2$	15.97	1.59	$C_{12}H_{17}NO_4$	13.78	1.68	$C_{16}H_{17}NO$	17.98	1.72
$C_{14}H_{26}N_2O$	16.35	1.45	$C_{12}H_{19}N_2O_3$	14.15	1.53	$C_{16}H_{19}N_2$	18.36	1.59
$C_{14}H_{28}N_3$	16.72	1.31	$C_{12}H_{21}N_3O_2$	14.53	1.38	$C_{16}H_{31}O$	17.83	1.70
$C_{15}H_2N_4$	17.77	1.49	$C_{12}H_{22}N_4O$	14.90	1.24	$C_{16}H_{33}N$	18.20	1.56
$C_{15}H_{10}O_3$	16.49	1.87	$C_{13}H_5NO_4$	14.67	1.80	$C_{17}H_3O_2$	18.50	2.01
$C_{15}H_{12}NO_2$	16.86	1.73	$C_{13}H_7N_2O_3$	15.04	1.66	$C_{17}H_5NO$	18.87	1.88
$C_{15}H_{14}N_2O$	17.24	1.60	$C_{13}H_9N_3O_2$	15.41	1.51	$C_{17}H_7N_2$	19.25	1.75
$C_{15}H_{18}N_3$	17.61	1.46	$C_{13}H_{11}N_4O$	15.79	1.37	$C_{17}H_{19}O$	18.71	1.85
$C_{15}H_{25}O_2$	16.70	1.71	$C_{13}H_{19}O_4$	14.51	1.78	$C_{17}H_{21}N$	19.09	1.72

	M+1	M+2		M+1	M+2		M+1	M+2
$C_{17}H_{35}$	18.93	1.69	$C_{15}H_4N_4$	17.80	1.49	$C_{12}H_{23}N_3O_2$	14.56	1.39
$C_{18}H_7O$	19.60	2.02	$C_{15}H_{12}O_3$	16.52	1.88	$C_{12}H_{25}N_4O$	14.93	1.24
$C_{18}H_9N$	19.98	1.89	$C_{15}H_{14}NO_2$	16.89	1.74	$C_{13}H_7NO_4$	14.70	1.81
$C_{18}H_{23}$	19.82	1.86	$C_{15}H_{16}N_2O$	17.27	1.60	$C_{13}H_9N_2O_3$	15.07	1.66
$C_{19}H_{11}$	20.71	2.03	$C_{15}H_{18}N_3$	17.64	1.47	$C_{13}H_{11}N_3O_2$	15.45	1.52
240			$C_{15}H_{28}O_2$	16.74	1.71	$C_{13}H_{13}N_4O$	15.82	1.37
$C_{11}H_{16}N_2O_4$	13.06	1.59	$C_{15}H_{30}NO$	17.11	1.58	$C_{13}H_{21}O_4$	14.54	1.78
$C_{11}H_{18}N_3O_3$	13.44	1.44	$C_{15}H_{32}N_2$	17.48	1.44	$C_{13}H_{23}NO_3$	14.92	1.64
$C_{11}H_{20}N_4O_2$	13.81	1.29	$C_{16}H_2NO_2$	17.78	1.89	$C_{13}H_{25}N_2O_2$	15.29	1.49
$C_{12}H_4N_2O_4$	13.95	1.70	$C_{16}H_4N_2O$	18.16	1.75	$C_{13}H_{27}N_3O$	15.66	1.35
$C_{12}H_6N_3O_3$	14.33	1.56	$C_{16}H_5N_3$	18.53	1.62	$C_{13}H_{29}N_4$	16.04	1.21
$C_{12}H_8N_4O_2$	14.70	1.41	$C_{16}H_{16}O_2$	17.62	1.86	$C_{14}HN_4O$	16.71	1.51
$C_{12}H_{18}NO_4$	13.79	1.63	$C_{16}H_{18}NO$	18.00	1.73	$C_{14}H_9O_4$	15.43	1.91
$C_{12}H_{20}N_2O_3$	14.17	1.53	$C_{16}H_{20}N_2$	18.37	1.59	$C_{14}H_{11}NO_3$	15.80	1.77
$C_{12}H_{22}N_3O_2$	14.54	1.39	$C_{16}H_{22}O$	17.84	1.70	$C_{14}H_{13}N_2O_2$	16.18	1.63
$C_{12}H_{24}N_4O$	14.92	1.24	$C_{16}H_{34}N$	18.22	1.86	$C_{14}H_{15}N_3O$	16.55	1.49
$C_{13}H_8NO_4$	14.68	1.80	$C_{17}H_4O_2$	18.51	2.02	$C_{14}H_{17}N_4$	16.93	1.35
$C_{13}H_8N_2O_3$	15.06	1.66	$C_{17}H_6NO$	18.89	1.88	$C_{14}H_{25}O_3$	15.65	1.74
$C_{13}H_{10}N_3O_2$	15.43	1.51	$C_{17}H_8N_2$	19.26	1.75	$C_{14}H_{27}NO_2$	16.02	1.60
$C_{13}H_{12}N_4O$	15.81	1.37	$C_{17}H_{20}O$	18.73	1.86	$C_{14}H_{29}N_2O$	16.39	1.46
$C_{13}H_{20}O_4$	14.52	1.78	$C_{17}H_{22}N$	19.10	1.72	$C_{14}H_{31}N_3$	16.77	1.32
$C_{13}H_{22}NO_3$	14.90	1.63	$C_{17}H_{36}$	18.95	1.70	$C_{15}HN_2O_2$	17.07	1.77
$C_{13}H_{24}N_2O_2$	15.27	1.49	$C_{18}H_8O$	19.62	2.02	$C_{15}H_3N_3O$	17.44	1.63
$C_{13}H_{26}N_3O$	15.65	1.35	$C_{18}H_{10}N$	19.99	1.89	$C_{15}H_5N_4$	17.82	1.50
$C_{13}H_{28}N_4$	16.02	1.20	$C_{18}H_{24}$	19.84	1.86	$C_{15}H_{13}O_3$	16.53	1.88
$C_{14}H_8O_4$	15.41	1.91	$C_{19}H_{12}$	20.72	2.04	$C_{15}H_{15}NO_2$	16.91	1.74
$C_{14}H_{10}NO_3$	15.79	1.77	**241**			$C_{15}H_{17}N_2O$	17.26	1.60
$C_{14}H_{12}N_2O_2$	16.16	1.62	$C_{11}H_{17}N_2O_4$	13.08	1.59	$C_{15}H_{19}N_3$	17.66	1.47
$C_{14}H_{14}N_3O$	16.54	1.48	$C_{11}H_{18}N_3O_3$	13.45	1.44	$C_{15}H_{29}O_2$	16.75	1.72
$C_{14}H_{16}N_4$	16.91	1.35	$C_{11}H_{21}N_4O_2$	13.83	1.29	$C_{15}H_{31}NO$	17.13	1.58
$C_{14}H_{24}O_3$	15.63	1.74	$C_{12}H_5N_2O_4$	13.97	1.71	$C_{15}H_{33}N_2$	17.50	1.44
$C_{14}H_{26}NO_2$	16.00	1.60	$C_{12}H_7N_3O_3$	14.34	1.56	$C_{16}HO_3$	17.42	2.03
$C_{14}H_{28}N_2O$	16.38	1.46	$C_{12}H_9N_4O_2$	14.72	1.41	$C_{16}H_3NO_2$	17.80	1.89
$C_{14}H_{30}N_3$	16.75	1.32	$C_{12}H_{19}NO_4$	13.81	1.68	$C_{16}H_5N_2O$	18.17	1.76
$C_{15}H_2N_3O$	17.42	1.63	$C_{12}H_{21}N_2O_3$	14.18	1.54	$C_{16}H_7N_3$	18.55	1.62

	M+1	M+2		M+1	M+2		M+1	M+2
$C_{16}H_{17}O_2$	17.64	1.86	$C_{14}H_{10}O_4$	15.45	1.91	$C_{19}H_{14}$	20.76	2.04
$C_{16}H_{21}N_2$	18.39	1.60	$C_{14}H_{12}NO_3$	15.82	1.77	$C_{20}H_2$	21.64	2.23
$C_{15}H_{33}O$	17.86	1.70	$C_{14}H_{14}N_2O_2$	16.19	1.63	**243**		
$C_{16}H_{35}N$	18.23	1.57	$C_{14}H_{16}N_3O$	16.57	1.49	$C_{11}H_{19}N_2O_4$	13.11	1.60
$C_{17}H_5O_2$	18.53	2.02	$C_{14}H_{18}N_4$	16.94	1.35	$C_{11}H_{21}N_3O_3$	13.48	1.44
$C_{17}H_7NO$	18.90	1.89	$C_{14}H_{26}O_3$	15.66	1.75	$C_{11}H_{23}N_4O_2$	13.86	1.29
$C_{17}H_9N_2$	19.28	1.76	$C_{14}H_{29}NO_2$	16.04	1.60	$C_{12}H_7N_2O_4$	14.00	1.71
$C_{17}H_{21}O$	18.75	1.86	$C_{14}H_{30}N_2O$	16.41	1.46	$C_{12}H_9N_3O_3$	14.37	1.56
$C_{17}H_{23}N$	19.12	1.73	$C_{14}H_{32}N_3$	16.79	1.32	$C_{12}H_{11}N_4O_2$	14.75	1.42
$C_{18}H_9O$	19.63	2.02	$C_{15}H_2N_2O_2$	17.08	1.77	$C_{12}H_{21}NO_4$	13.84	1.69
$C_{18}H_{11}N$	20.01	1.90	$C_{15}H_4N_3O$	17.46	1.63	$C_{12}H_{23}N_2O_3$	14.22	1.54
$C_{18}H_{25}$	19.85	1.87	$C_{15}H_6N_4$	17.83	1.50	$C_{12}H_{25}N_3O_2$	14.59	1.39
$C_{19}H_{13}$	20.74	2.04	$C_{15}H_{14}O_3$	16.55	1.88	$C_{12}H_{27}N_4O$	14.96	1.25
$C_{20}H$	21.63	2.22	$C_{15}H_{16}NO_2$	16.93	1.74	$C_{13}H_9NO_4$	14.73	1.81
242			$C_{15}H_{18}N_2O$	17.30	1.61	$C_{13}H_{11}N_2O_3$	15.10	1.66
$C_{11}H_{18}N_2O_4$	13.09	1.59	$C_{15}H_{20}N_3$	17.67	1.47	$C_{13}H_{13}N_3O_2$	15.48	1.52
$C_{11}H_{20}N_3O_3$	13.47	1.44	$C_{15}H_{30}O_2$	16.77	1.72	$C_{13}H_{13}N_4O$	15.85	1.38
$C_{11}H_{22}N_4O_2$	13.84	1.29	$C_{15}H_{32}NO$	17.14	1.58	$C_{13}H_{23}O_4$	14.57	1.79
$C_{12}H_6N_2O_4$	13.98	1.71	$C_{15}H_{34}N_2$	17.52	1.45	$C_{13}H_{25}NO_3$	14.95	1.64
$C_{12}H_8N_3O_3$	14.36	1.56	$C_{16}H_2O_3$	17.44	2.03	$C_{13}H_{27}N_2O_2$	15.32	1.50
$C_{12}H_{10}N_4O_2$	14.73	1.41	$C_{16}H_4NO_2$	17.81	1.89	$C_{13}H_{29}N_3O$	15.70	1.35
$C_{12}H_{20}NO_4$	13.83	1.69	$C_{16}H_6N_2O$	18.19	1.76	$C_{13}H_{31}N_4$	16.07	1.21
$C_{12}H_{22}N_2O_3$	14.20	1.54	$C_{16}H_9N_3$	18.56	1.63	$C_{14}HN_3O_2$	16.37	1.66
$C_{12}H_{24}N_3O_2$	14.57	1.39	$C_{16}H_{18}O_2$	17.66	1.87	$C_{14}H_3N_4O$	16.74	1.52
$C_{12}H_{26}N_4O$	14.95	1.24	$C_{16}H_{20}NO$	18.03	1.73	$C_{14}H_{11}O_4$	15.46	1.92
$C_{13}H_8NO_4$	14.71	1.81	$C_{16}H_{22}N_2$	18.41	1.60	$C_{14}H_{13}NO_3$	15.84	1.77
$C_{13}H_{10}N_2O_3$	15.09	1.66	$C_{16}H_{34}O$	17.87	1.70	$C_{14}H_{15}N_2O_2$	16.21	1.63
$C_{13}H_{12}N_3O_2$	15.46	1.52	$C_{17}H_6O_2$	18.54	2.02	$C_{14}H_{17}N_3O$	16.53	1.49
$C_{13}H_{14}N_4O$	15.84	1.38	$C_{17}H_9NO$	18.92	1.89	$C_{14}H_{19}N_4$	16.96	1.35
$C_{13}H_{22}O_4$	14.56	1.79	$C_{17}H_{10}N_2$	19.29	1.76	$C_{14}H_{27}O_3$	15.68	1.75
$C_{13}H_{24}NO_3$	14.93	1.64	$C_{17}H_{22}O$	18.76	1.86	$C_{14}H_{29}NO_2$	16.05	1.81
$C_{13}H_{26}N_2O_2$	15.31	1.49	$C_{17}H_{24}N$	19.14	1.73	$C_{14}H_{31}N_2O$	16.43	1.47
$C_{13}H_{28}N_3O$	15.68	1.35	$C_{18}H_{10}O$	19.65	2.03	$C_{14}H_{33}N_3$	16.80	1.33
$C_{13}H_{30}N_4$	16.05	1.21	$C_{18}H_{12}N$	20.02	1.90	$C_{15}HNO_3$	16.72	1.91
$C_{14}H_2N_4O$	16.73	1.51	$C_{18}H_{28}$	19.87	1.87	$C_{15}H_3N_2O_2$	17.10	1.77

续表

	M+1	M+2		M+1	M+2		M+1	M+2
$C_{15}H_5N_3O$	17.47	1.64	$C_{12}H_{26}N_3O_2$	14.61	1.40	$C_{16}H_{22}NO$	18.06	1.74
$C_{15}H_7N_4$	17.85	1.50	$C_{12}H_{28}N_4O$	14.98	1.25	$C_{16}H_{24}N_2$	18.44	1.60
$C_{15}H_{15}O_{13}$	16.57	1.89	$C_{13}H_{10}NO_4$	14.75	1.81	$C_{17}H_8O_2$	18.58	2.03
$C_{15}H_{17}NO_2$	16.94	1.75	$C_{13}H_{12}N_2O_3$	15.12	1.67	$C_{17}H_{10}NO$	18.95	1.90
$C_{15}H_{19}N_2O$	17.32	1.61	$C_{13}H_{14}N_3O_2$	15.49	1.52	$C_{17}H_{12}N_2$	19.33	1.77
$C_{15}H_{21}N_3$	17.69	1.47	$C_{13}H_{16}N_4O$	15.87	1.08	$C_{17}H_{24}O$	18.79	1.87
$C_{15}H_{31}O_2$	16.78	1.72	$C_{13}H_{24}O_4$	14.59	1.79	$C_{17}H_{26}N$	19.17	1.74
$C_{15}H_{33}NO$	17.16	1.58	$C_{13}H_{26}NO_3$	14.96	1.64	$C_{18}H_{12}O$	19.68	2.03
$C_{16}H_3O_3$	17.46	2.03	$C_{13}H_{28}N_2O_2$	15.34	1.50	$C_{18}H_{14}N$	20.06	1.91
$C_{16}H_5NO_2$	17.83	1.90	$C_{13}H_{30}N_3O$	15.71	1.36	$C_{18}H_{28}$	19.90	1.87
$C_{16}H_7N_2O$	18.20	1.76	$C_{13}H_{32}N_4$	16.09	1.21	$C_{19}H_2N$	20.95	2.08
$C_{16}H_9N_3$	18.58	1.63	$C_{14}H_2N_3O_2$	16.38	1.66	$C_{19}H_{16}$	20.79	2.05
$C_{16}H_{13}O_2$	17.67	1.87	$C_{14}H_4N_4O$	16.76	1.52	$C_{20}H_4$	21.68	2.23
$C_{16}H_{21}NO$	18.05	1.73	$C_{14}H_{12}N_4$	15.48	1.92	**245**		
$C_{16}H_{23}N_2$	18.42	1.60	$C_{14}H_{14}NO_3$	15.85	1.78	$C_{11}H_{21}N_2O_4$	13.14	1.60
$C_{17}H_7O_2$	18.56	2.02	$C_{14}H_{16}N_2O_2$	16.23	1.63	$C_{11}H_{23}N_3O_3$	13.52	1.45
$C_{17}H_9NO$	18.94	1.89	$C_{14}H_{18}N_3O$	16.60	1.49	$C_{11}H_{25}N_4O_2$	13.89	1.30
$C_{17}H_{11}N_2$	19.31	1.76	$C_{14}H_{20}N_4$	16.97	1.36	$C_{12}H_9N_2O_4$	14.03	1.71
$C_{17}H_{23}O$	18.78	1.86	$C_{14}H_{28}O_3$	15.69	1.75	$C_{12}H_{11}N_3O_3$	14.41	1.57
$C_{17}H_{25}N$	19.15	1.73	$C_{14}H_{30}NO_2$	16.07	1.61	$C_{12}H_{12}N_4O_2$	14.78	1.42
$C_{18}H_{11}O$	19.67	2.03	$C_{14}H_{32}N_2O$	16.44	1.47	$C_{12}H_{23}NO_4$	13.87	1.69
$C_{18}H_{13}N$	20.04	1.90	$C_{15}H_2NO_3$	16.74	1.91	$C_{12}H_{25}N_2O_3$	14.25	1.54
$C_{18}H_{27}$	19.88	1.87	$C_{15}H_4N_2O_2$	17.11	1.78	$C_{12}H_{27}N_3O_2$	14.62	1.40
$C_{18}HN$	20.93	2.08	$C_{15}H_6N_3O$	17.49	1.64	$C_{12}H_{29}N_4O$	15.00	1.25
$C_{19}H_{15}$	20.77	2.05	$C_{15}H_8N_4$	17.86	1.50	$C_{13}HN_4O_2$	15.67	1.55
$C_{20}H_8$	21.66	2.23	$C_{15}H_{16}O_3$	16.58	1.89	$C_{13}H_{11}NO_4$	14.76	1.81
244			$C_{15}H_{18}NO_2$	16.96	1.75	$C_{13}H_{13}N_2O_3$	15.14	1.67
$C_{11}H_{20}N_2O_4$	13.13	1.60	$C_{15}H_{20}N_2O$	17.33	1.61	$C_{13}H_{15}N_3O_2$	15.51	1.53
$C_{11}H_{22}N_3O_3$	13.50	1.45	$C_{15}H_{22}N_3$	17.71	1.48	$C_{13}H_{17}N_4O$	15.89	1.38
$C_{11}H_{24}N_4O_2$	13.88	1.30	$C_{15}H_{32}O_2$	16.80	1.72	$C_{13}H_{25}O_4$	14.60	1.79
$C_{12}H_8N_2O_4$	14.01	1.71	$C_{16}H_4O_3$	17.47	2.03	$C_{13}H_{27}NO_3$	14.98	1.65
$C_{12}H_{10}N_3O_3$	14.39	1.56	$C_{16}H_6NO_2$	17.85	1.90	$C_{13}H_{29}N_2O_2$	15.35	1.50
$C_{12}H_{12}N_4O_2$	14.76	1.42	$C_{16}H_8N_2O$	18.22	1.77	$C_{13}H_{31}N_3O$	15.73	1.36
$C_{12}H_{22}NO_4$	13.86	1.69	$C_{16}H_{10}N_3$	18.59	1.63	$C_{14}HN_2O_3$	16.03	1.80
$C_{12}H_{24}N_2O_3$	14.23	1.54	$C_{16}H_{20}O_2$	17.69	1.87	$C_{14}H_5N_3O_2$	16.40	1.66

续表

	M+1	M+2		M+1	M+2		M+1	M+2
$C_{14}H_5N_4O$	16.77	1.52	$C_{19}H_3N$	20.96	2.09	$C_{15}H_{18}O_3$	16.61	1.89
$C_{14}H_{13}O_4$	15.49	1.92	$C_{20}H_5$	21.69	2.24	$C_{15}H_{20}NO_2$	16.99	1.76
$C_{14}H_{15}NO_3$	15.87	1.78	**246**			$C_{15}H_{22}N_2O$	17.36	1.62
$C_{14}H_{17}N_2O_2$	16.24	1.64	$C_{11}H_{22}N_2O_4$	13.16	1.60	$C_{15}H_{24}N_3$	17.74	1.48
$C_{14}H_{19}N_3O$	16.62	1.50	$C_{11}H_{24}N_3O_3$	13.53	1.45	$C_{16}H_6O_3$	17.50	2.04
$C_{14}H_{21}N_4$	16.99	1.36	$C_{11}H_{26}N_4O_2$	13.91	1.30	$C_{16}H_8NO_2$	17.88	1.90
$C_{14}H_{29}O_3$	15.71	1.75	$C_{12}H_{10}N_2O_4$	14.05	1.72	$C_{16}H_{10}N_2O$	18.25	1.77
$C_{14}H_{31}NO_2$	16.00	1.61	$C_{12}H_{12}N_3O_3$	14.42	1.57	$C_{18}H_{12}N_3$	18.63	1.64
$C_{15}HO_4$	16.38	2.06	$C_{12}H_{14}N_4O_2$	14.80	1.42	$C_{16}H_{22}O_2$	17.72	1.88
$C_{15}H_3NO_3$	16.76	1.92	$C_{12}H_{24}NO_4$	13.89	1.70	$C_{16}H_{24}NO$	18.09	1.74
$C_{15}H_5N_2O_2$	17.13	1.78	$C_{12}H_{26}N_2O_3$	14.26	1.55	$C_{16}H_{28}N_2$	18.47	1.61
$C_{15}H_7N_3O$	17.50	1.64	$C_{12}H_{28}N_3O_2$	14.64	1.40	$C_{17}H_{10}O_2$	18.61	2.03
$C_{15}H_9N_4$	17.88	1.51	$C_{12}H_{30}N_4O$	15.01	1.25	$C_{17}H_{12}NO$	18.98	1.90
$C_{15}H_{17}O_3$	16.60	1.89	$C_{13}H_2N_4O_2$	15.68	1.55	$C_{17}H_{14}N_2$	19.36	1.77
$C_{15}H_{19}NO_2$	16.97	1.75	$C_{13}H_{12}NO_4$	14.78	1.82	$C_{17}H_{26}O$	18.83	1.87
$C_{15}H_{21}N_2O$	17.35	1.62	$C_{13}H_{14}N_2O_3$	15.15	1.67	$C_{17}H_{28}N$	19.20	1.74
$C_{15}H_{23}N_3$	17.72	1.48	$C_{13}H_{18}N_3O_2$	15.53	1.53	$C_{18}H_2N_2$	20.25	1.94
$C_{16}H_5O_3$	17.49	2.04	$C_{13}H_{18}N_4O$	15.90	1.39	$C_{18}H_{14}O$	19.71	2.04
$C_{16}H_7NO_2$	17.86	1.90	$C_{13}H_{28}O_4$	14.62	1.79	$C_{18}H_{16}N$	20.09	1.91
$C_{16}H_9N_2O$	18.24	1.77	$C_{13}H_{28}NO_3$	15.00	1.65	$C_{18}H_{20}$	19.93	1.88
$C_{16}H_{11}N_3$	18.61	1.64	$C_{13}H_{20}N_2O_2$	15.37	1.50	$C_{19}H_2O$	20.60	2.21
$C_{16}H_{21}O_2$	17.70	1.87	$C_{14}H_2N_2O_3$	16.04	1.80	$C_{19}H_4N$	20.98	2.09
$C_{16}H_{23}NO$	18.08	1.74	$C_{14}H_4N_3O_2$	16.42	1.66	$C_{19}H_{18}$	20.82	2.06
$C_{16}H_{25}N_2$	18.45	1.61	$C_{14}H_6N_4O$	16.79	1.53	$C_{20}H_6$	21.71	2.24
$C_{17}H_9O_2$	18.59	2.03	$C_{14}H_{14}O_4$	15.51	1.92	**247**		
$C_{17}H_{11}NO$	18.97	1.90	$C_{14}H_{18}NO_3$	15.88	1.73	$C_{11}H_{23}N_2O_4$	13.17	1.60
$C_{17}H_{13}N_2$	19.34	1.77	$C_{14}H_{18}N_2O_2$	16.26	1.64	$C_{11}H_{25}N_3O_3$	13.55	1.45
$C_{17}H_{25}O$	18.81	1.87	$C_{14}H_{20}N_3O$	16.63	1.50	$C_{11}H_{27}N_4O_2$	13.92	1.30
$C_{17}H_{27}N$	19.18	1.74	$C_{14}H_{22}N_4$	17.01	1.36	$C_{12}H_{11}N_2O_4$	14.06	1.72
$C_{18}HN_2$	20.23	1.94	$C_{14}H_{20}O_3$	15.73	1.76	$C_{12}H_{13}N_3O_3$	14.44	1.57
$C_{18}H_{13}O$	19.70	2.04	$C_{15}H_2O_4$	16.40	2.06	$C_{12}H_{15}N_4O_2$	14.81	1.42
$C_{18}H_{15}N$	20.07	1.91	$C_{15}H_4NO_3$	16.77	1.92	$C_{12}H_{25}NO_4$	13.91	1.70
$C_{18}H_{29}$	19.92	1.88	$C_{15}H_6N_2O_2$	17.15	1.78	$C_{12}H_{27}N_2O_3$	14.28	1.55
$C_{18}H_{17}$	20.80	2.05	$C_{15}H_8N_3O$	17.52	1.65	$C_{12}H_{29}N_3O_2$	14.65	1.40
$C_{19}HO$	20.59	2.21	$C_{15}H_{10}N_4$	17.90	1.51	$C_{13}HN_3O_3$	15.33	1.70

	M+1	M+2		M+1	M+2		M+1	M+2
$C_{13}H_3N_4O_2$	15.70	1.55	$C_{17}H_{15}N_2$	19.37	1.78	$C_{14}H_{22}N_3O$	16.66	1.51
$C_{13}H_{13}NO_4$	14.79	1.82	$C_{17}H_{27}O$	18.84	1.88	$C_{14}H_{24}N_4$	17.04	1.37
$C_{13}H_{15}N_2O_3$	15.17	1.67	$C_{17}H_{29}N$	19.22	1.75	$C_{15}H_4O_4$	16.43	2.06
$C_{13}H_{17}N_3O_2$	15.54	1.53	$C_{18}HNO$	19.89	2.07	$C_{15}H_6NO_3$	16.80	1.92
$C_{13}H_{19}N_4O$	15.92	1.39	$C_{18}H_3N_2$	20.26	1.95	$C_{15}H_8N_2O_2$	17.18	1.79
$C_{13}H_{27}O_4$	14.64	1.80	$C_{18}H_{15}O$	19.73	2.04	$C_{15}H_{10}N_3O$	17.55	1.65
$C_{13}H_{29}NO_3$	15.01	1.65	$C_{18}H_{17}N$	20.10	1.92	$C_{15}H_{12}N_4$	17.93	1.52
$C_{14}HNO_4$	15.68	1.95	$C_{18}H_{31}$	19.95	1.88	$C_{15}H_{20}O_3$	16.65	1.90
$C_{14}H_3N_2O_3$	16.06	1.81	$C_{19}H_3O$	20.62	2.22	$C_{15}H_{22}NO_2$	17.02	1.76
$C_{14}H_5N_3O_2$	16.43	1.67	$C_{19}H_5N$	20.99	2.09	$C_{15}H_{24}N_2O$	17.40	1.62
$C_{14}H_7N_4O$	16.81	1.53	$C_{19}H_{19}$	20.84	2.06	$C_{15}H_{26}N_3$	17.77	1.49
$C_{14}H_{15}O_4$	15.53	1.93	$C_{20}H_7$	21.72	2.24	$C_{16}H_8O_3$	17.54	2.05
$C_{14}H_{17}NO_3$	15.90	1.73	**248**			$C_{16}H_{10}NO_2$	17.91	1.91
$C_{14}H_{19}N_2O_2$	16.27	1.64	$C_{11}H_{24}N_2O_4$	13.19	1.61	$C_{16}H_{12}N_2O$	18.28	1.78
$C_{14}H_{21}N_3O$	16.65	1.50	$C_{11}H_{26}N_3O_3$	13.56	1.45	$C_{16}H_{14}N_3$	18.66	1.65
$C_{14}H_{23}N_4$	17.02	1.36	$C_{11}H_{28}N_4O_2$	13.94	1.31	$C_{16}H_{24}O_2$	17.75	1.88
$C_{15}H_3O_4$	16.41	2.06	$C_{12}H_{12}N_2O_4$	14.08	1.72	$C_{16}H_{26}NO$	18.13	1.75
$C_{15}H_5NO_3$	16.79	1.92	$C_{12}H_{14}N_3O_3$	14.45	1.57	$C_{16}H_{28}N_2$	18.50	1.62
$C_{15}H_7N_2O_2$	17.16	1.78	$C_{12}H_{16}N_4O_2$	14.83	1.43	$C_{17}H_2N_3$	19.55	1.81
$C_{15}H_9N_3O$	17.54	1.65	$C_{12}H_{26}NO_4$	13.92	1.70	$C_{17}H_{12}O_2$	18.64	2.04
$C_{15}H_{11}N_4$	17.91	1.51	$C_{12}H_{26}N_2O_3$	14.30	1.55	$C_{17}H_{14}NO$	19.02	1.91
$C_{15}H_{19}O_3$	16.63	1.90	$C_{13}H_2N_3O_3$	15.34	1.70	$C_{17}H_{16}N_2$	19.39	1.78
$C_{15}H_{21}NO_2$	17.01	1.76	$C_{13}H_4N_4O_2$	15.72	1.56	$C_{17}H_{28}O$	18.86	1.88
$C_{15}H_{23}N_2O$	17.38	1.62	$C_{13}H_{14}NO_4$	14.81	1.82	$C_{17}H_{30}N$	19.23	1.75
$C_{15}H_{25}N_3$	17.75	1.49	$C_{13}H_{16}N_2O_3$	15.18	1.68	$C_{18}H_2NO$	19.90	2.08
$C_{16}H_7O_3$	17.52	2.04	$C_{13}H_{18}N_3O_2$	15.56	1.53	$C_{18}H_4N_2$	20.28	1.95
$C_{16}H_9NO_2$	17.89	1.91	$C_{13}H_{20}N_4O$	15.93	1.39	$C_{18}H_{16}O$	19.75	2.04
$C_{16}H_{11}N_2O$	18.29	1.77	$C_{13}H_{28}O_4$	14.65	1.80	$C_{18}H_{18}N$	20.12	1.92
$C_{16}H_{13}N_3$	18.64	1.64	$C_{14}H_2NO_4$	15.70	1.95	$C_{18}H_{32}$	19.96	1.89
$C_{16}H_{23}O_2$	17.74	1.88	$C_{14}H_4N_2O_3$	16.07	1.81	$C_{19}H_4O$	20.64	2.22
$C_{16}H_{25}NO$	18.11	1.78	$C_{14}H_6N_3O_2$	16.45	1.67	$C_{19}H_6N$	21.01	2.10
$C_{16}H_{27}N_2$	18.49	1.61	$C_{14}H_8N_4O$	16.82	1.53	$C_{19}H_{20}$	20.85	2.06
$C_{17}HN_3$	19.53	1.81	$C_{14}H_{16}O_4$	15.54	1.93	$C_{20}H_8$	21.74	2.25
$C_{17}H_{11}O_2$	18.62	2.04	$C_{14}H_{18}NO_3$	15.92	1.79	**249**		
$C_{17}H_{13}NO$	19.00	1.91	$C_{14}H_{20}N_2O_2$	16.29	1.64	$C_{11\,25}N_2O_4$	13.21	1.61

	M+1	M+2		M+1	M+2		M+1	M+2
$C_{11}H_{27}N_3O_3$	13.58	1.46	$C_{16}H_{29}N_2$	18.52	1.62	$C_{14}H_{24}N_3O$	16.70	1.51
$C_{12}H_{13}N_2O_4$	14.10	1.72	$C_{17}HN_2O$	19.19	1.94	$C_{14}H_{26}N_4$	17.07	1.37
$C_{12}H_{15}N_3O_3$	14.47	1.58	$C_{17}H_3N_3$	19.56	1.81	$C_{15}H_6O_4$	16.46	2.07
$C_{12}H_{17}N_4O_2$	14.84	1.43	$C_{17}H_{13}O_2$	18.66	2.04	$C_{15}H_8NO_3$	16.84	1.93
$C_{12}H_{27}NO_4$	13.94	1.70	$C_{17}H_{15}NO$	19.03	1.91	$C_{15}H_{10}N_2O_2$	17.21	1.79
$C_{13}HN_2O_4$	14.98	1.85	$C_{17}H_{17}N_2$	19.41	1.78	$C_{15}H_{12}N_3O$	17.58	1.66
$C_{13}H_3N_3O_3$	15.36	1.70	$C_{17}H_{29}O$	18.87	1.88	$C_{15}H_{14}N_4$	17.96	1.52
$C_{13}H_5N_4O_2$	15.73	1.56	$C_{17}H_{31}N$	19.25	1.75	$C_{15}H_{22}O_3$	16.68	1.90
$C_{13}H_{15}NO_4$	14.83	1.82	$C_{18}HO_2$	19.55	2.21	$C_{15}H_{24}NO_2$	17.05	1.77
$C_{13}H_{17}N_2O_3$	15.20	1.68	$C_{18}H_3NO$	19.92	2.08	$C_{15}H_{26}N_2O$	17.43	1.63
$C_{13}H_{19}N_3O_2$	15.57	1.54	$C_{18}H_5N_2$	20.29	1.95	$C_{15}H_{28}N_3$	17.80	1.49
$C_{13}H_{21}N_4O$	15.95	1.39	$C_{18}H_{17}O$	19.76	2.05	$C_{16}H_2N_4$	18.85	1.68
$C_{14}H_3NO_4$	15.71	1.95	$C_{18}H_{19}N$	20.14	1.92	$C_{16}H_{10}O_3$	17.57	2.05
$C_{14}H_5N_2O_3$	16.09	1.81	$C_{18}H_{33}$	19.98	1.89	$C_{16}H_{12}NO_2$	17.94	1.92
$C_{14}H_7N_3O_2$	16.46	1.67	$C_{19}H_5O$	20.65	2.22	$C_{16}H_{14}N_2O$	18.32	1.78
$C_{14}H_9N_4O$	16.84	1.53	$C_{19}H_7N$	21.03	2.10	$C_{16}H_{16}N_3$	18.69	1.65
$C_{14}H_{17}O_4$	15.56	1.93	$C_{19}H_{21}$	20.87	2.07	$C_{16}H_{26}O_2$	17.78	1.89
$C_{14}H_{19}NO_3$	15.93	1.79	$C_{20}H_9$	21.76	2.25	$C_{16}H_{28}NO$	18.16	1.75
$C_{14}H_{21}N_2O_2$	16.31	1.65	**250**			$C_{16}H_{30}N_2$	18.53	1.62
$C_{14}H_{23}N_3O$	16.68	1.51	$C_{11}H_{26}N_2O_4$	13.22	1.61	$C_{17}H_2N_2O$	19.20	1.94
$C_{14}H_{25}N_4$	17.05	1.37	$C_{12}H_{14}N_2O_4$	14.11	1.73	$C_{17}H_4N_3$	19.53	1.82
$C_{15}H_5O_4$	16.45	2.07	$C_{12}H_{16}N_3O_3$	14.49	1.58	$C_{17}H_{14}O_2$	18.67	2.05
$C_{15}H_7NO_3$	16.82	1.93	$C_{12}H_{18}N_4O_2$	14.86	1.43	$C_{17}H_{16}NO$	19.05	1.91
$C_{15}H_9N_2O_2$	17.19	1.79	$C_{13}H_2N_2O_4$	15.00	1.85	$C_{17}H_{18}N_2$	19.42	1.79
$C_{15}H_{11}N_3O$	17.57	1.65	$C_{13}H_4N_3O_3$	15.37	1.71	$C_{17}H_{30}O$	18.89	1.89
$C_{15}H_{13}N_4$	17.94	1.52	$C_{13}H_6N_4O_2$	15.75	1.56	$C_{17}H_{32}N$	19.26	1.76
$C_{15}H_{21}O_3$	16.66	1.90	$C_{13}H_{16}NO_4$	14.84	1.83	$C_{18}H_2O_2$	19.56	2.21
$C_{15}H_{23}NO_2$	17.04	1.76	$C_{13}H_{18}N_2O_3$	15.22	1.63	$C_{18}H_4NO$	19.94	2.08
$C_{15}H_{25}N_2O$	17.41	1.63	$C_{13}H_{20}N_3O_2$	15.59	1.54	$C_{18}H_6N_2$	20.31	1.96
$C_{15}H_{27}N_3$	17.79	1.49	$C_{13}H_{22}N_4O$	15.97	1.40	$C_{18}H_{18}O$	19.78	2.05
$C_{16}HN_4$	18.83	1.63	$C_{14}H_4NO_4$	15.73	1.96	$C_{18}H_{20}N$	20.15	1.92
$C_{16}H_9O_3$	17.55	2.05	$C_{14}H_6N_2O_3$	16.11	1.82	$C_{18}H_{34}$	20.00	1.89
$C_{16}H_{11}NO_2$	17.93	1.91	$C_{14}H_8N_3O_2$	16.48	1.67	$C_{19}H_6O$	20.67	2.23
$C_{16}H_{13}N_2O$	18.30	1.78	$C_{14}H_{10}N_4O$	16.85	1.54	$C_{19}H_8N$	21.04	2.10
$C_{16}H_{15}N_3$	18.67	1.65	$C_{14}H_{18}O_4$	15.57	1.93	$C_{19}H_{22}$	20.88	2.07
$C_{16}H_{25}O_2$	17.77	1.89	$C_{14}H_{20}NO_3$	15.95	1.79	$C_{20}H_{10}$	21.77	2.25
$C_{16}H_{27}NO$	18.14	1.75	$C_{14}H_{22}N_2O_2$	16.32	1.65			

习题答案

第二章 紫外和可见光谱

一、思考题 略

二、判断题

1. T;2. F;3. T;4. F;5. F;6. F;7. T;8. T;9. F;10. T;11. T;12. T;13. F;14. F;15. F

三、单选题

1. A 2. A 3. B 4. B 5. A 6. B 7. D 8. D 9. D 10. A 11. A 12. D 13. B
14. C 15. C 16. C 17. D 18. D

四、多选题

1. AD;2. BCE;3. ABCDE;4. ADE;5. ABCDE;6. ABCDE;7. CD;8. CE

五、推测下列化合物含有哪些跃迁类型和吸收带。

1. K 带,B 带,芳香族 $\pi \rightarrow \pi *$;2. $\pi \rightarrow \pi *$,无吸收带;3. K 带,共轭 $\pi \rightarrow \pi *$;4. K 带,共轭 $\pi \rightarrow \pi *$;R 带,$n \rightarrow \pi *$

六、计算题

1. 1.0cm 吸收池时,$A=0.150$,$T=70.8\%$;5.0cm 吸收池时,$A=0.752$,$T=17.7\%$

2. (a)299,(b)227

3. (a)308,(b)234,(c)280

第三章 红外光谱

1. 略

2. 略

3. (1)不正确 (2)正确 (3)正确

4. (1)不正确 (2)正确 (3)不正确 (4)不正确 (5)正确

5～14 略

15. (1)3597cm^{-1} (2)933cm^{-1} (3)633cm^{-1} (4)408cm^{-1}

16. 2581cm^{-1}(或 2656cm^{-1})

17. ;3620cm^{-1},a 键;3455cm^{-1},b 键

18. 略

19. 邻位

20. (1)C (2)A (3)B (4)A

21. (1)A 图 3-93;B 图 3-90;C 图 3-91;D 图 3-92

(2)A 图 3-97;B 图 3-94;C 图 3-95;D 图 3-96

(3)图 3 - 98 C;图 3 - 99 D;图 3 - 100A;图 3 - 101 F;图 3 - 102 H

(4)图 3 - 103 C;(5)图 3 - 104 A

22. (1)$CH_2=CH-CH_2-CH(CH_3)_2$

(2) 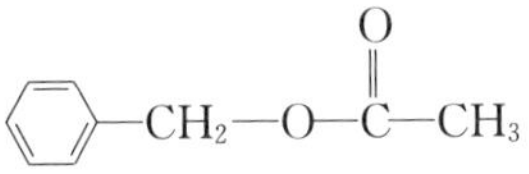

(3) 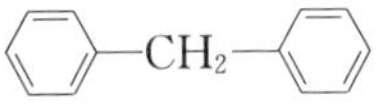

(4) 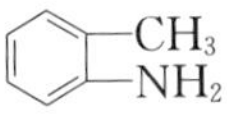

(5)$(CH_3)_2CH-C(O)H$

(6) 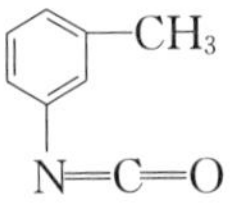

(7) $Br-CH_2-C\equiv CH$

23. 2500～2000cm^{-1}是 C≡N 键伸缩振动，

1500～1300cm^{-1}是—OH 的弯曲振动，

1500 cm^{-1}是苯上 C=C 的骨架振动。因此应该是结构 A

24. (Ⅱ)

解析：

1900～1700 cm^{-1}是 C=O 的伸缩振动。

2500～2700 cm^{-1}是饱和 C—H 的伸缩振动。

25. (1)脂肪族

(2)不是

(3)醛或酮

(4)双键

第四章　核磁共振

1—7. 略

8. $CH_3CH_2-O-\overset{\overset{\displaystyle O}{\|}}{C}-CH_2CH_2-\overset{\overset{\displaystyle O}{\|}}{C}-O-CH_2CH_3$

9. C_9H_{12}：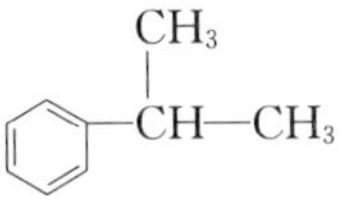

C_8H_9OCl：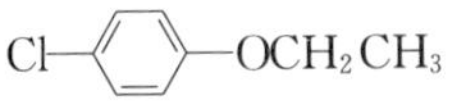

$C_9H_{12}S$：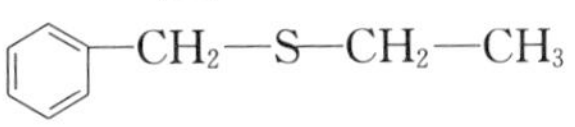

10. a：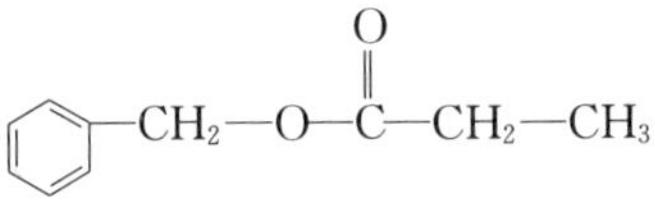

b：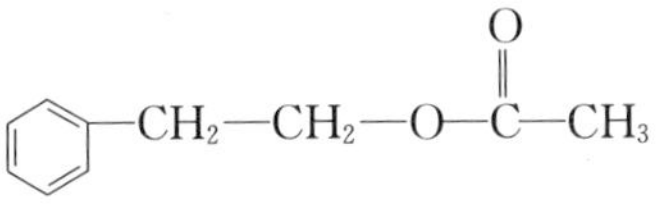

c：$CH_3-\overset{\overset{\displaystyle O}{\|}}{C}-⟨\,⟩-O-CH_2-CH_3$

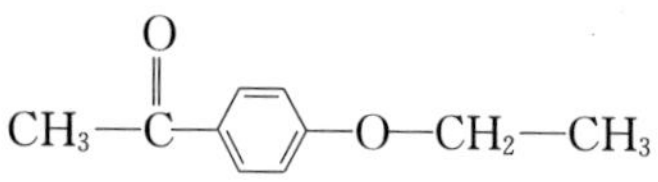

11. $HO-CH_2CH_2-CN$

12. $CH_3CH_2-O-\overset{\overset{\displaystyle O}{\|}}{C}-CH_2-\overset{\overset{\displaystyle O}{\|}}{C}-O-CH_2CH_3$

第五章 质 谱

1. 可以和相差 0.02,0.05,0.08,0.1 个质量单位的离子分开。

2. C_2H_4。

3. 2-甲基-2-丁醇：

4. 不能，由氮数规律可知：化合物含氮个数为偶数，分子离子 m/e 应为偶数，故不可能是此结构。

5、图 A 为 4-甲基-2-戊酮，图 B 为 3-甲基-2-戊酮。

6. A 对应图 c,B 对应图 a,C 对应图 b。

7. 叔丁基离子峰丰度最高。

8. 该化合物结构为甲基环戊烷，因为环戊烷中的甲基取代基容易去掉，环丁烷中的乙基容易去掉，而强峰出现在 M=15 处，故为甲基环戊烷。

9. 由质谱图中分子离子峰为 198 可知，该烷烃为 $C_{14}H_{30}$。又因为各离子峰之间均相差 14，各离子峰顶点可以连成一条光滑的曲线。所以判断该化合物为正十四烷烃。

10. 由质谱图可知该溴代烷烃分子离子峰为 108，且溴的相对分子质量为 79，可得该化合物结构为 CH_3CH_2Br。

11. 该化合物为 B。

12. 其结构为 A。

13. 氯丁烷发生反应：$C_4H_9Cl\longrightarrow HCl+C_4H_8$，产生 $m/e=56$ 的峰。

14. 因为 $32.4=43^2/57$，所以是 $m/e=57$ 的母离子脱掉一个中性分子生成的 $m/e=43$ 的子离子。

第六章 习题答案

1. $H_3C-\overset{\overset{\displaystyle O}{\|}}{C}-CH_2-CH_3$

2. 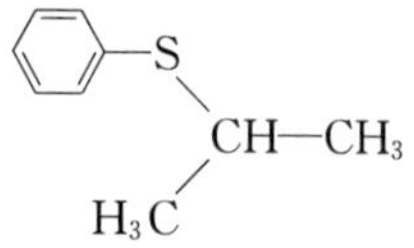 $⟨\,⟩-S-\overset{\displaystyle CH-CH_3}{\underset{\displaystyle H_3C}{|}}$

3. $H_3C-O-\overset{\overset{\displaystyle O}{\|}}{C}-CH_2-CH_2-CH_3$

4. 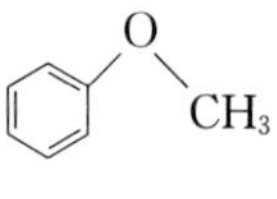 $⟨\,⟩-O-CH_3$

5.
$$\text{C}_6\text{H}_5\text{—CH}_2\text{—C}\overset{\displaystyle O}{\underset{\displaystyle OH}{\Big\|}}$$

6.
$$\underset{\text{H}_3\text{C}}{\overset{\text{H}_3\text{C}}{\diagdown}}\text{CH}\text{—}\overset{\displaystyle O}{\overset{\|}{\text{C}}}\text{—}\text{CH}\underset{\text{CH}_3}{\overset{\text{CH}_3}{\diagup}}$$

7. $\text{Br—CH}_2\text{—CH}_2\text{—CH}\underset{\text{CH}_3}{\overset{\text{CH}_3}{\diagup}}$

8. $\text{I—CH}_2\text{—CH}_3$

9. $\text{CH}_2\text{—CH}_2\text{—}\overset{\displaystyle O}{\overset{\|}{\text{C}}}\text{—O—CH}_2\text{—CH}_3$

中国国际贸易促进委员会纺织行业分会

中国国际贸易促进委员会纺织行业分会成立于1988年,成立以来,致力于促进中国和世界各国(地区)纺织服装业的贸易往来和经济技术合作,立足为纺织行业服务,为企业服务,以我们高质量的工作促进纺织行业的不断发展。

📌 简况

📢 每年举办(或参与)约20个国际展览会
涵盖纺织服装完整产业链,在中国北京、上海和美国、欧洲、俄罗斯、东南亚、日本等地举办
📢 广泛的国际联络网
与全球近百家纺织服装界的协会和贸易商会保持联络
📢 业内外会员单位2000多家
涵盖纺织服装全行业,以外向型企业为主
📢 纺织贸促网 www.ccpittex.com
中英文,内容专业、全面,与几十家业内外网络链接
📢《纺织贸促》月刊
已创刊十八年,内容以经贸信息、协助企业开拓市场为主线
📢 中国纺织法律服务网 www.cntextilelaw.com
专业、高质量的服务

📌 业务项目概览

📢 中国国际纺织机械展览会暨 ITMA 亚洲展览会(每两年一届)
📢 中国国际纺织面料及辅料博览会(每年分春夏、秋冬两届,分别在北京、上海举办)
📢 中国国际家用纺织品及辅料博览会(每年分春夏、秋冬两届,均在上海举办)
📢 中国国际服装服饰博览会(每年举办一届)
📢 中国国际产业用纺织品及非织造布展览会(每两年一届,逢双数年举办)
📢 中国国际纺织纱线展览会(每年分春夏、秋冬两届,分别在北京、上海举办)
📢 中国国际针织博览会(每年举办一届)
📢 深圳国际纺织面料及辅料博览会(每年举办一届)
📢 美国 TEXWORLD 服装面料展(TEXWORLD USA)暨中国纺织品服装贸易展览会(面料)(每年7月在美国纽约举办)
📢 纽约国际服装采购展(APP)暨中国纺织品服装贸易展览会(服装)(每年7月在美国纽约举办)
📢 纽约国际家纺展(HTFSE)暨中国纺织品服装贸易展览会(家纺)(每年7月在美国纽约举办)
📢 中国纺织品服装贸易展览会(巴黎)(每年9月在巴黎举办)
📢 组织中国服装企业到美国、日本、欧洲及亚洲等其他地区参加各种展览会
📢 组织纺织服装行业的各种国际会议、研讨会
📢 纺织服装业国际贸易和投资环境研究、信息咨询服务
📢 纺织服装业法律服务

更多相关信息请点击**纺织贸促网** www.ccpittex.com